DISASTER, SAFETY, AND RESILIENCE I

방재안전학 I

저자

김용균 · 손홍규 · 안재현

윤완철 · 이내석 · 정종제

한국방재협회 **엮음**

비앤엠북스

발간사

PREFACE

방재(防災)와 안전(安全)이 함께해서 만들어진 방재안전은 이제 익숙하면서도 한 번에 그 의미를 파악하기가 쉽지 않은 용어입니다. 특히 재난관리 또는 재난안전이라는 단어가 널리 쓰이면서 방재안전의 정체성에 대한 많은 의견들이 생기기도 했습니다. 방재안전은 2014년 공무원 직렬에 방재안전직이 신설되면서 공식적으로 언급되기 시작했으며, 현재 많은 분야에서 해당 용어를 사용하고 있습니다.

이러한 상황에서 방재안전을 정의하고 해당 부분을 전문적으로 소개하는 것은 매우 중요한 일이라 생각합니다. 특히 방재안전직 공무원의 주요 업무인 재난 대응 및 총괄 기획, 지역안전관리계획 및 지역재난대응계획 수립, 안전교육 및 훈련, 안전점검 장비운영과 관리, 재난상황의 관리와 초동대응 업무를 담당하고 있음을 감안할 때, 관련 업무와 연관된 전문적인 지식을 공유할 수 있는《방재안전학》의 출판은 의미 있는 시도로 평가할 수 있습니다.

모두가 필요하다고 생각했지만 쉽게 시작하지 못한 일을 적극적으로 나서서 수행해주신 김용균 전 행정안전부 재난안전상황실장을 비롯한 총 여섯 분 저자들의 노고에 감사드립니다. 바쁜 시간을 쪼개어 참여해주신 노력 덕분에《방재안전학》이라는 결실이 맺어지게 되었습니다. 집필에 참여해주신 저자 분들에게 감사의 인사를 드리며, 방재안전 분야에서 큰일을 하셨다는 축하의 말씀을 전하고 싶습니다.

1999년 한국방재협회가 창립된 이래로 방재 분야의 저변 확대를 위해 많은 노력을 기울여 왔으며 그중에는 전문서적 출판을 통한 홍보도 포함되어 있습니다.《방재안전학》의 출판도 이러한 노력의 일환이며, 이를 통해 방재안전에 대한 관심과 논의가 더욱 확대되기를 기대합니다.

《방재안전학》을 접하게 될 많은 분들에게 이 책이 큰 도움이 되기를 바라며, 앞으로 방재안전 분야에서 더욱 큰 활약을 해주시길 기대합니다. 감사합니다.

2021년 3월

한국방재협회장

윤 용 선

머리말

우리나라는 다양한 사회적 충격사건을 극복하는 과정에서 방재안전 시스템을 구축하고 발전시켰다. 매년 많은 피해를 안겨 준 태풍과 집중호우 이외에도 성수대교 붕괴, 삼풍백화점 붕괴, 대구 지하철 화재, 세월호 침몰사고 등을 겪으면서 정부조직, 안전 관련법령, 재난대응체계 등을 정비하고, 재난관리 전 단계에 걸쳐 안전을 높이기 위한 다양한 새로운 제도와 정책을 도입하였다. 특히, 2004년 소방방재청 설립, 2014년 국민안전처 설립, 2017년 행정자치부와 국민안전처의 행정안전부로의 통합은 방재안전 조직의 발전에 있어 매우 큰 의미가 있다. 이러한 조직의 발전과 함께, 재난 및 안전관리 업무를 담당하는 공무원의 전문성 강화를 위해 방재안전 직렬이 2014년에 신설되었다. 이후 중앙부처와 지방자치단체에서 매년 방재안전직 공무원을 채용하고 있고, 일선 재난 및 안전관리 행정에서 방재안전직 공무원이 방재안전분야에서 전문성을 축적하고 국민의 안전확보를 위해 활약하고 있다.

방재안전직 공무원의 중요성에도 불구하고, 재난관리와 안전관리를 아우르는 통합적인 관점에서 방재안전 이론을 정립하고 제도를 연구하기 위한 기반은 미흡한 실정이다. 더욱이 방재안전에 관심 있는 독자들이 이를 체계적으로 이해하고 연구할 수 있는 교재는 찾아보기 어려운 실정이다. 이에 저자들은 일선 대학교에서 방재안전을 전공하는 학생들을 가르치거나 정부 부처에서 재난안전관리 업무를 담당하면서 방재안전을 보다 종합적이고 체계적으로 이해할 수 있는 저서를 집필할 것을 계획하였고, 이제야 그 결실을 세상에 내놓게 되었다.

이 책은 방재안전학에 대한 독자들의 심층적이면서도 효율적인 이해를 돕기 위하여 다음과 같은 사항에 중점을 두고 집필하였다.

첫째, 재난관리와 안전관리를 방재안전이라는 통합적인 시각에서 방재안전 이론과 정책, 제도를 설명하고자 하였다. 이를 통해 재난관리와 안전관리와 관련된 각 이론들이 어떻게 하나로 묶일 수 있는지 이해할 것이다.

둘째, 2020년 세계적인 팬데믹으로 충격을 준 코로나-19와 같이 방재안전과 관련된 통계 등 모든 자료는 최신 정보와 동향을 기초로 하였고, 관련 사례를 덧붙여 독자가 접했던 방재안전 정보나 이론이 방재안전 실제와 어떻게 연결되는지 이해를 도왔다.

셋째, 방재안전 이론이나 우리나라의 방재안전 관련 제도, 정책을 관련내용의 연혁이나 배경을 통해 설명함으로써 점층적으로 내용을 이해할 수 있도록 하였다.

넷째, 각 절마다 요약으로 마무리하여 해당 파트에 대한 핵심내용을 정리하는 시간을 갖도록 하고, 특히 방재안전직 공무원 시험을 준비하는 수험생이나 방재안전을 전공하는 학생 등을 위하여 학습한 내용을 연습 및 토론문제를 통해 충분히 숙지할 수 있도록 하였다.

이 책은 방재안전학 전편(Ⅰ)에 해당되며, 방재안전에 대한 이해를 돕기 위한 1편과 방재에 대한 전문적인 내용을 다루는 2편으로 구성된다.

'제1편 방재안전'에서는 방재안전 개념과 체계, 방재안전 발전과정, 방재안전 주요 분야를 설명하고, '제2편 방재의 개념과 주요 제도'에서는 재난의 유형별 특징과 주요 사례, 재난의 예방과 경감, 재난의 대비와 대응, 재난의 복구와 보험제도에 대해 다룬다. 추후 출간될 방재안전학 후편(II)은 안전에 대한 전문적인 내용과 방재안전의 미래에 대해 다룰 예정이다.

저자들이 오랫동안 고민하고 토론한 결과를 최대한 담으려고 노력하였지만, 이 책이 방재안전의 모든 분야를 완벽하게 다루고 있지 않다는 점은 아쉬운 점으로 남는다. 앞으로 최신 사례나 통계 자료가 보다 더 자세하게 포함되고, 학계 동향과 실무 및 제도의 변동사항이 지속적으로 반영되어야 '방재안전학'이라는 새로운 분야를 다루는 교재로서 가치를 지닐 것이다.

한 가지 분명한 것은 이 책을 통해 기존 재난관리나 안전관리의 분절된 개념으로서가 아닌 통합적 개념으로서 방재안전 개념을 정립하고자 하였으며, 이를 이론과 실무에 어떻게 적용하는지 기본적인 방향을 제시했다는 점이다. 그렇기에 이 책이 우리나라가 방재안전 선진국으로 발돋움할 수 있는 방재안전학이라는 학문적 토대가 될 거라고 믿는다. 또한 방재안전을 전공하는 학생이나 방재안전직을 준비하는 수험생, 방재안전학에 관심 있는 일반인과 방재안전분야에 종사하는 일선 공무원 등 실리적으로 방재안전학의 학습이 필요한 독자들에게 방재안전학에 대한 이론과 실무를 두루 살펴보고 심층적인 이해를 할 수 있는 기회를 제공할 수 있을 것으로 기대한다.

마지막으로, 이 책이 나오기까지 물심양면으로 지원을 아끼지 않은 비앤엠북스의 정경식 이사님, 책 전체의 틀을 꼼꼼히 살피고 교정을 해 준 편집부, 방재안전 조직을 정리해 주신 이동규 교수님, 기업의 방재안전을 정리해 주신 정종수 교수님, 방재안전 연구개발을 정리해 주신 민금영 교수님께 깊은 감사를 드린다.

2021년 3월 저자 일동

차례

제1편 방재안전이란

년 일본 도호쿠 대지진의 영향으로 발생한 후쿠시마 원전사고는 자연재난이 사회재난을 유발한 대표적인 경우이다. 또한, 대규모 산업단지의 등장으로 한 공장에서 발생한 대형 사고가 단순히 그 기업만의 문제가 아니라, 지역사회 전체의 재난이 되는 경우도 빈번하게 발생하고 있다. 태풍 · 집중호우로 경치 좋은 산간지역에 개발해 놓은 펜션이 매몰되어 투숙객이 피해를 입는 등 개발사업으로 인한 피해도 늘어나고 있는 실정이다. 따라서 이런 경우들을 대비하여 사회재난과 자연재난을 통합하여 지역적 방어 전략을 강구하는 것이 효율적이며, 이를 실행할 통합적 관리체계의 마련도 필요하다.

재난과 사고를 관리하기 위한 체계를 구축하는 과정에도 통합적인 관점이 유용하다. 자연재난은 사회재난이나 사고와 달리 발생 자체를 원천적으로 방지할 수 없다. 이로 인해, 안전관리의 여러 이론과 체계가 재난관리와 큰 관련이 없다고 생각하기 쉬우나, 시대의 변화로 인해 이 역시 더 이상 사실이 아니다. 현대의 안전관리는 사고의 발생 이전에 그 억제를 위해 시스템이 갖추어야 할 내용들을 포괄적으로 다루고 있고, 자연재난의 대응 역시 유사시 작동할 수 있는 시스템을 재난 이전에 늘 관리하고 있어야 하기 때문에, 작동 시점의 차이가 있을 뿐 활동 원칙에는 큰 차이가 없다. 즉, 평소에 위험요인의 발생을 지속적으로 감시하여 대응할 수 있는 방법과 자원을 준비하고, 관련자들이 학습을 통해 유용한 공통지식을 유지하고, 상황의 변화를 멀리 내다보는 일 등이 공통적으로 포함되는 것이다. 따라서 재난관리와 안전관리가 그 적용과 직무내용에서의 차이가 있음에도 불구하고, 방법론과 체계는 공통점이 많다. 이는 과거에 독립적으로 발전해 온 두 분야의 연구내용과 체계들이 적어도 국가적 안전을 담당해야 할 관리 체계의 입장에서는 함께 고려될 수 있으며 또 고려되어야 한다는 것을 의미한다.

2) 방재안전 발전 과정

우리나라 방재안전의 근간은 헌법 제34조의 6항 '국가는 재해를 예방하고 그 위험으로부터 국민을 보호하기 위하여 노력하여야 한다.'로 볼 수 있다. 이러한 헌법 정신을 구현하기 위하여 대한민국 정부 수립과 함께 내무부 장관 소속으로 건설국 산하에 이수과가 설치되어 각종 재해대책 업무들이 추진되었다. 1962년

「재해구호법」이 제정되었으며, 1963년에는 건설부 수자원국에 '방재과'가 신설되어 방재라는 용어가 대한민국 정부 직제에 처음으로 등장하였다. 1967년「풍수해 대책법」이 제정되고, 이 법에 따라 우리나라 최초의 방재기본계획이 1968년에 수립되었다. 이 법은 1995년 12월 6일에 지진 등을 포함하여「자연재해대책법」으로 바뀌었으며, 현재까지 자연재난 관리에 관한 기본법적 성격으로 기능하고 있다. 1995년 7월 18일 인적재난의 대응 · 수습에 관한 내용을 담은「재난관리법」이 제정되고, 같은 해 10월에 내무부에 재난관리국이 신설되어 인적재난을 체계적으로 관리하기 시작하였다. 이때부터 우리나라에서는 영어로 disaster를 의미하는 재해/재난이 재해는 자연재난이나 자연재해를, 재난은 인적재난을 뜻하는 용어로 이원화되어 사용되었다. 이러한 이원적인 구분은 2004년 3월 11일「재난 및 안전관리 기본법」(약어로 재난안전법이라 한다)이 제정되면서 해소되었다. 이 법의 제정이 갖는 중요한 의미는 재난관리와 안전관리를 총괄하여 관리하는 기본법이 만들어졌다는 점과 재난의 개념에 국가기본체계 마비와 같은 사회적 재난을 포함하고 정부 각 부처가 소관분야의 재난안전 업무를 추진하기 위한 안전관리 기본계획과 집행계획을 작성하도록 하였다는 점이다.

행정부 차원에서는 2004년에 최초의 재난관리 전담기구인 소방방재청이 신설되고, 행정자치부가 2008년에 행정안전부로 개편되었다가 2013년에 안전행정부로 개편되는 등 의미 있는 변화가 있었다. 2014년 4월 16일에 발생한 세월호 침몰 사고 이후 재난안전관리시스템의 혁신에 대한 국민적 열망이 고조되었고, 이를 토대로 자연재난, 사회재난, 비상대비에 대한 관리와 육상과 해상의 긴급구조 기능을 하나의 부처로 통합하여 국민안전처가 출범하였다. 국민안전처는 통합적 재난 · 안전관리를 담당하는 최초의 장관급 재난관리 전담기구로서 매우 의미 있는 부처였지만, 모든 유형의 대규모 재난에 효율적으로 대응하고, 여러 부처에서 소관 분야에 대해 추진하는 안전 정책을 총괄하기에는 인적 구성이나 부처의 권한에 한계가 있었다. 국민안전처는 2017년 7월 26일 행정자치부와 통합되어 행정안전부가 되었으며, 소방과 해경은 각각 행정안전부 산하의 소방청과 해양수산부 산하의 해양경찰청으로 독립되었다. 2020년 12월 기준 우리나라의 재난관리와 안전관리를 총괄 조정하는 업무는 행정안전부 재난안전관리본부에서 담당하고 있다.

방재안전이라는 단어가 정부조직에서 공식적으로 사용된 것은 2014년 공무원 직렬에 방재안전직이 신설되면서부터이다. 각종 재난과 사고로부터 국민안전을 보장하기 위한 재난안전관리의 중요성이 점차 중요해지면서 해당 부분의 업무를 전문적으로 담당할 공무원을 채용하기 위해 방재안전직 제도가 도입되었다. 방재안전직 공무원의 주요 업무는 재난안전 정책 수립 및 총괄기획, 지역안전관리계획 수립, 안전교육 및 훈련, 안전점검 장비 운영 및 관리, 위기관리 매뉴얼의 수립 및 관리, 재난상황의 관리와 초동대응, 재난의 예방, 대비, 대응, 복구 업무 등을 담당하는 것이다. 2020년 12월 기준 우리나라 중앙정부와 지방정부에서 근무하는 방재안전직 공무원은 722명이다.[1]

이상에서 살펴본 바와 같이 대한민국 정부 수립 이후부터 지금까지 재난관리와 안전관리에 있어 법적 · 제도적으로 의미 있는 발전이 이루어졌다. 하지만, 아직도 진행 중인 코로나19를 통해 알 수 있는 것처럼 현대사회에서는 언제 어디서든 새로운 유형의 재난이 나타날 수 있음은 물론 재난관리와 안전관리가 보다 전문화되고 고도화되어야 하며, 이를 통합적으로 고찰하고 총괄 조정할 수 있도록 제도를 보완하고 전문인력을 양성하는 것으로 요약될 수 있다. 따라서 이러한 시대적 수요에 맞추어 방재안전의 개념을 정립하고 이를 수행할 수 있는 전문인력을 양성하는 것이 시급하다.

3) 방재안전 주요 논점과 개념 정립

방재안전에 관하여 독자들은 코로나19나 대형 태풍으로 인한 국가적 위기부터 사업장사고나 교통사고와 같은 일상의 안전사고에 이르기까지 그 규모나 유형이 천차만별인 재난관리와 안전관리를 관통하는 원칙과 철학을 정립할 수 있는가에 대해 의문을 가질 것이다. 이는 매우 어렵고 어쩌면 불가능해 보일 수도 있겠지만, 최근 우리나라를 포함하여 국제 사회에서 이루어진 학문적 성과와 제도의 발전을 고려해 볼 때, 도전해 볼 만한 가치가 있는 일이다.

첫 번째로 살펴볼 분야는 재난 · 사고의 발생빈도와 심각성 사이의 관계에 대한

---

1 2014년 처음 채용을 시작한 이후 방재안전직 채용 인원은 지속적으로 증가하고 있으나 재난관리와 안전관리를 수행하기에는 매우 부족한 수준이다.

최근의 성과이다. 하인리히가 75,000건의 사고기록에 대한 분석을 토대로 상해가 없는 경미한 사고, 작은 상해사고, 중대 상해사고의 비율이 300:29:1로 된다는 통계를 발표하였다. 이후 프랭크 버드도 175만 건의 자료를 분석하여 분류와 수치는 다르지만 하인리히와 비슷한 원칙을 제안하였다. 비록 통계 비율은 시대적 상황이나 산업안전의 발달에 따라 달라질 수 있겠지만, 하인리히와 버드가 제시한 이론의 중요한 의의는 우리가 경미한 사고의 수를 줄일 수 있다면 중대 사고를 예방할 수 있다는 것이다. 재난과 사고의 빈도와 심각성 사이의 관계에 대한 주목할 만한 연구 성과로는 바턴 외(Barton et al., 1994), 베세라 외(Becerra et al., 2006) 등이 밝힌 지진, 허리케인 등의 위험요인의 발생빈도와 피해규모의 멱함수 관계이다. 특히, 김용균 · 손홍규(2017)는 1948년부터 2015년까지 우리나라에서 발생한 자연재난과 사회재난의 발생빈도와 피해액을 통계적으로 분석하여 긴 꼬리 분포를 가지는 멱

그림 1–1 한국의 자연재난과 사회재난의 멱함수 분포

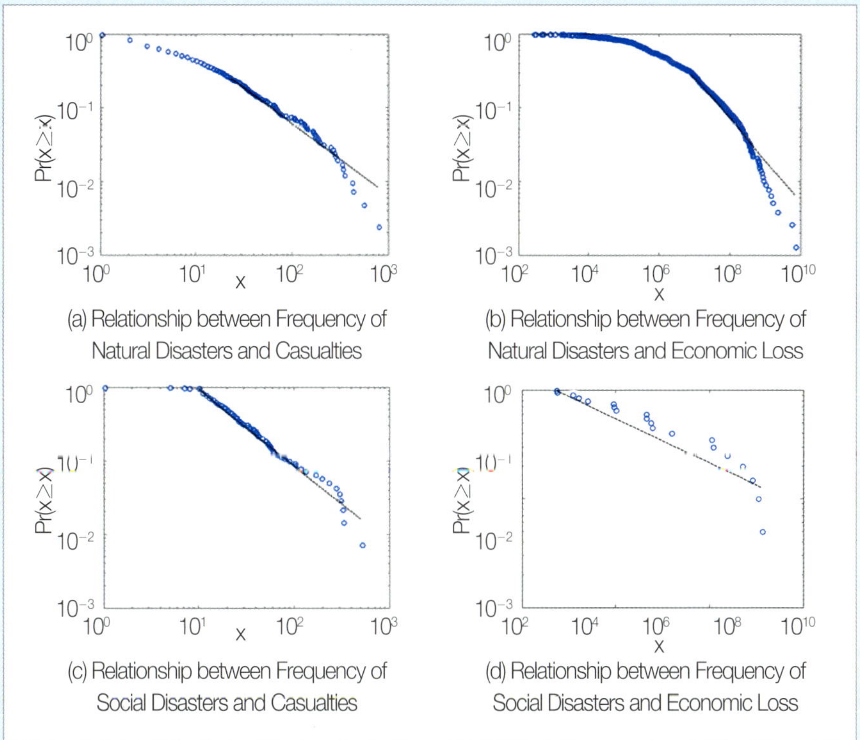

(a) Relationship between Frequency of Natural Disasters and Casualties

(b) Relationship between Frequency of Natural Disasters and Economic Loss

(c) Relationship between Frequency of Social Disasters and Casualties

(d) Relationship between Frequency of Social Disasters and Economic Loss

출처: Kim, Y–k and Sohn, H–g (2017). Disaster Risk Management in the Republic of Korea, Springer

함수 분포를 따른다는 것을 밝혔다.

하인리히 법칙, 버드의 이론, 재난의 멱함수적 특성 등은 다음 두 가지를 제시한다. 하나는 대규모 피해를 막기 위해서는 평상시 시스템 전반의 안전 활동을 높여야 한다는 것이고, 다른 하나는 아무리 노력해도 막을 수 없는 극단적인 사건이 발생할 수 있으므로 이에 대해 충분히 대비해야 한다는 것이다. 이는 방재안전이 지향해야 할 목표에 대한 중요한 시사점이다.

둘째, 미국의 연방재난관리청(FEMA)과 국토안보부(DHS), 독일의 시민보호 및 재난지원청(BBK), 우리나라의 국민안전처와 행정안전부 등 제도적으로 통합적 재난관리를 추구하는 각 국의 노력을 주목해야 한다. 우리나라를 포함한 여러 국가들은 대형 재난에 대응하는 과정에서 반복적으로 발생하는 대응조직들 간의 협력 부족이 대규모 피해가 발생하는 원인 중 하나라는 점에 주목하기 시작하였고, 위험 상황에서 자원 동원이나 의사 결정 등을 총괄적으로 조정할 수 있는 기구를 설립하고 통합적 재난관리를 강화하기 위해 노력하고 있다. 학계에서도 이러한 주장을 뒷받침하는 이론들이 제시되었는데, 콰런텔리가 분산관리 방식에서 통합관리 방식으로의 전환을 주장하면서, 재난에 대응하는 방식이나 계획이 부처별로 유사하고, 재난대응을 위한 자원이 유형에 상관없이 공통적인 부분이 많으며, 자연적인 원인과 인위적인 요인에 따라 재난 유형을 구분하는 것이 대응에 있어서는 실효성이 없다고 강조하였다. 이러한 배경을 바탕으로 많은 국가들이 중앙정부, 지방정부, 그리고 민간분야에 이르기까지 종합적인 역량을 높이기 위한 총괄조정 부처의 역할과 기능을 강화하고 있다. 우리나라도 부처별 안전 정책의 조정, 재난대비역량의 강화, 대규모 재난 발생 시 중대본 운영을 통한 범정부적 대응, 현장에서의 긴급구조를 효율적으로 지원하기 위한 총괄조정부처로 행정안전부가 있으며, 재난안전관리본부에서 이에 대한 실무를 담당하고 있다.

마지막으로, UN을 포함한 국제사회와 울리히 벡, 데이빗 우즈 등으로 대변되는 학계에서 재난관리와 안전관리의 궁극적인 목표를 달성하기 위하여 위험사회의 본질을 이해하고 사회 전체적인 리질리언스를 높이는 방법이 논의되고 있다. 재난관리 관점에서 리질리언스는 2005년에 채택된 효고행동계획(Hyogo Framework Action for Disaster Risk Reduction)에서 외력으로부터 지역사회와 국가의 리질리언스를 높이기 위해 노력한다는 점을 강조하면서 주목받기 시작하였다. 이때는 조기경보체계 구축과 회복력 강화에 중점을 두는 리질리언스가 강조되었다. 이러한 관점은 2015년에 채택된 센다이 프레임워크(Sendai Framework for Disaster Risk Reduction)에서 리스크에 대한 이해와 지역사회 전반적인 안전문화가 강조되면서 위험을 사전에 예측하고 대비하고, 위기상황에서는 국가자원의 효율적인 동원을 통한 대응, 피해에 대한 근원적인 복구 등을 강조하는 종합적인 관점에서의 리질리언스 증진으로 발전되었다. 이러한 관점에서 재난리질리언스(disaster resilience)는 최근 안전관리에서 강조되고 있는 리질리언스 공학과 일맥상통한다. 안전관리에서의 리질리언스공학은 시스템이 유연하게 상황에 대처하며 안전수준을 유지함으로써 지속적인 안전을 기하고 사고의 가능성을 줄일 수 있다는 것이다. 특히 조직 내부와 외부의 상황을 계속 감지하고 필요한 경우에 따른 대응을 하며 경험을 조직 내에 학습하고 장래를 예측함으로써 탄력성을 가질 수 있다는 관점을 제시한다.

지금까지의 논의를 통해 현대사회를 살아가고 있는 일상의 사고에서부터 대규모 재난에 이르기까지 수없이 많은 위험에 노출되어 있으며 이를 통합적으로 관리하여 사회 전반의 리질리언스를 높이는 것이 안전한 사회를 만드는 데 필수적이라는 것을 알 수 있다. 방재안전의 목적도 이러한 배경에 기반하여 '일상의 위험과 재난으로부터 시민과 공동체를 보호'하는 것이라고 볼 수 있다. 이를 바탕으로 이 책에서는 방재안전을 '재난으로 인한 피해를 줄이고 일상생활에서 공동체의 안전을 유지하기 위한 모든 활동'으로 정의하고자 한다. 즉 생활 · 여가 · 교통 · 보건 · 식품 등 일상생활의 모든 분야에서 일어날 수 있는 위험으로부터 개인과 공동체의 안전을 지키는 노력에서부터 태풍 · 지진 · 감염병 등 국민의 생명과 재산에 막대한 피해를 입히고 공동체의 붕괴를 초래할 수도 있는 극단적인 상황에 대비하고 피해를 수습 · 복구하기 위한 국가와 공동체의 노력까지를 포함한다고 볼 수 있다. 일상의 위험과 재난상황은 관리대상 위험의 범위와 심각성, 이를 관리하는 주체 등이 매우 다르지만 각종 위험상황으로부터 시민과 공동체의 안전을 지키고자 하는 목적과 방식은 일치한다고 볼 수 있다. 따라서 저자들은 방재안전의 정의, 목적, 활동 등을 다음 **그림 1-2**와 같은 개념으로 사용하고자 한다.

방재안전을 구성하는 이론적 배경으로는 울리히 벡의 위험사회론, 페탁의 재난관리 4단계 모형, 쿼런텔리의 통합적 재난관리, 찰스 페로의 정상사고론 등이 있으며, 이에 대해서는 제2장에서 구체적으로 살펴볼 것이다. 우리나라 정부도 재난

그림 1-2 방재안전의 개념 및 목적과 주요 활동

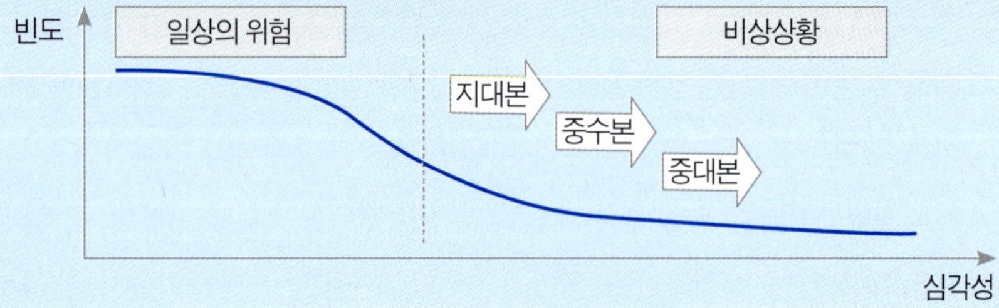

활동	국민안전 교육, 안전문화 안전신고, 재난예방 등	재난대비, 훈련, 현장 지휘체계, 총괄조정, 자원종합 관리 피해 수습 · 복구 등
목적	일상의 위험과 재난으로부터 시민과 공동체를 보호	
정의	재난으로 인한 피해를 줄이고 일상생활에서 공동체에 안전을 유지하기 위한 모든 활동	

관리와 안전관리를 통합적으로 추구하여 방재안전을 정착시키기 위한 제도적 장치들을 마련하여 왔는데, 안전관리계획, 재난관리 평가, 재난안전사업 사전협의, 재난안전관리 특별교부세, 방재안전 연구개발, 안전문화 진흥, 국민안전교육, 민관협력 등이 이에 해당되며, 제3장에서 구체적으로 설명한다.

4) 요약

우리나라 방재안전에 대한 최상위 법적 근거는 헌법 제34조의 6항 '국가는 재해를 예방하고 그 위험으로부터 국민을 보호하기 위하여 노력하여야 한다'이며 행정부 차원에서 최초의 재난관리 전담기구는 2004년에 설립된 소방방재청이었다.

우리나라에서 발생한 자연재난과 사회재난의 발생빈도와 피해액 사이의 관계는 긴 꼬리 분포를 갖는 멱함수 분포를 따르고 있다.

2015년에 채택된 센다이 프레임워크(Sendai Framework for Disaster Risk Reduction)에서는 리스크에 대한 이해와 지역사회 전반적인 안전문화가 강조되면서 위험을 사전에 예측하고 대비하고, 위기상황에서는 국가 차원의 효율적인 동원을 통한 대응, 피해에 대한 근원적인 복구 등을 강조하는 종합적인 관점에서의 리질리언스 증진을 강조하였다.

2 방재안전 주요 이론

현대사회에서 재난이나 사고는 발생 원인이나 진행 양상이 더욱 복잡해지고 있으며, 이를 완벽하게 막는다는 것은 거의 불가능하다. 하지만 많은 학자들과 관계자들은 재난과 사고의 발생 및 진행 메커니즘을 규명하여 재난을 예방하기 위해 노력하였다. 본 장에서는 20세기 이후에 발표된 많은 방재안전 관련이론들 중 대표적인 이론들인 위험사회론, 페탁의 재난관리 4단계 모형, 통합적 재난관리, 리스크 거버넌스, 하인리히와 버드의 이론, 스위스치즈 모형, 시스템적 사고 모형 등에 대해 설명한다.

1) 위험사회론

위험사회론은 독일의 사회학자 울리히 벡(Ulrich Beck)이 1986년에 출간한 《위험사회(*Risk Society*)》를 시작으로 발전되었다. 벡은 위험사회를 사회적으로 부(wealth)가 생성됨에 따라 본질적으로 동반되는 것이며, 근대 산업사회의 성공이 낳은 '생산된 위험'이라고 보았다. 벡은 또한 산업사회의 구조적 · 심층적 문제를 해결하기 위해서는 산업화 과정에서 '사회적으로 생산된 위험'을 종합적으로 이해하고, 이러한 위험을 어떻게 정의하고 분배할 것인가가 매우 중요한 문제가 된다고 강조하였다.

벡의 위험사회론은 산업화 과정에서 중요하게 다루어졌던 과학기술이나 생산기술이 오히려 사회를 위험하게 하는 원인이 될 수 있고, 산업화와 함께 확대 · 재생산된다는 것을 강조하고 있다는 점에서 최근 한국사회가 경험하고 있는 새로운 형태의 위험을 어떻게 관리할 것인가에 대해 시사하는 바가 매우 크다. 또한, 위험사회가 겪는 위험(risk)이 지진 · 태풍 · 호우 등에 의한 자연재난이나 직접적이고 물리적인 손실로 나타나는 위해(danger)와는 다른 양상으로 나타나고 있다고 하였다.

먼저, 위험사회의 위험은 성공적인 산업화 과정에서 '생산된 위험(manufactured risk)'으로서, 정치 · 경제 · 사회 및 기술이 발전하면서 생긴 부산물이다. 예를 들어, 핵융합 등 원자력 기술의 발전이 낳은 원자력발전소는 에너지 분야에서 주목할 만한 발전이고 경제성장의 원동력이 되기도 하지만, 체르노빌 사고에서 나타나듯이 그 자체가 고위험을 내포하고 있다. 벡은 이러한 측면에서 위험사회에서는 과학기술을 경제성장이나 사회문제의 원천으로서만 인식할 것이 아니라 '문제의 원인'으로도 인식하고 관리할 필요가 있다고 강조한다.

둘째, 위험사회에서 나타나는 위험은 인간의 인지능력을 벗어나는 경우가 많다. 동일본 대지진 이후 후쿠시마 원전사고로 인해 초래된 위험이 어디까지 영향을 주고 있는지는 아직까지 명확하게 밝혀지지 않고 있다. 따라서 현대 사회에서는 다양한 분야의 전문가, 언론, 과학기술자, 시민단체 등이 위험에 대해 함께 논의하고 참여하는 공론화 과정이 매우 중요하다. 마지막으로, 현대 사회에서 한 국가에서 발생한 재난은 다른 국가에 영향을 주는 경우가 많으며, 단일국가에서 스스로 해결할 수 없는 국제적인 위험이 등장하고 있다. 벡은 2008년 서울대학교에서 개최한 강연회에서 세계적인 위험을 함께 인식하고 국제적으로 공조하는 것이 매우 중요하다고 역설하였다.

벡이 강조한 것처럼, 현대 사회에는 이차적, 초자연적, 인위적 불확실성과 결합된 새로운 위험이 등장하고 있다. 이러한 새로운 위험은 전통적인 경계의 소멸(de-bounding)과 밀접한 관련이 있기 때문에 과거 사례에 기초한 대응 방법만으로는 다룰 수 없고 새로운 위험거버넌스의 구축을 요구한다.

2) 페탁(Petak)의 재난관리 4단계 모형

페탁(Willian J. Petak)은 1985년에 미국행정학보에 기고한 논문에서 재난관리 4단계를 제안하고, 각 단계별로 연방·주·지방정부 및 지역사회 등의 역할과 임무를 제시하였다. 페탁은 재난관리단계를 비상상황의 진행과 재난대응 임무에 따라 재난 발생 이전과 이후로 구분하였다. 재난 발생 이전은 다시 재난의 경감(mitigation)과 재난대비(preparedness)로 세분화하고, 재난 발생 이후는 재난대응(response)과 피해복구(recovery)로 세분화하였다. 재난의 경감은 사회의 건강, 안전 및 복지에 대한 위험이 존재하는 영역에서 무엇을 해야 할 것인지 결정하고, 위험도를 줄이기 위한 노력을 하는 단계를 의미한다. 재난의 대비는 재난 발생 시 신속하고 정확하게 대응하기 위한 능력을 개발하고 자원을 준비하는 단계이다. 재난대비 활동에는 재난대응계획 및 매뉴얼의 수립과 훈련, 재난관리자원의 비축과 관리, 긴급지원체계에 대한 점검 등이 있다. 재난대응은 발생한 비상상황(emergency situation)에 대처하기 위하여 대응기관이 수행하여야 할 각종 임무와 역할을 적용하는 과정으로서, 재난 예·경보의 발령, 주민 대피, 긴급 구조, 2차피해 방지, 자원 동원 등의 활동이 이에 해당한다. 재난복구는 발생한 피해에 대하여 기능을 복구하여 지역사회가 안정을 찾도록 하고 피해 발생 원인을 분석하여 제도를 개선하는 단계이다. 페탁의 재난관리 4단계 모형은 우리나라에서 재난의 예방, 대비, 대응, 복구 단계별로 정책을 개발하고 집행하는 데 영향을 미쳤으며, 「재난 및 안전관리 기본법」에 이러한 내용이 반영되어 있다.

페탁은 재난의 경감, 대비, 대응, 복구 단계별로 정부와 이해관계자들의 역할과 책임을 명확하게 하는 것이 무엇보다도 중요하다고 강조한다. 페탁은 **표 1-1**에 제시된 각 단계가 상호 단절적인 것이 아니라 순환적인 성격을 가지고 있으며, 각 단계에서 행위주체들의 활동들이 서로 상호작용을 하면서 환류되어야 한다고 강조한다.

표 1-1 페탁(Petak)의 재난관리단계 모형

<table>
<tr><th colspan="3" rowspan="2">구분</th><th colspan="5">정부 간/조직/이해관계자</th></tr>
<tr><th>연방정부</th><th>주정부</th><th>지방정부</th><th>지역사회</th><th>기타 이해관계자</th></tr>
<tr><td rowspan="4">재난 관리 단계</td><td rowspan="2">재난 발생 이전</td><td>경감(Mitigation)</td><td colspan="5" rowspan="4">재난관리의 역할과 책임</td></tr>
<tr><td>대비계획과 경보 (Preparedness Planning and Warning)</td></tr>
<tr><td rowspan="2">재난 발생 이후</td><td>대응(Response)</td></tr>
<tr><td>복구(Recovery)</td></tr>
</table>

출처: Petak, W. J. (1985). Special Issue: Emergency Management: A Challenge for Public Administration, Vol. 45, pp. 3–7.

3) 통합적 재난관리

제2차 세계대전 이후 재난 대응은 전쟁을 수행하는 것처럼 외부 위험요인에 즉각적으로 반응하고 대응하는 것을 중요하게 여기는 방식이 자리를 잡았다. 이러

한 방식이 1970년대 후반에 포괄적이고 통합된 접근방식으로 단계적으로 전환되었으며, 1990년대부터 위험관리와 지속가능한 위험저감이라는 두 가지 개념이 강조되기 시작하였다.

미국은 1970년대 후반까지 100여 개 이상의 연방 기관들이 위험 및 재난관리에 연관되어 있어 대형 재난이 발생하였을 때 이를 총괄 조정할 수 있는 기구가 없었다. 이러한 문제를 해결하기 위하여 1979년 미국은 연방재난관리청을 설립하였고 이를 통하여 분산된 비상상황대처 및 재난관리의 책임을 담당할 재난관리자가 출범되었다. 통합적 재난관리개념은 대부분의 위험 및 재난을 처리하기 위한 일반적인 프로세스가 있다는 생각에 기반을 두고 있다. 이것은 재난 진위성 측면에서 다소 단순할 수 있지만, 재난담당 기관이 보다 현실적인 행정 및 인적자원역량을 개발하는 데 크게 도움이 되었다. 이러한 접근 방식에서 비롯된 통합적 재난관리는 수직적(중앙정부 및 지방정부) 및 수평적(다른 행정기관과 공공–민간 부문 간)인 파트너십을 형성하는 데 도움이 되었다.

쿼런텔리(1993)는 이전까지의 재난을 부처별 · 유형별로 분산 관리하는 것은 매우 비효율적이며 이를 총괄 조정할 수 있는 기관을 설립하여 모든 재난을 통합 관리하는 방식으로 진행해야 한다고 주장하였다. 이와 같은 시각의 변화는 이전까지 재난을 물리적 관점에서 보고 해결하고자 하였다면 재난이 사회적 개념으로의 이동이 진행되고 있다는 것을 분석한 결과이다. 예를 들면, 지진이나 화학폭발의 발생 자체가 자연적으로 발생하지 않는다는 것이다. 결국, 특정 종류의 자연적인 토지 이동은 지진이며, 불활성 액체가 팽창성 가스로 변환되는 것은 화학폭발이다. 따라서, 재난은 사회적 사건의 일부 특징, 즉 상황에 반응하는 개인과 집단의 일부 특성으로 식별할 수 있다. 재난을 사회적 사건과 자연적 및 기술적 재난의 특징에서 보는 것은 잘못된 관점이라는 것이다. 재난을 통합관리 방식으로 유지해야 하는 이유로는 현재 발생하고 있는 대부분의 재난이 복합재난의 성격을 지니고 있으며, 사회재난과 자연재난의 구분이 모호해지고 있기 때문이다. 그뿐 아니라 이와 같은 복합재난에 대응하는 방식이 유사성을 지니고 있어 부처별로 진행하는 것보다는 통합관리하는 것이 효율적이다.

이 모델은 이후 약 20년 동안 미국의 재난관리 방식을 지배하였다. 궁극적으로 포괄적이고 통합된 재난관리(Integrated and Comprehensive Emergency Management)라 함은 자연재난뿐만 아니라 사회재난을 포함한 모든 종류의 위험요인으로부터 파생되는 다양한 종류의 여러 재난을 예비, 대응, 대비, 복구 과정 중에서 보편적이고 일반화된 기능을 수행할 수 있도록 하는 개념이라고 할 수 있다. 이를 실현하기 위해서는 모든 단계(all phases), 모든 위험요인(all hazards), 모든 영향(all impacts), 그리고 모든 이해관계자가 참석하여 포괄적으로 재난에 대응해야 한다는 것이다. 하지만, 한 재난에서 예방, 대응, 대비, 복구 과정 시 완벽하게 작동하는 시스템이 다른 재난에도 작동하려면 재난의 비교가능성과 유형을 정확하게 파악해야 한다는 점은 분명히 해야 할 것이다.

4) 사회적 충격사건의 개념과 재난유발 정책변동

(1) 버클랜드(Birkland)의 사회적 충격사건(focusing event) 개념

사회적 충격사건(focusing event)은 킹던(J. W. Kingdon, 1984)이 그의 저서 《어젠다, 대안, 그리고 공공정책(*Agendas, Alternatives, and Public Policies*)》에서 처음으로 언급하였다. 그는 공공정책의 의제설정 단계(agenda setting phase)에 대한 연구에서 사회적 충격사건이 정책변동을 초래하는 중요한 요인이라고 설명하면서, 기존의 위기나 재난을 포함하는 넓은 개념으로 사회적 충격사건을 설명하였다. 버클랜드(T. A. Birkland, 1997, 2006)는 사회적 충격사건이 사건 전에는 형성되지 않았던 아이디어에 관심을 불러 모아 정책 흐름에 영향을 미칠 수도 있고, 정치적으로 구미에 안 맞거나 불필요하다고 고려되었던 정책들을 새롭게 검토할 기회를 낳을 수도 있다고 주장하였다. 그는 사회적 충격사건의 개념을 재난과 사고에 적용하여, 이러한 사건이 의제설정에 영향을 미칠 뿐만 아니라 사건(event), 사건의 특성(nature), 그 재난에 의해 드러난 정책 쟁점, 그리고 그 문제를 다루는 행위자나 공동체의 구성원 등이 서로 상호작용한다는 것을 발견하였다. 버클랜드는 2006년에 출판한 《재난의 교훈: 대규모 사건 이후 정책변동(*Lessons of Disaster: Policy Change After Catastrophic Events*)》에서 재난이 단순한 의제변화(agenda change)를 넘어서 정책변동을 초래하는지, 그리고 그 영향은 어느 정도인지에 대해 관심을 가지고 분석하였다. 그는 국토안보, 항공보안, 지진, 허리케인이 의제설정과 정책변동에 미치는 과정에 주목하면서, 사고, 자연재난, 테러 공격과 같은 고의적으로 생긴 대형 참사 등을 포함하는 대규모 사회적 충격사건이 발생했을 때, 신속한 정책 변동이 가능하다는 점을 발견하였다. 그는 또한 재난이 발생하였다고 해서 반드시 정책변동이 일어나지는 않는다는 점에 주목하여 '잠재적 사회적 충격사건(potential focusing event)'이라는 개념을 제안하면서 사건이 공동체에 미치는 영향력의 크기와 사건이 사회에 주는 충격의 정도는 가변적이고 지속된다고 강조하였다. 그는 잠재적 사회적 충격사건을 "갑작스럽고, 상대적으로 드물며, 유해하거나, 미래에 피해를 일으킬 높은 가능성을 드러내는 것으로 합리적으로 정의될 수 있거나, 피해를 끼치거나, 정의 가능한 지리적 공동체 또는 이익집단에 집중된 또는 집중될 수 있는 잠재적 피해를 시사하고 정책결정자나 대중에게 사실상 동시에 알려지는 사건"을 의미한다고 설명하였다. 그림 1-3은 버크랜드의 사건관련 정책학습 모형을 도식적으로 표현한 것이다.

(2) 재난유발 정책변동(Disaster–Triggered Policy Change)

김용균(2018)은 대한민국 정부 수립 이후 발생한 대규모 재난에 집중하여, 이러한 재난이 방재안전을 총괄 조정하는 기구와 법률에 어떠한 변화를 주었는지에 대해 분석하고 재난유발 정책변동 모형(Disaster–Triggered Policy Change Model)을 제안하였다. 그는 사건 관련 정책학습 모형(Event–Related Policy Learning Model)에서 버클랜드가 제안한 "대규모 재난과 같은 사회적 충격사건이 발생한 이후 행정부와 입법부에서 학습이 일어나고, 이러한 학습의 결과로 정책변동의 가능성이 커진다"는 주장에 동의하면서, 한국에서도 일산제방 붕괴, 삼풍백화점 붕괴, 대형 태풍 루사·매미, 대구 지하철 화재사고, 세월호 침몰사고 등과 같은 대규모 재난 이후에 방재안전을 담당하는 기구와 법률이 변화했다는 점에 주목하였다.

2001년 미국에서의 9월 11일 테러 공격은 국토안보 영역과 항공안전 영역에서 다양한 아이디어를 받아들였다. 미국은 이미 이전에 팬암 103편과 TWA 800편 사고 후 폭발물 탐지장비 제조업체들이 폭발물 탐지를 위한 특정 장비의 판매를 촉진시키고, 탑승객 보안검색 또는 가방 수동 보안검색이 아닌 폭발물 탐지가 항공보안 개선에 가장 유익한 방법이라고 제안하였지만 개혁으로 이어지진 않고 있었다. 9월 11일 테러 공격 이후에는 승객 보안 검색 개선, 조종실 보안 강화, 승무원

그림 1-3 버클랜드(Birkland)의 사건 관련 정책학습 모형

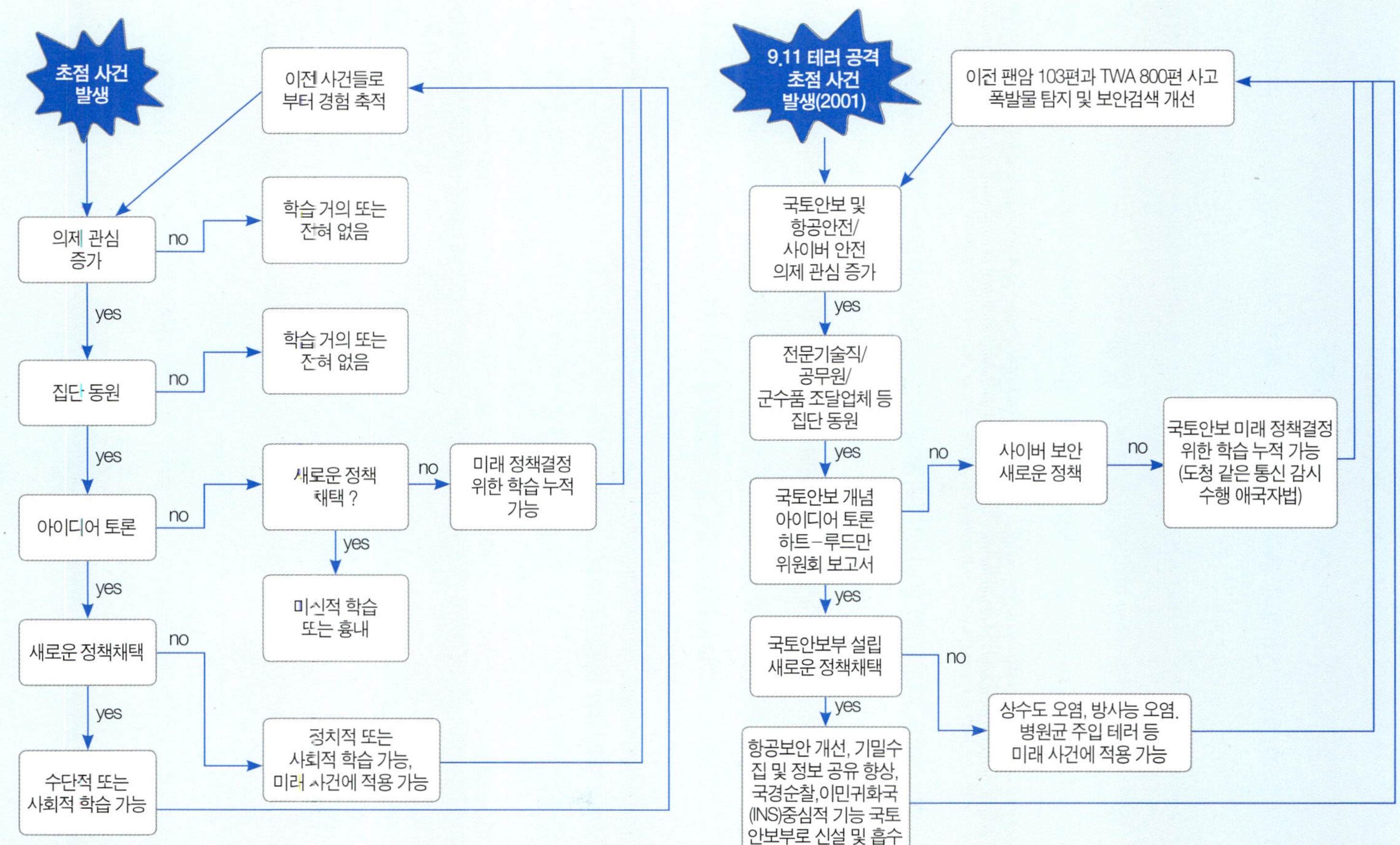

출처: Birkland T. A. (2006)

의 무기 휴대 허용 및 그 밖의 보안 혁신에로 관심을 돌렸다. 동시에 정책 결정자와 언론으로 하여금 출입국 관리 혁신과 국경 통제, 생물학 무기를 이용한 테러, 항구 보안 그리고 사이버 보안 등의 훨씬 광범한 문제들에 관심을 기울였다. 더욱이 9월 11일 테러 공격은 그 전까지는 정책 전문가들만 잘 알던 용어인 "국토안보(Homeland Security)"라는 개념을 궁극적으로 최고 수준의 국가 정치와 대중 의식으로 끌어올렸다. 하지만 국토안보부의 설립은 대부분 하트-루드만 위원회에서 발표한 한 건의 보고서의 권고를 기초로 한 것이다.

버클랜드 모형은 대규모 재난이 정책의 변화를 가져온다는 것을 설명했다는 점에서는 의미가 있지만, 이러한 변화 과정을 순차적이고 선형적으로 일어난다고 설명하여 대규모 재난 이후에 정부, 의회, 시민 사회 등에서 동시 다발적으로 발생하는 현상은 충분히 설명하지 못하고 있다. 버클랜드 모형이 갖는 선형적인 한계를 극복하기 위해 김용균(2018)은 킹던의 다중흐름 모형[2]에 착안하여, 대규모 재난이 발생한 이후에 국민의 관심 증가와 함께 언론 보도가 급증하면서 연이은 정치의 흐름, 정책대안의 흐름, 문제의 흐름의 결과로 정책의 창이 열리고 조직이나 법률 등이 변화하는 과정을 그림 1-4에 나타낸 것과 같은 재난유발 정책변동 모형을

그림 1-4 재난유발 정책변동 모형

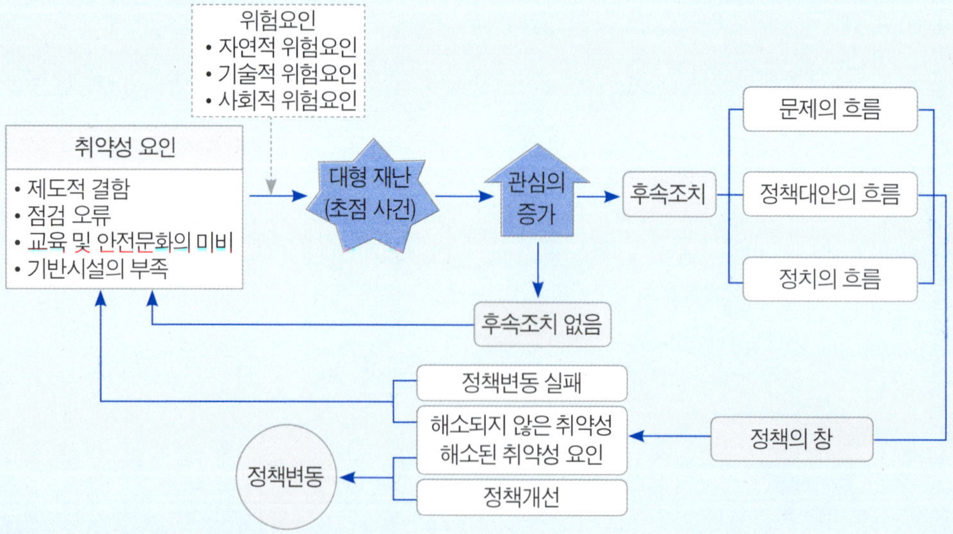

출처: 김용균(2018), 한국 재난의 특성과 재난관리, 푸른길

제안하였다.

재난유발 정책변동 모형의 시작점은 하천변 저지대에 인구 집중, 부실 시공, 산사태 위험지역 개발 등 사회적 취약성이 증가된 상황에서 자연적·기술적 또는 사회적 위험요인(hazard)이 결합하게 되면 대규모 인명피해나 재산피해를 유발하는 대형 재난이 발생하게 된다는 것이다. 이러한 대형 재난은 국민의 이목을 집중시키고 언론에서 대서특필하는 등 언론의 관심을 증가시킨다. 성숙한 사회에서는 대통령의 특별담화문, 특별지시, 국회의 개선대책 촉구 등으로 대변되는 정치의 흐름, 국무총리나 관계부처 장관의 활동, 정부의 개선대책 마련 등으로 대변되는 정책의 흐름, 감사 보고서나 사고원인조사 보고서 등으로 대변되는 문제의 흐름이 뒤따르면서 정책의 장이 열린다. 이를 통해 개선대책들이 채택되고 시행되면서 정책변동이 일어난다. 이 과정에서 해소되지 않은 문제점들은 여전히 사회의 취약성으로 남게 되면서 사회적 충격사건의 원인이 되기도 한다.

5) 안전관리의 주요 이론

사회재난 또는 사고의 경우, 자연재난과 달리 사고 자체를 줄이자는 것이 일차적 목표가 된다. 따라서 안전 쪽에서의 이론적 발전은 주로 사고의 원인과 그 방지라는 목적을 중심으로 하여 이루어져 왔다. 또 사고는 공장, 항공, 선박, 철도, 도로 등의 시스템 내의 문제로 국한되어 전문적 영역에서 다루어졌다는 점에서도 자연재난의 경감이나 관리와는 다른 주제로 여겨져 왔다. 그러나 현대의 시스템이 대형화되고 사회 기간시설도 복잡해짐에 따라 사고의 영향 범위가 특정 시스템 내로 국한될 것이라는 막연한 가정은 이제 불가능하게 되었다. 따라서 복합재난이라는 개념이 대누되었다. 재난의 근본 원인이 인적오류에 의한 화학 플랜트의 사고에서 비롯된 것이든, 인력으로 막을 수 없는 지진이나 폭우에 의한 것이든, 일단 재난으로 확대된 상태에서는 같은 공동체적 문제가 되며 그 대응의 주체도 다르지 않게 된다. 따라서 사전 대비 역시 별도의 시스템으로 조직되는 것보다 통합된 시스템이 필요하게 된다. 이런 문제가 방재안전이라는 주제를 가능하게 하고, 기존의 안전관리의 문제 역시 궁극적으로 방재의 범위로 수렴될 이유가 발생한다. 따라서 여기에서는 안전관리의 이론 중 이러한 대응, 대비에 중요한 함의를 가지는 것을 간략히 소개한다.

(1) 도미노 이론: 하인리히(Heinrich)와 버드(Bird)

허버트 윌리엄 하인리히(Herbert William Heinrich)는 1920년대에 미국의 여행자 보험회사에 종사하며 7만 건 이상의 다양한 사고 통계를 분석하여, 대형 사고와 작은 사고, 그리고 다양한 징후들 간에 계량적인 관계가 있다는 결과를 발견하였다. 한 번의 대형 사고가 발생하기 이전에 29번의 반복적인 경미한 사고들이 있고, 그 이면에는 300번의 이상 징후가 있다는 것이다. 이를 1:29:300법칙이라고 하며, 그의 이름을 따서 '하인리히 법칙(Heinrich'sLaw)'이라고도 한다. 이 비율은 숫자적으로 보편성을 가진 것은 아니지만, 그 함의는 시스템안전이라는 개념의 출발점 중 하나가 되었다. 이는 사회재난급의 사고에서도 중요한 시사점을 가진다. 그 예가 1995년 서울에서 발생한 삼풍백화점 붕괴사고였다. 사고 발생 며칠 전부터 부실 시공과 허술한 관리로 인해 천장에 금이 가거나 옥상 바닥이 손상되는 등 많은 징후들이 나타났다. 이와 더불어 벽의 곳곳에 균열이 가서 고객과 직원들의 신고, 그리고 전문가들의 진단까지 있었지만, 별다른 조치를 취하지 않았다. 이러한 징후들과 작은 사고들을 무시한 결과, 총 1,445명의 사상자를 낸 대형 재난이 발생하였다. 징후와 경미한 사고들을 미리 발견하고 대처해서 대형 재난을 막을 수 있다는 하인리히의 통찰은 현재도 많은 부분 여전히 유효하다고 볼 수 있다.

하인리히 이론의 가장 중요한 부분은 사고 발생의 연쇄 과정을 '도미노 이론'을 통해 설명하였다는 것이다. 하인리히는 인간의 유전적 요인, 사회적 환경, 개인적 결함 등 여러 가지 원인이 복합적으로 작용하여 불완전한 행동의 이유가 되며 그 결과 사고와 재해가 발생한다고 주장하였다. 하인리히가 제시한 사고 발생 연쇄 과정을 그림으로 나타내면 **그림 1-5**와 같다. 한편 프랭크 버드 주니어(Frank Bird Junior)는 중공업 회사와 보험 회사에서 안전관리 업무를 수행한 경험을 바탕으로 하인리히의 도미노 연쇄반응 이론을 더욱 발전시켰다. 버드는 사고의 원인을 개인의 결함에서 찾기보다 시스템적 관점에서 통제의 부족을 사고의 원인으로 보았다는 면에서 보다 현대적인 시스템안전에 접근하였다. 여기에서는 안전관리계획을 수립하고 통제하는 관리자의 역할의 중요성이 강조된다. 이는 현재의 재난 예방과 대응시스템의 운영에 대하여 시사하는 바가 크다. 버드가 제시한 상해 · 손해의 발생 과정은 **그림 1-6**과 같이 다섯 가지 단계로 이루어진다.

그림 1-5 하인리히(Heinrich)의 사고 발생 연쇄 과정

출처: Heinrich, Herbert William(1931). *Industrial accident prevention: A scientific approach*. New York, McGraw-Hill.

그림 1-6 버드(Bird)의 신도미노 이론

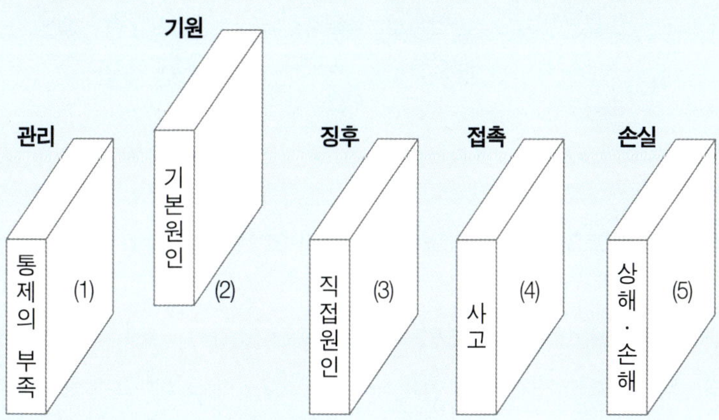

출처: Frank Bird Jr. (1974). Updated Domino sequence of accident causation theory.
김병석(2014). 산업안전관리. 형설출판사. p 27

(2) 리즌(Reason)의 스위스치즈 모델(Swiss Cheese Model)

리즌(J. Reason)은 사고의 요인에 대하여 보다 근원적으로 접근할 수 있는 비유적인 모형으로 **그림 1-7**의 '스위스치즈 모델(Swiss cheese Model)'을 제시하였다. 스위스치즈 모델에서 낱장의 치즈로 비유된 개별적인 층은 재난 발생을 방지할 수 있는 안전장치나 방벽(barrier)을 의미한다. 각 장은 일어나는 문제에 관련된 직접적인 층에서 간접적인 층의 순서로 불안전한 행동(specific acts), 사전조건(preconditions), 불안전한 감독(unsafe supervision), 조직 영향(organizational influences) 등이다. 이러한 방벽의 약점들이 겹쳐서 발생할 확률이 존재하고, 그것이 현실화됨으로써 사고가 난다. 따라서 그 책임과 개선의 대상은 그 모든 층에서 찾고 검토되어야 한다. 이는 비단 사고뿐 아니라 자연재난의 경우에 대해서도 그 대비의 강약점과 대응의 효과성을 위해 고려해야 할 계층적 문제를 가리키고 있다.

그림 1-7 리즌(Reason)의 스위스 치즈 모델

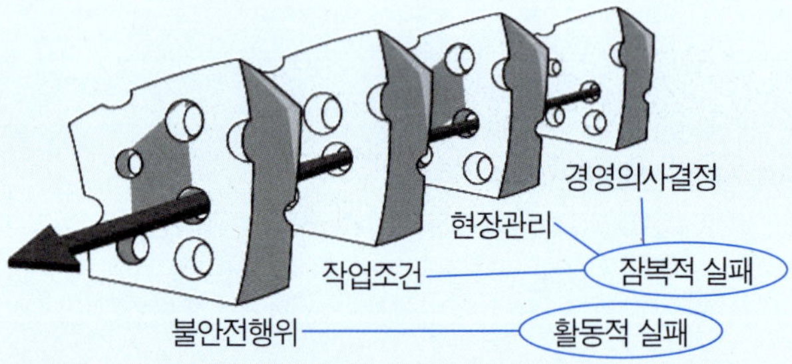

출처: Reason, J. (2008). *The Human Contribution*, p. 102.

(3) 정상사고(Normal Accident) 이론과 고신뢰성(High Reliability) 이론

고도로 복잡한 시스템이 가지고 있는 위험과 이에 대한 대처방안을 바라보는 시각으로는 정상사고 이론(Normal Accident Theory)과 고신뢰성 이론(High Reliability Theory)을 들 수 있다. 정상사고 이론은 세계 최초의 원전사고인 미국 쓰리마일 섬(Three Mile Island) 원전사고(1979)에 대한 분석에 기반을 두어 찰스 페로(Charles Perrow)가 발전시킨 이론이다. 찰스 페로는 《Normal Accident》(1984)에서 복잡한 상호작용(complex interaction)과 긴밀한 결합(tight coupling)의 특성을 갖는 시스템의 복잡성은 이미 그 안에 사고의 가능성을 내재시키고 있다고 하며 그러한 종류의 사고를 '정상사고(Normal Accident)'로 호칭하였다. 인도 보팔 화학공장 참사, 체르노빌 원전 방사능 유출, 멕시코만 기름 유출 등은 복잡한 상호작용과 긴밀한 결합을 갖는 시스템들이 갖는 대규모 위험성에 대해 잘 보여준다.

페로는 다양한 시스템을 복잡한 상호작용과 긴밀한 결합을 기준으로 구분하여 **그림 1-8**과 같은 모형을 제시했다. 원자력발전소, 핵미사일 사고, 화학공장단지, DNA 조작, 우주항공 미션 등은 그림의 2사분면에 위치하고 있어 정상사고의 위험이 높다고 할 수 있다.

위험관리에 있어 정상사고 이론과 고신뢰성 이론 모두 중요한 시사점이 있으며 상당히 공통적인 결론에 이른다. 이 두 이론은 종종 대비되나, 사실 모순되는 것이라기보다는 양면적 사실을 각각의 관점에서 본 것으로써 상보적인 관계를 가지기 때문이다. 정상사고 이론이 주는 시사점은 복잡하고 긴밀하게 연결된 시스템은 필연적 사고의 확률이 있음을 경고하며 기술적 안전성의 강화만으로는 해결되지 않음을 강조한다. 그러나 해결할 수 없다는 것이 아니라 결국 각 기능들 간의 상호작용을 정확하게 이해하고 조직적으로 해결하는 방향을 취해야 한다는 것이

그림 1-8 페로(Perrow)의 상호작용/연결 차트

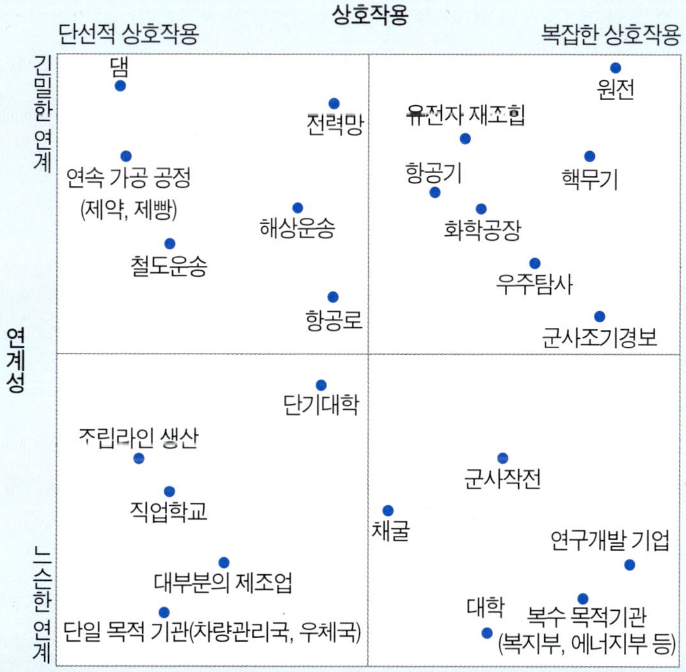

출처: Perrow, C. (1999). *Normal Accidents: Living with High-Risk Technologies*(Reviseded. Edition). Princeton University Press.
하민철 · 홍성만(2017). 고위험시스템의 사고예방과 관리탐색: 유해화학물질 위험관리에 대한 '정상사고이론'을 넘어, 한국공공관리학보, 제31권 제4호, pp. 367-388.

다. 고신뢰성 이론이 강조하는 바, 복잡하고 정교한 시스템일수록 안전장치의 중복 설치, 지속적 훈련, 안전문화의 정착, 정교한 품질관리 등이 반드시 이루어져야 한다는 것은 바로 이에 대한 응답의 중요 부분이라 할 것이다.

(4) 리질리언스(Resilience) 이론

리질리언스의 개념은 1973년 홀링(Holling)에 의해 제시되었으며 생태계의 시스템이 현 상태에 고착하여 안정적이기만 해서는 외부의 교란에 장기간 견딜 수 없다는 점을 들어 안정성과 탄력성을 비교한 데에서 비롯한다. 그 후 이 포괄적인 개념은 정신과 몸의 건강에서 노화나 충격을 이겨낼 수 있는 리질리언스, 도시나 공동체가 재난으로부터 회복할 수 있는 회복탄력성 등에 사용되었으며, 안전관리에서는 리질리언스 공학이라는 안전관리의 새로운 방향으로 발전하였다.

리질리언스 공학에 의하면 시스템의 성공과 실패는 같은 움직임에서 나오는 두 가지의 결과일 뿐이며, 안전을 위해서는 평소에 시스템이 어떻게 사고의 위험을 회피하며 시스템이 움직이고 있는지를 이해하여야 한다. 이러한 능력을 안전탄력성이라 하며, 이를 위해 4가지 기본적 능력인 감지, 대응, 학습, 예측의 능력이 발휘되어야 한다. 사고분석과 위험성평가에서도 이전의 모형과 다른 시스템공학적 특성을 갖춘 모형인 Accimap, FRAM, STAMP 등을 사용한다. 이는 아직 도구적으로 실무에 정착되고 있지는 않으나 현대의 안전관리에 개념적으로 많은 영향을 끼치고 있다.

페로는 사고 가능성을 줄이기 위해 요소들의 상호작용을 줄일 수 있는 분산화(decentralization)와 동시에 만일의 사고 대응을 위해 군대식의 강력한 중앙집중화(centralization)가 필요하다고 분석한다. 그는 또한 사고의 원인을 개인의 실수나 판단착오보다는 조직이나 기술의 특성과 같은 구조적 요인에서 찾고자 하였으며, 민주적인 조직과 적합한 기술의 선택이 재난을 예방하는 데 매우 중요하다고 강조한다.

정상사고 이론이 복잡하고 정교하게 설계된 시스템의 위험성을 강조하는 데 반해, 고신뢰성 이론은 과거 실수에 대한 학습, 정교한 품질관리, 안전관리 강화, 중복감시체계의 확립, 지속적 훈련 등을 통해 위험시스템을 충분히 관리할 수 있다고 본다. 고신뢰성 이론을 주장하는 학자들은 복합적으로 긴밀하게 연결된 고도위험기술(high-risk technology)을 다루면서도 장기간 무사고 상태를 유지하는 시스템에 초점을 맞춘다. 미국항공우주국(NASA), 핵산업, 항공, 거대 석유화학시설 등 위험에 강한 조직에 대한 연구를 바탕으로 버클리대학교 프로젝트팀 교수들과 와익(Weick) 등에 의해 발전되었다. 다음 **표 1-2**는 정상사고 이론과 고신뢰성 이론을 비교한 것이다.

표 1-2 정상사고 이론과 고신뢰성 이론 비교

구분	정상사고 이론	고신뢰성 이론
재난의 통제 가능성	재난은 정상적인 현상으로 재난에 대한 근본적인 회피는 불가능	높은 품질의 조직설계와 관리를 통해 재난예방 가능
재난관리의 우선순위	안전은 경쟁적인 조직목표 중 하나	안전은 조직의 최우선 목표
안전관리의 중첩	안전장치의 중복은 시스템 간의 상호작용과 복잡성을 증가시킴으로써 위험부담을 가중시킴	안전관리 시스템의 중복과 중첩을 통해 신뢰성 있는 시스템 구축 가능
재난관리의 집중과 분산	집중화(긴밀하게 연결된 시스템의 관리)와 분산화(하위 시스템의 면밀한 관찰)가 같이 요구되나 자원과 비용의 한계가 존재	현장의 즉각적이고 유연한 대응을 위해 분산화된 의사결정 필요
재난 이후의 학습	책임의 회피, 잘못된 보고, 역사의 왜곡된 구성 등으로 인해 학습 실패 발생	사고로부터 배우는 시행착오는 매우 효과적이며, 예측과 시뮬레이션을 통해 보완 가능
재난관리의 방향	유연한 대응력을 강조하는 복원전략을 강조	재난을 사전에 방지하기 위한 예방전략을 강조

출처: Vaughan, D. (1999). "The Dark Aide of Organizations: Mistake, Misconduct and Disaster". *Annual Review of Sociology* 25, pp. 271–305.
이재열(2009). 위기관리를 위한 사회학적 접근, 국가종합위기관리, 법문사.
정지범(2015). 안전사각지대 발굴 및 효과적 관리 방안 연구, 한국행정연구원.
김용균(2018). 한국 재난의 특성과 재난관리, 푸른길.

6) 요약

산업사회의 성공이 낳은 생산된 위험으로, 초자연적, 인위적 불확실성과 결합된 새로운 위험이 등장했으며, 위험사회론(Risk Society)은 과거 사례에 기초한 대응으로는 다룰 수 없고 새로운 위험 거버넌스 구축의 필요성을 강조한다.

페탁(Petak)은 재난관리 4단계 모형으로 경감, 대비계획과 경보, 대응, 복구의 재난관리 4단계를 제안하고 각 단계별로 정부 및 지역사회 등의 역할과 임무를 제시했다. 또한 각 단계가 단절돼 있지 않으며 행위 주체들의 활동이 상호작용을 하면서 환류되어야 한다고 강조했다.

하인리히(Heinrich) 이론에서는 큰 사고가 어느 날 갑자기 발생하는 것이 아니라 그 이전에 반드시 경미한 사고들이 반복되는 과정이 있으며, 해결 가능한 요인들을 찾고 안전관리에 중점을 둬야 한다고 설명했다.

스위스치즈 모델(Swiss cheese Model) 이론에서는 재난이 한두 가지 위험요소로 인해 발생하는 것이 아니라 다수의 원인이 복합적으로 작용하여 발생하고, 발생 자체 예방이 불가하며 항상 사고 발생에 대비해야 한다고 제시했다.

정상사고(Normal Accident) 이론과 고신뢰성 이론에서는 복잡한 시스템이 가지고 있는 위험과 이에 대한 대처방안을 제시했다. 정상사고 이론에서는 복잡하고 긴밀하게 연결된 시스템은 기술적 안전성의 강화만으로 해결되지 않고 각 상호작용을 정확히 이해하고 조직적으로 해결해야 한다. 고신뢰성 이론은 복잡하고 정교한 시스템일수록 안전장치의 중복설치, 지속적 훈련 등이 반드시 이루어져야 한다.

휴먼에러에서는 사고의 가장 큰 원인이 되는 인적오류는 지식기반, 규칙기반, 기능기반 행위에서의 발생에 따라 Mistake, Slip, Lapse, Violation으로 구분하여 각각의 유형과 원인을 파악하여 대처해야 한다고 제시했다.

리질리언스 공학에서는 시스템에서의 사고는 요소 기능의 변동성들이 상호작용하여 일어남을 직시하고, 시스템이 유연하게 자신을 적응시켜 나가는 능력, 즉 안전탄력성(Resilience)의 확보를 중요하다고 판단했으며, 특히 감지, 대응, 학습, 예측의 능력이 기본이 된다고 설명했다.

3 외국의 방재안전체계

방재안전에 관한 외국의 체계를 정리하는 것은 매우 어려운 일이다. 재난관리와 안전관리를 통합해서 보고자 하는 노력은 우리나라를 포함하여 여러 국가에서 이루어지고 있지만, 아직까지 이에 대해 체계적으로 연구된 바는 없기 때문이다. 따라서 이 장에서는 방재안전체계와 밀접하게 관련되는 재난관리 관련법,

대규모 재난에 대한 대응체계, 재난관리를 총괄 조정하는 조직 등을 중심으로 설명한다.

1) 미국

(1) 재난관리 관련법

미국 역사상 최초의 연방 재난구호 입법 조치는 1802년 12월 뉴햄프셔 주 포츠머스에서 엄청 큰 화재가 발생하였고, 이로 인하여 도시 항구의 넓은 지역이 파괴되면서 새로 설립된 국가의 상업이 큰 위협을 받으면서 시작되었다. 1803년 미국 의회는 채권 지급을 몇 달 동안 중단함으로써 화재로 영향을 받은 포츠머스 상인들에게 구제를 제공하였다. 근대 미국의 재난안전관리에 관한 법은 1950년 「연방재난구호법(The Federal Disaster Relief Act of 1950)」을 시작으로 1970년 「재난구호법(The Disaster Relief Act of 1974)」에 따라 재난 안전의 민간손실 지원기반이 시작되었고, 1988년에는 「스태포드법(The Robert T. Stafford Disaster Assistance and Emergency Relief Act)」으로 주정부나 지방정부의 응급대처능력으로 대응이 어려운 재난 발생 시 연방정부의 재난지원체제를 마련하였다. 2000년에는 「재난경감법(Disaster Mitigation Relief Act)」을 제정하여 재난예방 · 경감 기금에 대한 계획 등을 수립하게 되었다.

2005년 8월 미시시피에 상륙하여 걸프해안을 따라 발생한 대규모 허리케인 카트리나(Katrina)로 인하여 지역의 주민을 50개주로 모두 이주시켰으며, 그 결과 인프라와 국가적 손실이 엄청난 규모로 발생하였다. 의회는 연방재난관리청을 국토안보부(Department of Homeland Security, DHS) 내의 별개의 기관으로 설립하게 하고 연방관리청의 주요 임무를 정의하는 2006년 「카트리나 이후 재난관리개혁법(Post Katrina Emergency Management)」을 제정하여 국토안보부가 연방재난관리청(Federal Emergency Management Agency, FEMA)에 확대된 임무와 권한을 부여하였다. 2012년 허리케인 샌디(Sandy)가 동부 해안 전체에 영향을 미쳤을 때 재난관리에 대한 연방기능의 문제점이 노출되었다. 이 폭풍의 영향은 매우 광범위하여 수백만 명에게 전력이 공급되지 않고 수십만 채의 주택이 파괴되는 피해가 발생하였다. 이를 계기로, 의회는 공공 인프라의 복구를 간소화하는 「샌디복구개혁법(Sandy Recovery Reform Act of 2013)」

되어 있다(https://www.dhs.gov/about-dhs).

② 연방재난관리청(FEMA)

1979년에 설립된 연방재난관리청은 미국 재난관리의 핵심부서이다. 연방재난관리청은 워싱턴에 본부가 위치해 있고, 50개의 주를 총 10개의 권역별로 나누어 10개의 지역관리청을 두고 있으며, 재난 발생 즉시 현장에 투입할 수 있는 약 5,000명 규모의 재난지원요원을 항상 관리하고 있다. 연방재난관리청은 재난으로부터 미국 시민의 생명과 재산을 지키고, 주요 기반시설을 보호하기 위한 연방정부의 활동을 총괄 조정한다. 이에 따라 비상관리프로그램을 통해 재난 및 기타 비상사태의 피해경감, 대비, 대응 및 복구 등에 관해 체계적 · 종합적으로 관리한다.

최근에는 「연방재난관리청 2018－2022 전략계획(FEMA 2018－2022 Strategic Plan)」을 수립하여 재난 전, 중, 후 미국을 지원하고 재난으로부터 국민을 보호하는 기본적인 프레임워크를 재정비하고 있다(FEMA, 2018). 이 전략계획에는 3가지 전략적 목표가 있는데 이를 살펴보면 첫 번째 목표는 재난대비문화 구축, 두 번째는 심각한 재난에 대비하는 국가, 세 번째는 연방재난관리청의 복잡성을 감소하는 것이다. 이 전략계획의 핵심은 재난이 발생하였을 때, 모든 커뮤니티를 동원하여 재난대비문화를 구축하고, 국가는 재난에 항상 대비되어 있는 모습을 보이며, 연방재난관리청의 복잡성을 줄이는 것이다.

그림 1-10 은 연방재난관리청의 조직도이다. 연방재난관리청은 국토안보부 내의 연방기관으로서, 청장은 국토안보부 장관에게 직접 보고를 하게 되어 있다. 그뿐 아니라 재난 대응 시에는 대통령과 직접 보고할 수 있는 체계도 확립하고 있다. 워싱턴 DC에 본부를 두고, 10개의 지역사무소가 설치되어 있으며, 재난지역에서의 대응 및 복구를 관리하는 현장사무소, 국가 전체에 설치되어 있는 비상물류저장창고 및 준비구역으로 구성되어 있다.

(3) 재난대응체계

미국의 재난관리는 40년 이상 된 국가사고관리시스템(National Incident Management System, NIMS)에 기반을 두고 운영되고 있다. 이 시스템은 1970년대에 지방, 주 및 연방기관이 협력하여 잠재적 비상사태를 위해 조직된 캘리포니아 소방자원(FIRE-

그림 1-10 연방재난관리청 조직도(2020년 10월 기준)

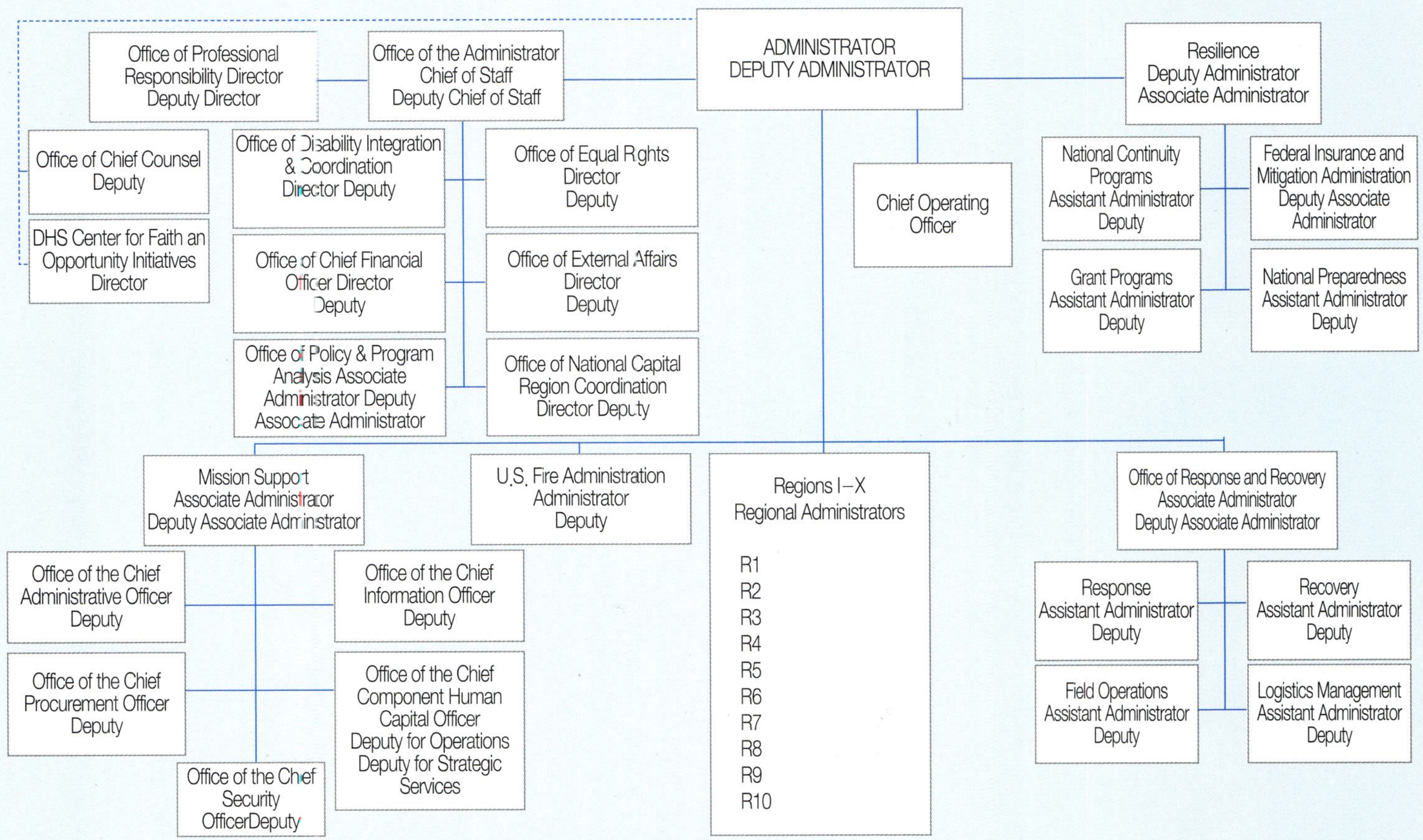

출처: U.S. Department of Homeland Security, https://www.dhs.gov/organizational-chart (최근 기준)

SCOPE)이라는 시스템을 만들기 위하여 시작되었다. FIRESCOPE에는 현장지휘체계(Incident Command System, ICS)와 다기관조정제도(Multi Agency Coordination System, MACS)가 포함되어 있다. 1982년에 모든 유형의 사고와 모든 위험에 적용할 수 있는 현장지휘체계 지침을 만들기 위하여 NIIMS(National Interagency Incident Management System)를 만들었다. 2003년 2월 국토안보 대통령지침에 따라서 연방정부는 NIMS를 만들었다. 이 시스템은 사고관리에 대한 포괄적이고 전 국가적인 접근 방식을 기본으로 만들어졌다. 가장 최신 NIMS는 2017년 10월에 배포되었다.

미국은 재난 상황에서 연방정부, 주정부, 지방정부의 역할을 명확하게 구분하고 있다. 지방정부는 그림 1-11과 같은 현장지휘체계(Incident Control System, ICS)를 갖추고 있어 현장을 통제하고, 주정부는 연방정부 및 관련기관과의 협조를 통해 지방정부에서 발생한 재난에 대한 지원 활동과 조정업무를 수행하고 있다(그림 1-12). 즉, 지방정부 수준에서 대응이 가능한 재난이 발생한 경우, 현장지휘체계를 갖춘 지방정부가 현장을 통제하며, 자체적으로 지원 프로그램을 수행한다. 하지만 대규모 재난이 발생하였을 경우 지방정부 상황에 따라 주정부에 지원을 요청

그림 1-11 ICS 지휘체계

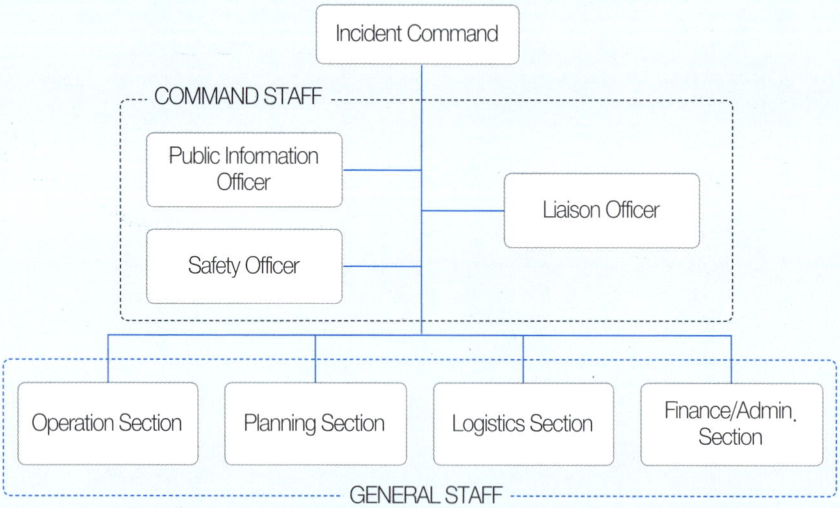

출처: ICS Organizational Structure and Elements, EXTRACTED FROM – E/L/G 0300 INTERMEDIATE INCIDENT COMMAND SYSTEM FOR EXPANDING INCIDENTS, ICS 300

하며, 주정부에서도 대처가 힘들 경우 연방정부에 지원을 요청하는 체계로 구성되어 있다.

① 지방정부의 대응운영구조(Local Response Operational Structures)

재난은 항상 지방 수준에서 발생한다는 것을 염두에 두고 대응체계를 마련하고 있다. 따라서 지방정부는 재난이 발생하였을 때 대응과 복구에 사용하는 모든 자산에 대한 통제권을 가지고 있다. 이와 같은 권한과 더불어 지방정부는 주 및 연방정부의 지원을 받아서 이와 같은 권한을 실시할 수 있는 계획도 미리 준비해야 하는 임무를 가지고 있다. 재난 발생 시 지방정부의 주요 역할은 첫째, 재난대응 서비스에 대한 우선지원 부분을 담당하고, 둘째, 비상운영센터(Emergency Operation Center, EOC) 및 포괄적 비상관리계획을 활성화, 셋째, 재난 발생 시에 주민과 민간단체 그리고 지방정부조직과의 상호역할을 조정하고, 넷째, 재난상황을 주의 비상관리기관에 통보하며 정기적으로 상황보고서(SITREP)를 제출하는 등의 역할을 수행하게 된다.

지방정부의 현장지휘체계는 경찰, 의료서비스, 소방 등과 같은 특정 분야의 기관들로 구성되어 있으며 지휘, 운영, 기획, 물류, 첩보조사, 재무행정관리의 6가지 영역에 관하여 임무를 수행하고 있다, 또한, 대규모 재난으로 인해 지방정부의 자

그림 1-12 주정부 및 지방정부의 대응구조

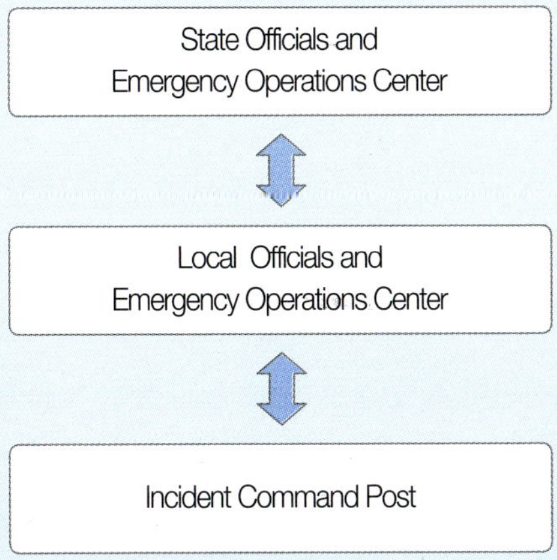

출처: 오영석(2019), 미국의 국가재난대응체계 및 총괄조정방식 연구, p.163.

원 및 역량으로 대응이 어려울 경우 지방정부의 비상운영센터를 통해 필요한 추가 자원을 확보하고 있다.

② 주정부의 대응운영구조(State Response Operational Structures)

지방정부에서 재난에 대응하는 데 필요한 자원이 없으면, 주정부에 도움을 요청하게 된다. 심각한 재난 상황이 광역적으로 발생하였을 때 주정부는 여러 지방정부의 원조 요청을 동시다발적으로 받을 수 있다. 지방정부가 직접 연방정부에 도움을 요청할 수 없는 대응구조이기 때문에 주정부는 연방에 재난이 필요한지를 판단하는 결정을 하게 되어 있다.

주정부가 재난대응 시 하는 역할은 다음과 같다. ① 재난에 대한 지속적인 모니터링 ② 지방정부에서 진행되고 있는 상황보고서(SITREP), 대응방식, 원조 요청에 대한 검토 및 평가 ③ 주정부의 지원을 조정하기 위한 비상운영센터(EOC)의 활성화 ④ 재난상황이 주정부의 대응한계를 초과하였는지에 대한 여부와 연방정부에 도움이 필요한지를 판단 ⑤ 주지사의 비상사태 선포를 통하여 주 재난대비계획의 활성화, 주정부 차원의 지원 및 원조자원 지원, 연방정부에 대한 지원요청 활성화를 진행하게 된다. ⑥ 개정된 Stafford 재난구호 및 긴급지원법에 따른 긴급(emergency) 또는 중대재난(major disaster) 선언요청 등이 포함된다.

주정부의 비상운영센터는 지방정부의 비상운영센터의 대응활동에 필요한 자원을 확보할 수 있도록 지원해 주는 역할을 한다. 이는 지방정부와 주정부 간의 상호 협력을 통해 이루어지며, 주정부의 비상운영센터는 지방정부의 비상운영센터와 다른 기관들 간의 협조와 조정을 할 수 있도록 도와주는 역할을 수행하고 있다.

③ 연방정부의 대응운영구조(Federal Response Operational Structures)

연방정부는 주정부 또는 지방정부의 자원으로 대응이 어려운 재난이 발생할 경우 대응에 필요한 자원을 보유하고 있는 부처 및 기관들을 보충계획에 포함시켜 연방자원을 조직화하여 주정부 또는 지방정부에 자원을 지원할 수 있도록 한다. 이때 연방재난관리청은 연방대응계획(Federal Response Plan, FRP)을 활성화하고 이를 추진하는 연방기관이므로 주정부는 연방재난관리청과 협력하여 연방지원프로그램에 접근하게 된다.

그림 1-13 통합조정구조

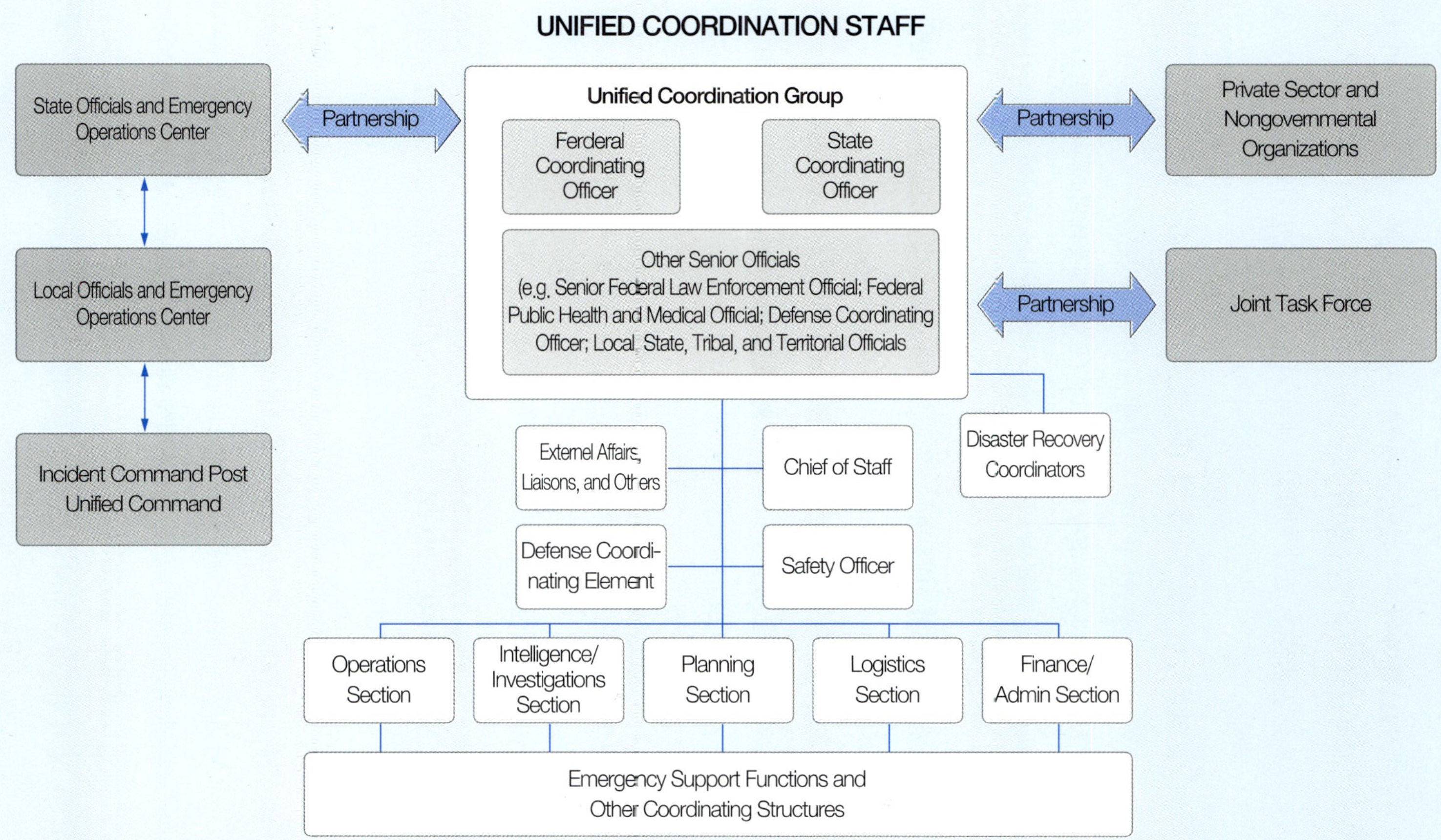

출처: Insights and Best Practices Focus Paper, Apr. 2018, International Cooperation Fifth Edition, P8

연방정부가 하는 재난대응의 주요 내용은 다음과 같다. ① 주 및 지방정부와 공동 PDA를 수행하여 개인, 농장 및 기업에 대한 피해, 공공기관 및 비영리 민간단체에 대한 피해 등을 파악한다. ② 연방정부에 대한 지원요청에 대한 승인 또는 거부를 진행한다. 만약 연방정부에서 지원요청이 승인되었을 경우에는 첫째, 연방조정관(Federal Coordinating Officer)을 지정하여 비상대응팀(Emergency Response Team, ERT)을 이끌도록 지정한다. 둘째, 대응 및 복구를 조정하기 위해 재난현장사무소(Disaster Field Office, DFO)를 설치한다. 셋째, 주정부 조정관(State Coordinating Officer, SCO)과 협력하여 재난대응 및 복구를 처리한다. ③ 연방대응계획(FRP)에 수립된 절차를 활성화한다. FRP를 통하여 연방기관과 미국적십자사의 자원이 즉각적인 대응에 어떻게 지원하면 좋을지에 대한 방법을 결정한다. ④ 워싱턴에서 대응에 대한 모니터링을 위하여 비상대응팀(EST)을 결성한다. ⑤ 마지막으로 대응에 필요한 비상지원기능(Emergency Support Functions, ESF)을 식별하게 된다.

연방정부는 연방 대응과 복구를 위해 다양한 기관과 역량을 통합하는 통합 조정이라는 대응 방법을 사용한다. **그림 1-13**은 재난에 대응하기 위해 구성되는 통합조정구조이다.

2) 독일

(1) 재난관리 관련법

독일의 경우에는 재난과 관련하여 독일기본법 제11조와 제35조에 자연재난, 감염병위험, 중대한 사고 개념을 제시하고 있다(이기춘, 2016). 하지만 연방 차원에서 제시되고 있는 재난관련법은 따로 존재하고 있지 않다. 독일연방공화국은 16개 주(Land, 란트)로 구성되어 있어 재난관리법은 16개 주 단위에서만 가지고 있으며 주 단위의 재난관리 법률 내에 재난의 규정을 따로 두고 있다. 따라서, 주 단위로 정의된 재난에 따라 구조, 재난위험에 대한 조사, 재난경보 등에 대한 재난대비역량을 진행하고 있다고 할 수 있다. 연방 차원에서는 전쟁 시 민간의 보호를 위한 민방위 활동을 위하여 주 단위에서 가지고 있지 않은 배타적 입법권을 가지고 있다.

1990년 동서독 통일 이후 민방위와 관련하여 일부 역할 및 내용 수정이 이루어졌으며, 1997년에 독일의 안전관리기본법이라고 할 수 있는 「민방위법(Zivilschutzgesetz, ZSG)」을 개정하고 민방위에 관한 입법권을 통하여 「연방 민방위 및 재난지원에 관한 법률(ZSKG, Gesetz über den Zivilschutz und die Katastrophenhilfe des Bundes (Zivilschutz-und Katastrophenhilfegesetz), ZSKG)」을 제정하고 2009년 전면 개정하였다. 이에 따라 현재는 「연방국민보호 및 재난지원청 설치에 관한 법률(Gesetz über die Errichtung des Bundesamtes fürBevölkerungsschutz und Katastrophenhilfe, BBKG)」이 만들어진 상태이다. 이와 같이 법률에 명시적으로 민방위는 연방정부가, 재난관리는 각 주(Land)가 수행하는 것으로 되어 있다.

독일의 재난 관련 연방법률에는 「연방 민방위 및 재난지원에 관한 법률(ZSKG)」을 포함하여 기술지원협력관계에 관한 규정(Verordnung über die Mitwirkung der Helfer im Technischen Hilfswerk, THW-HelfMV), 연방기술지원청 지원법적관계규정에 관한 법률(Gesetz zur Regelung der Rechtsverhältnisse der Helfer der Bundesanstalt Technisches Hilfswerk, THW-HelfRG), 보호목적을 위한 수리시설 영역의 안전확보에 관한 법률(Gesetz über die Sicherstellung von Leistungen auf dem Gebiet der Wasserwirtschaft für Zwecke der Verteidigung, WasSiG) 등이 있다(배재현, 2014).

(2) 재난관리 총괄기구

동서독 통일 이후 독일의 재난관리체계는 역할과 내용 측면에서 재정립되었다. 통일 이전에는 연방정부와 주정부로 분리되어 재난관리가 이루어졌지만, 통일 후에는 평상시 관리와 응급상황관리로 나누어졌다. 평시에 응급상황이 발생한 경우 주정부가 관리하고 응급상황관리의 경우 연방정부가 관리하도록 되어 있다(임종헌, 2016)

국가재난관리를 위한 연방정부의 조직체계는 그림 1-14와 같이 연방내무성 산하의 연방시민보호 · 재난지원청(Bundesamt für Bevölkerungsschutz und Katastrophenhilfe, BBK), 기술지원단(THW) 그리고 민간방위아카데미(AKNZ)로 구성되어 있다(임종헌, 2016).

그림 1-14 독일의 국가재난관리 조직도

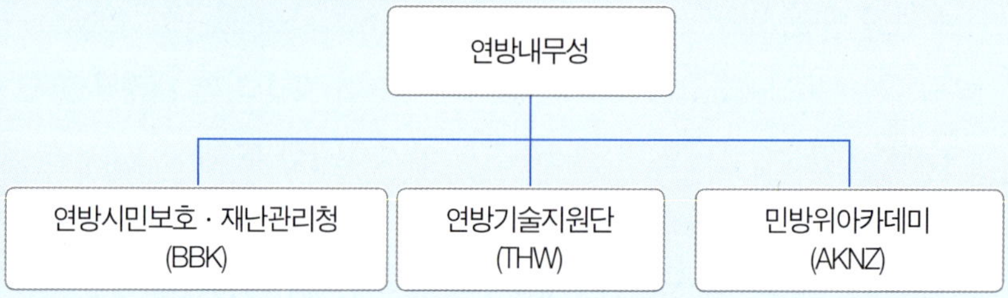

출처: http://www.bbk.bund.de

① 연방내무부

총 8개국(Abteilung)으로 구성된 연방내무부가 독일의 재난 총괄 책임기관이다. 연방내무부 산하에 있는 2004년 5월에 설립된 연방시민보호 · 재난지원청이 연방정부의 재난관리업무를 총괄하고 있다.

② 시민보호 · 재난관리청(BBK)

2004년 5월 1일에 독일의 연방정부는 시민보호 · 재난관리청(BBK)을 설립하였다. 시민보호 · 재난관리청의 조직은 다음 **그림 1-15** 에 나타난 바와 같이 청장, 차장이 있고 그 밑에 5개의 국이 존재하며, 제1국은 위기관리, 제2국은 위험관리 및 국제협력업무, 제3국은 과학기술업무, 제4국은 시민보호관련 훈련 등에 대한 업무, 제5국은 청에 관한 일반적인 업무로 구성되어 있다.

③ 기술지원단(THW)

기술지원단은 화재, 폭우, 폭설 등으로부터 주민을 보호하기 위해 구조단체를 설립하면서 조직화된 재난방지체계이다. 기술지원단은 **그림 1-16** 과 같이 다른 연방청 아래 주정부, 주정부 아래에 지방자치단체로 다른 행정조직과 비슷하게 구성되어 있다.

연방기술지원청장이 기술지원단을 대표하고 행정을 총괄하나, 실직적인 기술지원 관할권은 66개의 기술지원사업본부가 가지고 있다. 기술지원사업본부는 지방자치단체의 665개 기술지원단을 총괄 지휘하고 구조작업을 지원하는 역할을 한

그림 1-15 시민보호 · 재난관리청(BBK) 조직구조

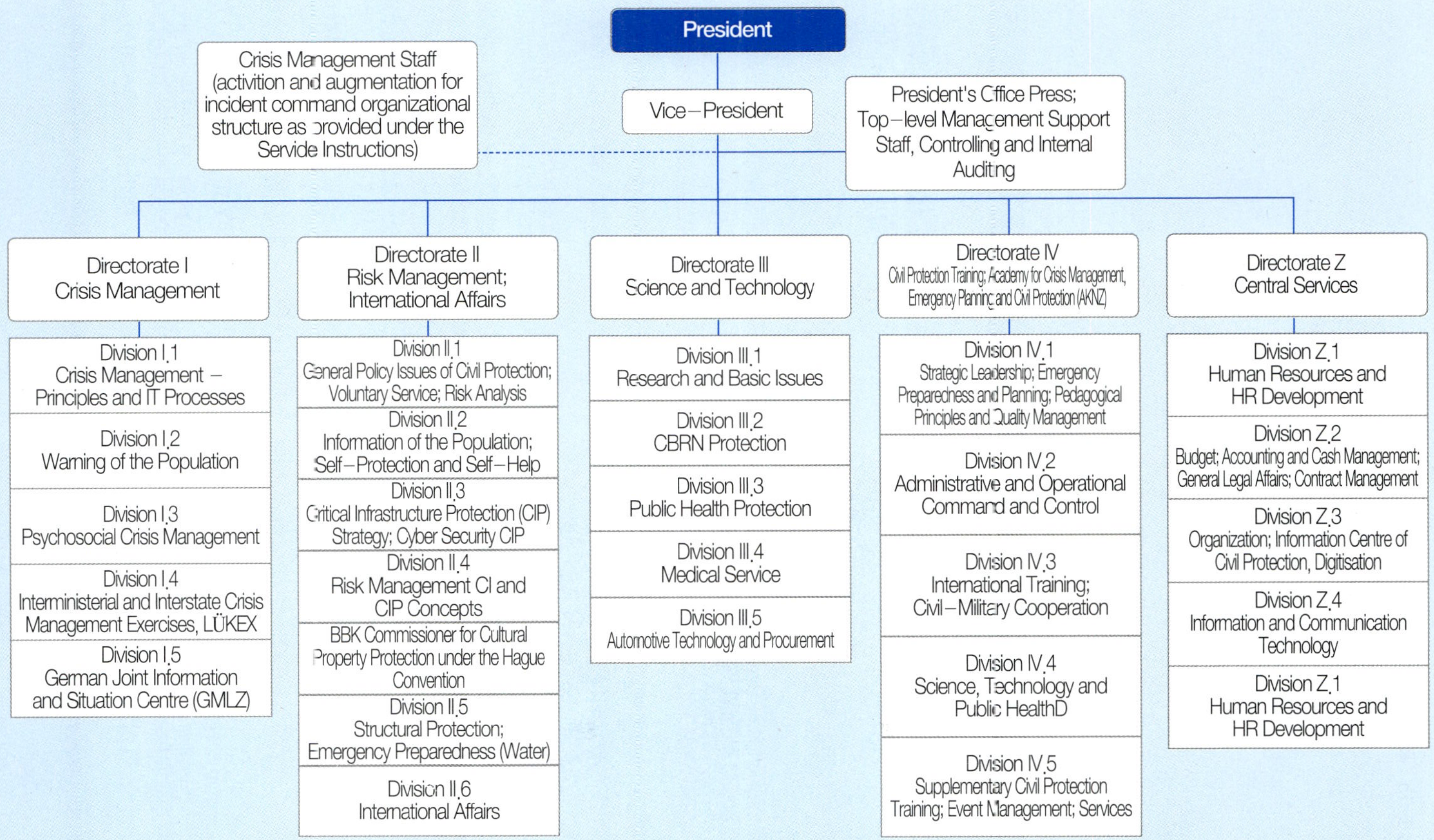

출처: http://www.bbk.bund.de

그림 1-16 기술지원단(THW) 행정조직

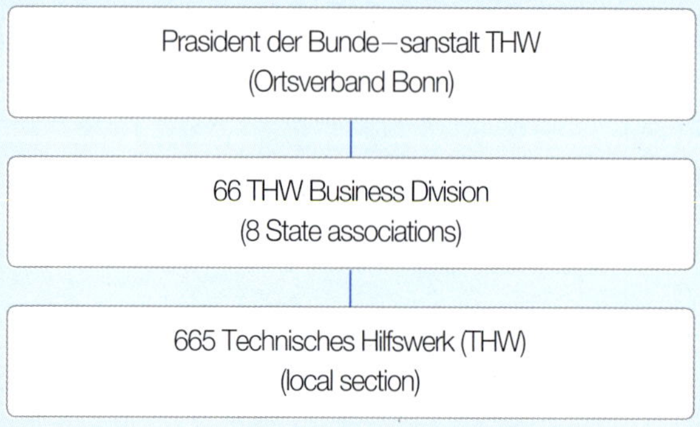

출처: 이재은(2012), 재난환경 변화에 따른 과학적 재해관리체계 강화를 위한 법제연구

다. 665개의 기술지원단에는 각종 재난 방지와 관련된 기술 장비와 구조 차량을 보유하고 있다(이재은, 2012).

(3) 재난대응체계

독일은 재난이 발생하였을 경우 연방정부를 중심으로 유럽연합(EU), 주정부, 지방자치단체, 민간기관 등이 신속한 대응이 가능하도록 지휘 관리시스템을 재구축하였다. 재난이 발생하게 되면 연방정부에서는 관련된 사항을 유럽연합과 주정부에 전달하고, 주정부는 이러한 내용을 지방정부에 전달하는 체계로 재난관리체계를 진행하고 있다.

주정부의 평시 과제는 재난에 대비하는 것이며, 각 주정부에는 소방 및 재난관리국이 내무부 산하조직으로 구성되어 있어 독립적으로 재난 및 안전관리계획을 수립하여 업무를 조정하고 재난에 대한 기본 및 예산계획을 수립한다. 지방 단위의 안전관리 업무는 지방정부에서 담당하며, 지방정부는 소방당국과 긴밀한 협조체계를 유지하고 있다. 재난이 발생하였을 경우 주정부의 내무부는 민방위 본부와 협의하여 대응계획을 세우고 사고를 수습해야 한다. 민방위본부는 비상시에 활용 가능 인력을 관리하고 있으며, 응급구조 본부, 기술지원단 등이 이에 포함된다.

3) 일본

일본은 지리적 조건, 지형적 조건, 기상적 조건에 의해 자연재난(지진, 호우, 태풍 등)이 가장 많이 발생하는 대표적 국가 중 하나이다. 1950년대까지는 대형 태풍이나 대규모 지진에 의해 피해를 입었다. 이후 일본은 방재체제 정비 및 강화, 기상예보 강화, 재난정보 전달수단 구축, 국토보전정책을 추진하여 재난대응능력을 향상시키고 자연재해를 줄이기 위해 노력하고 있다. 특히 중앙정부, 지방정부, 재난책임기관, 기업, 그리고 일반시민이 서로 협력하는 재난관리가 무엇보다 중요하다는 인식하에 2001년 방재분야가 내각의 중요정책으로 책정되었다. 따라서 새롭게 설치된 내각부에 방재부문이 설립되면서 행정 각부에서 시행하는 방재정책의 일관성을 도모하고, 재난 발생 시보다 신속하고 효율적으로 대응하도록 관계 성청을 총괄 조정하고 있다.

일본에서는 자연재난이 가장 큰 이슈이며, 사회재난이라는 용어보다는 사고라는 표현이 주로 사용된다(이재준 외, 2008). 일본의 경우, 국가 차원의 재난관리를 위한 정책은 1995년 한신 · 아와지 대지진 이후 기존의 정책을 재검토하면서 개선되기 시작하였고, 빈번히 발생하는 재난으로부터 국민의 생명과 재산을 보호하기 위하여 중앙정부, 지방정부 및 현지 주민이 모두 참여하는 종합적인 방재체제를 구축하고 있다.

(1) 재난관리 관련법

1959년 9월 26일 이세완 태풍으로 인해 사망 4,697명, 실종 401명, 전파 36,135동, 반파 113,052동, 유실 4,703동의 피해를 입었으며, 이를 계기로 1961년 「재해대책기본법」을 제정하였다. 1964년 니가타현 지진을 계기로 1966년 「지진보험법」을 제정하였으며, 1978년 미야기현 지진을 계기로 1981년 「건축기본법」 제정을 통하여 기존의 내진기준을 강화하여 대규모 지진에도 기반시설물이 붕괴되지 않도록 하고 있다. 또한, 2011년 동일본 대지진 이후 「재해대책기본법」의 일부 내용을 개정하여 방재와 환경을 주요 축으로 하는 '미래를 위한 마을 만들기' 등을 통하여 쓰나미와 같은 재난에 강한 마을을 위한 노력을 기울이고 있다(그림 1-17).

일본의 재난 관련 법률체계는 크게 종합재해대책, 재해예방대책, 재해응급대책,

구분	주요 내용
	있어서도 도도부현 지사를 의장으로 하는 도도부현, 국가선출기관(지정지방행정기관), 시정촌, 소방기관 및 지정공공기관, 지정지방공공기관의 장 또는 직원, 자주방재조직을 구성하는 자 또는 학식경험이 있는 자 등을 위원으로 하는 도도부현 방재회의를 설치하며, 시정촌에도 동일한 시정촌 방재회의를 설치하도록 되어 있다.
계획적 방재행정의 정비	• 계획적 방재행정의 정비에 대해서는 제3장 방재계획에 있어서 중앙방재회의는 방재기본계획을 작성하고 방재에 관한 종합적이고 장기적인 계획을 정하는 동시에 방재업무계획 및 지역방재계획에 있어 중점을 두어야 할 사항 등을 명확히 하고 있다. 또한 지정행정기관 및 지정공공기관은 방재기본계획에 따라 해당 사무 또는 업무에 관한 방재업무계획을 작성하여야 한다고 규정하고 있다.
재해대책 추진	• 재해대책 추진에 대해서는 방재활동을 재해예방, 재해응급대책 및 재해복구라고 하는 단계로 나눠 각각 제4장, 제5장 및 제6장에서 국가, 지방공공단체 등의 권한과 책임이 규정되어 있다. – 재해대책, 재해응급대책, 재해복구의 단계별로 각 실시책무 주체에 주어진 역할과 권한을 규정(방재훈련의무, 시정촌장의 경계구역설정권, 응급공용부담, 재해 시 교통규제 등 규정) – 요지원자 명부 사전작성 – 피해 시 피난소, 피난시설에 관한 기준 명확화 – 이재증명서, 재해 피해자수첩 작성을 통한 피해자 지원책 확충 – 광역대피 · 물자수송 체제의 법정화
막대한 재해에 대처하는 재정원조	• 제8장 재정금융조치는 방재 시 비용부담 등에 관한 규정으로, 원칙적으로 실시책임자가 부담하도록 하면서도 별도 법령에 정해진 바에 따라 국가부담 및 보조 등의 예외 규정을 두고 있다. 특히, 현저하고 극심한 재해(대규모 재해)에 대해서는 별도의 법률에 정해진 바에 따라 재해복구를 행하는 지방공공단체에 국가 특별 재정원조, 재해피해자에 대한 조성 등을 하도록 되어 있다.
재해긴급사태에 대한 조치	• 재해긴급사태에 대한 조치에 대해서는 제9장 재해긴급사태에 있어 국가경제 및 사회질서 유지에 중대한 영향을 미치는 대규모 재해가 발생한 경우 내각총리대신은 재해긴급사태 선포를 할 수 있으며, 이러한 선포가 발령되었을 때 정부는 대처기본방침을 정하도록 규정되어 있다. – 재해긴급사태 대처에 관한 전반적 방침 – 재해응급대책에 관한 중요사항 및 중요과제 대응에 관한 사항 – 국가경제질서 유지에 관한 중요사항 및 이를 수행하기 위한 정부체제에 관한 중요사항

출처: 손현진(2017), 일본의 재해(재난) 및 안전관리 관련법령과 주요 내용, 재구성

(2) 재난관리 총괄기구

1946년 난카이 대지진을 계기로 「재해구호법」을 제정, 1959년 이세만 태풍 이후 종합적이고 계획전인 방재대책 토대가 되는 「재해대책기본법」을 마련한 바 있다. 한편, 일본의 총괄적인 재난관리조직인 내각부는 방재에 관한 정부 전체 연계를 확보하여 재난관리를 일원화했다. 내각부 방재담당 정책총괄관은 방재에 관한

그림 1-18 일본의 재난관리체계

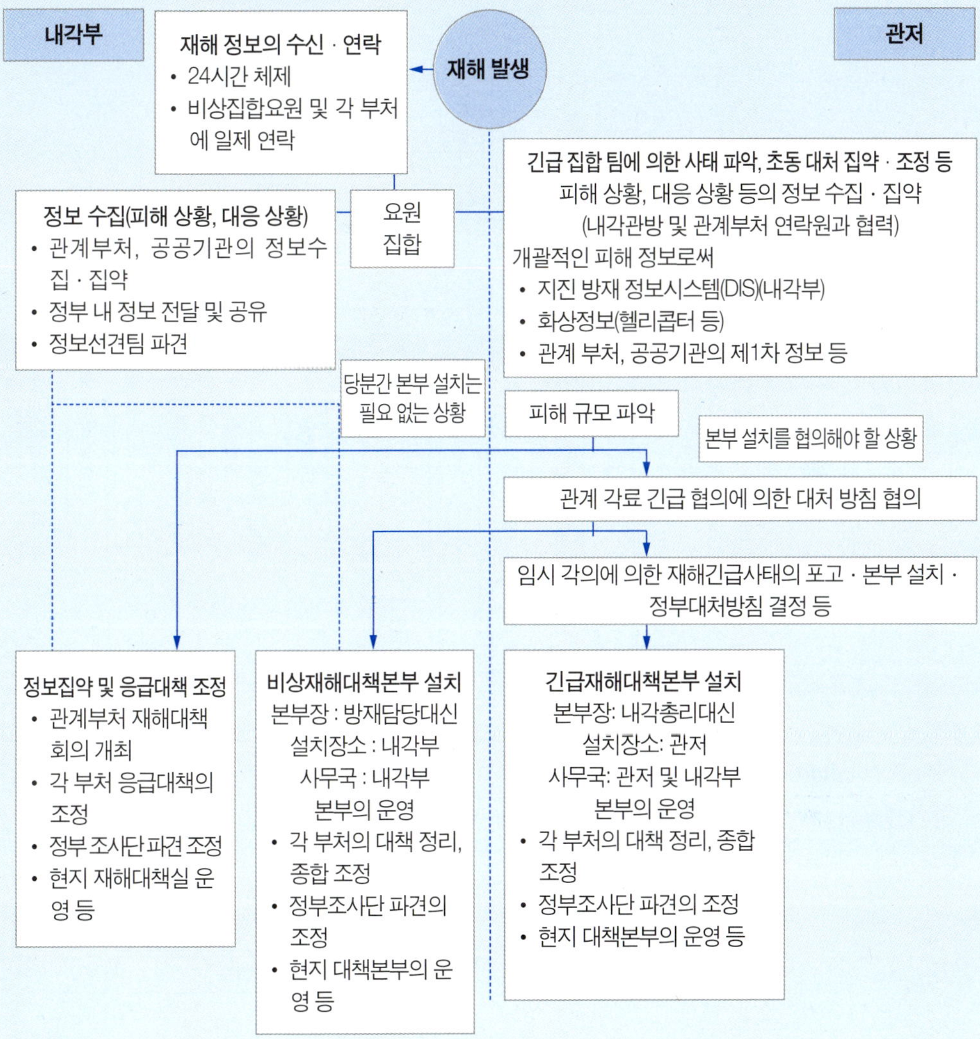

출처: Cabinet

기본적인 정책수립 및 대규모 재난 발생 시 대응하는 종합조정을 담당하도록 하고 있다. 특히, 후쿠시마 원전사고 이후 원자력과 관련된 방재담당관을 따로 구성하고 있는 것이 일본 재난안전관리에서 볼 수 있는 특징이라고 할 수 있다. 내각부는 재해가 발생하면, **그림 1-18**에 표시된 바와 같이 재해에 대응하는 체계를 운영하고 있다.

그림 1-19 내각부의 재난관리(방재) 조직도

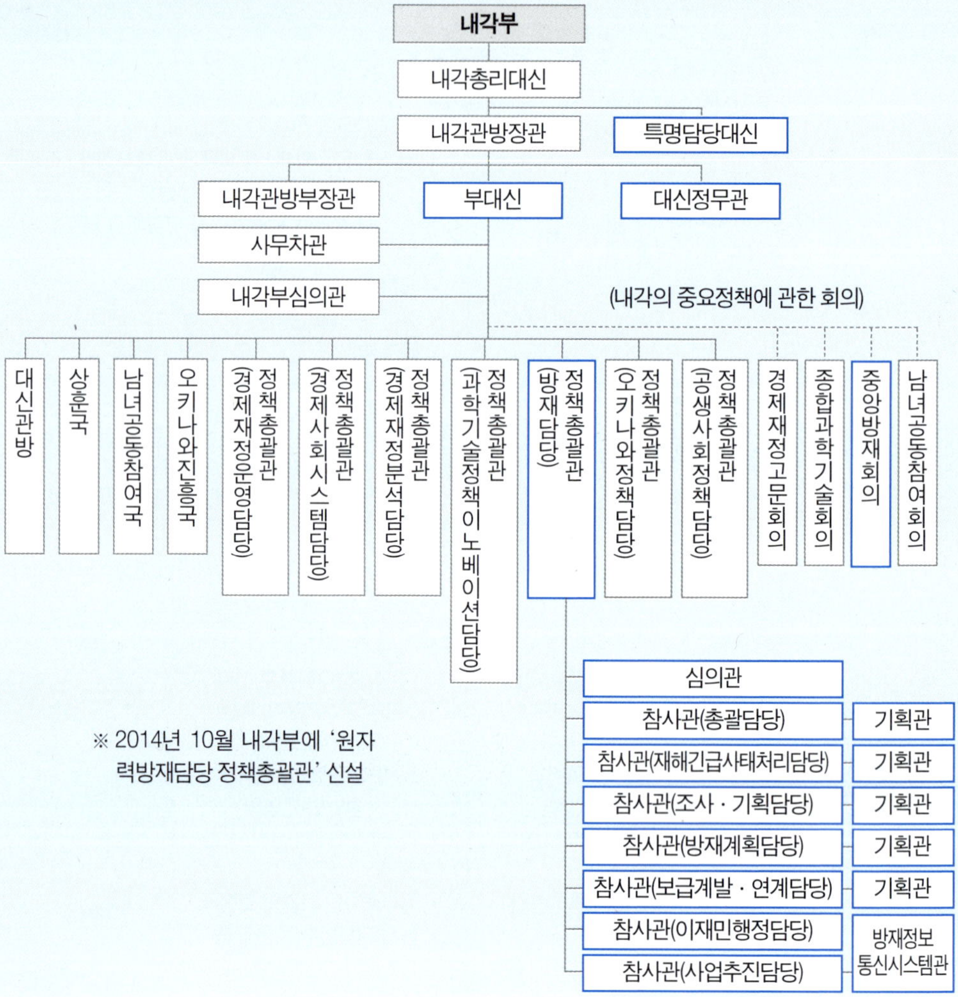

〈내각부 방재조직〉

- 평상시 조직
  참사관실: 총괄담당, 재해긴급사태대처담당, 지방 및 훈련담당, 조사 기획담당, 피해자지원담당, 방재계획담당, 사업추진담당 등

- 재해발생 시 조직
  – 도도부현 레벨에서 대응할 수 없는 경우, 방재담당대신을 본부장으로 하는 '비상재해대책본부' 설치
  – 대규모 재해가 발생하는 경우, 총리를 본부장으로 하는 '긴급재해대책본부' 설치

출처: 김용균(2018). 한국 재난의 특성과 재난관리, 푸른길(재편집).

일본의 재난관리에 있어 중앙정부의 역할은 재난 관련법률을 토대로 방재에 관한 여러 정책을 입안하고 집행하는 것이다. 재난관리는 중앙정부, 지방자치단체, 공공기관 및 주민 등의 협력하에 종합적이고, 일적으로 실시할 필요가 있었으며, 이를 계기로 「개혁기본법」에 의해 신설된 내각부가 일본의 방재업무를 총괄조정하는 역할을 담당하고 있다. 또한 「재해대책기본법」에서는 중앙정부의 재해대책 종합성을 확보하기 위하여 각 행정기관의 방재 관련 중요사항을 심의하기 위한 조직인 중앙방재회의 설치를 규정하고 있다. **그림 1-19**는 일본의 재난 관련 조직도를 나타낸다.

내각부에는 방재를 담당하는 장관이 있고, 장관을 보좌하는 정책총괄관이 방재에 관한 기본정책과 대규모 재해 발생에 대비하는 여러 정책수립 및 총괄조정하는 업무를 수행하고 있다. 내각관방의 경우, 내각총리대신(수상)의 직무를 보좌하는 일을 담당하고 있다. 한신대지진과 같은 재난 발생 시에 정부가 신속하게 대응을 하지 못하여 자국민의 피해가 증폭되었다는 반성과 함께, 유사한 위기 발생 시에 정부의 원활한 역할 수행을 위하여 내각관방 내에 위기대응을 위한 기관이 보강되었다. 지방정부 차원에서 대응하기 어려운 대규모 재난이 발생한 경우에 국가 차원의 비상대응책을 마련하기 위하여 「재해대책기본법」 제24조에서 제28조에 의거하여 중앙정부의 경우, 내각총리대신이 비상재해대책본부를 설치할 수 있으며, 재난현장에는 비상재해대책본부를 설치할 수 있도록 하고 있다. 매우 긴박한 재해가 발생한 경우에 내각총리대신은 재난현장에 긴급재해현지대책본부를 두고 직접 긴급상황에 대처하고 있다.

일본의 재해대책은 중앙정부 차원에서는 평상시에 중앙방재회의를 통하여 내각의 중요정책에 관한 내용을 토의하고 있으며, 재난 발생 시에는 비상재해대책본부, 긴급재해대책본부를 설치하여 대응하고 있다. 지방정부 차원에서는 평상시에는 도도부현 방재회의, 시정촌 방재회의, 재난 발생 시에는 재해대책본부를 설치하여 재난에 대한 대응을 취하고 있다.

(3) 중앙정부의 조직 및 기능

중앙방재회의(Central Disaster Management Council)는 내각의 주요 정책에 대한 회의 중 하나로 「재해대책기본법」에 의거하여 내각부에 설치되었다. 중앙방재회의는 방재기본계획의 작성, 방재기본방칙 책정 등을 작성하며 내각총리대신, 방재담당대신의 자문을 통하여 방재에 관한 중요사항을 심의하는 등 종합적인 재해대책을 추진하는 역할을 담당하고 있다.

표 1-5 중앙방재회의 조직도

구분	내용
중앙방재회의	• 의장 • 내각총리대신 • 방재담당대신을 포함한 전 내각위원 • 지정공공기관 대표자(4명) • 학식경험자(4명)
전문조사회	• 방재대책실행회의
간사회	• 회장: 내각부대신 정무관 • 자문: 내각위기관리감 • 부회장: 내각부 정책총괄관(방재담당), 소방청차장 • 간사: 각부 성청 국장급

출처: 손현진(2017), 일본의 재해(재난) 및 안전관리 관련법령과 주요 내용, 재구성

내각부의 방재조직은 8개 참사관실(부서)에서 다음 **표 1-6**과 같이 각 소관 업무를 담당하고 있다(김경희, 2018).

표 1-6 방재정책총괄관의 8개 참사관실의 주요 업무

참사관실	주요 업무
① 총괄담당참사관	• 내각부(방재) 소관 사무 종합조정, 재해대책기본법, 홍보 등
② 재해긴급사태대처담당참사관	• 응급대책 추진, 재해 시 초동대응, 수도직하 지진, 난카이트로프(남해해구) 지진 등 응급대책 입안
③ 조사기획담당참사관	• 지자체 등과 합동 방재훈련 추진, 자연재해에 신속 적절하게 대처 가능한 인재 육성 등
④ 사업추진담당참사관	• 지진, 쓰나미, 화산, 풍수해 등 대규모 재해 방재시책 추진
⑤ 방재계획담당참사관	• 방재기본계획, 지역방재계획, 업무계속성 계획 등 수립
⑥ 피해자행정담당참사관	• 피해자 응급구조 및 피난주민 구조 · 구호 등 피해자 지원 추진, 피난소 환경 개선, 재해구조법 피해자 대장관리 등
⑦ 보급개발 · 제휴담당참사관	• 피해경감대책 보급 · 계발, 자원봉사자 활동환경정비, 재해교훈 기록 · 전송, 국제방재협력 등
⑧ 지방훈련담당참사관	• 복구 · 부흥, 격심재해제도, 피해자생활재건 지원제도 등

출처: 김경희(2018), 일본의 재해대책 법 · 조직 및 대응 체계, 재구성

비상재해가 발생하여 재해응급대책을 수행해야 할 경우가 발생하면 내각부에 비상재해대책본부를 설치하고 피해상황에 따라 재해구조법이나 재해조의금의 지급 등에 관한 법률을 적용하여 종합적인 응급대책을 추진하며, 본부의 명칭, 소관구역, 설치장소, 설치기간은 각의에서 결정한다(이영재 외, 2015). 국가의 경제, 공공의 복지에 영향을 미치는 중대한 재난이 발생했을 경우에는 재난긴급사태를 포고하고 내각부에 긴급재난대책본부를 설치한다(이재준 외, 2008).

(4) 지방정부의 조직 및 기능

도도부현 수준에서의 대응역량을 초과하는 재난이 발생하였을 때 「재해대책기본법」에 따라 내각부의 방재담당대신을 본부장으로 하는 「비상재해대책본부」가 설치된다. 재해나 긴급사태 유형에 따라 각 근거법이 정해져 있어 주관 성청을 중심으로 각 법률에 근거하여 모든 각료(국무대신)와 모든 성청으로 구성된 해당 재해대책본부에서 종합 조정하고, 복수의 성청이 횡적으로 제휴하여 대처 · 대응하게 된다(김경희, 2018).

방재회의와 재난대책본부재난대책을 조정, 결정하는 기관으로 방재회의와 재난대책본부가 있는데, 방재회의는 재난대책 조치에 관한 자문기관이며, 재난대책본부는 정부, 관계성 · 청, 지방공공단체가 재난대책을 긴급하고 강력하게 통일적으로 행할 필요가 있는 경우에 설치하는 것이다(이재준 외, 2008). 또한 중앙 및 자치단체 역할에 적합한 시스템을 구축하고 재난유형별, 재난관리기능별 전문 시스템을 구현하여 운영하고 있다(정재동, 2014).

지방방재회의(도도부현 방재회의)는 도도부현의 방재대책에 일관성을 주기 위해 설치하며, 지역방재계획의 작성과 실시 및 재난이 발생한 경우 정보수집, 관계기관과의 연락조정, 긴급대책계획의 작성 등을 수행한다(이재준 외, 2008). 지방정부의 재해대책은 일차적으로 시정촌(市町村)을 중심을 이루어지며, 각 도도부현에서 중앙정부의 정책을 반영하여 총괄 관리하고 있다(이영재 외, 2015). 시정촌 방재회의는 시정촌 방재계획의 작성 및 실시를 책임지고 있으며, 시정촌은 공동으로 시정촌 방재회의를 설치할 수 있다. 조직 및 소관업무는 도도부현 방재회의와 비슷하다(이재준 외, 2008).

상황에 따라 참여할 수 있는 권리가 부여되어 있다(김학경 · 강욱, 2017). 지역재난회복포럼(LRF)은 경찰 행정구역단위로 구성되어 있으며 그 의장직(Chair)도 전통적으로 지역경찰청장(Chief Constable)이 수행하는 등, 영국에서는 지역경찰이 지역단위의 재난대비활동에 있어서 기관 간 조정역할(Coordination) 업무를 수행하고 있다(김학경 · 강욱, 2017).

지역단위의 대응 및 복구(Emergency Response and Recovery)는 다시 '대응(Response)' 및 '복구(Recovery)'의 두 단계로 구분될 수 있다. 첫 번째, 대응체계(Response)를 위해서 1차 핵심대응기관과 2차 협력대응기관은 "Gold, Silver, and Bronze model"이라는 공통적인 대응 프로토콜(Protocol)을 공유하고 있다, Bronze는 현장(Operational) 단위이고, Silver는 전술적(Tactical) 단위, Gold는 전략적(Strategic) 단위라고 할 수 있다(김학경, 2009; 김학경 · 강욱, 2017). 평상시 일어나는 작은 규모의 사건사고는 현장지휘관(Bronze commander)들에 의하여 다루어지며, 이러한 각 기관 현장지휘관의 활동은 지역경찰 현장지휘관에 의하여 현장에서 조정(Coordination)된다(김학경, 2009). 다시 설명하자면, 경찰 · 소방 · 지역자치단체 · 가스회사 · 전기회사 · 수도회사 등에도 현장지휘관(Bronze Commander), 전술지휘관(Silver Commander), 그리고 전략지휘관(Gold Commander)이 각각 존재하며, 재난상황에 따라서 필요시 각 레벨에 맞는 지휘관이 서로 연락하고 협력하므로 각 기관의 지휘체계가 단일화될 수 있는 장점이 있다(김학경, 2014; 김학경 · 강욱, 2017).

심각한 재난이 발생할 우려가 있거나 발생한 경우 전략적인 단위의 Gold Level이 세워지게 되는데, 이때는 보통 전략적 조정그룹(Strategic Co-ordinating Group, SCG)이 구성된다(김학경, 2009; Cabinet Office, 2013). 전략적 조정그룹에서는 1차 및 2차 핵심대응기관의 각 전략적 지휘관들이 모여 통합된 재난대응을 논의하게 된다(김학경 · 강욱, 2017). 참고로, 동 전략적 조정그룹의 의장임무도 지역경찰청장에 의하여 이루어지나, 다만 그 관계는 조정과 협력 관계이며 따라서 각 참여기관에 대하여 지시나 통제권을 행사할 수 없다(김학경 · 강욱, 2017).

두 번째, 복구단계(Recovery)에서는 전략적 조정그룹과 유사한 복구조정그룹(Recovery Co-ordinating Group, RCG)이라는 다기관협력체제가 존재한다(Cabinet, 2013). 복구조정 그룹의 의장은 지방자치단체(Local Authority)에서 수행되는데, 마찬가지로 조정과 협력관계이지 서로 지휘하고 통제할 수 있는 시스템은 아니다(김학경 · 강욱, 2017).

② 중앙정부단위 재난관리체계의 특징

중앙정부단위의 재난관리체계를 살펴보면, 먼저 재난을 유형별로 구분한 후 그 유형별 재난에 해당되는 주관부처(Lead Government Department, LGD)가 지정되어 있다(Cabinet Office, 2011, 2013). 이와 같이 재난유형별로 할당된 주관부처에서는 국가단위의 대비, 대응 및 복구를 담당하고 있다. 중앙정부단위의 대비태세 확립을 위하여 각 주관부처의 장관들은 각종 행정입법권(Legislative Powers), (급박한 상황 발생 예고 시 특정행동을 지시할 수 있는) 긴급명령권(Urgent Powers of Direction), (1차 및 2차 핵심대응기관의 평상시 활동을 감시하고 그에 대한 정보를 요구할 수 있는) 감시권(Monitoring Powers)의 권한을 행사할 수 있으며, 이것이 바로 중앙정부단위 재난관리체계의 또 다른 특징이다(김학경, 2009; 김학경 · 강욱, 2017).

2004년 「국가재난관리법」이 제정되고 초기의 영국 재난관리체계는 지역단위 · 지방단위 · 중앙정부단위의 3단계로 나뉘어 운영되었다. 지방단위의 대비체계를 위하여 지방재난회복포럼(Regional Resilience Forum), 지방단위 대응 및 복구 단계에는 지방재난대책위원회(Regional Civil Contingencies Committee)가 각각 존재했었다(김학경 · 강욱, 2017). 하지만 이러한 지방단위에서의 재난관리체계는 이제 더 이상 법적인 의무가 아니고, 지역단위의 1차 핵심대응기관과 2차 협력대응기관의 재량권으로 위임되었다(김학경 · 강욱, 2017). 대부분의 지역에서는 별도의 지방단위조직 구성 없이, 지

표 1-9 현 영국의 재난관리체계

<table>
<tr><th></th><th>지역단위</th><th>지방단위
(법적인 체계×: 중앙정부차원의 조정기구 존재)</th><th colspan="3">중앙정부단위</th></tr>
<tr><td>내비</td><td>지역재난회복포럼(LRF)
조정역할: 지역경찰</td><td>재난회복과(RED)</td><td colspan="3">주관부처(LGD)</td></tr>
<tr><td>대응</td><td>전략적 조정그룹(SCG)
조정역할: 지역경찰</td><td>다기관 대응조정그룹
(GesCG)</td><td rowspan="3">대응
및
복구</td><td>1단계</td><td>LGD</td></tr>
<tr><td rowspan="2">복구</td><td rowspan="2">복구조정그룹(RCG)
조정역할: 지방자치단체</td><td rowspan="2">다기관 복구조정 그룹
(ReeCG)</td><td>2단계</td><td>OCC
(LGD 주관)</td></tr>
<tr><td>3단계</td><td>CCC
(수상 주관)</td></tr>
</table>

출처: 김학경 · 강욱(2017), 영국의 재난관리체계 및 재난위험성 평가제도의 도입 및 적용에 관한 연구

역단위의 지역재난회복포럼(LRF)을 서로 통합 · 조정하여 운영하고 있는데, 다만 이러한 조정을 위하여 중앙정부 차원의 조정기구가 존재한다(김학경 · 강욱, 2017).

지방단위 대비단계에서는 지역사회 · 지방자치부(Department of Communities and Local Government)의 '재난회복과(DCLG Resilience and Emergency Division, RED)', 대응단계에서는 '다기관 대응조정그룹(Multi-SCG Response Co-odinating Groups, ResCG)', 그리고 복구단계에서는 '다기관 복구조정 그룹(Multi-RCG Recovery Co-ordinating Groups, RecCG)'이라는 (중앙정부 차원의) 조정그룹이 각각 설치되어 있어서, 각 지역단위 대비 및 대응 복구 단계에 참여하는 다양한 지역재난회복포럼(LRF) · 전략적 조정그룹(SCG) · 복구조정그룹(RCG)의 활동을 각각 조정하고 있다(Cabinet Office, 2013; 김학경 · 강욱, 2017).

5) 호주

(1) 재난관리 관련법

호주 재난관리에 있어서 주요 관련법령으로는 1989년 제정된 「State Emergency & Rescue Management Act」와 「Fire Brigades Act」가 있다. 호주 주정부는 2003년 「재난관리법(Disaster Management Act)」을 통과시켰으며, 연방정부의 가이드라인에 따라 각 주별로 「재난관리법」을 제정하고 호주 각 지역에서 발생하는 재난의 특성을 고려하여 적절한 조치가 이루어지도록 하고 있다(김용균, 2018). 연방정부 및 주정부의 긴급구호 활동의 법적 기반으로 호주 헌법은 국내 재난에 대응하는 역할을 주정부에 부여하고 있다. 재난에 대한 정책을 수립하고 정책 협의를 실시하는 역할을 법적으로 부여받은 것은 연방정부이지만 실제 재난에 대응해야 하는 주체는 주정부로 명시하고 있다. 현재 연방정부 차원의 법령이 부재함에 따라 정부 내의 지휘 및 명령 체계를 좀 더 명확히 규정하기 위해 호주도 연방 차원의 법령제정 필요성이 논의되고 있다(KOICA, 2016).

법에서 정의한 자연재해가 발생하면 재난관리그룹(Disaster Management Group, DMG)이 지역 차원 및 주정부 차원에서 구성되고, 동시에 주정부 응급서비스(State Emergency Services, SES)가 활동을 개시한다(차우영, 2012).

주정부는 2011년부터 '홍수세'를 징수하는 등 별도의 세금을 거두어들이고 있으며, 재난관리그룹 또는 SES가 재난관리계획(Management plan)을 사전에 준비할 수 있도록 법으로 규정하고 있다(차우영, 2012).

(2) 재난관리 총괄기구

호주의 재난관리는 중앙정부(Australian Government), 주정부(State Government), 지방정부(Local Government)의 세 단계 정부협업 구조를 기초로 하고 있다(KOICA, 2016). 호주의 재난행정은 주정부와 지방정부를 중심으로 이루어지고 있으며, 연방정부는 포괄적인 법령 제정 및 예산 운용, 긴급재난정책 운용 및 관리, 국제적 긴급재난 공동 대처방향 등의 역할을 주로 수행한다(KOICA, 2016). 중앙정부 재난관리는 호주재난관리본부가 담당하고, 주정부 이하 재난관리는 주–광역–기초 재난관리그룹에서 담당한다(김용균, 2018).

호주재난관리본부는 재난을 상시 관리하는 중앙조직으로서 기능하고 있으며, 연방재난대응계획(Commonwealth Government Disaster Response Plan, COMDISPLAN)을 바탕으로 호주의 여러 주와 영토에서 발생하는 재난에 대한 계획 및 조정을 담당하고 있다(김용균, 2018). 호주 6개 주정부 중 NSW 주정부의 재난관리시스템을 살펴보면, 주정부에서 관련법령 및 지침을 제정하여 소방기관(the NSW Fire Brigades, Rural Fire Service), 비상(재난)관리위원회 등을 운영한다(KOICA, 2016).

연방정부 내에서 국방성장관이 재난관리의 총괄 임무를 맡고 있으며, 세부적인 재난관리 업무는 연방정부 내 전문기관인 EMA(Emergency Management Australia)가 담당하고 있다. EMA는 호주의 재난대응을 조정하는 연방정부소속의 통솔기관으로서 국방성의 산하기관이다. EMA는 호주에서 발생하는 자연적 및 인위적인 모든 재난들로 인한 피해를 감소시켜야 할 책임을 지며, 재난 발생 시 주정부나 지방정부들의 대응을 돕는 연방정부기관들 간의 역할을 조정할 권한을 가진다(KOICA, 2016).

호주 연방정부는 상시와 비상시 재난관리조직을 두고 있다. 법무부 산하 재난관리본부에서 재난관리를 수행한다. 호주재난관리본부는 1974년 창설된 국가 재난관리조직(NDO)을 대체하기 위해 2007년 신설되었다. 호주재난관리본부는 국가 재난의 관리와 계획 및 조정, 24시간 재난상황 모니터링, 국제 지원 및 협력 업무를 수행한다. 비상시 가동되는 연방정부조직으로는 호주위기관리조정센터(Australian Government Crisis Coordination Centre, CCC)가 있다. 호주위기관리조정센터는 호주에서 재난이 발생했을 때 정부 대응을 조정해주는 기관이며, 비상사태의 효율적인 업무처리 및 대응이 이루어지도록 한다(김용균, 2018).

지방단위 재난관리조직 또한 상시와 비상시로 나뉜다. 지방단위 상시 재난관리조직은 재난관리그룹이며, 주지사가 책임자이다. 재난관리그룹은 각 주정부의 주지사와 모든 장관, 주정부 군대의 사령관 등으로 구성되어 있으며, 재난대비 계획 · 전략 · 정책 등을 준비하고 주–광역–기초 재난관리그룹 간 지원 역할을 담당하고 있다. 비상시에 연방정부, 다른 주정부, 주정부 내 관련기관 간 협력과 조정을 원활하게 하기 위해 주지사는 재난조정자(Disaster Coordinator)를 반드시 사전에 임명해야 한다. 비상시에는 주–광역–기초 재난조정센터(Disaster Coordination Centre–State/District/Local, DCC)가 가동된다. 재난조정센터는 주정부를 대표하는 부서와 호주 연방정부 소속의 기상청(Bureau of Meteorology), 국방부, 호주적십자, 호주보험의회 등의 고위직 공무원으로 구성되며, 재난상황 발생 시 상황별 단계에 따라 기초–광역–주 정부에 자원을 지원하거나 협업을 조정한다(김용균, 2018).

(3) 재난대응체계

호주는 미국과 같이 연방제도(Federal System)를 채택하고 있으며 중앙정부, 주정부, 지방정부 간의 권력 및 책임이 비교적 명확하게 구분된다(김경옥, 2014). 따라서 재난이 발생하게 되면 일차적인 대응 및 관리활동은 주(state or territory)정부 소관이며, 재난 발생 지역의 지방정부(local government) 또한 주정부와의 협의를 통해 재난관리의 책무가 부여된다(김경옥, 2014).

하지만 재난으로 인한 피해규모가 광범위하고 심각성이 커서 주정부 관리역량으로 감당되지 않을 경우에는 중앙정부 및 각 주/지방정부를 포함하는 국가 재난관리체계를 별도로 구축하고 있다(김경옥, 2014).

호주의 재난관리시스템을 살펴보면, 중앙정부(commonwealth government), 주정부(state or territory government), 지방정부(local government)뿐만 아니라, 민간부분도 중요한 역할을 담당하고 있다. 대규모 재난의 경우, 정부의 가용자원이 불충분할 수 있기 때문에 민간의 협력 및 지원이 매우 필요하다. 따라서 각 주에서 운영하고 있는 재해관리센터(State Emergency Operation Center, SEOC)에 자원봉사자를 포함한 민간 협력자

그림 1-23 호주의 중앙정부와 주정부 간의 재난대응 협력체계

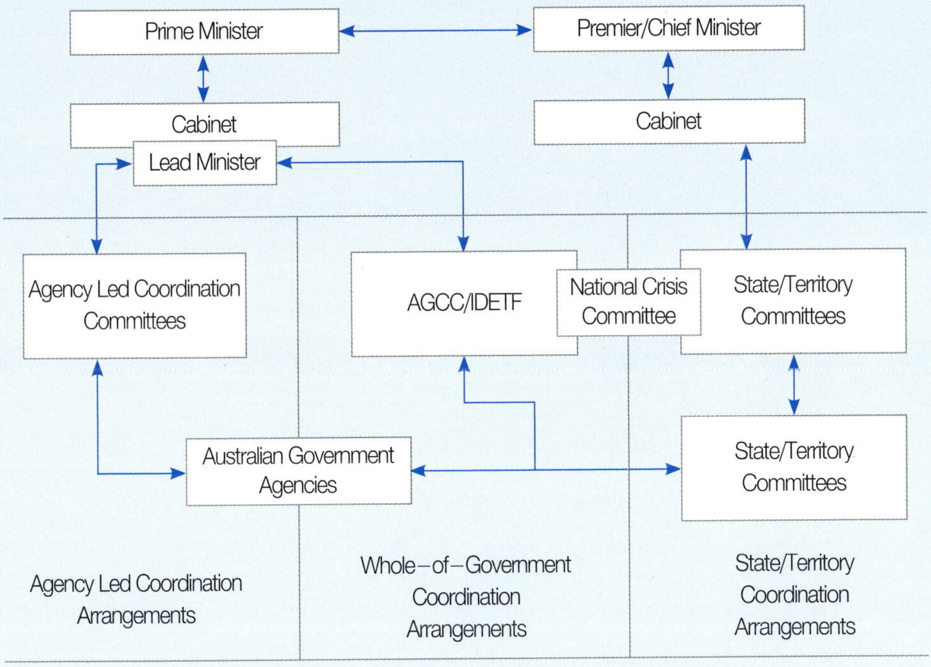

출처: Australian Government Crisis Management Framework, version 2.2, December 2017, p. 26.

들이 참여한다(김경옥, 2014). 주정부에서 재해구호를 요청할 경우 연방정부는 주정부에 물질적인 보조를 제공하거나 조정하게 되며, 특히 주 또는 지방정부의 자원이 불충분할 경우에 제공되어야 한다(KOICA, 2016).

6) 스위스

(1) 재난관리 관련법

스위스는 1959년 연방헌법에 민방위와 관련된 항목을 추가하였고, 헌법에는 시민안전조항을 명시하였다. 1962년에는 위험으로부터의 국민보호 및 국민경보, 구조 · 의료 · 숙식 지원 등을 위한 유관기관 협력, 문화유산 보호, 지방자치단체의 응급대책관리 지원에 대한 「연방민방위기본법」을 제정하였다. 1971년에는 '안전'에 관한 개념을 정립하고 민방위에 대한 개념을 수정하고 이에 맞게 조직의 구성을 재구성하였다. 2004년부터는 새로운 시민 보호와 민방위에 관한 연방법을 시행하고 있다.

(2) 재난관리 총괄기구

스위스의 재난구제기구는 연방정부(The Federal Authorities of the Swiss Confederation)의 연방 국방 · 시민보호 · 지원부(Federal Department of Defense, Civil Protection and Support, DDPS)를 최상위 기관으로 하여 그 산하에 시민 보호의 임무를 맡아 수행하고 있는 시민보호청(Swiss Federal Office for Civil Protection, FOCP)과 시민보호청 산하에서 국가 위험 대응에 책임이 있는 국가비상운영본부(National Emergency Operations Centre, NEOC)로 구성되어 있다(정호경 · 마정군, 2017:140).

① 연방 국방 · 시민보호 · 지원부(DDPS)

연방 국방 · 시민보호 · 지원부(DDPS)는 사무총국(general secretariat)과 군검찰청(office of the armed forces attorney general)을 직속 보좌기관으로 두고 있으며, 산하 보조기관으로 연방 시민보호청(FOCP), 연방 국가정보부(Federal Intelligence Service, FIS), 스위스 국방부(Swiss armed forces, Defence), 연방 국방조달청(federal office of defence procurement, armasuisse), 연방 체육청(Federal Office of Sport, FOSPO), 연방 지형청(federal office of topography, swisstopo) 등을 두고 있다(정호경 · 마정군, 2017:140).

② 연방 시민보호청(Federal Office for Civil Protection, FOCP)

연방 시민보호청(FOCP)은 시민보호의 핵심 임무를 담당하고 있으며, 주(canton), 지자체(commune) 및 협력기관에서 수행하는 기타 시민보호의 업무를 지원한다. 재난이 발생하였을 경우에는, 책임당국과 유관기관을 통해 경고 발령 임무를 수행하고, 관련기관들이 업무수행에 필요로 하는 정보들을 적시에 효과적으로 이용할 수 있도록 지원해주는 역할을 수행한다.

③ 국가비상운영본부(National Emergency Operations Center, NEOC)

국가비상운영본부(NEOC)는 연방 시민보호청(FOCP) 산하조직으로 재난관리 전문가들이 국가비상운영본부에서 업무를 수행하고 있으며, 국가비상운영본부는 상시적으로 물자를 동원하는 서비스를 제공하고 있다. 또한 국가비상운영본부는 시민보호와 관련된 문제가 발생하면 주(canton)와 최초로 연락하는 기구이다. 국가비상운영본부는 대규모 재난이 발생하면 '연방보고 · 상황본부(Melde und Lagezentrum, MLZ)'를 운영하게 되고, 이와 관련된 모든 전문부처에 정보를 제공해주는 역할을 한다(정호경 · 마정균, 2017:140).

④ 연방 민방위청

평시에는 자연재해 및 대규모 인적재난에 대한 복구 업무를 수행하며, 전시에는 인명 및 재산 보호, 구호, 문화재의 보호, 구조 활동 등을 수행한다. 민방위조직은 연방과 주정부로 구분되어 있으며, 지방조직은 시민 보호의 지원을 담당하고 있다. 연방정부 및 주정부 민방위조직도는 다음 **그림 1-24**와 같다.

⑤ 연방 NBCN 위기관리원회(Federal NBCN Crisis Management Board)

그림 1-24 연방정부 및 주정부 민방위조직도

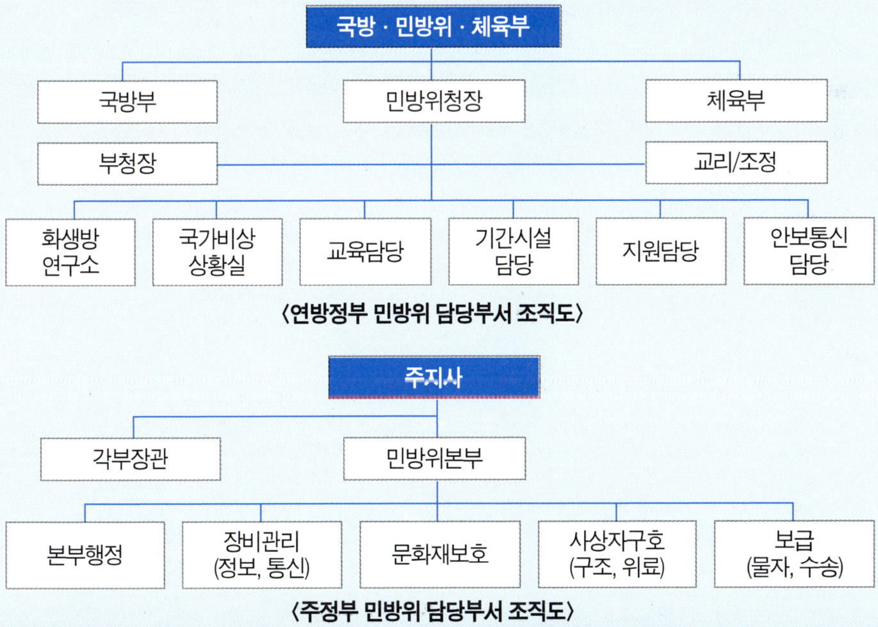

출처: 법제처(2018), 선진국의 민방위제도 및 위기관리체계 연구를 위한 공무국외출장 결과보고서

연방 NBCN 위기관리원회는 국가적 차원의 대응이 필요한 사건이 발생하였을 때 가동되며, 연방정부의 조치들을 직접 지휘하게 된다. 연방 NBCN 위기관리원회 지휘부는 연방과 주(canton)의 조치들을 조정하는 권한을 가지며, 필요에 따라 연방각의(Federal Council)에 요청할 사항을 정한다(정호경 · 마정균, 2017:140).

(3) 재난대응체계

스위스는 연방국가로 연방정부와 주정부에게 각각 재난대응과 관련한 권한과 책임이 부여되어 있다. 긴급조치에 대한 책임은 긴급성에 따라 국가, 지방, 지역 단위의 기구에 주어진다. 재난 초기 대응은 연방 시민보호청 감독하에 주정부와 지역기구에 의해 수행된다(정호경 · 마정균, 2017:140).

스위스의 재난대응 활동은 민방위청이나 군대를 중심으로 주로 이루어지고 있다. 자연재난이 발생하였을 시 관련당국은 군, 경찰청, 소방대, 군, 보건의료부 기

그림 1-25 스위스 재난대응체계

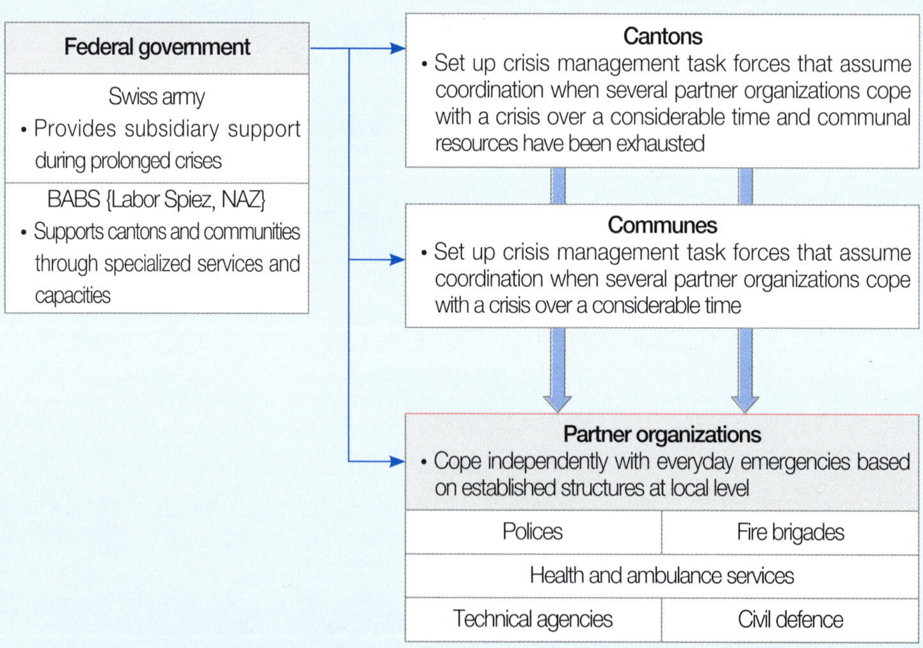

출처: Institute for Peace Research and Security Policy at the University of Hamburg(2013), Analysis of Civil Security Systems in Europe Country Study: Switzerland

관에 구체적인 임무를 할당한다. 구체적인 임무는 ① 건물 및 기반시설 보호, ② 보호팀 가동, 의료인력 배치, ③ 청소 및 정화 작업, ④ 감시기구조직 및 정보 개념 수립 ⑤ 숙식 제공 관리감독, ⑥ 사건문서 작성, ⑦ 재건 착수가 포함된다(정호경 · 마정군, 2017:140).

국가적 차원의 재난이 발생할 시에는 연방정부가 조정권한을 갖게 되며, 주로 주정부(canton)에서는 주법 제정, 직무수행 관리, 시민보호에 관한 교육훈련을 제공하고, 시와 함께 시민보호 업무를 실행한다. 지방자치단체(commune)는 연방정부와 주정부에서 내려온 지침을 실행하고, 주정부와 함께 시민보호 임무를 수행한다. 연방정부는 시민보호에 대하여 감독 및 재조정하고, 재난피해로부터 발생할 수 있는 파급효과를 분석한다. 또한 주정부와 협력기관들이 시민보호 업무를 실행할 수 있도록 돕는 가이드라인을 개발하며, 대규모 재난 발생 시 관련기관의 책임을 조정한다(정호경 · 마정군, 2017:140).

7) 요약

미국의 재난대응과 관련된 조직으로는 국토안보부(DHS)와 DHS 산하의 FEMA가 있다. 국토안보부(DHS)는 9 · 11 테러 이후 신설된 연방조직 차원에서 재난과 관련된 사항을 총괄 및 조정하는 기구이다. 연방재난관리청(FEMA)은 국민의 재산과 생명을 지키고 주요 기반시설을 보호하는 연방 차원의 활동을 수행하며 이에 따라 비상관리프로그램을 통해 재난, 재해 및 기타 비상사태의 피해경감, 대비, 대응 및 복구 등에 대하여 체계적이며 종합적인 관리를 한다.

독일의 재난 관리에서 기본이 되는 연방법은 독일 연방재난관리법(ZSKG)이 있으며, 중요한 법규범인 연방시민보호 및 재난관리청 설치에 관한 법률(BBKG)이 있다.

일본은 자연재해가 가장 많이 발생하는 대표적 국가 중 하나로, 다양한 방법을 통해 자연재해저감 노력을 경주하고 있다. 새롭게 설치된 내각부에 방재부문이 설립되면서 행정각부 시책의 통일을 도모하고 보다 신속하고 효율적인 대응이 가능하도록 관계 부처를 종합적으로 조정하도록 하였다.

미국과 독일은 우리의 중앙정부 차원 위원회(중앙안전관리위원회) – 비상대책기구

표 1-10 외국의 재난 관련 법령 및 특징

구분	미국	독일	스위스
기본법	스태포드법 후기 카트리나 재난관리개혁법	민방위법	연방민방위기본법
총괄 기관	국토안보부(DHS) 연방재난관리청(FEMA)	연방내무성 시민보호 · 재난관리청(BBK) 기술지원단(THW)	국방 · 시민보호 · 지원부(DDPS) 시민보호청(FOCP) 국가비상운영본부(NEOC)
주요 특징	연방정부, 주정부, 지방정부로 구분되고 각각의 역할과 임무가 명확 FEMA 중심의 재난 관리 운영 재난 발생 시 지방정부에서 일차대응을 하고, 규모가 클 경우 주정부와 연방정부에서 지원	연방정부, 주정부, 지방정부로 구분되고 각각의 역할과 임무가 명확 시민보호 · 재난관리청(BBK)이 재난 방지에 대하여 총괄하여 운영 평시에 응급상황이 발생한 경우 주정부가 관리하고 응급상황관리의 경우 연방정부가 관리 재난 발생 시 연방 정부는 협력기관 및 EU에 자원 지원 요청을 실시	연방정부, 주정부로 구분되고 각각의 역할과 임무가 명확 재난 초기 대응은 연방 시민보호청 감독 하에 주정부와 지역 기구에 의해 수행 국가적 차원의 재난이 발생할 시에는 연방정부가 조정 권한을 갖음
구분	**일본**	**영국**	**호주**
기본법	재해대책기본법	국가위기관리법 (Civil Contingencies Act 2004)	State Emergency & Rescue Management Act 1989 Fire Brigades Act 1989
총괄 기관	내각부 방재담당정책총괄관	내각부 국가위기관리사무처	호주재난관리본부
주요 특징	지방자치단체의 재난대응역량이 강하고 중앙과의 연계가 잘 이루어짐 지방자치단체가 일차적으로 대응하고 비상재난 시 총리주재 비상재해대책본부 및 긴급재해대책본부 설치	주민자치를 기반으로 지역-지방-중앙정부 차원의 단계적 대응 및 복구 통합적 위기관리 매뉴얼 마련 민간부문에 대한 기업 비상관리계획을 법적 근거로 작성	중앙정부, 주정부, 지방정부 세 단계 정부협업 구조를 기초로 함 각 주별로 재난관리법을 제정하고 각 지역에서 발생하는 재난의 특성을 고려하여 적절한 조치가 이루어지도록 함

(중앙재난안전대책본부) 체제가 아니라, 연방 차원의 재난관리 총괄기관-지방정부 차원의 대응지휘 및 조정기관 체제로 구성하고 있다.

일본은 정부 내 총괄하는 중앙행정기관 없이 총리를 보좌하는 관방장관의 영향력하에 중앙정부에 비상설 회의체(중앙방재회의)-비상대책기구(비상대책본부) 체제를 구축하고, 이를 지방정부에도 적용(지역 방재회의, 비역비상대책본부)하여 운용 중에 있

표 1-11 외국의 재난관리체계 주요 특징 비교

구분	미국	일본	독일	영국
기본법	스태포드법, 후기 카트리나 재난관리개혁법	재해대책기본법	연방재난관리법	국가위기관리법(Civil Contingencies Act 2004)
총괄기관	국토안보부(DHS), 연방재난관리청(FEMA)	내각부 방재담당정책총괄관	연방내무부 연방시민보호 및 재난관리청 연방기술지원단	내각부 국가위기관리사무처
주요특징	• 중앙연방정부 조직과 주정부의 조직으로 양분되고 각각의 역할과 임무가 명확 • FEMA 중심으로 통합적 재난관리 운영 • 재난 발생 시 주정부에서 일차대응하고 규모가 클 경우 연방정부에서 지원	• 지방자치단체의 재난 대응역량이 강하고 중앙과의 연계가 잘 이루어짐 • 지방자치단체가 일차적으로 대응하고 비상재난 시 총리주재 비상재해대책본부 및 긴급재해대책본부 설치	• 연방주의에 따라 각 주가 자체적으로 마련한 법체계 구축 • 주민자치를 기반으로 지역단위의 대응 시스템 마련 • 재난 발생 시 연방과 각 주가 상호 협력하여 관리	• 주민자치를 기반으로 지역–지방–중앙정부 차원의 단계적 대응 및 복구 • 통합적 위기관리 매뉴얼 마련 • 민간부문에 대한 기업 비상관리계획을 법적 근거로 작성

다.

영국은 총리 산하에 내각비상대비사무처를 설치하여 총괄기관 역할을 부여한 가운데, 중앙정부 차원에서는 국가위기대책위원회, 지방정부 차원에서는 지역 위기대책위원회–지역 위기회복포럼(경찰권 중심, 42개 구역) · 지방위기회복포럼(지자체 중심, 9개 권역) 체제로 구분하여 운용 중이다.

4 우리나라 방재안전조직 및 법령체계

1) 평상시 재난·안전관리기구

(1) 중앙안전관리위원회

중앙안전관리위원회(이하 '중앙위원회')는 재난 및 안전관리에 관한 중요 사항을 심의 및 총괄·조정하고, 안전관리를 위한 관계부처 간 협의·조정과 그 밖에 안전관리에 필요한 사항을 시행하기 위해 설치된 최상위 의사결정기구이다.

2004년 3월 11일 「재난 및 안전관리 기본법」이 제정되면서 관련조문이 신설되었고, 2004년 6월 1일 시행령이 제정되면서 위원회 구성위원이 명시되었다. 「재난안전법」 제9조에 따라 국무총리가 위원장을 맡고, 당연직 위원은 관계 중앙행정기관의 장이 된다. 또한 위원회 운영을 총괄 관리하기 위해 간사를 두는데, 행정안전부장관이 된다. 당연직 위원 수는 정부조직 개편에 따라 증감이 있었다. 「재난안전법」 제정 당시에는 위원장을 포함하여 26명이었으나 2020년 10월 1일 기준으로 위원장은 국무총리가 맡고, 당연직 위원은 31명이다.

한편, 중앙위원회의 효율적 운영을 위해 법 제정 당시 하부에 조정위원회와 분과위원회를 두도록 하였다. 조정위원회는 대통령령으로 정하는 경미한 사항을 협의·조정하기 위해 설치되었는데, 위원장은 당시 행정자치부장관이었다. 이후 안전행정부 시절에는 재난안전정책의 총괄·조정을 위해 조정위원회를 안전정책조정위원회로 확대 개편하여 현재에 이르고 있다. 분과위원회는 재난안전 유형별로 주무부처의 장관을 위원장으로 하는 위원회로서 총 8개의 분과가 설치되었으며, 안전행정부 출범 이후 안전정책조정 실무 총괄위원회를 신설하는 대신 국가 기반체계 보호위원회를 폐지하였고 위원장도 기존 장관급에서 차관급으로 조정되었다. 하지만 이후 개최실적 전무 등 분과위원회가 유명무실하게 운영되고 있어 2017년 7월 행정안전부가 출범한 이후에 이를 폐지하였다.

중앙위원회는 재난 및 안전관리에 관한 중요 정책을 심의하고 총괄·조정하는 최상위 의사결정기구이다. 「재난안전법」에 따라 중앙위원회에서 심의, 의결하도

표 1-12 중앙위원회 구성

위원장	위원(31인)
국무총리	• 기획재정부장관, 교육부장관, 과학기술정보통신부장관, 외교부장관, 통일부장관, 법무부장관, 국방부장관, 행정안전부장관, 문화체육관광부장관, 농림축산식품부장관, 산업통상자원부장관, 보건복지부장관, 환경부장관, 고용노동부장관, 여성가족부장관, 국토교통부장관, 해양수산부장관 및 중소벤처기업부장관 • 국가정보원장, 방송통신위원회위원장, 국무조정실장, 식품의약품안전처장, 금융위원회위원장 및 원자력안전위원회위원장 • 경찰청장, 소방청장, 문화재청장, 산림청장, 기상청장 및 해양경찰청장, 질병관리청장

출처: 「재난안전법」

록 규정되어 있는 사항은 다음과 같다.

※ 중앙안전관리위원회 심의 · 의결사항

① 재난 및 안전관리의 중요 정책에 관한 사항
② 국가안전관리기본계획에 관한 사항
③ 재난 및 안전관리사업 관련 중기사업계획서, 투자우선순위 의견 및 예산요구서에 관한 사항
④ 중앙행정기관의 장이 수립 · 시행하는 계획, 점검 · 검사, 교육 · 훈련, 평가 등 재난 및 안전관리 업무의 조정에 관한 사항
⑤ 안전기준관리에 관한 사항
⑥ 재난사태의 선포에 관한 사항
⑦ 특별재난지역의 선포에 관한 사항
⑧ 재난이나 그 밖의 각종 사고가 발생하거나 발생할 우려가 있는 경우 이를 수습하기 위한 관계기관 간 협력에 관한 중요사항
⑨ 대통령령으로 정하는 재난 및 사고의 예방사업 추진에 관한 사항

이 밖에도 안전정책조정위원회의 심의 결과 중 중요사항은 중앙위원회에 보고하도록 되어 있는데, 「재난안전법」에 의한 국가안전관리 집행계획, 국가기반시설의 지정에 관한 사항과 「지진 · 화산재해대책법」에 따른 지진방재종합계획, 기존 시설물의 내진보강기본계획 등이 대표적이다. 이러한 보고 안건은 원활한 회의 운영을 위해 중앙위원회를 개최할 때 서면보고로 갈음하기도 한다.

2019년 12월 기준으로 중앙위원회는 총 79번 열렸는데, 국가안전관리 기본계획, 재난관리체계 평가결과, 안전한국훈련계획, 국가안전대진단 추진방안 등과 같이 범정부 차원에서 추진하는 중요한 재난 및 안전관리정책들을 논의하였다. 평

상시 안전관리뿐만 아니라 대규모 재난이 발생한 경우에도 신속하게 중앙위원회를 개최하여 특별재난지역 선포 건의안을 통과시켜 피해지역에 국고 지원 등 중앙정부 차원의 지원이 신속하게 이루어질 수 있었다.

또한 재난대응 안전한국훈련과 같이 범정부적으로 실시해야 하는 전국단위 훈련과 지진방재종합계획처럼 국가의 재난안전관리체계를 개선하는 정책들도 중앙위원회를 통해 최종적으로 확정되었다. 특히 2014년에 「재난안전법」이 개정되면서 약 14조에 이르는 정부 전체의 '재난 및 안전관리사업예산'에 대한 투자방향, 우선순위 및 적정성 검토 등 사전협의사항이 2015년부터 중앙위원회의 심의사항에 추가되는 등 중앙위원회의 기능이 보다 확대되고 강화되었다.

앞으로 안전에 대한 국민들의 관심이 높아지고 재난안전에 관한 업무영역이 보다 다양해질 것으로 예상됨에 따라 부처 간 이견의 협의·조정과 정부의 통합적인 재난안전관리역량을 강화하기 위한 중앙위원회의 역할과 기능이 더욱 중요해질 것이다.

사례 **제64차 중앙안전관리위원회 개최**

2017년 11월 20일 국무총리 주재로 제64차 중앙안전관리위원회를 열어 2017년 10월 15일 지진으로 피해를 입은 포항시에 대한 특별재난지역 선포 건의안을 심의 의결하였다. 이에 따라 중앙재난안전대책본부장(행정안전부 장관)은 대통령에게 특별재난지역 선포를 건의하였다. 대통령 재가가 이루어지면 포항지역은 특별재난지역으로 확정된다.

- 일시 : 2017년 10월 22일
- 참석 : 국무총리(주재), 중앙위원회 중앙위원(30)
- 안건 : 특별재난지역 선포 건의안 심의

출처 행정안전부 보도자료('17.11.20), 경북 포항 특별재난지역 선포 건의(수정인용)

(2) 안전정책조정위원회 및 실무위원회

「재난안전법」 제10조에서는 중앙위원회에 상정될 안건에 대한 사전 검토와 중앙안전관리위원에서 위임하고 있는 사항을 심의하기 위해 중앙위원회에 안전정책조정위원회(이하 '조정위원회')를 둔다고 규정하고 있다.

표 1-13 조정위원회 구성

위원장	위원(23인)
행정안전부장관	• 기획재정부차관, 교육부차관, 과학기술정보통신부차관, 외교부차관, 통일부차관, 법무부차관, 국방부차관, 행정안전부의 재난안전관리사무를 담당하는 본부장, 문화체육관광부차관, 농림축산식품부차관, 산업통상자원부차관, 보건복지부차관, 환경부차관, 고용노동부차관, 여성가족부차관, 국토교통부차관, 해양수산부차관 및 중소벤처기업부차관 • 국가정보원 제2차장, 방송통신위원회 상임위원, 국무조정실 제2차장 및 금융위원회 부위원장

출처: 「재난안전법」

조정위원회의 위원장은 행정안전부장관이 맡는다. 조정위원회의 위원은 당연직 위원과 위촉직 위원으로 크게 구분할 수 있는데, 당연직 위원은 관계 중앙행정기관의 차관급 공무원이 되며, 위촉직 위원은 재난 및 안전 분야 전문가 중에서 위원장이 위촉하는 위원이 된다. 2020년 6월 30일 기준으로 위원장은 행정안전부장관이 맡고, 당연직 위원은 22명이며 그 밖에 위원장이 임명하는 사람도 위원이 될 수 있다.

또한 조정위원회의 업무를 효율적으로 처리하기 위하여 조정위원회에 실무위원회를 둘 수 있도록 하였다. 실무위원회는 종전법에 따른 중앙위원회 소속 분과위원회의 기능을 이어받은 것으로 볼 수 있으며, 같은 법 시행령에 따르면 실무위원회는 50명 내외로 구성하도록 되어 있다.

조정위원회는 중앙위원회의 상정 안건에 대한 사전조정과 범정부적인 재난과 안전관리정책들에 대한 총괄 심의, 조정 기능을 담당한다. 「재난안전법」에서 규정하고 있는 법적 심의기능은 다음과 같다.

※ 안전정책조정위원회 심의 기능

① 중앙행정기관의 안전계획, 점검 · 검사, 교육 · 훈련, 평가, 기준, 재난 및 사고의 예방사업 추진에 관한 사항에 대한 사전조정과 재난 및 안전사고 수습을 위한 부처 간 협의 · 조정
② 국가안전관리 집행계획의 심의
③ 국가기반시설의 지정에 관한 사항의 심의
④ 재난 및 안전관리기술 종합계획의 심의
⑤ 그 밖에 중앙위원회가 위임한 사항

안전정책조정위원회는 여러 부처가 관련된 안전정책 수립 시 실질적인 협의와 사전 조정 기능을 수행하고 있다. 국민안전종합대책('13.5.), 경주 마우나리조트 붕괴사고 재발방지대책('15.1.), 긴급신고전화 통합 추진계획('15.1.), 2016년 국가안전대진단 추진계획('16.2.), 안전무시관행 근절대책('18.5.) 등 생활안전 · 사고예방 및 재난안전관리에 관한 다양한 정책들이 안전정책 조정위원회에서 논의되었다.

안전정책조정위원회는 행정안전부의 총괄 · 조정 기능을 뒷받침하면서 범부처 안전정책의 실질적인 협의와 사전조정 기능을 수행해 왔다. 앞으로 조정위원회의 운영역량을 보다 강화시키기 위해서는 회의 형식을 토론형 등으로 다변화하고 참석대상도 확대하여 정책 수요자도 참여시키는 등 다양한 노력을 기울여야 한다. 또한 안전관리에 있어서도 과학적 · 체계적 분석을 통한 선제적 안건 발굴과 타 부처의 안건상정 유도 등을 통해 안전 관련 어젠다를 주도할 수 있어야 한다.

사례 **2020년 제4차 안전정책조정위원회 개최**

2020년 10월 22일 23개 중앙부처와 17개 시 · 도가 참여한 가운데 2020년 제4차 안전정책조정위원회(위원장 : 행정안전부장관)를 영상회의로 개최하였다. 이날 회의에서는 지난 10월 8일 발생한 울산 주상복합아파트 화재로 국민적 관심이 된 '고층건축물 화재대책'과 '가을철 산불대책'과 같은 계절적 원인으로 인해 안전사고 발생이 높은 사항에 대한 대책을 논의했다.

- 일시/장소 : 2020년 10월 22일 / 서울–세종–시도 영상연결
- 참석 : 행정안전부장관(주재), 23개 중앙부처 담당 실장급, 17개 시도 안전실장
- 주요안건 : 주상복합 등 고층건축물 화재안전대책(소방청 소관), 가을철 산불 안전관리대책(산림청 소관), 2021년 국가안전관리 집행계획(행안부 소관)

출처 행정안전부 보도자료('20.10.22), 정부, 내년도 재난안전분야 472개 사업에 19조 8천억 투자

안전정책조정 실무위원회는 「재난안전법」 제10조와 같은 법 시행령 제10조에 근거하여 구성 · 운영된다. 실무위원회는 재난 및 안전관리를 위해 관계 중앙행정기관의 장이 수립하는 대책에 관하여 협의 · 조정이 필요한 사항, 재난 발생 시 관계 중앙행정기관의 장이 수행하는 재난의 수습에 관하여 협의 · 조정이 필요한 사항 등을 논의한다. 행정안전부 재난안전관리 본부장이 위원장을 맡고, 관계 중앙행정기관의 고위공무원단에 속하는 공무원이나 3급 상당 이상에 해당하는 공무원 중에서 해당 중앙행정기관의 장이 추천하는 공무원, 재난 및 안전관리에 관한 지

식과 경험이 풍부한 사람 등이 위원이 된다.

2) 비상시 재난·안전관리기구

(1) 개념

대규모 재난의 대응·복구 등에 관한 사항을 총괄 조정하고 필요한 조치를 하기 위하여 행정안전부에 장관을 본부장으로 하는 중앙재난안전대책본부(이하 '중대본')를 둔다. 다만 해외 재난의 경우에는 외교부장관이, 방사능 재난의 경우에는 중앙방사능방재대책본부의 장이 중앙대책본부장의 권한을 행사한다.

다만 최근 코로나19 사례에서와 같이 국무총리가 범정부적 차원의 통합대응이 필요하다고 인정하는 경우에는 국무총리가 중대본위원장이 될 수 있다. 이 경우에 행정안전부장관, 외교부장관(해외 재난의 경우) 또는 원자력안전위원회 위원장(방사능 재난의 경우)이 차장이 되며 국무총리가 필요하다고 인정하여 지명하는 중앙행정기관의 장은 공동으로 차장이 된다.

한편, 시·도 및 시·군·구에도 지역재난안전대책본부(이하 '지대본')이 설치되는데, 시·도 재난안전대책본부는 시·도지사가 본부장을 맡고, 시·군·구 재난안전대책본부는 시장·군수·구청장이 본부장을 맡는다.

(2) 중앙재난안전대책본부

중앙재난안전대책본부(이하 '중대본')에는 시행령 제15조에 따라 본부장 밑에 차장과 총괄조정관, 통제관, 담당관, 실무반을 두는데 행정안전부 재난안전관리본부장을 비롯하여 해당 재난을 담당하는 공무원들이 중대본을 구성·운영한다.

한편 코로나19 범정부 대처를 위해 구성한 중대본의 경우, 국무총리가 본부장이 되고 보건복지부장관이 1차장, 행정안전부장관이 2차장으로 보건복지부와 행정안전부 소속 공무원들로 중대본을 구성하였다.

중대본의 구성과 운영에 관해서는 대통령 훈령인 「중앙재난안전대책본부 구성 및 운영 등에 관한 규정」에 자세히 규정되어 있다. 자연재난은 재난의 심각성 등에 따라 1단계부터 3단계까지 구분하고, 사회재난은 별도의 단계 구분이 없다.

중앙대책본부장은 대규모 재난을 효율적으로 수습하기 위하여 관계 재난관리책임기관의 장에게 행정 및 재정상의 조치, 소속 직원의 파견, 그 밖에 필요한 지원을 요청할 수 있으며, 요청을 받은 관계 재난관리책임기관의 장은 특별한 사유가 없으면 요청에 따라야 한다. 또한 중앙대책본부장은 해당 대규모 재난의 수습에 필요한 범위에서 중앙사고수습본부장 및 지역본부장을 지휘할 수 있다.

또한 중앙대책본부장은 국내 또는 해외에서 발생하였거나 발생할 우려가 있는 대규모 재난의 수습을 지원하기 위하여 관계 중앙행정기관 및 관계 기관 · 단체의 재난관리에 관한 전문가 등으로 수습지원단을 구성하여 현지에 파견할 수 있으며 이때 구조 · 구급 · 수색 등의 활동을 신속하게 지원하기 위하여 행정안전부 · 소방청 또는 해양경찰청 소속의 전문인력으로 구성된 특수기동구조대를 편성하여 재난현장에 파견할 수 있다.

사례 중부지방 집중호우 대비 중앙재난안전대책본부 가동

행정안전부는 2020년 8월 3일 정체전선의 북상으로 서울 · 인천 · 경기 · 강원 · 충청 등 중부지방을 중심으로 많은 비가 내릴 것으로 예보됨에 따라 호우대처를 위해 중앙재난안전대책본부(중대본) 1단계를 가동하고 비상근무에 돌입했다.

출처 행정안전부 보도자료('20.8.3), 중부지방 집중호우 대비 중앙재난안전대책본부 가동

(3) 지역재난안전대책본부

지역재난안전대책본부(이하 '지대본')의 구성과 운영은 법 제16조 제5항에 따라 지방자치단체의 조례로 정하도록 되어 있는데 대부분 중대본과 유사하게 본부장, 차장, 총괄조정관, 통제관, 담당관 등을 두고 있다.

지역본부장은 재난수습을 위해 해당 시 · 도 또는 시 · 군 · 구의 전부 또는 일부를 관할구역으로 하는 재난관리책임기관의 장에게 행정 및 재정상의 조치나 소속 직원의 파견 요청, 그 밖의 필요한 업무협조를 요청할 수 있으며 요청을 받은 재난관리책임기관의 장은 특별한 사유가 없으면 이에 따라야 한다.

또한 지역본부장은 재난의 효율적인 수습을 위한 행정상의 조치를 위하여 ① 재난 발생의 장소 · 일시 · 규모 및 원인, ② 재난대응조치에 관한 사항, ③ 재난의

예상 진행상황, ④ 재난의 진행단계별 조치계획, ⑤ 그 밖에 지역본부장이 정하는 사항이 포함된 재난상황대응계획서의 작성 및 제출을 요청할 수 있다. 시 · 군 · 구 대책본부장이 재난현장 총괄 · 지휘 및 조정을 위해 재난현장 통합지원본부(이하 '통합지원본부')를 설치 · 운영할 수 있다.

(4) 중앙사고수습본부

재난관리주관기관의 장[3]은 재난이 발생하거나 발생할 우려가 있는 경우에는 재난상황을 효율적으로 관리하고 재난을 수습하기 위한 중앙사고수습본부(이하 '중수본')를 신속하게 설치 · 운영하여야 한다.

중수본의 장(이하 '수습본부장')은 재난관리주관기관의 장이 되며 재난정보의 수집 · 전파, 상황관리, 재난 발생 시 초동조치 및 지휘 등을 위하여 수습본부상황실을 설치 · 운영하여야 한다. 재난안전상황실을 운영하고 있는 경우 인력, 장비, 시설 등을 통합 · 운영할 수 있다.

수습본부장은 재난을 수습하기 위해 필요하면 관계 재난관리책임기관의 장에게 행정 및 재정상의 조치, 소속 직원의 파견, 그 밖의 필요한 사항을 요청할 수 있으며 요청을 받은 재난관리책임기관장은 특별한 사유가 없으면 요청에 따라야 한다.

수습본부장은 해당 재난의 수습에 필요한 범위에서 시장 · 군수 · 구청장(시 · 군 · 구 대책본부가 운영되는 경우에는 해당 본부장)을 지휘할 수 있으며 필요하면 중앙수습지원단 구성 · 운영을 중앙본부장에게 요청할 수 있다.

(5) 긴급구조통제단(육상재난)/구조본부(해상재난)

육상 재난 발생 시 긴급구조에 관한 사항의 총괄 · 조정, 긴급구조기관 및 긴급구조지원기관이 하는 긴급구조활동의 역할 분담과 지휘 · 통제 기능을 수행하기 위해 소방청에 긴급구조통제단(단장–소방청장)을 둔다. 지역단위 긴급구조 기능 수

3 '재난관리주관기관'이란 재난이나 그 밖의 각종 사고에 대하여 그 유형별로 예방 · 대비 · 대응 및 복구 등의 업무를 주관하여 수행하도록 대통령령으로 정하는 관계 중앙행정기관을 말하며 중앙행정기관 및 지방자치단체, 공공기관 · 공공단체 등과 같이 재난관리 업무를 수행하고 책임진다는 의미에서의 '재난관리책임기관' 개념과 구별된다.

행을 위해서는 시 · 도의 소방본부에 시 · 도 긴급구조통제단(단장–시 · 도 소방본부장), 시 · 군 · 구의 소방서에는 시 · 군 · 구 긴급구조통제단(단장–소방서장)을 둔다.

재난현장에서 이루어지는 긴급구조활동에 대하여 일차적으로 시 · 군 · 구 통제단장이 지휘하고, 시 · 군 · 구 통제단의 대응능력을 초과하여 광역이나 국가 차원의 대응이 필요한 경우에는 시 · 도 통제단장 또는 중앙통제단장이 지휘한다.

한편, 해상에서 발생한 선박이나 항공기 등의 조난사고의 긴급구조 활동에 관하여는 「수상에서의 수색 · 구조 등에 관한 법률」 등 관계 법령에 따라 긴급구조기관은 해양경찰청 · 지방해양경찰청 및 해양경찰서이 있는데, 해수면에서의 수난구호에 관한 사항의 총괄 · 조정 등을 위해 해양경찰청에 중앙구조본부, 지방해양경찰청단위에서는 광역구조본부, 해양경찰서에는 지역구조본부를 둔다.

(6) 재난현장 통합지원본부

시 · 군 · 구 대책본부의 장은 재난현장의 총괄 · 조정 및 지원을 위하여 재난현장 통합지원본부를 설치 · 운영할 수 있고, 통합지원본부의 장은 관할 시 · 군 · 구의 부단체장이 되며 실무반을 편성하여 운영할 수 있다.

긴급구조가 필요한 비상상황이 발생하면 긴급구조통제단이 재난현장에 대한 지휘를 맡게 되며, 통합지원본부장은 관내 유관기관을 총괄하여 긴급구조에 필요한 사항을 지원하게 된다. 긴급구조가 종료되면 재난현장의 지휘권이 긴급구조통제단장에서 통합지원본부장으로 이관되어 수습 · 복구를 수행하게 된다. 또한 가뭄 · 가축질병 등 비긴급구조 상황에서는 지대본과 통지본을 중심으로 비상상황에 대응하고, 소방은 소방력을 지원하게 된다. 재난현장에서의 원활한 통제 · 조정 및 수습을 위해서는 재난대비 합동훈련, 협조체계 구축 등 통합지원본부의 장과 지역 긴급구조통제단장과의 긴밀한 협조가 필요하다.

3) 요약

평상시 재난 및 안전관리 기구로는 국무총리가 위원장으로 재난 및 안전에 관한 중요사항을 심의 및 총괄 조정하는 최상위 의사결정기구인 중앙안전관리위원회가 있으며 행정안전부가 위원장으로 중앙위원회 상정 안건을 사전 조정하고 범정부적인 재난 및 안전정책들에 대한 총괄 조정 심의하는 안전정책조정위원회가 있다.

비상시 대규모 재난의 대응, 복구 등에 대해 총괄 조정하기 위해 행정안전부 장관(범정부적 차원의 통합대응이 필요한 경우는 국무총리)을 본부장으로 하는 조직으로는 중앙재난안전대책본부, 지역단위의 재난 수습 등에 관한 사항을 총괄 · 조정하고 필요한 조치를 하기 위하여 지방자치단체장을 본부장으로 하는 지역재난안전대책본부, 재난관리주관기관의 장이 재난상황을 효율적으로 관리하고 재난을 수습하기 위해 설치하는 중앙사고수습본부, 긴급구조에 관한 사항의 총괄 · 조정을 위해 긴급구조기관에 설치하는 긴급구조통제단(육상재난)/구조본부(해상재난), 그리고 지역재난안전대책본부장이 재난현장의 총괄 · 조정 및 지원을 위하여 설치 · 운영하는 재난현장 통합지원본부가 있다.

5 우리나라 방재안전 법령체계

1) 방재안전 법령체계 개요

방재안전과 관련하여 최상위 규정은 헌법 제34조 제6항으로서, "국가는 재해를 예방하고 그 위험으로부터 국민을 보호하기 위하여 노력하여야 한다"고 규정하고 있다. 또한 안전권을 헌법에 포함하고자 하는 노력도 계속되고 있는데, 헌법에 반드시 담아야 하는 기본권에 대한 설문조사('17.9.)에서 설문에 참여한 국회의원의 77.6%와 일반 국민의 38.8%가 안전권을 선택하였다. 헌법을 근거로 재난 · 안전관리에 관한 기본법이 제정되어 있는데, 「재난 및 안전관리 기본법」이 대표적이다. 또한 「자연재해대책법」도 명칭은 기본법이 아니지만 자연재난의 예방 · 경감 및 복구에 관한 기본법적 성격을 가지고 있다고 볼 수 있으며, 소방분야는 「소방기본법」 이 있고, 민방위분야는 「민방위기본법」이 있다. 사회재난에 대한 기본법은 아직 없지만, 사회재난의 예방 및 관리에 관한 법률을 제정하기 위한 정부 차원의 노력도 진행 중이다.

방재안전 관련 개별법은 분류기준에 따라 다양하게 분류할 수 있는데 일반적으로 재난 및 안전사고 유형, 시설유형 등 재난관리 대상, 재난관리 기능 등으로 분류할 수 있다. 따라서 개별법에 따라 자연재해대책법과 같이 특정 재난 및 안전사고에 대하여 예방, 대비, 대응, 복구 등 재난관리 전 단계를 포괄하거나 특정 단계(예: 재해구호법)를 규정하기도 하고 재난 및 안전사고 유형이나 재난관리 대상이 아닌 119구조 구급에 관한 법률과 같이 재난관리 기능 자체를 규정하기도 한다.

2) 방재안전 관련 기본법

방재안전에 관한 기본법적 성격의 법령은 1967년 「풍수해대책법」 제정, 1975년 「민방위기본법」 제정, 1995년 「재난관리법」 제정, 1995년 「풍수해대책법」을 「자연재해대책법」으로 개정, 2004년 「재난 및 안전관리 기본법」 제정으로 이어졌다. 개별 재난유형별 기본법적 성격의 법령은 1958년 「소방법」 제정(2003년 「소방기본법」 제정과 함께 폐지), 1967년 「농업재해대책법」 제정(1990년 「농어업재해대책법」으로 전부 개정), 2008년 「지진재해대책법」 제정(2015년 「지진·화산재해대책법」으로 개정) 등이 있다. 이와 함께, 해상에서의 긴급구조를 위한 「수난구호법」(1961년 제정), 육상에서의 구조·구호를 위한 「119구조구급에 관한 법률」(2011년 제정), 재해구호를 위한 「재해구호법」(1962년 제정) 등 모든 재난에 공통적으로 적용되는 특정 기능 수행에 관한 법률도 있다.

가장 대표적인 「재난 및 안전관리 기본법」은 2004년에 「자연재해대책법」과 「재난관리법」이 통합되어 제정되었다. 이에 따라 인적재난관리에 관한 「재난관리법」은 폐지되었고, 「자연재해대책법」은 예방과 경감에 관한 내용을 대폭 보완하여 2005년 전부 개정되었다. 「재난 및 안전관리 기본법」은 2004년 3월 11일 제정된 이후로 20차례 이상의 크고 작은 개정을 거쳤는데, 특히 2007년 1월 26일, 2010년 6월 8일, 2013년 8월 6일 그리고 2014년 12월 30일 네 차례 큰 폭의 개정이 있었다.

먼저 2007년 1월 26일 개정에서는 제25조의 2를 신설하여 국가기반시설을 지정할 수 있도록 하고, 제36조 제1항 단서 및 제3항을 신설해 재산 피해를 경감시키기 위하여 긴급한 조치가 필요한 경우에 재난사태를 선포할 수 있도록 하였다. 그 밖에 기간통신사업자에 대하여 필요한 정보를 문자 또는 음성 송신 등의 방법으로 전달하도록 요청할 수 있는 근거를 마련하고, 관계 재난관리책임기관과 합동으로 재난합동조사단을 구성하여 운영할 수 있도록 했다.

이후 태안 기름유출 사고 등과 같이 다수 기관이 관련되는 대형 재난 발생 시 기관 간 협조 등 대응 과정상의 문제점이 반복적으로 발생하는 문제를 해결하기 위해 2010년 6월 8일 10조의 2 및 제10조의 3을 신설하여 중앙재난조사평가협의회의를 구성·운영토록 하였다. 이를 통해 중앙안전관리위원회의 위원장이 재난의 발생원인과 재난관리 과정에 관한 조사·분석·평가를 실시하고, 위원장은 필요하다고 인정하는 경우 재난책임기관의 장에게 개선을 권고할 수 있도록 하였다. 또한 제15조의 2를 신설해 안전관리업무의 심의·조정제도를 도입해, 개별법에 따라 관리되는 안전 업무가 중복 집행되는 것을 조정하고자 했다. 그리고 기존의 다양한 형태의 복합재난에 체계적으로 대응하는 지침이 되는 행동요령(매뉴얼)의 법적 근거를 마련하고, 제34조의 3을 신설해 국가재난관리기준을 도입하여 재난관리 책임기관의 소관업무에 적용하도록 하였다.

2013년 8월 6일 개정에서는 제3조 제5호의 2를 신설하고 제15조의 2를 개정하여 재난 및 사고 발생 시 재난관리주관기관을 명확히 하였으며, 제10조를 개정해 재난 및 안전관리업무에 관한 심의·조정이 실질적으로 이루어질 수 있도록 하기 위하여 중앙안전관리위원회에 두는 안전정책조정위원회의 심의기능을 강화하고, 심의·조정된 사항에 대한 이행상황을 점검하여 중앙안전관리위원회에 보고할 수 있도록 하였다. 또한 제12조의 2를 신설해 재난 및 안전관리업무에 관한 국가 및 지방자치단체와 민간단체 간 협력을 강화하기 위하여 안전정책조정위원회의 위원장과 시·도 안전관리위원회 및 시·군·구 안전관리위원회의 위원장으로 하여금 안전관리민관협력위원회를 구성·운영할 수 있도록 하였다. 그 외에도 안전기준의 등록, 안전문화의 진흥을 위한 교육, 홍보 등의 안전문화 활동을 적극 추진하도록 하는 한편, 안전교육 실시·지역축제 개최 시 안전관리계획의 이행실태에 대한 지도·점검의 법적 근거를 마련했다.

그리고 2014년 4월 16일 발생한 세월호 사고 이후 기존의 재난안전 컨트롤타워에 미비점이 많다는 인식하에 안전행정부, 소방방재청 및 해양경찰청 등에 분산되어 있는 재난안전 기능을 구(舊)국민안전처로 통합·개편하고 국가 및 지방자치단체가 행하는 재난 및 안전관리 업무의 총괄·조정 등 통합적 재난관리체계 구축을 위해 국민안전처에 다양한 총괄 조정 기능을 부여하는 것을 주요 골자로 2014년 12월 30일 개정이 이루어졌다. 재난관리조직 개편에 따른 재난대응체계를 정비하고, 대규모 재난 발생 시 효과적인 재난 수습을 위하여 필요한 경우에는 국무총리가 중앙대책본부장의 권한을 행사할 수 있도록 하였다. 또한 신속한 긴급구조를 위하여 재난현장에 특수기동구조대의 투입과 긴급구조기관의 통합지휘권 행사 등에 관한 사항을 정하고, 구 국민안전처장관이 재난 및 안전관리사업 예산의 사전협의를 하도록 하는 등 재난 및 안전관리체계를 강화하였다. 또한 안전점검 업무의 실효성 강화를 위하여 긴급안전점검 업무를 수행하는 공무원에게 특별사법경찰관리의 직무를 수행할 수 있도록 했으며, 매년 4월 16일을 국민안전의 날로 운영하여 학생안전교육을 실시하도록 하고, 제66조의 11을 신설해 재난 및 안전관리를 위한 특별교부세의 법적 근거를 마련하였다.

이후 2016년 1월 7일 개정에서는 재난현장에서 경찰 · 소방 · 지자체 등 재난에 대응하는 다양한 기관들이 상황정보를 공유하고 일원화된 통합대응체계 구축을 위한 재난안전통신망 구축사업과 휴대전화, 내비게이션, TV 자막을 통한 재난문자방송 등 재난 발생 시 국민들에게 신속하게 전달하기 위한 재난 예보 · 경보체계 구축 · 운영에 대한 법적 근거를 명시하였다. 또한 특정관리대상시설 등 일정한 시설에 대해서는 화재, 붕괴, 폭발 등으로 인한 타인의 생명 · 신체나 재산상의 손해를 보상하기 위하여 재난보험에 가입을 의무화하였다.

2017년 1월 17일 개정에서는 안전취약계층에 대해 어린이, 노인, 장애인 등 재난에 취약한 사람으로 정의를 신설함으로써 재난안전법에서 보호해야 할 주요 정책대상으로 공식적으로 편입시켰다. 또한 재난관리책임기관의 기능연속성계획 수립을 의무화하고 위급상황이 발생했을 때 긴급신고에 대한 현장 대응시간을 획기적으로 단축하기 위하여 긴급 신고전화를 112와 119로 통합하는 긴급구조 관련 특수번호 전화서비스의 통합체계 구축을 명문화하였다.

2019년 3월 26일 개정에서는 우리나라에 미세먼지가 국민 건강을 위협하는 사회적으로 큰 문제가 되면서 미세먼지를 사회재난의 한 유형으로 규정하여 재난안전법의 적용을 받도록 하였다.

2019년 12월 3일 개정에서는 법 제4조에 국가와 지방자치단체는 안전에 관한 정보를 적극적으로 공개하여야 함을 국가 등의 책무로 정함으로써 안전정보에 대한 국민의 접근성을 국가, 지자체에서 적극 보장하도록 하였다. 또한 안전취약계층에 대한 안전한 생활환경을 조성하기 위하여 안전용품의 제공 및 시설 개선 등 안전환경 지원을 신설하였고 그 밖에 매년 집중 안전점검기간 운영에 대한 사항과 신속한 재난대응을 위하여 필요한 경우 중앙대책본부장 또는 지역대책본부장이 재난피해자에 대한 개인정보를 요청하고 제공받을 수 있는 법적 근거를 신설하였다.

2020년 6월 9일 개정에서는 재난이나 사고로 피해가 발생한 경우 피해를 보상하기 위해 재난안전의무보험을 도입하여 1년간의 유예를 두어 2021년 6월 10일부터 시행하도록 하였다. 또한 지방자치단체에서도 재난 및 안전관리 사업예산에 대한 투자의 효율성을 높이고 체계적으로 관리하기 위해 지방자치단체의 안전예산에 대한 규정을 신설하여 2020년 12월 10일부터 시행할 예정이다. 아울러 수습본부 또는 지역대책본부의 재난상황의 관리와 재난 수습 등을 효율적으로 지원하기 위하여 필요한 경우에는 대책지원본부('20.12.10. 시행)를 둘 수 있도록 하였다.

표 1-14 우리나라 방재안전 관련법제 변천 과정

구분	1950~1969년	1970~1989년	1990~2000년	2001~2010년	2011~2020
방재안전 총괄				재난 및 안전관리 기본법 제정(2004)	
자연재난 총괄	풍수해대책법 제정(1967)		자연재해대책법 전부개정(2004)		
인적재난 총괄			재난관리법 제정(1996)	재난관리법 폐지(2004)	
소방 총괄	소방법 제정(1958)			소방기본법 제정(2003) ※소방법 폐지	
			시설물안전관리에 관한 특별법 제정(1995)		
				지진재해대책법 제정(2008)	지진 · 화산재해대책법 개정(2015)

구분	1950~1969년	1970~1989년	1990~2000년	2001~2010년	2011~2020
개별				급경사지 재해예방에 관한 법률 제정(2007)	
	재해구호법 제정(1962)				
			소하천정비법 제정(1995)		
	수난구호법 제정(1961)				수상에서의 수색·구조에 관한 법률 개정(2015)
					119구조·구급에 관한 법률 제정(2011)
			승강기제조 및 관리에 관한 법률 제정(1991)		승강기안전관리법(2018) 개정
		교통안전법 제정(1979)			
				감염병의 예방 및 관리에 관한 법률 제정(2009)	

출처: 국가법령정보센터(www.law.go.kr)

3) 방재안전 관련 개별법

우리나라의 방재안전 관련 모든 법률은 공통 적용되는 「재난 및 안전관리 기본법」을 중심으로 재난 및 안전사고 유형에 따라 업무를 담당하는 소관 중앙부처에서 표 1-15 에서 보는 바와 같이 다양한 개별 대상물에 관하여 개별법을 제정하여 규정하고 있다. 조사결과에 따르면 국가법령정보센터 법령 검색에서 '안전'이라는 주제어로 검색하였을 때 안전과 관련된 법령은 1,300여 개 정도이며 개별법률별 소관부처를 살펴보면, 재난과 안전에 대한 기본법적 성격의 「재난 및 안전관리 기본법」, 자연재해에 대한 예방과 대비, 복구 등을 위한 「자연재해대책법」, 재난관리 대상으로서의 대상물에 대해 규정하고 있는 「급경사지 재해예방에 관한

표 1-15 부처별 소관 방재안전 관련 주요 개별법 현황

부처	소관 주요 개별법
행정안전부	자연재해대책법, 지진 · 화산재해대책법, 급경사지 재해예방에 관한 법률, 소하천법, 어린이안전관리에 관한 법률, 국민안전교육진흥기본법, 승강기안전관리법, 유선 및 도선사업법, 재해구호법
소방청	소방기본법, 위험물안전관리법, 초고층 및 지하연계 복합건축물 재난관리특별법, 다중이용업소안전관리특별법, 119구조 · 구급에 관한 법률
경찰청	도로교통법, 사격 및 사격장 안전관리에 관한 법률
해양경찰청	수상레저안전법, 수상에서의 수색 · 구조에 관한 법률
국토교통부	시설물안전관리에 관한 특별법, 교통안전법, 철도안전법, 항공안전법, 지하안전관리에 관한 특별법
산업통상지원부	고압가스안전관리법, 액화석유가스의 안전관리 및 사업법, 방사성폐기물 관리법, 광산안전법, 전기안전관리법
환경부	화학물질관리법, 석면안전관리법, 생활화학제품 및 살생물제의 안전관리에 관한 법률
보건복지부	감염병의 예방 및 관리에 관한 법률, 공중위생관리법
농림축산식품부	가축전염예방법, 농어업재해대책법
고용노동부	산업안전보건법
원자력안전위원회	원자력안전법, 원자력시설 등의 방호 및 방사능 방재 대책법
식품안전처	식품안전기본법

출처: 국가법령정보센터(www.law.go.kr)

법률」, 「저수지 · 댐의 안전관리 및 재해예방에 관한 법률」 등과 풍수해로 발생하는 재산 피해에 따른 손해를 보상하기 위한 「풍수해보험법」, 그리고 기업의 자율적 방재안전 활동을 촉진하기 위한 「재해경감을 위한 기업의 자율활동 지원에 관한 법률」 등은 행정안전부가 관리하고 있다. 화학물질로부터 국민건강 및 환경상의 위해(危害)를 예방과 사고대응 등 관리에 관한 「유해화학물관리법」은 환경부, 산업 안전 및 보건에 관한 기준과 산업재해 예방 등을 위한 「산업안전보건법」은 노동부 등에서 각각 관리하고 있다. 한편, 「해외긴급구호에 관한 법률」은 외교부, 「소방기본법」과 「119구조구급에 관한 법률」은 소방청, 「수상에서의 수색 · 구조에 관한 법률」은 해경청, 「응급의료에 관한 법률」은 보건복지부 등이 각각 관리하고 있다.

소관 부처에서 관리하고 있는 이들 방재안전 관련 개별법은 다양한 기준에 따라 체계적으로 분류할 수 있는데, 앞에서 언급한 바와 같이 대표적인 분류기준

표 1-16 분류기준에 따른 방재안전 관련 개별법 현황

<table>
<tr><th>구분</th><th colspan="2">개별법 예시</th></tr>
<tr><td rowspan="2">재난 및 안전사고 유형</td><td>자연재난</td><td>• 자연재해대책법, 지진 · 화산재해대책법 등</td></tr>
<tr><td>사회재난</td><td>• (화재) 소방기본법
• (교통사고) 교통안전법, 도로교통법, 철도안전법, 항공안전법
• (내수면사고) 유선 및 도선사업법
• (화학사고) 화학물질관리법
• (원자력사고) 원자력안전법
• (감염법) 감염병예방 및 관리에 관한 법률
• (해상사고) 수상레저안전법
• (미세먼지) 미세먼지 저감 및 관리에 관한 특별법</td></tr>
<tr><td>재난관리 대상</td><td colspan="2">• (시설물) 시설물안전관리에 관한 특별법
• (승강기) 승강기안전관리법
• (초고층 등) 초고층 및 지하연계 복합건축물 재난관리특별법
• (다중이용업소) 다중이용업소 안전관리특별법
• (소하천) 소하천정비법,
• (어린이) 어린이 안전관리에 관한 법률,
• (급경사지) 급경사지 안전관리에 관한 법률,
• (화학물질) 화학물질관리법</td></tr>
<tr><td rowspan="4">재난관리 기능</td><td>예방</td><td>• (안전교육) 국민안전교육진흥기본법
* 대부분의 방재안전 관련 개별법은 예방 관련사항을 규정</td></tr>
<tr><td>대비</td><td>• (자원관리) 비상대비자원관리법</td></tr>
<tr><td>대응</td><td>• (구조) 119구조 · 구급에 관한 법률, 수상에서의 수색 · 구조에 관한 법률</td></tr>
<tr><td>복구</td><td>• (구호) 재해구호법
• (복구) 광산피해의 방지 및 복구에 관한 법률</td></tr>
</table>

인 재난 및 안전사고 유형, 재난관리 대상, 재난관리 기능 등에 따라 분류하면 표 1-16과 같다. 먼저 재난 및 안전사고 유형에 따른 개별법은 대표적으로 태풍, 홍수, 호우 등 자연재난에 대처하기 위한 「자연재해대책법」, 도로교통안전에 관한 「교통안전법」이 있고, 코로나19와 같은 전염병에 대한 예방과 관리를 규정하고 있는 「감염병의 예방 및 관리에 관한 법률」이 있다. 또한 시설유형 등 재난관리 대상에 따른 개별법은 「시설물안전관리에 관한 특별법」, 「소하천정비법」, 「승강기안전관리법」이 있으며 재난관리 기능에 따른 분류는 정부 등 재난관리책임기관의 재난관리 활동을 규정하는 개별법으로서 예방, 대비, 대응, 복구 등 재난관리

전 단계를 포괄하거나 특정 단계를 규정하기도 한다. 대표적인 예는 화재진압에 대한 「소방기본법」, 수상에서의 수색·구조에 대한 「수상에서의 수색·구조에 관한 법률」, 대규모 재난 발생 시 구호에 대한 「재해구호법」 등이 있다.

한편 「재난 및 안전관리 기본법」을 중심으로 분야별로 개별적인 사안에 따라 많은 관련 개별 법령이 존재하지만, 개별법 법률의 불명확성, 체계 모순 등으로 통일적이고 즉각적인 안전관리정책의 집행에 어려움이 있다. 또한 사회가 점점 더 고도화·복잡화되고, 경제적 풍요에 따른 사회환경 등의 변화로 각종 재난이나 위험에 노출이 일상화됨에 따라 개별법상 규정의 흠결로 안전사각지대가 여전히 존재하는 게 현실이다.

4) 요약

방재안전 관련 최상위 규정은 헌법 제34조 제6항으로 국가는 재해를 예방하고 그 위험으로부터 국민을 보호하기 위하여 노력하여야 한다고 규정하고 있으며, 방재안전 관련 모든 법률에 공통 적용되는 기본법은 2004년에 제정된 「재난 및 안전관리 기본법」으로 제도 개선 및 보완을 위한 수많은 개정을 거쳐 오늘에 이르고 있다. 또한 방재안전 관련 개별법은 재난 및 안전사고 유형, 재난관리 대상, 재난관리 기능 등 다양한 기준에 따라 체계적으로 분류할 수 있는데 소관 부처별로 개별법에서 개별 대상특성에 따라 예방, 대비, 대응, 복구 등 재난관리 전 단계를 포괄하거나 특정 단계를 규정하고 있다.

자연자원의 보전, 이용, 개발 및 개조의 계획 및 실시에 관한 사무를 관장하는 것을 목적으로 하였다. 국토건설청은 초기에는 계획국과 관리국의 하부조직으로 구성되었다. 1961년 10월 2일 「정부조직법」(법률 제734호)의 개정과 「국토건설청 직제」의 전부개정에 따라 국토건설청은 내무부 내 토목국의 업무 등을 흡수하여 국토계획국, 수자원국, 관리국으로 증국하였다. 이 시기 내무부 토목국이 국토건설청으로 흡수되면서 국토건설청 내 수자원국에서 기존에 내무부 토목국 이수과에서 관장하였던 재해대책업무를 관장하게 되었다. 한편, 소방업무는 정부 수립 시 내무부 치안국 소방과에서 담당하다가 1953년 7월 6일 내무부 직제 개편으로 경비과 내 방호계에서 담당하였고, 1961년 10월 2일 「정부조직법」 개정 및 공포에 따른 내무부 직제 개편으로 치안국에 다시 소방과가 신설되어 소방업무를 담당하게 되었다.

재난관리에 대한 법률들은 1958년 「소방법」(법률 제485호)과 1961년 「수난구호법」(법률 제761호), 1967년 「풍수해대책법」(법률 제1894호)의 제정을 비롯하여, 1950년대 후반 이후부터 제정되기 시작하였다. 특히, 「풍수해대책법」은 현행 「자연재해대책법」의 전신으로서 재해대책을 체계적으로 추진할 수 있는 기반이 되었다. 이 법에는 국토건설종합계획과의 조정하에 방재에 관한 기본계획을 수립하도록 하는 내용과, 재해 발생 시 재해응급대책을 총괄 조정하는 재해대책본부를 국무총리 소속하에 두는 내용을 담고 있다. 또한 방재조직의 정비, 방재에 관한 교육 및 훈련, 방재용 물자와 자재의 비축 및 정비, 재해 발생 또는 발생 우려가 있는 때 경보의 발령 · 피난 · 시설 또는 설비의 응급복구 등 재해응급대책을 시행하도록 하는 내용을 규정하였다.

정부는 관련법률의 제정과 함께 풍수해 예방을 위한 인프라를 구축하는 데에도 힘을 쏟았다. 그러나 급속한 도시화와 산업화로 인해 불가피하게 개발지역이 저지대까지 확대되는 등 도시지역의 대규모 풍수해는 반복적으로 발생하였다. 이러한 상황에서 1990년 9월 중부지역에 내린 대규모 호우로 한강 하류의 일산제방이 붕괴되면서 경기지역은 상당한 인적 · 물적 피해를 입게 되었다. 일산제방 붕괴사고 이후 재난관리 역사에 큰 변화가 나타나게 되었다.

2) 방재안전 성장기(1991~2003년): 중앙·지방 협치와 인적재난 관리체계 마련

1990년 9월 12일 며칠간(1990년 9월 9일~12일) 중부지역에 내린 호우로 한강 하류의 경기도 일산제방이 붕괴되면서 고양군 일대 7개 읍·면의 농경지와 주택이 침수되었다. 당시 제방의 붕괴로 사망자 126명, 실종자 37명, 이재민 187,265명의 인명피해와 5,203억 1,200만 원의 재산피해가 발생하였다(건설부, 1991). 일산제방 붕괴사고 당일에 4건의 기사가, 다음 날에는 한겨레·동아일보·경향신문의 사회·정치·경제 면에서 총 15건의 기사가 보도되면서 언론보도가 증가하였다. 이와 같은 대규모 재난 이후 노태우 대통령은 제방·도로·교량·철도·가옥 등을 신속히 복구하는 데 총력을 다할 것을 내각에 지시하였다. 이에 건설부에서는 붕괴된 한강둑을 보강하기 위해 서울에서 한강 북쪽을 따라 통일동산에 이르는 자유로 구간 중 행주대교–고양군 이산포 구간(12km)을 연내 착공하고, 1992년 말까지 완공하겠다는 한강둑 보강계획을 발표하였다. 국회 내무위에서는 한강둑 붕괴와 충주댐 범람의 원인 규명을 위한 행정위가 개최되어 기존의 하천관리 관할 문제와 내무부의 위기관리능력 문제 등을 논의하였다.

일산제방의 붕괴가 결정적 계기가 되어 1990년 12월 27일 「정부조직법」이 개

그림 2–1 일산제방 붕괴 이후 방재안전제도 변화

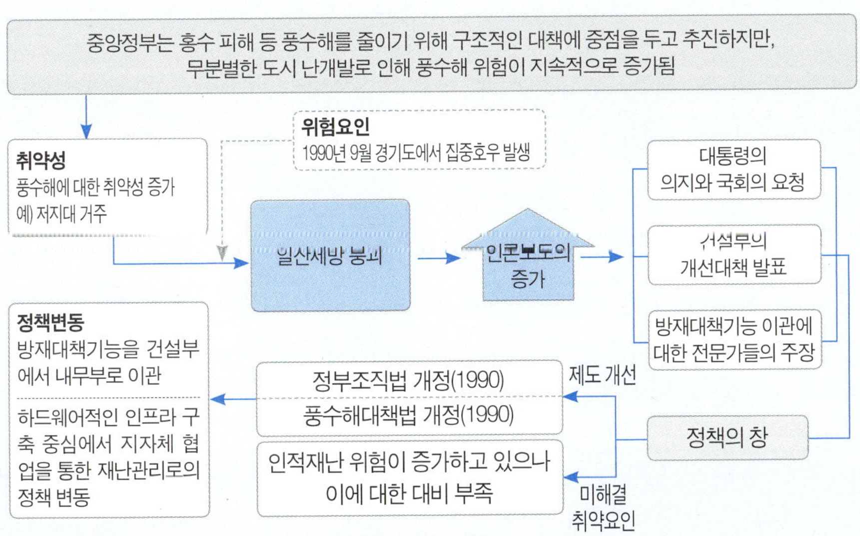

출처: 김용균(2018), 한국 재난의 특성과 재난관리, 푸른길 (수정 인용)

정되었고 1991년 4월 23일 재해대책업무가 건설부에서 내무부로 이관되었다. 이에 따라 내무부는 민방위국에 방재계획관 및 방재과를 신설하였고, 건설부가 계속하여 담당하는 하천관리와 홍수 조절업무를 제외한 재해예방 및 응급대책, 복구업무를 총괄 담당하게 되었다. 이는 기존 건설부의 특성상 재해를 예방하기 위한 인프라 구축에 중점을 두었던 것에서 재난관리를 위한 지방자치단체와의 협업을 강조하면서 내무부로 이관된 것이다.

1990년대에 들어서면서부터는 다양한 사회재난을 맞이하게 되었다. 1993년에는 3월 부산 구포역 열차전복사고, 7월 목포 운거산 아시아나항공기 추락, 10월 서해 훼리호 침몰사고가 발생하였다.

1994년 10월 21일 오전 7시 38분경 서울시 성동구 성수동과 강남구 압구정동을 연결하는 성수대교 상판이 붕괴되는 사고가 발생하였다. 이 사고로 인하여 직장인과 등굣길의 여고생 등 32명이 사망하고 17명이 부상을 당하는 인명피해를 내게 되었다. 이 사고 이후 한강의 교량을 비롯한 공공시설에 대한 안전점검이 이루어졌고, 일부 시설물에 대해서는 보강공사가 진행되었다. 성수대교 붕괴사고가 발생한 다음 날 김영삼 대통령은 부실공사업체 추방과 함께 건설관계법률에 대한 개정을 지시하였고, 사고 발생 3일 후에는 대국민 특별담화문 발표를 통해 국민에게 사과의 메시지를 전달하였다. 당시 국회에서는 사고의 원인을 밝히고 재발방지대책을 논의하고, 다음 해인 1995년 1월 5일 「시설물의 안전관리에 관한 특별법」(법률 제4922호) 제정을 통해 시설물의 안전점검과 적정한 유지관리를 통해 재해와 재난을 예방하고자 하였다. 또한 한강 교량을 비롯한 공공시설물에 대한 안전점검이 이루어지고 일부 시설물에 대해서는 보강공사를 진행하였다.

1995년 6월 29일 오후 5시 55분경 서울시 서초구 서초동의 삼풍백화점이 무너지는 사고가 발생하였다. 이 사고로 인하여 사망자 502명, 부상자 937명 등 사상자가 총 1,439명 발생하였다(소방방재청, 2009). 삼풍백화점 붕괴사고 이후 정부는 삼풍백화점 부지와 주변 지역에 대하여 특별재해지역을 선포하였다. 삼풍백화점 붕괴사고 후 김영삼 대통령은 특별재해지역 선포 관련 담화문을 발표하였다. 담화문의 내용은, 향후 대형 사고의 예방과 체계적인 수습이 가능할 수 있도록 재난관리법을 마련, 삼풍백화점 붕괴사고 현장 일대에 대한 '특별재난지역' 선포를 통한 구조·구호 활동과 지원 내용, 안전문화 정착과 부실공사 추방을 위한 건설관계법의 개정 의지 등을 담았다. 국회에서는 사고 발생 후 2주 후에 삼풍백화점 붕괴 사고조사특별위원회를 개최하여 삼풍백화점 붕괴사고 국정조사계획서를 채택하고 국정조사(1995년 7월 12일~1995년 8월 11일)를 실시하였다.

1994년 성수대교 붕괴사고, 1995년 삼풍백화점 붕괴사고 등 각종 대형 사고가 발생하면서 인적재난사고에 대한 국민들의 경각심이 더욱 높아지게 되었다. 1995년 7월 18일 인적재난을 관장하는 「재난관리법」이 제정 · 공포되었다. 「재난관리법」은 재난의 예방과 수습에 필요한 재난관리체제의 구축과 재난 발생 시의 긴급구조구난체계 확립을 위한 법적 근거를 규정하고 있으며, 이 법의 적용대상이 되는 재난을 화재 · 폭발 · 붕괴 등의 사고로서 자연재해를 제외한 모든 사고로 정의한 최초의 법률이다. 그리고 1995년 10월 19일 내무부와 그 소속기관 직제개정(대통령령 제14791호)이 이루어졌고, 이에 따라 내무부 민방위본부는 민방위재난통제본부로 개편되면서 그 재난관리국이 신설되고, 내무부 중앙소방학교 산하에 중앙119구조대가 설치되었다. 또한 국무총리실에는 안전관리심의관실, 통상산업부에 가스안전심의관실, 건설교통부에 건설안전심의관실이 신설되었다. 그리고 1995년 12월에는 지방 재난관리조직 강화를 위하여 시 · 도 민방위국을 민방위재난관

그림 2-2 성수대교 · 삼풍백화점 붕괴 이후 방재안전제도 변화

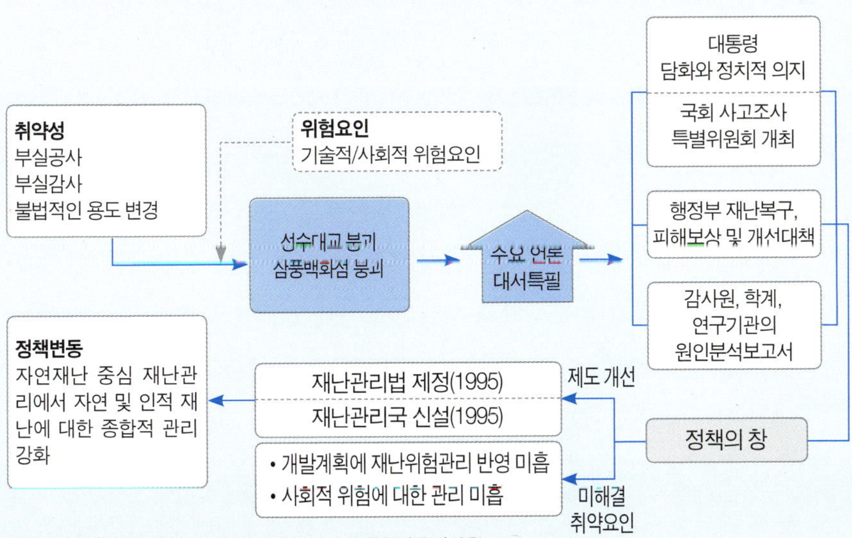

출처: 김용균(2018), 한국 재난의 특성과 재난관리, 푸른길(수정인용)

리국으로 확대 개편하였는데, 이때 재난관리과가 신설되고 안전점검기동단이 설치되었다. 시 · 군 · 구 민방위과는 민방위재난관리과로 확대 개편되면서 인적재난관리업무를 담당하게 되었다.

1995년 12월 6일 기존의 「풍수해대책법」을 전부 개정하여 「자연재해대책법」을 제정하였다. 「자연재해대책법」에서는 각종 자연재해에 대한 대처와 예방을 위하여 필요한 재해영향평가제도를 도입하고, 지방자치단체의 방재역량을 제고하며 지진방재를 위한 법적 근거를 담고 있다(소방방재청, 2009). 특히, 이 법은 자연재해의 범위에 홍수 · 호우 · 폭설 등의 재해 외에도 지진과 가뭄을 추가하였고, 내무부 소속하에 재해대책위원회를 두고 중앙재해대책본부 및 시 · 도 및 시 · 군 · 구에 지방재해대책본부를 설치 · 운영하도록 하는 내용 등을 규정하였다.

1997년 말 경제난으로 인하여 IMF 체제에 돌입하게 되었고, 이후 김대중 정부가 집권하면서 정부조직의 구조조정에 착수하여 1998년 2월 정부조직 개편이 이루어졌다. 이때 총무처와 내무부가 통합되어 행정자치부로 개편되었다. 그러나 이 과정에서 국가 재난관리의 중요성을 인정하면서도 구조조정 과정에서 재난관리부서가 축소 · 조정되었다(소방방재청, 2009).

2002년 8월 태풍 루사와 2003년 9월 태풍 매미가 내습하였다. 2002년 8월 태풍 루사의 영향으로 강릉 지역에서는 하루 동안 870.5㎜의 비가 내리는 등 전국에 많은 비가 내렸다. 그 결과 6조 1,153억 원의 재산피해와 270명 사망 · 실종의 인명피해가 발생하였다(소방방재청, 2009). 그리고 2003년에는 9월 12일과 13일 사이의 호우와, 태풍 매미의 영향으로 4조 4,083억 원의 재산피해와 148명 사망 · 실종의 인명피해가 발생하였다(소방방재청, 2009). 언론에서는 태풍 루사가 발생하면서 재난 이전에는 7건, 재난 단계에는 26건, 재난 이후에 총 299건이 보도되었고, 태풍 매미의 경우에는 태풍 영향이 있던 기간에는 56건, 태풍 발생 후 일주일간 129건이 보도되었다. 이처럼 언론보도의 증가로 미루어보았을 때 사회적 관심의 대상이 된 것으로 볼 수 있으며, 이는 정치적 변화 및 정책변동으로 나타나게 되었다. 태풍 루사로 인한 피해로 2002년 9월 1일 김대중 대통령은 긴급 관계장관회의를 통해 수해대책을 논의하여 관련사항을 지시하고, 11일에는 '재해추경예산 시정연설'을 통해 태풍으로 막대한 피해를 입은 지역을 특별재해지역으로 지정하여 정부 지원을 하는 내용을 발표하였다.

태풍 매미 이후 2003년 9월 16일 노무현 대통령은 국무회의를 통해 특별재해지역 선포를 검토하고 22일 서울과 인천을 제외한 전국 156개 시 · 군 · 구 및 1,657개 읍 · 면 · 동을 특별재해지역으로 선포하였다. 또한 10월 2일 임시국무회의를 통해 태풍으로 인한 공공시설 피해의 복구를 위해 3조 원 규모의 제2차 추가경정예산을 편성하도록 하고, 예비비 5,000억 원을 통해 이재민 구호와 사유시설 피해복구를 하고자 하였다.

집중호우와 태풍 등의 자연재해로 막대한 피해가 발생하고 자연재해의 예방 및 복구 체계 마련 등을 위하여 2002년 9월 「자연재해대책법」(법률 제6735호)의 개정으로 '특별재해지역'이 신설되고, 11월 2일 「수해방지대책기획단 설치 및 운영에 관한 규정」(대통령 훈령 제107호)을 통해 해마다 반복되는 수해를 예방할 수 있는 대책을 마련하기 위하여 수해방지대책기획단이 설치되었다.

2003년 2월 18일 9시 53분경 대구시 중구 남일동 대구 지하철 1호선 중앙로역에서 방화로 인한 지하철 전동차 화재사건이 발생하였다. 사고 전동차가 중앙로역에 들어설 무렵 자신의 신변을 비관한 한 정신질환자가 휘발유가 든 페트병을 집어던지면서 화재가 발생하였다. 그리고 순식간에 전동차에 번지면서 동시에 반대편에서 진입하고 있던 전동차에도 옮겨 붙어 192여 명이 사망하고 148명이 부상을 당하는 큰 인명피해를 냈다(소방방재청, 2009). 이 사건에서 전동차의 불량 내장재 사용, 전동차를 제작 및 관리 · 감독하는 사람들의 도덕성 부재, 직무태만 등의 요인들이 함께 작용하여 피해를 더 키웠던 것으로 나타났다(감사원, 2003).

김대중 대통령은 희생자 유가족에게 조의를 표명하면서 중앙로역 일대를 특별재난지역으로 선포하고 국가가용자산을 총동원할 것을 주문하였다. 또한 당시 노무현 대통령 당선자는 대구를 방문하여 새 정부에서 재난관리 전담기구 설치를 약속하고 전국 지하철에 대한 안전점검 실시를 약속하였다. 대구 지하철 화재사고 발생 이후 사고수습, 재해복구, 사고규명을 위하여 대통령, 국회, 정부는 지속적으로 대처하였고, 그 결과 2003년 3월 17일 국가재난관리시스템 기획단이 구성되어 운영되었으며 2003년 5월에는 「위험물 안전관리법」(법률 제6896호)이 제정되어 인화성 물질의 판매 요건 등이 강화되었다.

3) 방재안전 발전기(2004년~2014년): 총괄조정과 예방기능 강화 속에 발생한 최대 위기

2002년과 2003년에 발생한 대형 태풍과 대구 지하철 화재사고의 영향으로 자연재해와 재난에 대처하는 보다 근원적이고 혁신적인 대책이 필요하다는 사회적 공감대가 형성되었다. 이에 따라 정부에서는 국가재난관리시스템 기획단이 구성되어 운영되었다. 기획단에서 논의한 방안을 토대로 하여 2004년 3월 11일 「정부조직법」(법률 제7186호)을 개정하면서 '소방방재청' 신설을 규정하고 2004년 6월 1일 소방방재청이 출범하였다. 소방방재청은 자연재난과 인적재난, 소방 등을 담당하는 최초의 독립적인 기관으로서의 의의를 갖는다. 이와 함께 인적 및 자연 재난에 대한 통합적 재난관리를 위하여 「재난 및 안전관리 기본법」(법률 제7188호)이 제정되었다. 2004년 이전에는 자연재난을 관장하는 「자연재해대책법」과 인적재난을 관장하는 「재난관리법」으로 나누어져 있었으나, 다원화된 각종 재난 관련법령의 통합을 통한 재난에 대한 대응관리체계의 구축과 안전관리업무의 총괄조정 기능을 강화하기 위하여 「재난 및 안전관리 기본법」이 제정되었다. 이 법은 재난관리에 관한 기본법으로서 각종 재난에 대한 예방 · 대비 · 대응 · 복구에 대한 내용과 그 밖의 재난 및 안전관리에 관한 내용을 담았다.

또한 행정자치부에는 민방위재난통제본부가 없어지고 안전정책관이 신설되어 사회적 재난상황 등을 총괄 지원하도록 하였다. 이와 같은 일련의 제도적 변화로 우리나라 최초로 자연재난과 인적관리를 담당하는 조직이 생기면서 재난관리의 전문화가 이루어진 것으로 평가할 수 있다.

2004년 3월 11일 「재난 및 안전관리 기본법」(법률 제7188호)이 제정됨에 따라 「자연재해대책법」의 재해 대비 및 대응과 관련된 많은 내용이 「재난 및 안전관리 기본법」에 흡수 · 통합되었다. 이에 관련조문의 재정리와 빈번하게 발생하는 대규모 자연재해에 대응해 재해유형별 재해예방 및 체계적 복구를 위한 제도적 장치를 강화하기 위하여 2005년 1월 27일 「자연재해대책법」(법률 제7359호)을 전부 개정하였다(소방방재청, 2009). 개정의 주요 내용으로는, 재해영향의 검토에 관한 사전협의(법 제4조), 자연재해위험지구의 지정 등(법 제12조 내지 제15조), 중앙 및 지역 긴급지원체계 구축(법 제35조 및 제36조), 재해복구사업실시계획의 작성 · 공고 등(법 제49조)이 있다.

그림 2-3 태풍 루사 · 매미, 대구 지하철 화재사고 이후 방재안전제도 변화

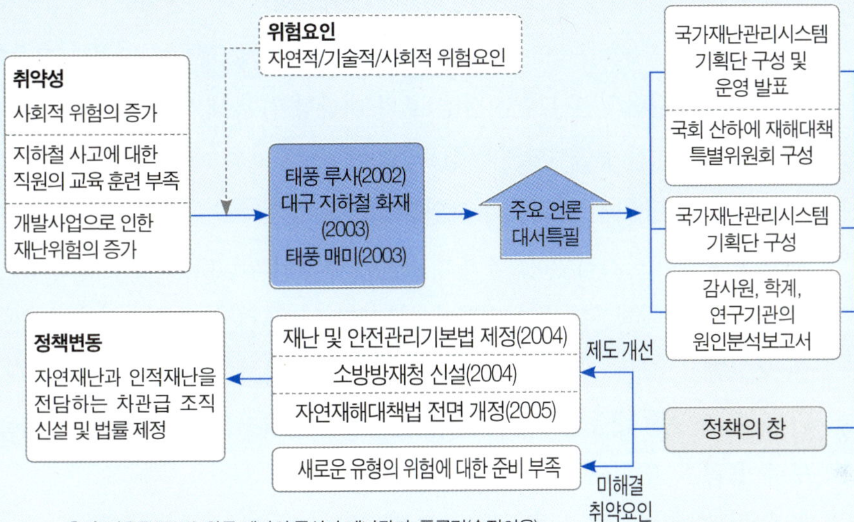

출처: 김용균(2018), 한국 재난의 특성과 재난관리, 푸른길(수정인용)

2008년 2월 25일 이명박 정부의 출범 이후 행정안전부에서의 재난관리 권한이 강화되고 국가재난관리전담기관으로 출범한 소방방재청의 권한은 상대적으로 축소되었다. 행정안전부가 기존에 사회적 재난을 중점으로 총괄 및 조정하였던 역할에서 더 나아가 각종 안전문화 기능이 강화되었고, 지식경제부에서 담당한 승강기안전에 관한 업무를 이관받았으며, 소방방재청장이 담당하였던 중앙안전관리위원회의 간사 역할을 행정안전부장관이 수행하게 되었다.

2013년 2월 25일 출범한 박근혜 정부에서는 「정부조직법」 전부개정(법률 제11690호)을 통해 조직 개편을 단행하였다. 이 과정에서 기존의 '행정안전부'는 '안전행정부'로 명칭이 변경되었고 조직이 개편되었다. 이러한 개편은 '안전'을 국정목표 중 하나로 삼았던 당시 박근혜 정부의 국정철학이 반영된 것으로 볼 수 있었다. 그러나 그 취지에 비해 기존 인력의 전문성 부족 문제와 국가재난관리전담기관인 소방방재청의 기능 약화 초래 등과 같은 한계가 지적되었다.

2007년부터 2014년까지 발생한 사회적 충격사건 및 이로 인한 방재안전조직과 법률의 변화를 살펴보면 다음과 같다.

(1) 허베이 스피리트호 유류오염사고

2007년 12월 7일 충청남도 태안군 만리포해수욕장 북서방 5마일 해상에서 예인선 2척(삼성 T-5, 삼호 T-3)이 해상크레인 부선 삼성1호를 병렬로 연결하여 항해하던 중 예인줄이 절단되면서 부선 삼성1호와 대산항 입항 대기 중이던 유조선인 허베이 스피리트호 간 충돌사고가 발생하였다.

사고 발생 이후 사고 내용과 자원봉사활동, 방제작업 등의 키워드를 담은 언론보도가 급격히 증가하였고, 국민적 관심의 대상이 되었다. 노무현 대통령은 당시 중앙재난안전대책본부장인 행정자치부장관으로부터 재난사태 선포계획에 관하여 보고받고, 모든 인적 · 물적자원을 총동원해 피해를 최소화할 것을 지시하였다. 또한 노무현 대통령과 당시 대통령 후보들이 현장을 방문하고 신속 대응을 촉구하였다.

사고 발생 당일 태안 해경은 오일펜스 설치 등 방제작업을 실시하고 사고경위를 조사하였다. 해양수산부에서는 중앙사고수습본부를 설치하여 수습에 나섰으며, 해군과 해경, 민간방제선 등 36척을 사고현장에 급파하였다. 충청남도와 태안군에서도 사고현황을 파악하고 피해를 최소화할 수 있는 방안을 모색하였다. 사고 다음 날인 2007년 12월 8일에는 민 · 관 · 군 협력대응체제로 전환하여 함께 방제작업을 실시하였다. 태안군은 예비비 2억 5천만 원을 긴급 배정하여 방제작업을 지원하고, 정부는 태안군을 비롯해 6개 시 · 군에 대하여 재난사태를 선포하여 인적 · 물적 지원이 원활하게 이루어질 수 있도록 하였다. 또한 국무총리 주재하에 관계장관회의를 통해 사고원인의 분석과 재발방지대책 수립을 논의하였다. 이후 정부는 태안군을 비롯해 6개 시 · 군을 특별재난지역으로 선포하였으며 이에 따라 세금 감면과 재정적 지원을 받을 수 있게 되었다. 또한 2008년 3월 14일 '보상금 선지급' 등 피해지역 지원과 관련한 「허베이 스피리트호 유류오염사고 피해주민의 지원 및 해양환경복원등에 관한 특별법」을 공포하였다.

당시 사고의 발생원인으로는 선원의 주의의무 위반, 초기 대응의 실패, 재난대응지휘체계의 혼선이 제기되었다. 이후 「해상교통안전법」(법률 제9731호)이 일부 개정되어 해상교통관제와 관련한 내용과 해상교통안전진단 조항이 신설되고, 안전관리업무의 수행과 관련된 조항들이 다수 신설되었다. 그리고 「재난 및 안전관리

기본법」(법률 제10347호)이 일부 개정되어 전문기관이나 단체 등이 참여하는 중앙재난조사평가협의회를 구성하여 재난시스템상 문제점을 분석할 수 있도록 하였다. 또한 모든 유형의 재난에 공통적으로 적용할 수 있는 '국가재난관리기준'을 만들고 상황보고체계 개선의 내용을 담았다.

(2) 신종플루

2009년 4월 28일 당시 전 세계적으로 확산되고 있었던 인플루엔자 바이러스(이하 '신종플루')로 인하여 국가 전염병 경보단계를 '관심'에서 '주의'로 상향조정하였다. 그리고 4월 30일에는 WHO가 신종플루 대유행 위험단계를 5단계로 격상함에 따라 질병관리본부장 중심의 중앙방역대책본부를 보건복지가족부장관을 본부장으로 격상하고 24시간 비상방역체제를 운영하였다.

2009년 8월 17일 이명박 대통령은 국무회의에서 신종플루와 관련하여 신속한 대책 마련을 지시하였고, 보건복지가족부장관은 항바이러스제를 보건소와 지역거점병원에 배포하고 사망자 발생 최소화를 위해서 입국자 추적관리, 폐렴환자 현황 파악, 중증환자 우선 검사, 거점약국 지정 및 보험 적용과 관련한 전문가 자문회의를 개최하는 등 국민행동요령을 배포하였다. 8월 27일에는 신종플루 대유행에 대비하여 보건복지가족부 주관으로 교육과학기술부, 문화체육관광부, 행정안전부, 국방부가 참가하는 중앙재난안전대책본부를 부분적으로 가동하기로 하였고, 다음 날인 8월 28일에는 신종플루 예방백신 확보 및 투여 방침과 대응체계 강화 등을 골자로 하는 정부의 종합대책을 보완하여 발표하였다. 이후 지역사회 감염이 확산되자 11월 3일 국가 전염병 경보단계를 '심각'으로 격상하였고, 행정안전부장관을 본부장으로 하는 '중앙재난안전대책본부'를 구성하였다. 학교예방접종을 4~5주간으로 1~2주 단축하여 완료하고 기존의 의사인력 외에 군의관 등 추가 의료인력을 확보하였으며, 지역별 대책본부를 상시 가동하고 중환자실 일일 모니터링체계를 구축하여 중환자 병상을 실시간으로 파악할 수 있도록 하였다. 또한 입원병상 추가를 위해 지역거점병원 외 의료기관의 병상을 단계적으로 확보하는 방안을 추진하였다. 정부는 전염병 대응체계를 구축하기 위해 전염병 단계별 관리선진화계획에 기존의 87억 원에서 1,719억 원으로 예산을 증액하였다.

국회에서는 보건복지가족부가 백신 물량을 충분히 확보하지 못한 부분에 대해서 문제를 지적하였다. 그리고 9월 25일 개최된 '신종플루와의 전쟁을 위한 대토론회'에서는 기존의 세부 유형별 위기관리대응 매뉴얼이 아닌 표준적인 프로세스 매뉴얼을 만들어야 한다는 주장이 제기되기도 하였고, 또한 보건복지가족부와 행정안전부 간 대처의 혼란으로 국민 불안이 가중된 점에 대해서도 문제제기가 있었다. 그 외에도, 「재난 및 안전관리 기본법」의 개정을 통해 신종 재난과 재난의 정도를 명확히 규정하는 것이 필요하다는 주장도 논의되었다.

이와 같은 신종플루의 유행과 확산으로 기존의 「전염병예방법」과 「기생충질환예방법」이 통합되어 「감염병의 예방 및 관리에 관한 법률」(법률 제9847호)로 전부 개정되었다. 특히, 국가적 차원에서 감염병과 관련된 의약품 및 장비를 미리 비축하고 구매할 수 있도록 하고 감염병의 예방 및 관리에 관한 기본계획 및 감염병 위기관리대책을 수립하여 시행하도록 하였다.

그림 2-4 허베이 스피리트호 유류 유출과 신종플루 이후 방재안전제도 변화

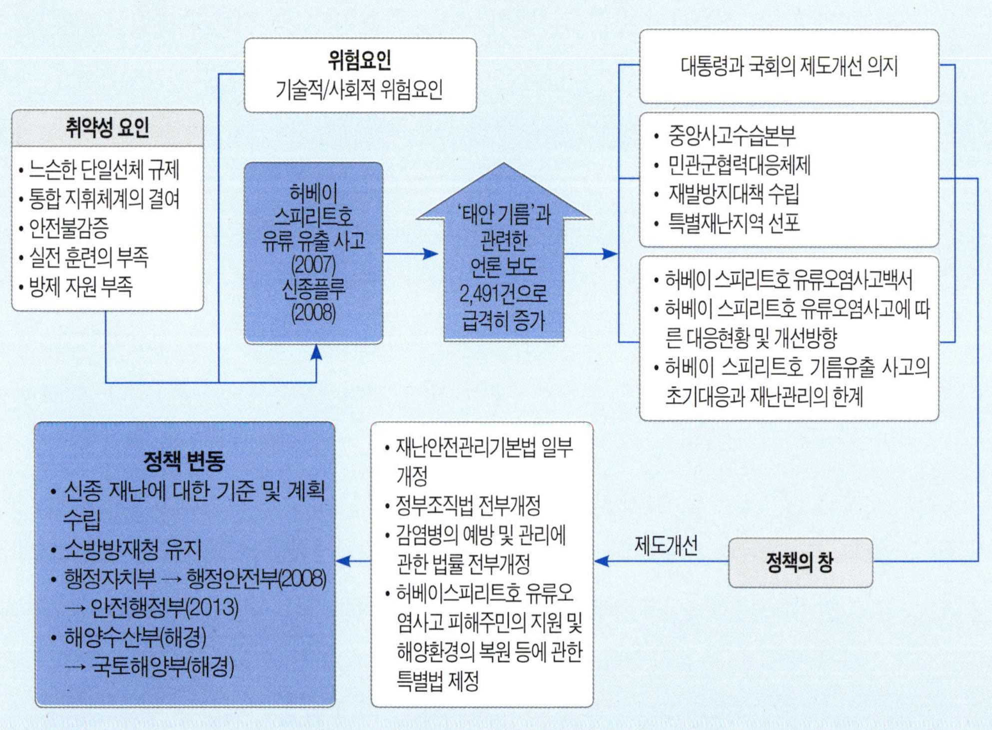

(3) 구미 불산 누출사고

2012년 9월 27일 오후 3시 43분경 경상북도 구미시 산동면 구미국가산업단지 제4공단의 화학제품 수입 및 제조업체인 ㈜휴브글로벌 공장에서 불산(불화수소산) 가스가 누출되었다.

사고 이후 인근지역의 주민대피령이 내려지고 경계·심각단계 경보 발령이 이루어졌고 사고 발생 다음 날인 9월 28일 오전 3시 30분 '심각단계'가 해제되었다. 그리고 주민대피령이 해제되면서 사고 직후 시설로 대피했던 주민들은 이날 오전 귀가하기도 하였으며, 오후 4시 30분경 현장수습 상황을 종료하였다. 그러나 시민단체들을 중심으로 독성물질 제거작업이 한창 진행 중인 상황에서 정확한 조사 없이 주민들을 귀가하도록 한 대응에 대해서 비판이 일었고, 피해지역 주민 300여 명은 스스로 임시이주를 결정하고 구미시가 마련한 임시거주지로 대피하였다.

언론에서는 피해 근로자들과 인근 주민들의 피해에 대하여 이슈화되었고, 화학물질 전반에 관한 관심과 불안감이 더욱 증가하였다. 정부는 총리실과 관계부처 합동으로 '재난합동조사단'을 현지에 급파하여 피해규모를 조사하고 이를 바탕으로 10월 8일 특별재난지역으로 선포하였다. 또한 정부는 이 사고를 계기로 유사사고 방지를 위해 국무총리실 주도로 전국의 위험물질관리 관련기관과 위험물질 취급사업장 가운데 113곳을 골라 위험물질 관리시스템을 집중 점검하고, 2012년 12월 '유해화학물질 안전관리 개선대책'을 발표하였다.

사고 이후 당시 대선후보들이 사고 발생지역에 방문하여 정부의 신속한 후속대책을 요구하고, 기존의 위기관리 및 대응체제의 한계를 지적하기도 하였다. 국회에서는 국정감사에서 관련부처에 대한 비판적 주장이 제기되었다. 2012년 10월 5일 환경부에 내한 국정감사에서는 환경부의 내처를 지직하는 국회 환경노동위원회 소속 의원들의 비판이 있었다. 특히, 유관기관이 마련한 '화학유해물질 유출사고 위기대응 실무매뉴얼' 절차를 지키지 않고 잔류오염도 조사 없이 귀가 조치한 결정에 대한 지적이 있었다. 결국 구미 불산 누출사고에는 안전수칙을 지키지 않은 사고의 직접적 원인 이외에도 초기 대응기관의 매뉴얼 부재, 위험물질 취급사업장에 대한 현황관리 미흡, 관련기관 간 정보 미공유 등에 따른 대응 미비가 위기관리의 부실을 가져왔다고 볼 수 있다.

(4) 경주 마우나오션리조트 체육관 붕괴사고

2014년 2월 17일 경상북도 경주시 마우나오션리조트의 체육관이 붕괴되는 사고가 발생하여, 당시 신입생 환영회 행사를 진행 중이던 부산외국어대학교 학생 9명과 이벤트 업체 직원 1명이 사망하고 200여 명 이상이 부상을 당하였다.

사고 발생 직후 경주시는 사고대책본부를 설치하고 사고수습에 들어갔다. 안전행정부장관은 사고 발생 직후 중앙재난안전대책본부 상황실에서 상황을 파악하고 현장대응과 사고수습을 위해 소방방재청장을 본부장으로 한 중앙사고수습본부를 구성하고 관련부처장관들에게 사고대책본부를 구성하여 운영하도록 하였다. 경찰은 국과수에 현장 감식을 의뢰하고 행사대행업체와 회사 관계자의 업무상 과실 여부, 건축법 위반 여부를 수사하였다. 수사 결과 사고는 인허가단계부터 설계, 시공, 감리, 유지관리 등의 총체적 부실로 인한 것으로 드러났으며, 경찰은 관련자들의 과실이 무겁다고 판단하여 6명에 대해 구속영장을 청구하고 16명을 불구속 입건하였다. 이후 지붕을 부실시공한 시공업체 대표와 건축구조기술사, 건축사 등에게 유죄가 확정되었다. 결국 사고의 원인으로 폭설과 함께, 체육관의 부실시공과 안전진단 미실시 등이 지적되었다.

(5) 세월호 사고 이후 방재안전 조직과 법률의 변화

2014년 4월 16일 인천에서 제주로 향하던 여객선 세월호가 진도 인근 해상에 침몰하면서 전체 탑승자 476명 중 304명이 사망 · 실종한 참사가 발생하였다.

세월호 침몰의 직접적인 원인으로는, 첫째 세월호의 무리한 증 · 개축에 따른 선박의 복원력 약화가 있다. 둘째, 사고 당일 최대 화물 적재량의 2배 정도의 화물을 적재하고 평형수 관련규정을 지키지 않아 배의 균형을 회복하는 데 문제가 있었다. 셋째, 선원들이 제대로 된 초기 대응을 하지 않고 승객들의 인명구조에 노력해야 할 의무 방기와 무책임한 행동이 있었다. 또한 구조적 원인으로는 그동안의 무분별한 규제 완화에 따른 선박 안전점검기준 완화, 선원법 시행령 개정에 따라 선장의 조종지휘대행 허용으로 경험이 부족한 항해사의 운항, 해상 안전점검 및 안전관리의 문제 등이 지적되었다. 그리고 목포해경 및 서해지방해경의 부실한 초기 대응, 해상사고 발생 시 잠수 구조인력의 배치 문제 및 실전 투입에 대한 대비 미숙 문제 등이 제기되었다.

사고 발생 소식이 언론을 통해 전해진 후, 언론에서는 사고 원인과 구조 여부 및 피해 상황에 대해서 보도되고 이슈화되었다. 사건 발생 이후 '세월호' 키워드를 포함한 기사가 132,186건(2014년 기준) 보도되었고, 30만 건 이상의 트윗을 비롯하여 엄청난 사회적 관심을 받았다. 사고 접수 이후 오전 9시 10분경 해양경찰청이 구조본부를 가동하고, 해양수산부에서는 중앙사고수습본부를 구성하여 사고수습에 나섰다. 그리고 오전 9시 45분경에는 중앙재난안전대책본부도 가동되었고, 안전행정부장관과 해양수산부장관, 그리고 소방방재청장이 현장에 도착하였다. 그러나 결국 대규모 인명피해를 가져온 참사의 결과를 낳았다.

2014년 4월 18일 검찰과 해경은 합동수사본부를 구성하였고, 4월 20일 국무총리 주재로 관계장관 회의를 열고 단원고가 있는 안산시와 사고가 발생한 진도군을 특별재난지역으로 선포하는 안건을 의결하여 대통령 재가를 받았다. 또한 중앙재난안전대책본부는 4월 23일 세월호 침몰사고 부상자와, 세월호에 탑승하지 않은 단원고 재학생, 그리고 교직원, 구조활동 참여자 등에 대해서 신체적·정신적 치료비를 국비로 우선 지원하고 비용은 이후 청해진해운 등을 상대로 구상권을 행사하기로 하였다. 그리고 피해자 수색에 나선 민간 잠수사들이 임금을 지급받지 못하고 위험한 환경에서 장시간 작업을 하고 있다는 언론보도가 이어지자 정부는 2014년 6월 17일 중앙재난안전대책본부 회의를 열고 민간 잠수사에게 지급할 수난구호비용 지급방안을 의결하고 즉시 지급하기로 하였다.

4) 방재안전의 재도약(2014년~): 장관급 방재안전부처의 신설

박근혜 대통령은 2014년 5월 19일 세월호 참사 관련 대국민 담화를 발표하였는데, 이때 공식 사과를 하면서 해경의 해체를 밝히고, 해양구조·구난과 해양경비 분야는 신설하는 국가안전처로 이관하였다. 또한 안전행정부의 안전과 인사·조직 기능을 안행부에서 분리해서 안전업무는 국가안전처로, 인사·조직 기능은 행정혁신처로 이관하는 내용을 발표하였다. 이러한 내용을 담은 「정부조직법」 개정은 여야 간 해양경찰청과 소방방재청 해체 등에 대하여 의견이 대치하면서 처리가 지연되다가 2014년 11월 19일 일부 개정되었다. 이로써 국가 재난안전 총괄부처로 국무총리 직속의 장관급 부처인 '국민안전처'가 신설되었고, 해양경찰청과 소방방재청은 각각 해양경찰안전본부와 중앙소방본부로 명칭이 바뀌어서 국민안전처 산하기관으로 변경되었다. 그리고 그동안 재난안전 총괄 기능을 맡았던 안전행정부는 행정자치부로 개편되어 지방자치와 정부조직관리 등의 기능을 맡는 것으로 그 기능이 축소되었다.

또한 2014년 11월 19일 「정부조직법」 개정과 함께 세월호 참사 진상규명을 위한 진상조사위원회 구성 및 운영방안 등에 대한 내용을 담은 「4 · 16 세월호 참사 진상규명 및 안전사회 건설 등을 위한 특별법」(법률 제12843호)이 제정되었고, 2015년 1월 28일 「4 · 16 세월호 참사 피해구제 및 지원 등을 위한 특별법」(법률 제13115호)이 제정되었다. 그리고 2017년 3월 21일에는 세월호 인양 후 선체 조사에 관한 사항을 규정하는 「세월호 선체조사위원회의 설치 및 운영에 관한 특별법」(법률 제14734호)이 제정되었다.

그림 2-5 세월호 사고 이후 방재안전제도 변화

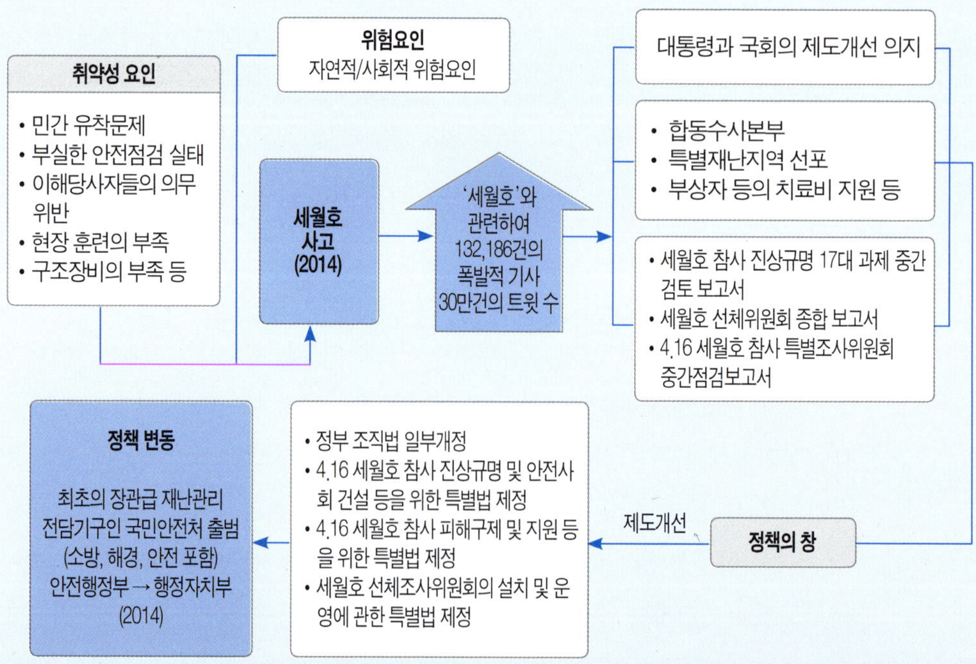

2017년 5월 문재인 정부가 출범한 이후 2017년 7월 26일 「정부조직법」이 개정되면서 국민안전처는 폐지되고 행정안전부의 차관급 재난안전관리본부로 축소되었다. 국민안전처는 최초의 장관급 재난관리 전담부처로 설치되었으나, 재난안전의 총괄조정 기능을 수행하기 위한 법적 권한과 조직, 예산 등의 제도적 뒷받침이 이루어지지 못하여 한계가 지적되었다(임현우, 2019). 개편에 따라 기존의 국민안전처 내의 중앙소방본부와 해양경비안전본부로 운영되었던 소방과 해경조직은 다시 행정안전부 외청인 소방청과 해양수산부 외청인 해양경찰청으로 독립하였다. 이로써 소방청은 최초로 독립된 소방부처로서 승격되었고, 해양경찰청은 세월호 참사로 해체된 이후 다시 복원된 것이다.

5) 요약

우리나라의 방재안전 발전 과정을 태동기, 성장기, 발전기, 재도약기 등으로 구분했다.

방재안전 태동기는 1948년부터 1990년까지의 기간으로 방재안전의 기반을 마련하고 방재시설의 확대를 추진한 시기라 할 수 있다.

방재안전 성장기는 1991년부터 2003년까지로 구분할 수 있다. 1990년 한강대홍수를 계기로 이듬해인 1991년에 재해대책업무가 건설부에서 내무부로 이관되었으며, 중앙정부와 지방정부의 협치 및 인적재난 관리체계가 마련된 시기로 평가된다.

방재안전 발전기는 2004년부터 2013년까지로 소방방재청의 신설되어 재난에 대한 총괄조정과 예방기능 강화가 이루어진 시기이다. 하지만 재난이 더욱 다양화, 대형화되면서 유조선 침몰에 따른 해양오염, 신종플루 등의 감염병, 불산 누출과 같은 화학물질 사고 등이 계속됐으며, 2014년 4월 세월호 침몰이라는 참사를 겪게 된다.

방재안전 재도약기는 2014년부터 현재까지이며 '국민안전처'라는 장관급 부처의 신설로부터 시작된다. 세월호 참사 이후 국가 재난안전 총괄부처의 필요성이 대두되면서 국민안전처가 출범했으며, 2017년 문재인 정부에서는 행정안전부의 차관급 재난안전관리본부로 역할을 수행하고 있다.

2 방재안전 국제어젠다의 발전 과정

점점 더 많은 사람들이 자연적인 원인 그리고 복잡한 원인에 의하여 발생하는 재난에 영향을 받으면서 복원력 있는 지역사회를 구축하고 재난위험을 줄이는 것이 정부 및 지자체의 핵심전략이라는 인식이 증가하고 있다. 방재안전에 대한 국제적인 어젠다의 발전 과정은 국제사회에서 이 분야와 역사를 같이 하고 있는 유엔에서의 발전 과정과 그 맥을 유지하고 있다고 할 수 있다. 이에 유엔에서 진행되고 있는 재난안전에 대한 진행사항을 고찰해 보고자 한다.

유엔재난경감 사무국(UN Office for Disaster Risk Reduction, UNDRR)은 총회의 재난경감을 위한 국제전략결의 54/219의 이행을 보장하기 위해 1999년 12월에 창설되었다. UNDRR(이전 UNISDR)은 유엔사무국의 일부로서 2015년 3월 18일 일본 센다이에서 개최된 제3차 UN 재난위험경감 세계대회(UN World Conference on Disaster Risk Reduction)에서 채택한 센다이 프레임워크(Sendai Framework for Disaster Risk Reduction, SFDRR)의 진행사항을 검토하고 지원하고 있다. 현재 센다이 프레임워크가 나오게 된 배경과 그 이전에는 국제적으로 어떠한 논의가 있었는지를 살펴보고자 한다.

수십 년 동안 재난위험경감(Disaster Risk Reduction, DRR)이라는 것은 하나의 기술 분야라고 좁게 인식되던 개념에서 지속가능한 개발(Sustainable Development)에 초점을 맞춘 광범위한 운동으로 인식의 전환이 이루어지고 있다. 다음 타임라인은 지난 50년간 유엔총회에서 실시한 재난위험경감에 대한 주요 재난과 그 성과를 요약한 것이다(http://undrr.org).

1) 1960년대: 재난 발생에 대한 유엔총회의 조치 시기

유엔총회 차원에서 회원국에서 발생한 아주 심각한 재난에 대한 조치만을 취하던 시기였다고 할 수 있다.

연도	재난내용	결의안
1962	부인자흐라 지진이 이란을 강타하고 12,000명 이상이 사망	Res. 1753
1963	유고슬라비라의 스코피에에서 일어난 지진에 의해 1,200명 이상의 사망자가 발생	Res. 1882
1963	허리케인이 쿠바, 도미니카 공화국, 아이티, 자메이카, 그리고 트리니다드 토바고의 영토를 강타하여 수천 명이 목숨을 잃고 상당한 물질적 피해를 입음	Res. 1888
1965	총회에서 회원국들에게 2034 원조를 결의하여 재난 발생 시 회원국에게 어떤 원조를 제공할 수 있는지 사무총장에게 알릴 것을 요청함	Res. 2034
1968	심각한 지진이 이란을 강타해 약 10,000명이 사망. 총회에서는 이란 정부의 재건계획과 관련하여 사무총장과 전문기관의 장들에게 이란 정부에게 제공할 수 있는 부분에 대하여 이란 정부가 협의하기를 요구함	Res. 2378

출처: UN재난위험경감사무소(undrr.org)

2) 1970-1986년: 자연재난 발생 시 지원 시기

연도	재난내용	결의안
1970	사무총장을 초청하여 다음 내용에 대한 권고안을 제출한다.(줄임) (b) 재난 상황에 즉시 대처할 수 있는 기계 및 비상대책의 정의를 포함한 국가 및 국제 수준의 재난사전계획 (d) 자연재해의 예방과 통제 또는 그러한 재난의 영향 완화에 기술을 적용하며 과학적 연구를 진행한다. 이는 임박한 재난의 조기 발견 및 원인을 밝히고, 조기경보시스템을 개발 및 개선하기 위한 국제적 협력의 강화를 목적으로, 인공위성 및 기타 정교한 기술의 연구성과를 모든 국가에 효과적으로 보급하기 위한 과정을 포함한다.	Res. 2717
1971	유엔재난안전대책본부(UNDRO) 창설 총회는 사무총장에게 권한을 대행할 재난구조조정관을 임명할 것을 요구한다. (f) 자연재해에 대한 연구, 예방, 통제, 예측을 촉진하기 위해… (g) 사전재난계획에 대한 각국 정부에 대한 조언을 제공하는 것을 돕기 위해. 이는 유엔의 적절한 상임이사국에 대한 사무총장의 제안을 지지하는데, 이 제안은 재난 구호 문제에 대한 유엔 시스템의 초점이 될 것이다. … 정부를 초청한다. (f) 국가 재난 경보 시스템을 개선하기 위함이다.	Res. 2816
1971–1985	총회는 아프가니스탄의 가뭄에 관한 여러 가지 결의안을 별도로 채택했다 (1971년 10월 Res. 2757), 가뭄이 심한 에티오피아의 지역 및 기타 아프리카 국가들(1978년 11월, 40/228, 1985년 40/175)	
1972	총회는 "재난의 영향을 줄이고, 재난예방조치, 재난대비계획 및 대비에 있어 재난발생 가능성이 높은 국가에 대한 지원의 중요성"을 재확인했다.	Res. 2959
1974	총회는 사막화에 관한 국제연합 회의를 소집하기로 결정했다.	Res. 3337
	유엔재난안전대책본부 강화 방재와 사전재해대책이 정부 및 국제기구의 국제개발정책에 있어 필수적인 부분을 이루고 있다는 것을 확인하면서 … GA는 사무총장에게 '재난예방 및 사전재해대책'과 관련한 유엔기계 강화조치의 타당성 조사를 계속 의뢰한다.	Res. 3345

연도	재난내용	결의안
1978	Res. 33/22 유엔재난구호조정관 사무소 총회는 다음 세션에서 유엔개발계획 이사회에 지역 및 지역 간 프로그램에 재난 대비와 예방을 위한 기술적 협력활동이 포함된 것을 고려할 것을 요청한다.	Res. 33/22
1979	국제연합 재난구호조정국 총회는 UNDP 집행위원회의 결정을 환영한다. … 국가 및 지역 프로그램에 재해 대비 및 예방을 위한 기술 협력활동을 포함하는 것을 고려한다. … 신국제개발전략준비위원회에 재난구호, 대비 및 예방에 관한 사항을 고려하도록 요청한다.	Res. 34/55
1981	총회는 자연재난 대응 시 유엔시스템의 역량 강화를 위해 개발된 기존 조기경보감시시스템이 제공하는 정보를 최대한 활용할 필요성을 강조한다.	Res. 36/225

출처: UN재난위험경감사무소(undrr.org)

3) 1990-1999년[1]: 자연재난경감을 위한 국제공동노력 10년
(International Decade for Natural Disaster Reduction, IDNDR)

연도	재난내용	결의안
1987	자연재난경감을 위한 국제공동노력 10년 총회는 "모든 국민, 특히 개발도상국에 미치는 자연재난 영향의 경감의 중요성을 인식하고 있다"고 밝혔다. 1990년대를 유엔의 후원으로 국제사회가 자연재난경감 분야의 국제협력 육성에 특별한 관심을 기울일 10년으로 지정하기로 한다.	Res. 42/169
1988	자연재난경감을 위한 국제공동노력 10년 총회는 1988년 수단과 방글라데시의 홍수, 필리핀의 태풍, 중남미와 카리브해의 허리케인, 아프리카의 메뚜기 파동 등 많은 재난을 상기하며 자연재해의 영향을 줄일 필요성을 인식하고, 국제 자연재해 감소를 위한 10년의 준비와 관련한 사무총장의 경과보고를 환영하고 행동의 틀을 개발해줄 것을 요청했다.	Res. 43/202
1989	자연재난경감을 위한 국제공동노력 10년 총회에서 1990년 1월 1일부터 시작되는 "자연재난 경감을 위한 국제공동노력 10년"을 선포하였다. 10월 둘째주 수요일을 자연재난경감일로 지정, 매년 10월 중에 국제사회가 준수하기로 결정하였다. "자연재난 경감을 위한 국제공동노력 10년"의 국제 행동프레임워크를 채택하였다.	Res. 44/236
1990	자연재난경감을 위한 국제공동노력 10년 총회에서는 국제사회가 IDNDR의 국제 행동프레임워크(res. 44/236의 필요성)를 완전히 이행하여 국가위원회를 설립할 것을 촉구하고 있으며, 디케이드 사무국이 UNDRO와 긴밀히 협력할 필요가 있음을 재확인했다.	Res. 45/185
1991	자연재난경감을 위한 국제공동노력 10년 총회에서는 뉴욕 선언과 1994년에 10년을 위한 국가위원회 대표들의 세계회의를 소집하기 위한 STC의 제안뿐만 아니라 10년을 위한 과학기술위원회(STC)의 첫 번째 연례 보고서에 포함된 권고안을 지지했다.	Res. 46/149

1 자연재난경감을 위한 국제공동노력 10년 이행기간(1990~1999년) 전후에 이루어진 결의안 등 주요활동을 포함하였다. UN재난위험경감사무소 홈페이지(undrr.org) 참조

연도	재난내용	결의안
1993	자연재난경감을 위한 국제공동노력 10년 총회에서는 1994년 세계자연재난경감 회의를 소집하기로 결정했다.	Res. 48/188
1994	일본 요코하마에서 열린 세계재난경감 회의 세계회의는 1994년 5월 23일부터 27일까지 일본 요코하마에서 열렸다. 49/22A는 요코하마 전략과 세계 회의에서 채택된 행동계획을 지지했다.	Res. 48/188
1994–2008	조기경보 조기경보시스템 구축을 위한 첫 번째 단계	
1995	총회에서는 2000년까지 지속 가능한 개발과 환경보호를 위한 실질적인 노력에 재난경감을 완전히 통합하기 위해 디케이드 폐막 행사를 개최하기로 결정하였다.	Res. 50/117 A
1996	총회에서는 디케이드 사무국이 자연재난 및 유사재난에 대한 조기경보능력 향상에 대한 국제적인 공동 접근을 지속적으로 촉진하고, 디케이드 폐막 이벤트 진행 과정 내에서 환경에 부정적인 영향을 미칠 것을 촉구하였다.	Res. 51/185
1997–2000	엘니뇨 현상 일반적으로 '엘니뇨'로 알려진 엘니뇨 남방진동 현상이 태평양 연안 국가들을 포함한 세계 여러 지역에서 심각한 영향을 끼쳤다는 점을 고려했을 때, 총회 결의안 52/200, 53/185, 54/220, 55/197에서는 엘니뇨 현상의 영향을 줄이기 위해 국제 협력과 관련된 국가들을 포함한 그 활동에 참여하도록 디케이드 관련 국가들을 초대한다. 또한 유엔시스템의 조직과 기구, 특히 유네스코, WMO, WHO, FAO, UNEP 및 UNDP와 세계기후연구프로그램, 그리고 10년 이내에 국제과학연합(International Council of Science Union)에 더 많은 기여를 할 것을 요구한다. 엘니뇨에 대한 연구와 이 현상의 영향을 받는 지역, 특히 개발도상국, 육지로 둘러싸인 국가들과의 협력을 강화한다. 또한 GA는 엘니뇨 연구를 위한 국제센터의 신속한 설립을 위한 절차를 촉진할 것을 요청하고, 사무총장에게 1997–2000년 동안 이 결의안의 완전한 실행을 계속할 것을 요청한다.	
	국제자연재해감축기(IDNDR)에서 결론을 내린 것과 같이, 자연재해가 사회·경제적 안정에 큰 위협이 되고, 재해예방이 이러한 위협에 대한 주요 장기적 해결책이라는 점을 국제사회는 점점 더 인식하고 있다. 그러므로 10년간 가장 큰 과제는 예방과 관련 국제적 문화 형성에 있다. 유엔 IDNDR 사무국이 디케이드 폐막 이벤트 내에서 'IDNDR 프로그램 포럼 1999'를 조직한 것도 이런 맥락이다. 자연재해 예방에 관한 주제 및 지역행사는 1998–1999 IDNDR의 결론 단계에 대한 실행계획의 일환으로 개최되어 왔으며, 'IDNDR 프로그램 포럼 1999'에서 정점을 찍은 IDNDR 프로그램 포럼은 IDNDR 내에서 모든 관련 파트너 간의 글로벌 다분야 및 분야 간 대화를 위한 플랫폼을 제공했다. 그 결과 프로그램 포럼은 IDNDR에 대한 유엔 경제사회위원회(ECOSOC) 심의에 주요 의견을 제시할 것으로 기대되었다. 'IDNDR 프로그램 포럼 1999'는 WMO와 유네스코가 주관하는 과학기술 분과 포럼과 동시 세션 3개 트랙을 포함하여 자연재해 예방을 지원하는 40개 이상의 주제 세션을 제공하였다. 또한 패널, 포스터 세션, 전시물 및 공개 포럼이 조직되어 모든 단계에서 IDNDR 성과의 광범위한 범위에 대한 종합적인 개요를 제공하였다.	

출처: UN재난위험경감사무소(undrr.org)

4) 2000-2007년: 재난, 취약성, 그리고 ISDR의 시기

연도	재난내용	결의안
2000	재난경감을 위한 국제전략(ISDR) 자연재난경감을 위한 국제공동노력 10년(IDNDR)의 후속조치에 대한 1999년 7월 30일의 경제사회이사회의 결의안 1999/63을 참고하여 GA는 인도주의 사무차장의 직접적인 권한하에 재난경감을 위한 기관 간 기동부대 및 기관 간 사무국 설립을 위한 사무총장의 제안을 승인하며, 10월 두 번째 수요일에 국제재난경감의 날을 지키기로 결정했다.	Res. 54/219
2001	재난경감을 위한 국제전략(ISDR) 총회에서는 유엔시스템 관련기관에 전략목표의 이행을 지원할 것을 요청하고, 보다 안전한 세상을 위한 요코하마 전략의 실행을 검토하기 위한 사무총장의 제안을 지지한다.	Res. 56/195
2002	재난경감을 위한 국제전략(ISDR) 총회는 전략을 위한 기관 간 사무국의 도움을 받아 정부와 국제금융기관을 포함한 유엔시스템 관련기관과 협의하여 2004년 요코하마 전략 검토를 계획하고 조정하도록 사무총장에게 요구한다. 요하네스버그 행동계획 2002년 8월에서 9월까지 남아프리카 요하네스버그에서 개최된 지속가능한 개발에 관한 세계정상회의(The World Summit on Sustainable Development, WSSD)는 ISDR에 지속가능한 개발 의제 내에서 파트너들과 함께 재난경감에 대한 기관 간 기동부대와 UN/ISDR 사무국 모두가 위험경감을 개발정책 및 과정에 통합하고 주류화하는 데에 더 많은 관심과 역량을 집중하게 할 구체적인 목적을 제공한다.	Res. 57/256
	요하네스버그 행동계획 ISDR에 대한 보고서(A/57/190)에서 유엔사무총장은 다음과 같이 명시한다: "이 검토 과정은 지속가능한 개발에 관한 WSSD의 결과를 고려하면서 향후 10년 동안의 행동 과정을 도표화하는 방식으로 구현의 격차와 수단을 식별하는 데에 도움이 될 것이다."	A/57/190
2003	재난경감을 위한 국제전략(ISDR) 총회는 2005년에 세계재난경감회의를 소집하여 요코하마 전략 및 행동 계획에 대한 검토를 마무리; 취약성, 위험 평가 및 재난관리에 대한 지속가능한 개발에 관한 세계정상회의 이행계획 관련조항의 시행을 보장하기 위한 특정 활동을 식별; 지속가능한 개발을 달성하는 맥락에서 재난경감을 위해 배운 모범사례와 교훈을 공유하며 격차와 과제를 식별; 재난경감정책의 중요성에 대한 인식을 높이고; 요하네스버그 이행계획의 관련조항에 명시된 대로 모든 지역의 공공 및 재난관리기관에 대한 적절한 재난 관련정보의 신뢰성과 가용성을 높이기로 결정했다. 이 10년간의 검토에는 지속가능한 개발에 관한 세계정상회의 이행을 위한 요하네스버그 계획과 같은 몇 가지 과정이 고려되며, 2005년 1월 일본 고베에서 개최되는 제2차 세계재해경감회의에서 완결에 이른다.	Res. 58/214
	재난경감을 위한 국제전략(ISDR) 결의안 57/547(2002년 12월)을 상기하면서, 총회에서는 재난경감을 위한 국제전략(International Strategy for Disaster Reduction)의 시행을 통해 국제사회가 특히 취약한 개발도상국에 대해 극심한 기상현상으로 인한 것을 모두 포함한 자연재해의 악영향을 줄이기 위한 협력 및 기술 지원을 포함한 수단과 방법을 다룰 것을 촉구한다.	Res. 58/215

연도	재난내용	결의안
2004	재난경감을 위한 국제전략(ISDR) 총회는 2005년 1월 18일부터 22일까지 일본 고베에서 개최되는 세계재난경감회의(World Conference on Disaster Reduction)를 위해 진행 중인 준비 과정의 작업을 환영하고, 세계회의 비용을 충당하겠다는 일본 정부의 공약에 감사를 표한다.	Res. 59/231
	재난경감을 위한 국제전략(ISDR) 총회에서는 엘니뇨 현상 및 기타 기상이변의 영향을 줄이기 위한 예측기술을 개선하고 적절한 정책을 개발하면서 극심한 기상현상에 대한 연구를 지속하며 엘니뇨/남쪽진동관측시스템 유지의 중요성을 강조하고, 모든 국가, 특히 개발도상국에서 이러한 제도적 역량을 더욱 개발하고 강화할 필요성을 강조한다.	Res. 59/232
2005	재난경감을 위한 국제전략(ISDR) 2005년 1월 18일부터 22일까지 일본 효고현 고베에서 개최된 세계재난경감회의에서 채택된 '행동강령 2005-2015: 국가와 지역사회의 재난에 대한 회복력 구축'을 위한 효고 선언문과 효고 프레임워크를 지지하며, 인도양 재난에 대한 특별 세션의 공통된 성명인 "더욱 안전한 미래를 위한 위험경감"을 상기시킨다.	Res. 60/195
	재난경감을 위한 국제전략(ISDR) 총회는 효고 행동강령을 포함하여 재난경감을 위한 국제전략(International Strategy for Disaster Reduction)의 시행을 통해 국제사회가 특히 아프리카와 그 밖의 최빈국과 함께 취약한 개발도상국에 대해 극심한 기상현상으로 인한 것을 모두 포함한 자연 재해의 악영향을 줄이기 위한 협력 및 기술 지원을 포함한 수단과 방법을 다룰 것을 촉구하며, 재난경감을 위한 기관 간 기동부대(Inter-Agency Task Force for Disaster Reduction)가 이와 관련하여 작업을 지속하도록 권장한다.	Res. 60/196
2006	재난경감을 위한 국제전략(ISDR)/재난경감을 위한 글로벌 플랫폼(Global Platform on Disaster Reduction, GPDR) 총회에서는 제안된 재난경감을 위한 기관 간 태스크포스(Inter-Agency Task Force for Disaster Reduction)의 후속 메커니즘으로서의 재난위험경감을 위한 글로벌 플랫폼 설립에 주목한다. 그리고 효고 행동강령의 구현을 고려하여 GA는 글로벌 플랫폼이 재난경감을 위한 기관 간 태스크포스와 동일한 권한을 갖도록 결정하며, 사무총장에게 총회에서 고려할 글로벌 플랫폼에 대한 정보를 차기 보고서에 포함시키도록 요청한다. 또한, 제안된 글로벌 플랫폼 구축이 포용적이고 투명한 방식으로 계속 진행되어야 하며, 모든 회원국에게 개방되어야 한다고 강조한다.	Res. 61/198
	재난경감을 위한 국제전략(ISDR)/재난경감을 위한 글로벌 플랫폼(GPDR) 총회는 에콰도르 과야킬의 엘니뇨 현상 연구를 위한 국제센터를 설립하도록 이끈 에콰도르 정부, 세계기상기구(World Meteorological Organization), 그리고 재난경감을 위한 국제전략기관 간 사무국의 지속적인 노력을 인정하며, 센터의 발전을 위한 지원을 계속하도록 권장한다.	Res. 61/199
	재난경감을 위한 국제전략(ISDR)/재난경감을 위한 글로벌 플랫폼(GPDR) 총회에서는 '효고 행동강령 2005-2015: 국가와 지역사회의 복원력 구축'을 포함하여 재난경감을 위한 국제 전략(International Strategy for Disaster Reduction)의 시행을 통해 국제사회가 특히 아프리카와 그 밖의 최빈국과 함께 취약한 개발도상국에 대해 극심한 기상현상으로 인한 것을 모두 포함한 자연재난의 악영향을 줄이기 위한 협력 및 기술 지원을 포함한 수단과 방법을 다룰 것을 촉구하며, 이와 관련하여 작업을 계속 진행하기 위해 국제전략에 대한 제도적 배치를 권장한다.	Res. 61/200

출처: UN재난위험경감사무소(undrr.org)

이상에서 살펴본 바와 같이 2007년 이후의 재난관리 분야에서 진행되고 있는 글로벌 동향은 UNDRR의 글로벌 동향을 살펴보는 것이 필수적이라 할 수 있다. DRR(재난위험저감, Disaster Risk Reduction)의 국제적 핵심기관으로의 역할을 지속적으로 수행하고 있고 2015년에 유엔의 회원국이 결의한 센다이 프레임워크의 이행을 위한 전방위적인 수호자의 길을 택하고 있다. 현재 글로벌 관점에서, 재난위험저감을 어떤 식으로 정의하여 진행하고 있는지에 대하여 알아볼 필요가 있다. 재난위험저감이라는 것은 새롭게 발생하는 재난위험에 대해서는 사전에 예방하고, 이미 존재하고 있는 기존의 재난위험에 대해서는 이를 저감하며, 국민과 재난관리 시스템의 리질리언스를 강화하는 일련의 활동을 뜻한다. UNDRR은 이와 같은 재난위험저감을 구체적으로 실현하기 위한 가이드라인을 2015년 센다이에서 공표하였는데 그 배경과 진행상황에 대하여 간단히 살펴보면 다음과 같다.

2015년 효고 행동강령(Hyogo Framework for Action, HFA)이 종료됨에 따라 2015년 일본 센다이에서 개최된 제3차 재난위험저감을 위한 유엔국제컨퍼런스(Third UN World Conference on Disaster Risk Reduction, WCDRR)에서 '센다이 프레임워크(Sendai Framework for Disaster Risk Reduction 2015–2030, SFDRR)'가 채택되었다. 이에 UNDRR에서는 개념적으로 다음과 같이 재난위험을 정의하고 있다.

> **※ 재난위험(Disaster Risk)**
> = 재난요인(Hazard) × 재난노출도(Exposure) × 재난취약성(Vulnerability)

효고 행동강령은 그 내용을 살펴보면 정성적 지표를 사용함에 따라 실제로 이행기간 10년(2005–2014) 동안 글로벌 또는 한 국가의 DRR 정도를 측정하는 데 어려움이 존재하였다. 센다이 프레임워크의 시행내용을 개발할 때에는 이러한 단점을 극복하기 위해 정량적인 지표를 정의하고자 하였다. 이에 따라 2015년부터 2030년까지 15년 동안 재난위험경감 활동으로 인한 결과를 정량적으로 평가하기 위해 7가지 목표에 대한 38가지 이행지표를 개발하였다. 센다이 프레임워크는 기후변화에 대한 유엔협약과 지속가능한 개발목표(SDGs) 등 글로벌 어젠다와 연계성을 가지고 있는 것이 특징이다. 특히 지속가능한 개발목표는 17가지의 목표와 169개의 세부목표로 구성되어 있는데 센다이 프레임워크 어젠다와의 일관성을 유지하기 위하여 일부 이행지표는 공동으로 사용하기로 하였다.

UNDRR은 센다이 프레임워크 이행지표에 대한 평가를 지원하기 위해 지난 2017년 12월 센다이 프레임워크 이행지표의 진행사항을 모니터링하고 〈보고서 작성을 위한 기술적인 가이드라인(Technical Guidance for Monitoring and Reporting on Progress in Achieving the Global Targets of the Sendai Framework for Disaster Risk Reduction)〉을 발간하였다. 이행지표를 평가하기 위해서는 국가별로 재난 관련 통계자료 구축 및 시스템 사용에 대한 교육이 필수적이라고 할 수 있다. 일본은 현재 센다이 프레임워크를 통한 재난위험경감에 있어서 주도적인 참여를 하고 있으며, GCDS(Global Centre for Disaster Statistics)를 구축하여 센다이 프레임워크와 SDGs(Sustainable Development Goals) 이행 과정에 대한 모니터링 및 평가를 지원하고 있다. 마미 미즈토리(Mami Mizutori)가 UNDRR의 대표이자 UN사무총장 DRR 특보(Special Representative of the Secretary General for DRR, SRSG)를 2018년 3월 1일부터 맡고 있다.

UNDRR은 또한 2007년부터 글로벌 플랫폼(Global Platform)을 2년에 한 번씩 개최해왔다. 지난 10년 동안 글로벌 플랫폼은 글로벌 재난위험저감 의제 이행의 진행상황을 평가하고 검토하는 역할을 해왔으며, 정부와 이해당사자가 모범사례를 공유하고 격차가 있으면 이를 식별하여 좀 더 빠르게 실행할 수 있도록 권장하는 역할을 수행하여 왔다. 2007년 이후 총 6회의 글로벌 플랫폼 세션이 진행되었으며, 가장 최근의 GPDRR(Global Platform for DRR)은 2019년 5월 13일부터 17일까지 스위스의 제네바에서 진행되었다. 주제는 지속가능하고 포용적인 사회를 위한 '리질리언스 배당'(Resilience Dividend: Towards Sustainable and Inclusive Societies)이었다.

2015년은 재난관리 측면에서 보면 다소 특별한 해라고 할 수 있다. 앞서 말한 2015 글로벌 플랫폼은 제3차 유엔 WCDRR(World Conference on Disaster Risk Reduction)과 2015년 3월 일본 미야기현 센다이에서 함께 개최되면서 센다이 프레임워크를 채택하였다. 센다이 프레임워크는 국가가 재난위험을 저감시키기 위한 주요한 역할을 하고 있으나, 책임은 지방정부, 민간부문, 기타 이해관계자들과 함께 공유해야 한다는 것을 인식하는 자발적인 협약이다. 센다이 프레임워크 내용을 살펴보면 프레이워크의 적용 범위 및 목적, 최종 성과, 전략적 목표, 7가지 세부목표, 우선행동순위, 13개의 지도원리로 구성되어 있다.

센다이 프레임워크의 7가지 세부목표를 살펴보면 다음 **그림 2-6**과 같이 요약할 수 있다. 총 7가지 중 4가지 부분을 감소하고 3가지 부분을 증가한다는 것이다. 그럼 무엇을 기준으로 하여 감소하고 증가하는 것인가에 대한 기준기간이 필요하게 된다. UNDRR은 7가지 세부목표를 달성하기 위한 기준연도를 2005년부터 2015년 사이 10년간의 기간과 2020년부터 2030년까지의 10년간으로 정하였다. 재난으로 인한 사망자수, 피해자수, 경제적 손실, 사회기반시설의 손상과 기본서비스 중단횟수를 줄이고, DRR 전략을 수립한 국가 및 지자체 수, 개발도상국에 대한 국제적인 협력, 그리고 다중위험조기경보시스템과 재난위험정보 및 평가에 대한 이용가능성 및 접근성을 증가시키는 것으로 되어 있다.

UNDRR에서는 2년마다 글로벌 평가보고서(Global Assesment Report, GAR)를 발간하고 있다. 재난위험경감에 관한 유엔 글로벌 평가보고서(GAR)는 재난위험을 경감하기 위하여 지구상의 모든 국가가 관련되어 있는 유엔의 대표적인 보고서 중 하나이다. GAR는 국가, 공공 및 민간에 있어서 재난위험과 관련된 과학적 내용을 포함하고 있고 관련 연구결과에 대한 총체적 내용을 담고 있다. GAR 내용을 잘 살펴보면 재난에 대한 글로벌 트렌드를 파악할 수 있는데, 2019 GAR의 주요 내용은 살펴보면 다음과 같다. 서문의 한 문장이 현재 재난과 연결사회에 대한 요약을 말해주고 있다. 우리는 재난위험이라는 화두에서 시작하였지만 모든 것이 연결되어 있

그림 2–6 센다이 프레임워크의 7가지 세부목표

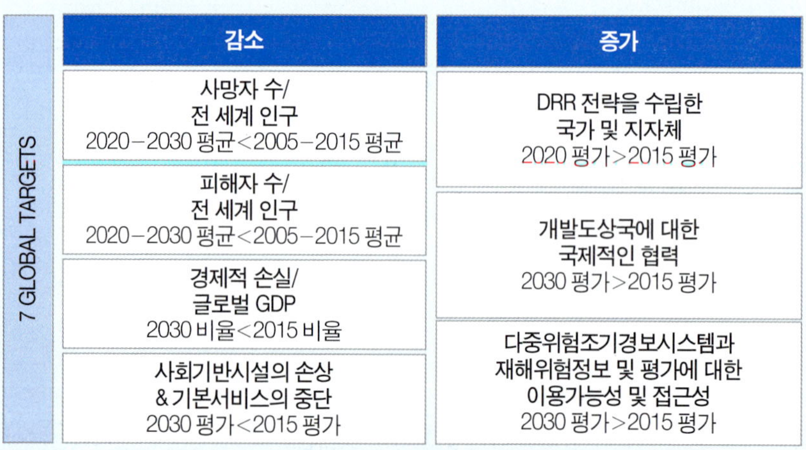

출처: https://www.preventionweb.net/sendai-framework/sendai-framework-monitor/

는 초연결사회로 가고 있는 현 상황에서는 위험과 관련된 어떤 것도 고립되어 있지 않다는 것이다. 이는 위험이 점점 광범위해지고 있고, 그에 따라서 위험을 해결할 방법도 다양하게 모색해야 한다는 것이다. 위험은 여러 차원으로 변해가고 있고, 다양한 규모로 나타나고 있으며, 사회의 여러 부분에서 피해를 미치고 있다는 것이다.

현재 진행되고 있는 위험을 인지하기 위해서는 여러 가지 다양한 위험을 촉발시키는 요인을 위험요인, 노출도, 취약도 측면에서 고려하여야 한다는 것이다. 특히 유엔에서는 현재 전 세계 인구의 55%가 도시지역에 살고 있고 2050년이 되면 그 비율이 68%까지 증가할 것으로 예측하고 있다(UN DESA, 2018). 이와 같은 상황에서 도시화라는 문제를 이해하는 것은 새로운 도시개발의 틀을 만드는 데 매우 중요하고 2030년까지 지속가능한 발전을 위한 안건을 이행하는 데 매우 중요하다. 여기서, 도시화 문제를 언급하는 것은 도시가 점점 복잡해짐에 따라 재난위험도 예측하기 힘들어지기 때문이다.

UNDRR에서도 도시의 안전을 중요하게 생각하여 "Making Cities Resilient"라는 슬로건 아래 글로벌 포럼을 진행하고 있다. 이 프로그램에는 현재 전 세계 4,306개의 시가 참여하고 있고 지자체 공무원을 위한 툴킷과 앱을 제공하여 현재 살고 있는 도시에 대한 재난위험에 대한 평가를 스스로 할 수 있게끔 하고 있다. 여기서 제시하고 있는 도시의 안전을 위한 10가지 필수요소를 주목할 필요가 있는데 살펴보면 다음과 같다.

① 재난안전관리를 위한 조직
② 현재 및 미래의 위험 시나리오를 식별하고 이해하고 사용
③ 재난안전관리를 위한 재정역량강화
④ 안전한 도시개발과 디자인
⑤ 생태계가 보호기능을 증가할 수 있도록 하는 자연 상태의 완충지역을 보존
⑥ 도시의 안전을 위한 제도적 역량 강화
⑦ 도시의 안전에 대한 사회적 역량의 이해 및 강화
⑧ 사회기반시설에 대한 리질리언스 향상
⑨ 효과적인 재난대응체계 구축

⑩ 신속한 복구 및 더 나은 구축

이와 관련한 10번째 글로벌 포럼은 2019년 6월 독일의 본에서 "Resilient Cities 2019: The 10th Global Forum on Urban Resilience and Adaptation" 주제 아래 개최되었다.

도시가 안전하기 위한 10가지 필수요소 중에 8번째인 사회기반시설(Infrastructure)의 리질리언스를 강조하고 있는 측면을 살펴볼 필요가 있다. 사회기반시설은 시민이 살아가는 데 필수적인 요소가 되어 버렸고, 센다이 프레임워크에서도 이행지표 D에 사회기반시설의 피해를 반드시 보고하도록 하고 있다. 특히 핵심인프라가 제공하는 서비스를 대국민 기본서비스라고 제시할 수 있다. 국내의 경우 점점 노후화되고 있는 핵심인프라에 대한 안전점검 및 모니터링에 대한 부분으로 핵심인프라를 건설하는 데 대부분 사용하였던 자원과 재원의 분배가 필요한 시점이라 할 수 있다. UNDRR에서도 2018년부터 International Conference on Natural Hazards and Infrastructure(ICONHIC)를 개최하고 있고 올해는 2019년 6월 그리스에서 진행되어 사회기반시설의 중요성을 부각하고 있다.

5) 요약

방재안전에 대한 국제적인 어젠다의 발전 과정은 유엔의 발전 과정과 맥을 같이하고 있다. 1960년대는 회원국에 재난이 발생한 후 유엔총회 차원에서 조치만을 취하던 시기였다. 1970～1980년대는 자연재난 발생에 대한 지원이 이루어진 시기이며, 1990년대에는 자연재난경감을 위한 국제공동노력이 진행되었다. 2000년대는 재난 취약성에 대한 인식이 고조되면서 재난경감을 위한 국제전략이 도출되었다.

1999년에 창설된 유엔재난경감사무국(UNDRR)은 국제적 핵심기관의 역할을 수행하고 있으며, 특히 2015년 유엔 회원국이 결의한 센다이 프레임워크의 이행을 주도하고 있다. 또한 2년마다 글로벌 평가보고서를 발간하고 있다.

3 안전관리의 발전

1) 생산시스템의 발전과 안전 관점 변천의 관계

안전관리의 역사는 안전을 위협하는 위험성이 어디에 존재하는가 하는 관점 이동의 역사라고 할 수 있다. 따라서 관점이란 현상으로부터 자유로운 것이 아니다. 오히려 이전의 관점으로 설명되지 않은 현상들이 관점의 이동을 요구하고 촉진하는 것이다. 안전관리는 그렇게 발전되어 왔다.

근대적인 안전 관리의 문제는 통상 1750년경 영국에서 산업혁명이 시작되면서 그와 동반하여 대두되었다고 본다. 그중 특히 중요한 것은 증기기관 기술로서 인력의 범위를 훨씬 넘어서는 동력을 자동으로 만들어 탄광과 방적공장, 제분공장 등에 동력을 제공하고 기차, 선박 등의 교통기관이 가능하게 하였다. 이러한 기본적 기계 기술이 뒷받침되자 생산의 형태는 대량생산으로 변화하고 거대한 자본이 투입되었으며, 제분공장이나 탄광 등 대형화된 생산시설과 수많은 노동자가 일하는 작업장들이 생겨났다. 그런데 새로 도입된 대형 생산시스템은 이전 수작업 수준의 생산 작업에 없었던 많은 새로운 위험을 들여왔다. 그 위험은 이전보다 훨씬 규모가 큰 것이었고, 개인의 조심으로 막을 수 있는 것이 아니었다. 산업혁명 이후 20세기에 이르기까지 유럽과 미국의 대형 사고의 기록들은 대개 폭발, 독성 물질의 누출, 붕괴, 충돌, 화재 등으로 점철되었다. 이런 대부분의 사고는 기계의 오작동으로 작업자가 다치거나 공공의 손해를 유발하는 것으로 보였고, 새로운 생산시스템은 생명에 대한 위협적 요소로 부각되었다. 당시의 시설과 기계, 작업 방법들은 오늘날에 비해 안전 기능이 부족하고 또 고장 빈도도 높았다는 이유도 적지 않았다. 시스템의 신뢰도를 높이는 것이 급선무였고, 안전은 매우 기계적인 관점에서 다루어졌다. 또 문제되는 인간의 실수는 주로 육체적인 실수였다.

한편 대량생산과 함께 20세기를 지배한 물결은 자동화였다. 자동화의 진전에 따라 사람의 일은 점차 육체적 노동에서 정신노동으로 변천되었다. 오늘날의 제철소나 발전소에서도 대부분의 일이 자동화되어 있고 사람들은 그것을 제어하거나 감독하는 역할로 바뀌었다. 즉 의사결정이 중요한 직무가 되었고, 이번엔 인간의 작은 실수가 전체 시스템에 위험을 가져오게 되었다. 이전과 달리 재앙의 크기가 작업자의 물리적 힘의 크기나 그의 활동범위에 비례하지 않았고, 인간은 더 이상 수동적인 피해자가 아닌 문제의 원인으로 지목되었다. 더구나 기계의 신뢰도가 높아지면서 사고의 원인이 인간의 실수로 귀착되는 비율이 기계보다 훨씬 높아지게 되었다. 그리고 문제되는 인간의 실수는 이제 인지적인 문제, 즉 의사결정이나 상황판단, 절차 수행 등의 문제가 되었다.

이러한 산업의 발전 단계는 그에 따라 안전 관점의 변화를 가져왔다. 처음에는 기계를 신뢰도 높게 만들고 인간이 조심하면 된다는 시점에서 출발하였으나, 시스템과 작업이 복잡해지고 사고의 인과관계 역시 복잡해짐에 따라 하나의 문제가 다른 문제를 유발하여 사고가 일어난다는 도미노 이론이 등장하였고, 이에 따라 사고의 가능성을 차단하자는 것이 안전관리의 중심이 되었다. 기계가 복잡해지고 정밀해졌으므로 기계의 신뢰도를 높이고 위험성을 낮추자는 것도 그 일환이라고 할 수 있다. 이후에는 기계보다 인간의 실수가 주원인으로 지목되게 되었으므로 휴먼에러에 대한 연구와 방지책에 관심을 쏟게 되었고, 문제되는 인간의 직무가 감독과 의사결정 등의 인지적 문제가 됨에 따라 휴먼에러의 연구도 심층화되었다. 궁극적으로는 조직의 문제와 시스템의 문제를 간과하고서는 안전을 다룰

그림 2-7 시스템 안전의 중점 변화

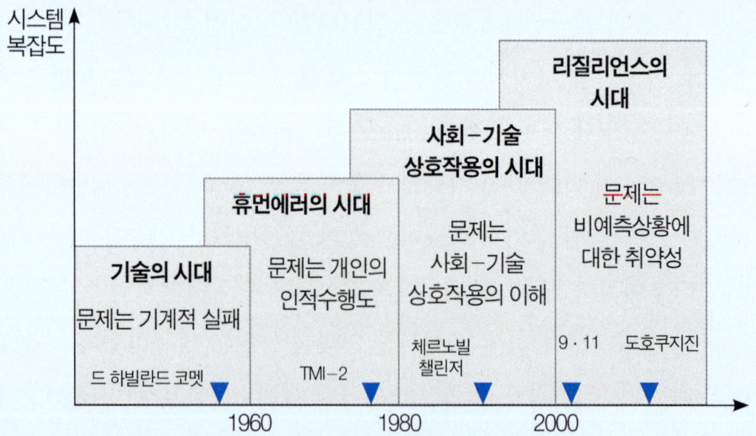

출처: Furuta K. (2015). Resilience Engineering. In: Ahn J., Carson C., Jensen M., Juraku K., Nagasaki S., Tanaka S. (eds) Reflections on the Fukushima Daiichi Nuclear Accident, Springer.

수 없다는 것이 자명해졌고 시스템적인 안전 모형과 연구들이 등장하게 되었다. 이와 같이 산업 시스템의 발전과 안전 관점의 발전은 연결되어 있다. 따라서 안전관리의 관점과 기법은 단순히 과학적 진보의 결과로 이루어진 것이라기보다는 상황과 필요에 대한 응답으로 발전된 것이라는 것을 인식하고 실무의 대상에 따라 분별하여 적용하는 것이 필요하다.

그림 2-7은 지난 수십 년간 시스템 안전관리 분야 연구의 중점이 변천해 온 것을 요약해 보여 준다. 이는 1998년 헤일과 호브든(A. R. Hale and J. Hovden, 1998)에 의하여 제시된 기술의 시대, 인적요소의 시대, 그리고 관리 시스템 시대의 구분이 무리 없이 받아들여지고 있는 그 위에 2000년 이후 가장 큰 변혁인 리질리언스(안전탄력성) 관점의 대두를 연장하여 표시한 것이다. 글렌든(A. I. Glendon)은 이들 시대가 단순히 전 시대의 관점을 밀어내며 들어선 것이 아니라 지속적으로 이전 관점을 흡수하면서 보다 종합적인 관점으로 발전한 것이라고 지적하였다. 헤일과 호브든의 시대 구분은 당대의 연구 관심사의 분포를 반영한 것이며, 현장에서 이미 도구화된 안전관리의 방법에 변화를 주는 데에는 언제나 상당한 지연이 있다. 또한 앞 시대의 연구 내용이 상당한 시간 후에 방법론으로 도구화되고, 일단 도구화된 후에도 다음 시대 연구와 공존하면서 새로운 내용이 반영되는 등의 연구–실무 간 상호작용적인 발전상을 보이게 된다.

2) 기술의 시대(1930-1960년대)

1930~1950년의 안전에서는 전문가들도 문제는 부품의 고장 등 기술적 이유에서 발생하고 따라서 보다 안전을 고려한 설계, 품질의 관리 등 기술의 발전적 적용을 통해 이를 방지할 수 있다는 관점을 가졌다. 이 시대에는 실제로 많은 문제들이 기술적 대응으로 해결되었다.

그러다가 제2차 세계대전 중에 발전한 자동제어, 대전 후 바로 발명된 컴퓨터 등이 산업과 국방에 응용되면서 기계 부문의 복잡도가 폭증했다. 따라서 복잡한 기계의 신뢰도 문제가 가장 큰 과제로 떠올랐다. 일례로 전쟁 중 정밀화한 무기체계에서 신뢰도 평가가 대두되었다. 사고의 과정에 대해서도 시스템이 어느 부분이 관리를 벗어나 전체 시스템이 오작동하여 사고가 일어난다는 기계론적 관점이 지배하였다.

한편 이런 배경에서 사고의 통계적 피라미드 모형과 도미노 이론이 등장하였다. 하인리히의 피라미드는 상해가 없는 경미한 사고, 경미한 상해를 동반한 사고, 그리고 중대한 상해가 발생한 사고의 숫자가 300:29:1이 된다는 통계를 요점으로 한다. 또 그의 도미노 이론은 인과관계 모형으로서 인적 행위에 사회적 환경적 뿌리가 있음을 역설하였다. 1966년 프랭크 버드 (Frank E. Bird)는 분류와 수치가 다소 다르긴 하나 기본적으로 하인리히의 피라미드와 같은 현상을 제시하였다. 또 그는 하인리히의 도미노 이론의 틀 속에 신체 상해 외에 시설과 자원, 그리고 생산량의 손해를 포함시켰고 경영의 문제를 도미노 체인에 추가하였다. 피라미드 모형의 결론은 우리가 만일 경미한 사고의 수를 줄일 수 있다면, 중대한 사고 역시 그 비율로 줄어들 수 있을 것이라는 것이다. 도미노 이론은 우리가 사고의 원인을 찾아 제거하면 사고의 사슬이 끊어져 방지될 것이라는 관점을 표현한다. 이 도미노 이론은 이후 사회기술학적 시스템이 발전하면서 지나친 단순화로서 비판받지만, 사고 방지를 위해서는 원인 요소를 찾아야 한다는 기본적 원칙을 제시한 의미가 있다.

도미노 이론에 입각한 대표적 사고 및 위험성 분석 모형이 FTA(Fault Tree Analysis)로서 1961년 미 공군에서 미사일체계의 안전을 평가하기 위해 개발되었다. **그림 2-8**에서 볼 수 있듯이 FTA는 AND와 OR로 조직된 논리적 인과관계를 사용하여 연역적인 분석을 가능하게 한다. 일어난 사고를 정점으로 하여 어떤 하위 실패가 그러한 결과를 형성하였는지를 이러한 논리체계 안에서 분석하게 된다. 논리연산을 하므로 각 하위 조건들의 진위 값도 0이 아니면 1로 결정된다. FTA는 사보분석뿐 아니라 위험성 평가의 목적으로도 사용되었다. 특정한 결과적 사건을 가정하였을 때 그 사건을 야기할 수 있는 조건들을 찾고 각 조건에 대하여 가능성을 확률로 표현하여 신뢰도 연산을 하여 위험성을 평가할 수 있었다.

위험성 평가의 다른 방법은 1949년 미군에 의하여 첨단 무기의 고장을 줄이기 위하여 개발되었다가 1960년대 NASA 아폴로 우주 프로그램에 도입되었던 FMEA(고장유형 및 영향분석: Failure Mode and Effects Analysis)이다. 이와 유사한 HAZOP(Hazard and Operability Study: 위험과 운전분석)은 1968년 ICI사에서 개발되어 화학공장 등의 플랜트 환경을 중심으로 사용되다가 1970년대에 본격적으로 확산되었

그림 2-8 FTA(Fault Tree Analysis)의 예

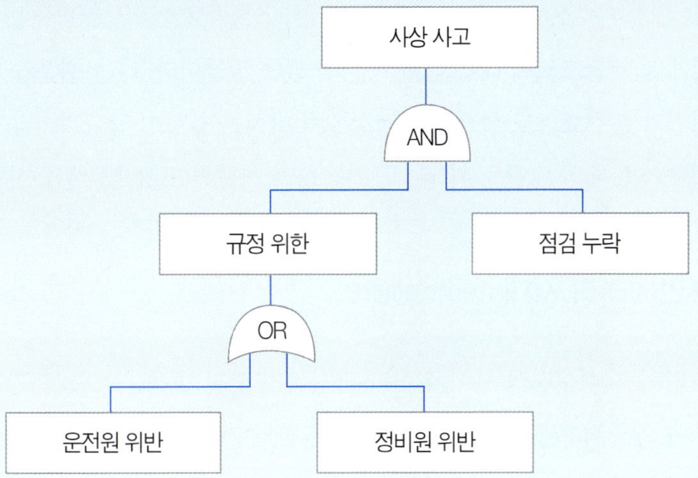

다. FMEA와 HAZOP은 오늘날까지도 산업체에서 위험성 평가의 대표적 도구로서 위험 평가와 관리를 통한 실패의 사전 방지를 목적으로 폭넓게 사용되어왔다. 둘 다 귀납적(Inductive)이고 상향적인 정성적 방법론이다. 상향적이라 함은 기계나 직무를 요소로 분할하여 그중에서 잘못될 수 있는 요소를 Failure Mode로 추출한 후 그 영향을 도미노 이론에 의해 추론하여 가능한 손실의 크기와 가능성을 평가하여 우선순위를 두고 처리하자는 것이기 때문이다. 귀납적이라는 것은 FTA와는 반대방향의 추론을 한다는 뜻이다. FTA가 특정 결과를 상정하여 그 조건들을 발견하고 평가하려는 것과 달리 이들 귀납적 모형은 잘못될 수 있는 위험조건들을 나열하고 그 각각이 어떤 문제를 일으킬 수 있는지를 추적한다. 모든 위협요인에 대하여 이러한 평가를 하고 그중 위험한 것을 개선하여 방지한다면 시스템의 실패는 방지될 것이라는 것이다. 이러한 방식은 간명한 장점 외에 몇 가지 약점을 가졌는데, 둘 이상의 요소가 동시에 잘못된 경우, 또는 외부의 조건이 개입되는 경우에 대해 고려하지 않았고, 인간의 직무, 특히 인지적 직무를 그렇게 분할하여 평가할 수 없다는 문제 등이 지적되어 왔다. 이러한 특징은 이들 모형이 기술의 시대를 배경으로 하고 등장한 것이라는 점을 반영한다.

이 시기에는 사람의 불안전한 행위에 대한 연구도 이루어졌다. 특히 중요한 기점이 된 피츠(P. M. Fitts)와 존스(R. E. Jones)의 연구(1947)는 어떻게 2차 세계대전 때의 항공기 설계가 조종사의 실수에 체계적으로 영향을 미쳤는가 하는 것을 조사하였다. 그들은 "소위 조종사 실수라는 것에 의한 사고들은 장비들을 사람의 필요에 맞게 설계함으로써 대부분 없어질 수 있는 것들이다"라는 결론을 내었다. 심지어 경험과 훈련보다도 설계가 인적실수에 미치는 영향이 압도적이라고 하였다. 인적실수의 문제의 해결을 위해서도 기술적인 개선의 방향으로 접근이 이루어졌다.

3) 휴먼에러의 시대(1960-1980년대)

양차 세계대전의 사이에 이미 작업자의 선발, 훈련, 사고방지를 위한 동기부여 등이 연구되고 있었다. 1960년대가 되면서 기계적 개선이 모든 안전문제를 해결하지 못한다는 것과 인간 실수가 점점 주요한 원인이 된다는 것이 드러나기 시작하였다. 이에 휴먼에러에 대한 집중적 연구가 이루어졌고 이전의 위험 분석과 방지 분야를 지배하던 기술적 수단의 적용과 구별되는 흐름을 만들어냈다.

아직 기계론적인 관점이 유지되는 상황에서 기계의 신뢰도 연구 방식을 원용한 인간 작업의 신뢰도(Human Reliability Analysis)에 대한 연구가 이루어졌다. 이는 전체 시스템에 대한 PSA(확률론적 안전성평가; Probabilistic Safety Assessment)의 일부로 행해지기도 한다. HRA는 인간작업을 분해하여 각각의 신뢰도를 구하고 이를 종합하는 방식으로 이루어진다.

인간의 작업도 기계 작용처럼 분해되어 신뢰도가 매겨지고 그것을 논리적으로 조합하여 위험성을 판단한다는 이러한 방식은 인간 작업 중 단순 실수의 가능성에 집중하는 평가방식이다. 보다 상위의 의사결정적 인지적 에러들은 성질상 요소로 분해하고 합산할 수 없으므로 이런 방식으로 다룰 수 없다.

이때 중요한 연구로 제시된 것이 라스무센(J. Rasmussen)의 인간인지행위의 3단계 이론이다. 사람이 작업을 배울 때 숙련될수록 그 작업방법이 바뀌는 것에 착안한 라스무센은 이 빈도와 숙련의 단계를 놓고 사람의 작업 모드를 기능기반(Skill-based), 규칙기반(Rule-based), 지식기반(Knowledge-based)의 세 단계로 구분하였다. 인간의 작업 수행은 이 모드에 따라 정신적 자원의 소모량도 다르고 수행결과의 정확성도 달라진다. 리슨(J. Reason)은 이를 반영하여 인간과실(불안전한 행위)을 분류하

그림 2-9 리즌(J. Reason)에 따른 인적과실의 분류

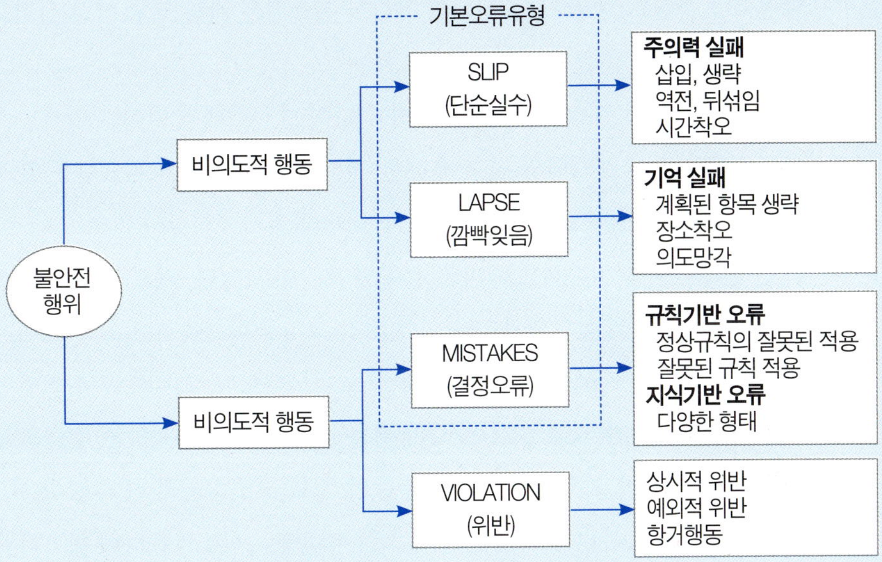

출처: Reason, J. T. (1990), *Human error*, New York: Cambridge University Press

였다(그림 2-9 참조). 규칙기반과 지식기반 행동은 주의력을 사용하여 사고한 결과이므로 의도적 행위로 보고 여기에서 문제가 생기면 이를 Mistake라고 한다. 그러나 기능기반 행동은 다분히 자동화된 행동의 결과이므로 여기서 생기는 단순실수는 이와 구분하여 Slip이라 부른다. 내부 활동인 기억에서도 깜빡하는 경우가 있는데 역시 의도적이 아니므로 Lapse라고 부른다. 이외에 알면서도 규칙과 다른 행동을 하는 Violation이 있다.

4) 사회기술학적 상호작용의 시대(1980, 1990년대)

안전의 기본 요소 중에 기계 시스템의 신뢰도와 인간의 개별적 실수에 대해서 관심이 집중된 시기에도 시스템 내에서의 인간의 의사결정에 의한 대형 사고는 끊이지 않고 일어났으며 이런 사고들은 더 이상 기계론적 위험성 평가의 틀 안에서 다룰 수 없는 문제임이 명백해졌다. 특히 복잡한 시스템의 가장 빈번한 사고 원인으로 대두된 인간의 오류는 조직의 잘못된 운영이나 결정이 잠재적으로 작용한 결과라는 것이 지적되었다. 이와 같이 조직과 작업환경과 인적수행이 상호작용하고 있는 현대적 특성의 시스템을 사회기술적(Sociotechnical)인 시스템이라고 한다. 발전소나 플랜트, 항공기 등 현대의 복잡한 시스템은 거의 모두 이런 성격을 가지고 있다.

1979년의 미국 TMI(Three Mile Island)의 원자력 발전소에서 일어난 방사능 누출사고는 사회기술적 시스템의 안전에 대한 전혀 새로운 접근이 필요함을 알려준 계기가 되었다. 1984년 찰스 페로(Charles Perrow)의 저서 《정상사고(*Normal Accidents*)》는 안전의 관점을 기본적으로 바꾼 상징적 저작이 되었다. 페로가 주목한 것은 사회기술적 시스템의 복잡도와 연결성이었다. 그것을 다루는 사람들의 소위 에러나 실패를 겪게 되는 것은 그들이 어떻게 일을 하느냐보다 오히려 그 시스템이 어떻게 계획되고 만들어지고 또 진화하여 점점 더 복잡해지는가 하는 것들의 결과라는 것이다. 복잡한 시스템이란 단지 부품이 많고 규모가 커서 한 사람이 이해하기 어려운 시스템이 아니고 그 부분들이 수많은 변수로 상호작용하여 변화와 영향의 관계가 더 이상 선형적이 아닌 시스템이다. 설계도에 나와 있는 것은 그 메커니즘의 극히 일부에 불과하다. 모든 요소의 행동을 파악한다고 해서 시스템에서 일어나는 일을 예측할 수는 없으므로 공학적으로 신뢰도 계산 같은 것을 하기란 근본적으로 어렵다. 이럴 때 시스템의 행동은 발현적 성격을 가진다고 한다. 전체 시스템의 행동은 부분의 행동들에 의해 상향적으로 이루어지는 것이 사실이나 부분의 행동 또한 전체의 행동에 의해 하향적으로 영향받는다. 따라서 이러한 시스템의 행동을 관찰할 수 있으나 그 모든 인과관계를 풀어 헤쳐 예측하거나 규명하기는 어렵다. 그런 점에서 시스템의 행동은 시간적으로 되돌릴 수 없다. 따라서 시스템을 풀어 분해하고 분석하고 모으면 된다고 생각하는 환원주의적으로 접근할 수 없는 것이 그 시스템의 전체성이다. 이와 같은 전체성과 발현성은 우리가 시스템을 완전히 이해하거나 분석하여 안전을 확보할 수 있다고 생각할 수 없게 한다.

수많은 변수의 셀 수 없는 상호작용으로 얽혀진 복잡한 시스템은 겉으로 보기엔 작은 원인이 파국적 결과를 낼 수 있는 사고의 가능성을 이미 내포하고 있다는 것이 페로가 제시한 정상사고의 개념이다. 이런 관점에서 페로는 TMI 원자력 발전소의 사고가 거대한 복잡도의 결과로 빚어진 '정상사고'였다고 한다. 그것은 어떤 비정상을 필요로 하지 않고 일어났다. 단지 비예측적이고 이해할 수 없었으며 제어 불가하고 회피 불가능했다는 것이다.

1990년에 제시된 리즌(J. Reason)의 스위스치즈 모형(그림 2-10 참조)은 오늘날에도 시스템안전을 이해하는 하나의 표준적 틀이 되고 있다. 스위스치즈는 구멍이 많이 뚫려 있는 치즈이다. 치즈의 각 장을 경영의사결정, 관리, 현장 상황, 개인의 실수, 그리고 실수의 피해를 막게 설계된 방어벽이라고 하면, 이 치즈들의 구멍이 가지런히 뚫리는 곳이 있으면 사고가 난다는 것이다. 따라서 모든 계층에서 구멍들을 줄이려고 노력해야 한다는 비유가 된다. 이는 마치 바이러스에 대한 장벽과 면역이 뚫려 감염이 일어나는 것과 같다고 해서 역병적 모형(Epidemiological model)이라고 불린다.

그림 2-10 스위스치즈 모형

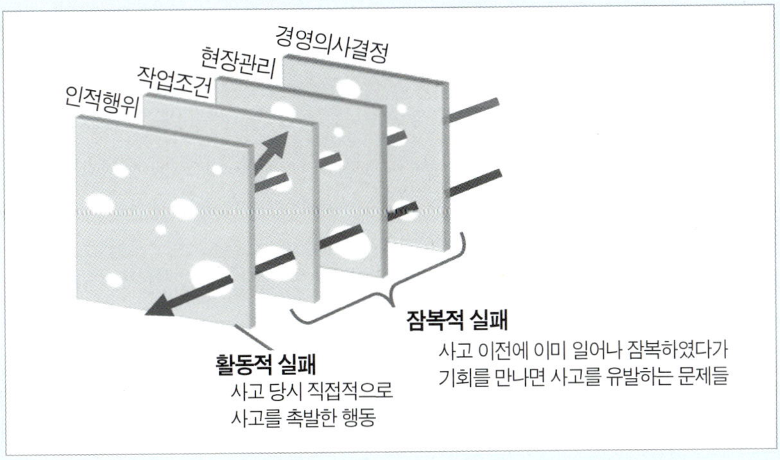

출처: Reason, J.(2008), The Human Contribution, p 102

스위스치즈 모형의 가장 중요한 기여는 작업자의 휴먼에러와 작업 현장에 집중되었던 안전 전문가들의 주의를 돌려 조직과 관리에 잠복된 문제들을 같이 보도록 했다는 데에 있다. 이러한 조직에 의한 약점들은 사실 사고 자체보다 훨씬 이전에 발생한 것이므로 잠복적인 실패(latent error)라 불리며, 또 현장에서 일어나는 것이 아니므로 현장 측을 칼날(sharp end)로 비유하여 부르고 잠복된 쪽을 칼등(blunt end)이라고 부르기도 한다.

5) 리질리언스의 시대(2000년대)

2000년대에 들어서면서 사회기술학적 시스템을 다루면서도 이전의 모든 안전 이론들에서 이어받고 있는 개념들을 탈피하여 시스템공학적으로 충분한 정비된 체계의 필요가 인식되었다. 1973년 홀링(Holling)에 의해 생태학적인 리질리언스의 개념은 완숙한 상태의 시스템이 자신을 유지해 나가는 원리를 제시하였으며, 안전성을 추구하기보다 변화 가운데 유연하게 적응하는 것이 중요함을 일깨웠다. 이 포괄적인 개념은 정신과 몸의 건강에서 노화나 충격을 이겨낼 수 있는 건강 분야의 리질리언스, 도시나 공동체가 재난으로부터 회복할 수 있는 회복탄력성 등에 사용되었으며, 안전관리에서는 홀나겔(E. Hollnagel)과 우즈(D. Woods) 등에 의해 리질리언스 공학, 번역하면 안전탄력성 공학이라는 이론체계가 수립된다.

안전탄력성 공학은 시스템적인 개념에 충실한 안전과 사고의 이해를 기본으로 한다. 우선 안전탄력성 공학에서는 안전을 "위험성이 없는 상태"라고 정의하지 않는다. 대신 "변화하는 조건하에서도 성공을 지속하는 능력"이라고 정의한다. 이는 훨씬 능동적이며 동시에 부정적 면만을 다루던 옛 관점을 극복하는 것이다. 다음은 과거와 차별화된 새로운 시스템적 안전 이해의 요점들이다.

- 기능의 결과에 대하여 양/불량 이분법적 판단이 아닌 기능의 수행변동성을 다루어야 한다.
- 사고는 인과관계에 의한 것이 아니라 기능 간 상호작용으로 발현되는 것이다.
- 잘못된 것을 보는 것이 아니라 제대로 되어가는 것을 보아야 한다. 보다 많은 것이 제대로 되어간다면 보다 적은 실패가 일어난다.
- 안전관리는 무언가 잘못된 것에 대한 반응으로서가 아니라 일어날 일에 대한 지속적이고 능동적인 대응으로 이루어져야 한다.
- 인간은 결함이나 문제의 원인이 아니라 유연성과 안전탄력성을 위한 자산이다. 인간 때문에 일어난 문제보다 인간의 유연성 덕분에 일어날 문제가 해소되는 경우가 더 많다.
- 사고는 잘못된 기능과 실패에 의해 일어난 것이며, 사고조사는 그 원인을 찾는 것이라는 관점을 버려야 한다. 성공과 실패는 같은 과정에서 비롯되므로,

사고조사는 어떻게 평소에 성공적 결과가 나오며 또 간혹 실패의 결과가 나오는지 설명해야 한다.

- 위험성 평가도 잘못될 수 있는 원인을 찾는 것 대신에, 언제 수행변동성이 감시되고 제어되기 어려워지는지를 이해해야 한다.

현실적으로 시스템의 각 요소, 즉 기능이나 부품이나 인간의 작업 등은 안전성과 경제성, 효율성 등을 고려하여 적절한 균형을 유지한다. 이는 홀나겔(2009)의 ETTO(Efficiency–Thouroughness Trade–Off) 원리로 알려져 있다. 그런데 사후적 관점에서 보지 않는다면 명백히 불량이나 잘못이라 할 수 없는 요소들도 다른 요소들과 상호작용의 결과 사고에 일조할 수 있다. 따라서 양/불량보다는 각 요소에 상시 내재되어 발현되고 있는 변동성을 중심으로 관리해야 한다. 또 사고가 난 시스템을 사고라는 독특한 방식으로 운영된 것으로 보는 관점을 탈피해야 한다. 모든 일이 여느 때와 같은 방식으로 운영되었으나 그 결과가 시스템의 목적을 벗어났을 때 우리는 사고로 인식한다. 따라서 사고로부터 잘못된 것만을 찾아내려 해서는 시스템의 안전 문제를 이해할 수 없고 평소에 어떻게 성공적으로 운영되고 있는지를 이해해야만 그것이 성공하지 못한 경우를 이해할 수 있다는 것이다. 이러한 원리에 입각해 보면 사고 분석이나 위험성 분석에 전혀 새로운 방법론을 필요로 하게 된다.

리질리언스(안전탄력성) 공학의 요점은 시스템이 능동적으로 상황에 적응해가며 높은 안전수준을 유지하는 능력을 가지게 한다는 데 있다. 이는 전체적으로 조직 학습력과 유연성, 적응력으로 표현할 수 있는데, 홀나겔은 **그림 2-11**과 같이 모니터링, 대응, 조직 학습, 예측의 4대 역량으로 이것을 정리하여 제시하였다.

시스템(조직)이 현실에서 안전의 지표들을 잘 설정하고 늘 그것을 측정하며, 필요시마다 자신의 변화를 포함한 대응 활동을 하고, 조직구성원이 경험으로 습득된 지식을 공유하도록 학습하며 장기적으로 대비해야 할 변화를 놓치지 않고 고려한다면 그 시스템은 안전수준을 늘 유지하면서 사고의 위험에서 벗어날 것이라는 것이 이 4대 역량에 의한 리질리언스의 설명이다. 이는 이전의 결함을 제거함으로써 이루어지는 안정적인 시스템을 만든다는 관점과는 매우 큰 틀에서 차이를 가지는 것이다.

그림 2-11 안전탄력성의 4대 역량

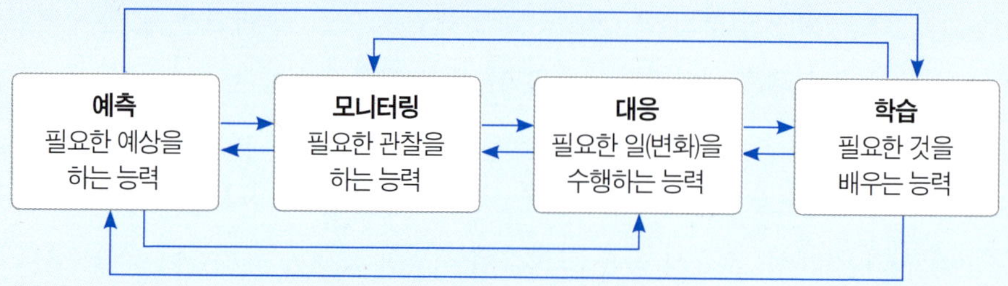

출처: E. Hollnagel(2013), Resilience Engineering in Practice: A Guidebook, Ashgate

6) 요약

안전관리의 발전은 시대적인 시스템의 발전에 따른 관점 변화를 배경으로 하며, 대략 기술의 시대, 휴먼에러의 시대, 사회기술학적 상호작용의 시대, 그리고 리질리언스(안전탄력성)의 시대로 구분된다. 각각의 시대에서 중점적으로 강조된 바가 달라졌으며, 현대에는 시스템적으로 사고와 안전관리를 접근하며 적응력과 유연성을 강조하고 있다.

연습문제

01 해방 이후 우리나라 재난 관련법령과 조직의 변천사를 주요 시기별로 정리하고, 이를 설명하라.

02 해방 이후 우리나라에서 발생한 주요 재난(사회적 충격사건)을 선정하고, 이로 인한 재난 관련법령과 조직의 변화를 설명하라.

03 인적과실의 분류체계를 인간인지행위 단계와 연결하여 설명하라.

04 안전탄력성(리질리언스)을 갖추기 위한 4대 역량에 대해 설명하라.

토론주제

01 안전관리의 역사를 살펴보고 주요 이론에 토론하라.

02 외국의 재난안전관리체계를 관련 법/제도, 조직 등의 측면에서 정리하고, 국가별 특성과 특이사항을 논하라.

03 센다이 프레임워크의 개요와 의의, 향후 영향에 대해 토론하라.

04 1948년부터 현재까지 우리나라 방재안전의 역사는 각각 시기별로 구분된다. 이러한 구분의 주요 기준과 타당성에 대해 토론하라.

05 주요 재난에 따른 정책변동에 대해 구분하고 각각의 사건들과 의의에 대해 논하라.

제 3 장

방재안전 주요 분야

1 방재안전 계획 및 평가

1) 국가안전관리 기본계획 및 집행계획

(1) 개요

국가안전관리계획은 각종 재난 및 안전사고로부터 국민의 생명과 신체를 보호하고 재산을 지키기 위한 재난 및 안전관리에 관한 정책 방향을 제시하는 계획이다. 이 계획은 「재난 및 안전관리 기본법」을 법적 근거로 하고 있으며, 국가안전관리기본계획(법 제22조), 집행계획 및 세부집행계획(법 제23조), 시 · 도 안전관리계획(법 제24조), 시 · 군 · 구 안전관리계획(법 제25조)으로 구성된다. 국가안전관리기본계획은 국무총리가 5년마다 수립하여 중앙안전관리위원회의 심의를 거쳐 확정하는 재난 · 안전관리에 관한 최상위계획이다. 국가안전관리기본계획은 재난에 관한 대책, 생활안전, 교통안전, 산업안전, 시설안전, 범죄안전, 식품안전, 안전취약계층안전 등에 관한 대책을 포함해야 한다. 집행계획은 중앙행정기관의 장이 기본계획에 따라 소관업무에 관하여 1년마다 작성하는 것으로서 안전정책조정위원회의 심의와 국무총리의 승인을 거쳐 확정된다. 관계 재난관리책임기관의 장은 집행계획에 따라 세부집행계획을 수립하여야 한다. 시 · 도지사 및 시장 · 군수 · 구청장은 각각 시 · 도 안전관리계획과 시 · 군 · 구 안전관리계획을 수립하여 시 · 도/시 · 군 · 구 안전관리위원회의 심의를 거쳐 확정하여야 한다.

그림 3-1 안전관리계획 체계도

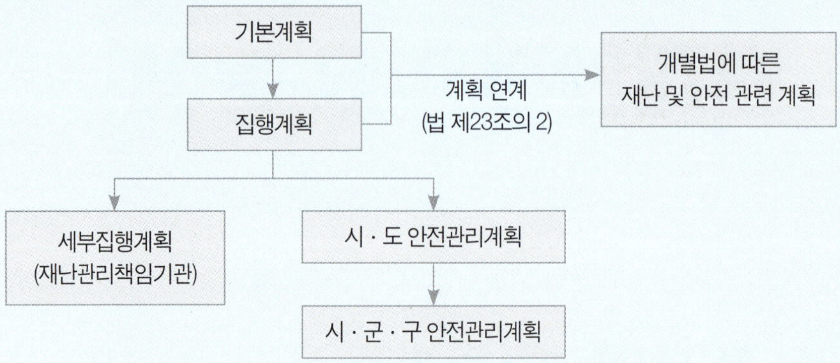

출처: 국가법령정보센터(www.law.go.kr)(「재난 및 안전관리 기본법」 제3장 재구성)

(2) 연혁

2004년 6월 「재난안전법」의 시행과 함께, 종전의 방재계획과 재난관리계획을 「안전관리계획」으로 통합하였다. 제1차 국가안전관리기본계획은 2004년에 수립되어 2005년부터 2009년까지 5개년 동안 운영되었으며, 제2차 국가안전관리기본계획은 2009년에 수립되어 2010년부터 2014년까지 운영되었다. 2014년 4월 16일 발생한 세월호 사고 이후 관계부처 합동으로 "안전혁신 마스터플랜"을 수립하였으며, 이를 반영하여 제3차 국가안전관리기본계획을 수립하였다. 제4차 기본계획은 문재인 정부 출범 이후 강화된 재난안전관리체계를 반영하고 국민안전권 등 주요 사회이슈를 포함하여 2019년에 수립하였다.

그림 3-2 2004년 이전까지의 재난관리계획 체계

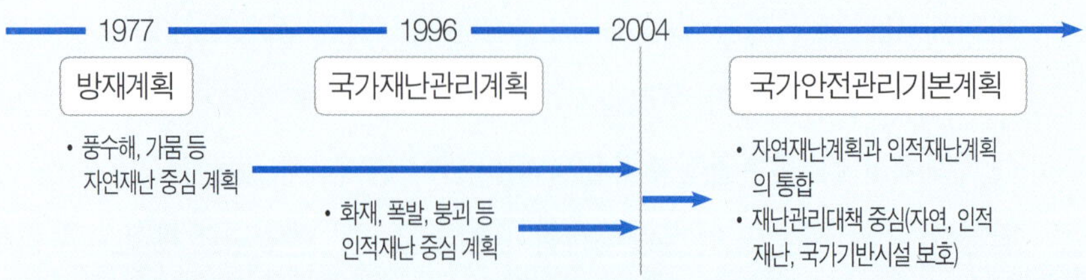

출처: 중앙안전관리위원회(2019), 제4차 국가안전관리기본계획, p. 8

그림 3-3 2004년 이후 국가안전관리 기본계획의 특징

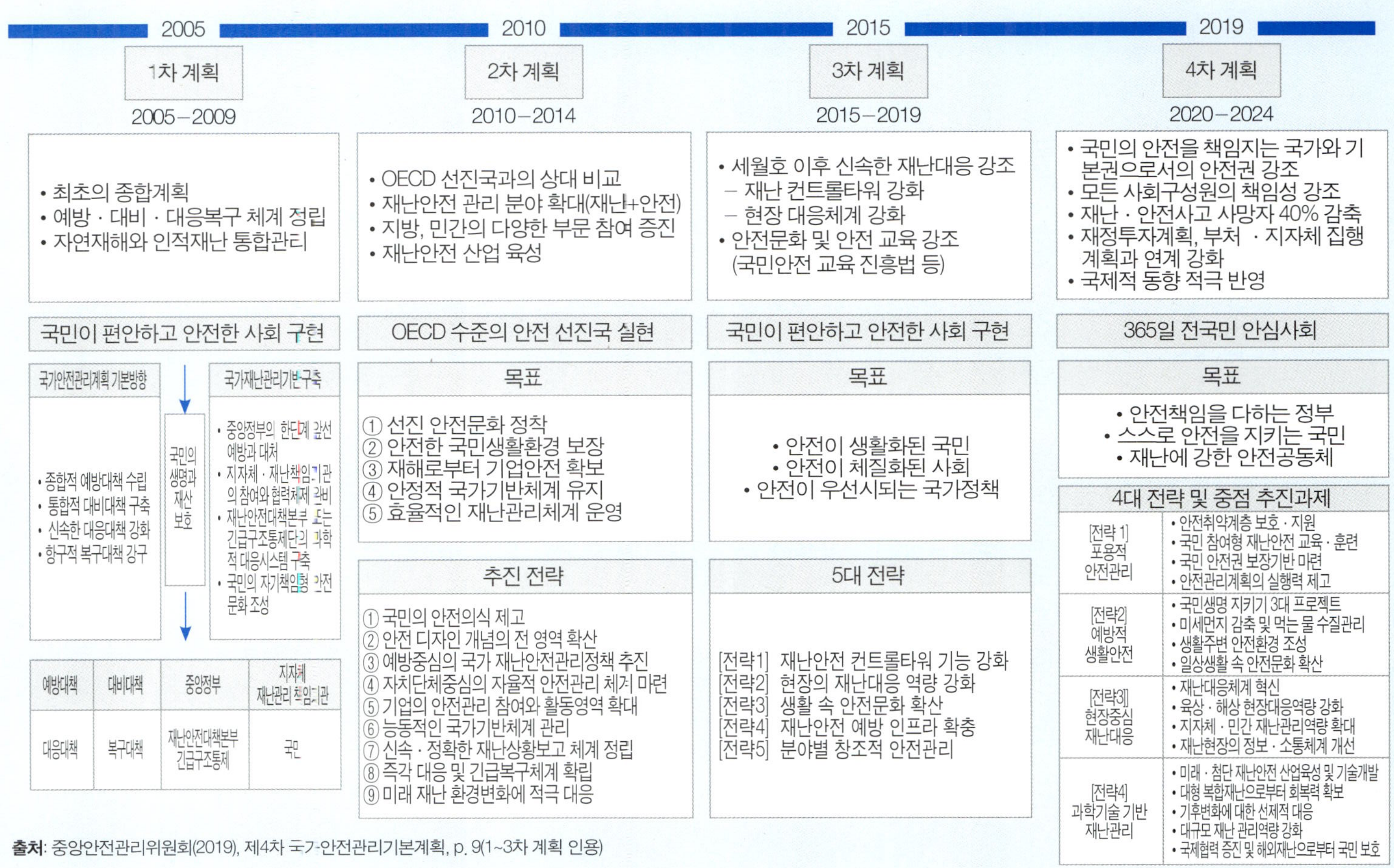

출처: 중앙안전관리위원회(2019), 제4차 국가안전관리기본계획, p. 9(1~3차 계획 인용)

2) 재난관리평가

(1) 개요

재난관리평가는 「재난안전법」 제33조의 2(재난관리체계 등에 대한 평가)를 근거로 중앙부처, 지자체, 공공기관의 재난관리체계 및 활동 등에 대하여 수행하는 평가이다. 중앙부처와 시 · 도를 행정안전부장관이 직접 평가하고, 공공기관은 관할 중앙행정기관의 장이, 시 · 군 · 구는 시 · 도지사가 평가를 수행한다. 이 제도는 중앙부처 및 공공기관의 재난관리역량 향상 및 책임성 강화, 평가결과 환류를 통한 재난관리업무의 효율성 증대를 목적으로 하고 있으며, 대규모 재난에 대비하여 구축하는 예방 · 대비 · 대응 · 복구 프로세스, 안전관리체계, 재난대응조직 구성 등에 대하여 실시한다. 평가결과를 기반으로 우수기관, 미흡기관, 노력기관을 선정하고, 우수기관에 대하여는 행 · 재정적 인센티브 부여, 미흡기관에 대하여는 컨설팅 제공 등을 통해 미흡한 사항을 개선하고 역량을 제고할 수 있도록 지원한다.

(2) 연혁

재난관리평가제도는 2004년 소방방재청 개청과 함께 도입되었는데, 2005년에 지방자치단체 평가를 시작으로 2006년에는 중앙행정기관, 2007년은 공공기관으로 평가대상기관을 확대하여 지금까지 매년 재난관리평가를 실시하고 있다. 평가대상기관의 확대뿐만 아니라 평가의 범위도 점차 확대하여 제도 도입 초기에는 자연재난 위주의 평가가 이루어졌지만, 현재 모든 유형의 재난과 안전관리를 아우르는 종합적인 평가체계로 발전하였다. 재난관리평가제도의 발전 연혁은 표 3-1에 정리되어 있다.

표 3-1 재난관리평가제도의 발전 연혁

연도	재난관리평가 연혁	대상기관
2005년	• 재난관리 실태점검(지방자치단체) 도입	지자체(일부*)
2006년	• 중앙행정기관 6개 기관 평가 실시 * 산자부, 건교부, 환경부, 농림부, 산림청, 해수부	지자체(일부), 중앙(6)
2008년	• 중앙행정기관 10개, 공공기관 10개 기관 평가* 한국도로공사, 한국수자원공사, 한국전력공사 등	지자체(일부) 중앙(10), 공공(10)
2010년	• 중앙행정기관 14개, 공공기관 15개 기관 평가* 한국시설안전공단, 수도권매립지관리공사 등	지자체(일부), 중앙(14), 공공(15)
2012년	• 중앙행정기관 13개, 공공기관 22개 기관 평가* 서울메트로, 서울도시철도공사, 코레일공항철도(주) 등	지자체(일부), 중앙(13), 공공(22)
2015년	• 사회 · 안전 분야 등 포함 평가지표 개발	지자체(전체), 중앙(13), 공공(23)
2016년	• 중앙행정기관 13개, 공공기관 23개 기관 평가 • 재난관리평가체계 개선 T/F 추진 * 평가대상 확대, 지표 보완, 타 부처 평가 연계 등	지자체(전체), 중앙(13), 공공(23)
2017년	• 중앙행정기관 19개, 공공기관 55개 기관 평가 * 철도, 도로 · 항공 · 항만, 에너지, 안전관리 4개 그룹 평가 • 재난관리평가 웹기반 시스템 도입('18년 평가 적용)	지자체(전체), 중앙(19), 공공(55)
2018년	• 중앙행정기관 28개, 공공기관 55개 기관 평가 • 재난관리평가시스템(DMES)을 통한 평가 전 과정 효율적 운영	지자체(전체), 중앙(28), 공공(55)
2019년	• 중앙행정기관 평가단위 구분 * A그룹 23개(평가등급 공개), B그룹 5개(평가등급 미배분) • 공공기관 평가대상 조정(55개→54개) * 서울메트로 9호선 운영(주) 폐지	지자체(전체), 중앙(28), 공공(54)
2020년	• 국민체감도를 시 · 도 평가에 도입	지자체(전체), 중앙(28), 공공(54)

출처: 행정안전부, 2021년도 세입세출예산안 사업설명자료

(3) 주요 내용

재난관리평가는 각 재난관리책임기관에서 수행하는 예방, 대비, 대응, 복구 과정뿐만 아니라 재난대응조직 구성 · 정비실태, 안전관리체계, 교육 · 홍보, 재난관리물자 및 상황관리실태 등 재난관리단계 전반에 대한 실적과 역량에 대하여 평가한다.

표 3-2 재난관리단계별 주요 역량 및 평가지표

단계	핵심역량	주요 평가지표
공통	기획, 행 · 재정 관리, 기관장 리더십	안전관리계획 수립 실적, 재난관리 조직 · 인력 운영 적절성, 재난안전 재정투자 실적 등
예방	교육 · 홍보, 유형별 저감 활동, 시설물 안전관리	안전교육 및 문화운동 추진 실적, 재난유형별 점검 활동, 국가 안전대진단 실적 등
대비	매뉴얼 관리, 협력체계 구축, 자원관리, 훈련, 위기관리	유형별 매뉴얼 관리 실적, 민관협력 사례, 재난관리자원, 훈련 실적, 위기징후관리 등
대응	비상기구 구성 · 운영, 상황관리, 대처사례	대응실무반 편성 및 업무 숙지도, 초동대응 실적, 실제 재난 · 사고 대응사례 등
복구	재난구호, 복구 지원	재해구호 인프라 관리, 복구사업 관리, 재난보험 가입 실적 등

※ 가감점 요소: 재난으로 인한 인명 피해, 각종 대내외 지적사례, 국민체감도

출처: 행정안전부 2020년 재난관리평가지침, p. 5

재난관리에 대한 관심과 중요도가 커짐에 따라 평가대상기관도 지속적으로 확대되었다. 2017년에는 표준매뉴얼 작성 주관기관 및 유형별 재난관리 주관기관 중심으로 대상기관을 확대하였고, 2018년에는 국가안전관리 집행계획을 작성하는 기관까지 대상에 포함하였다. 이에 따라 2020년에는 재난관리책임기관 325개(중앙부처 28, 공공기관 54, 지자체 243)에 이르고 있다. 행정안전부는 이들 평가대상 재난관리책임기관에 대하여 중앙재난관리평가단(민간전문가 60명)을 구성하여 직접 · 확인평가를 실시하고 있는데 공공기관에 대하여는 관할 중앙행정기관이 평가를 수행, 행정안전부는 확인평가를 수행할 수 있으며, 관할 중앙행정기관이 없는 기관에 대해서는 직접평가를 수행하고 있다.

그림 3-4 **평가체계도**

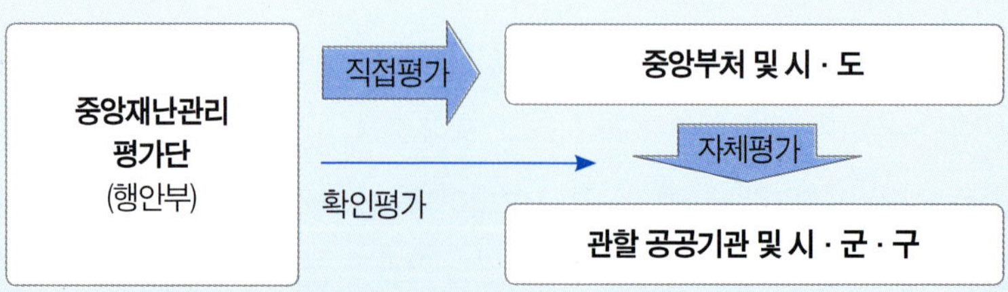

출처: 행정안전부 2020년 재난관리평가지침, p. 3

그림 3-5 중앙 · 공공 평가 체계도

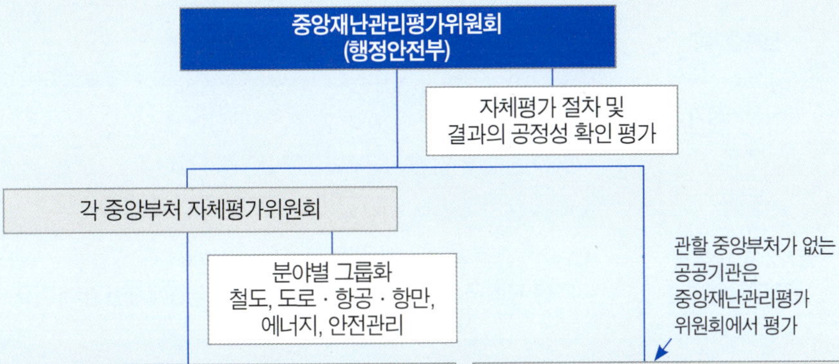

중앙부처 관할 공공기관(44)	
농식품부(1)	한국농어촌공사
산업부(16)	한국가스공사, 한국전력공사, 한국산업단지공단, 한국석유공사, 한국전력거래소, 한국남동발전(주), 한국서부발전(주), 한국동서발전(주), 한국중부발전(주), 한국남부발전(주), 한국수력원자력(주), 한국가스안전공사, 한국전기안전공사, 한국원자력환경공단, 대한송유관공사(민영), 한국지역난방공사
환경부(3)	수도권매립지관리공사, 한국수자원공사, 국립공원관리공단
고용부(1)	한국산업안전보건공단
국토부(19)	한국철도공사, 한국토지주택공사, 한국도로공사, 인천국제공항공사, 한국공항공사, 한국시설안전공단, 한국철도시설공단, 경기고속도로(주), 경수고속도로(주), 서울고속도로(주), 신공항하이웨이(주), 신대구부산고속도로(주), 천안논산고속도로(주), 공항철도(주), 인천대교(주), 서울춘천고속도로(주), 신분당선(주), 부산울산고속도로(주), (주)SR
해수부(4)	부산항만공사, 인천항만공사, 울산항만공사, 여수광양항만공사

그 외 공공기관(10)
서울교통공사, 서울메트로9호선(주), 부산교통공사, 인천교통공사, 대구도시철도공사, 대전도시철도공사, 광주도시철도공사, 용인경전철, 부산김해경전철, 경기남부도로

출처: 행정안전부 2020년 재난관리평가지침, p. 13

재난관리평가결과 기관별로 우수(30%), 보통(60%), 미흡(10%) 3개 등급으로 평가등급을 매기고 평가등급은 공개하여 재난안전관리에 보다 더 많은 관심과 책임을 갖도록 하고 있다. 또한 평가결과 우수기관에 대해서는 정부표창 및 포상금 수여, 해외 정책연수, 공기업 경영평가 반영(2~6%) 등 인센티브를 부여하고 있으며 평가결과 미흡등급기관은 부족한 재난관리역량을 강화할 수 있도록 중앙정부에서 컨설팅 지원을 하고 있다.

그림 3-6 재난관리평가 절차

평가절차	주요 내용
재난관리평가 대 상	• 중앙(28), 공공기관(54) • 전(全) 지자체(243) ＊공공기관(일부) 및 전 시군구에 대한 상위평가 실시
평가지표 개발 및 평가지침 작성	• 재난안전 주요 정책 추진을 지원하기 위한 신규지표 추가 등 평가계획 수립 ＊'20년 지표 구성: 재난관리단계별 16개 주요 역량에 대한 46개 지표
재난관리평가 실시	• 중앙재난관리평가위원단(60명) 및 자체평가위원(155명) 교육 실시 • 시도 및 중앙부처 자체평가결과 토대로 행정안전부 확인평가 실시 • 재난관리평가시스템(DMES)을 통한 평가 전 과정 효율적 운영
재난관리평가결과 공개	• 평가결과 전(全) 기관 등급 언론 공개 – 중앙안전관리위원회(국무총리) 상정, 보고
평가결과 환류	• 우수사례 전파 및 미흡기관의 재난관리역량 강화를 위한 컨설팅 실시로 환류 기능 강화 –(우수기관) 정부 · 장관표창, 포상금 등 인센티브 부여 –(미흡기관) 맞춤형 컨설팅을 통해 재난관리 책임성 및 역량 제고 – 주요 국정평가와 연계 ＊기재부 공공기관 경영평가에 결과 반영

출처: 행정안전부 2021년도 세입세출예산안 사업설명자료

3) 요약

정부의 재난 및 안전관리 정책방향을 제시하는 방재안전 계획으로서 중앙정부에서는 국가안전관리기본계획과 집행계획 및 세부집행계획을, 지방정부에서는 시 · 도 안전관리계획과 시 · 군 · 구 안전관리계획을 각각 수립하고 있다.

국가안전관리기본계획은 방재안전계획 중 최상위 계획으로서 국무총리가 5년 주기로 수립하는데 2005년에 처음 수립하였으며 2020년 현재 제4차 기본계획이 수립되어 시행되고 있다. 기본계획에 대한 연도별 집행계획으로서 의미를 갖는

국가안전관리집행계획과 세부집행계획은 매년 수립한다. 한편 중앙부처, 지자체, 공공기관의 재난관리 역량 향상 및 책임성 강화를 위하여 재난관리체계와 활동을 평가하는 재난관리평가제도가 있다. 2004년도에 처음 제도를 도입하였고, 현재 모든 유형의 재난과 안전관리를 아우르는 종합적인 평가체계로 발전하였다.

2 방재안전예산

1) 재난안전사업 사전협의 및 평가

세월호 사고 이후 그동안 여러 기관에 분산되어 있던 각종 재난 및 안전관리 기능에 대한 컨트롤타워의 필요성에 따라 행정안전부가 중앙행정기관의 재난안전 정책을 총괄·조정하는 기능을 수행하고 있다. 중앙행정기관은 이에 따라 분야별로 각각의 기능을 이행하여 각종 재난 및 안전관리를 하게 되는데, 행정안전부가 관계 중앙행정기관을 총괄·조정하기 위해서는 정책과 더불어 예산에 대한 총괄·조정 기능이 뒷받침되어야 한다. 예산은 중앙행정기관의 정책을 실제로 수행하기 위한 재정적 수단이기 때문에 범부처적인 재난 및 안전관리정책을 실질적으

그림 3-7 재난·안전 예산 통합관리

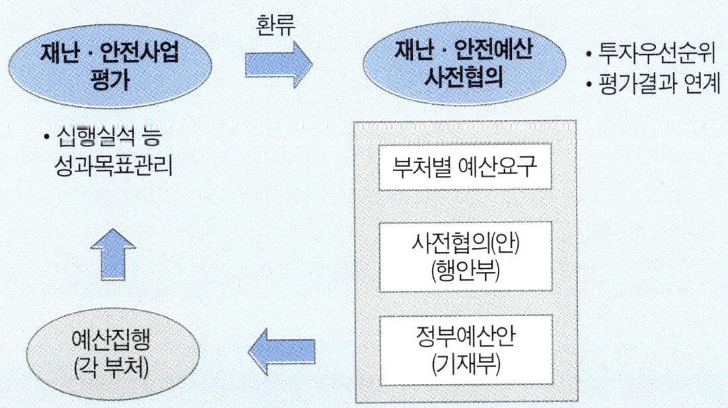

출처: 국회예산정책처(2017), 재난안전관리 현황과 주요 대책 분석 1, 재구성

로 총괄 · 조정하기 위해서는 재난 및 안전관리사업 예산에 대한 총괄 · 조정 기능이 함께 이루어져야 한다. 이런 의미에서 2014년에 개정된 「재난안전법」에 '재난안전예산 사전협의' 및 '재난안전사업평가' 제도가 도입되었다.

이에 따라 2015년부터 관계 중앙행정기관의 재난 · 안전사업에 대하여 행정안전부(구 국민안전처)에서 '재난안전예산 사전협의'를 실시하여 부처별로 관리되고 있던 재난 및 안전관리사업을 총괄적으로 조정하고 있으며, 2017년부터는 재난 및 안전관리사업의 효과성 등 평가를 실시하고 그 결과를 다음 연도 재난 및 안전관리사업에 반영하는 등 재난 및 안전관리사업의 투자 효과성을 높여나가고 있다. 다만, '재난안전예산 사전협의' 제도의 경우 재난안전예산에 대한 실질적인 예산배분 · 조정 기능을 여전히 기획재정부가 갖고 있어 재난 및 안전관리정책을 총괄 · 조정하기 위한 강력한 수단으로는 한계가 있다는 지적이 있다.

(1) 재난안전예산 사전협의

① 개요

'재난안전예산 사전협의'란 행정안전부에서 각 중앙부처의 재난 및 안전관리

표 3-3 「재난안전법」 제10조의 2 주요 내용

- **제10조의 2**(재난 및 안전관리사업예산의 사전협의 등)

① 관계 중앙행정기관의 장은 … 재난 및 안전관리사업(행정안전부장관이 기획재정부장관과 협의하여 정하는 사업을 말한다. 이하 이 조 및 제10조의 3에서 같다)과 관련된 중기사업계획서와 해당 기관의 재난 및 안전관리사업에 관한 투자우선순위 의견을 매년 1월 31일까지 행정안전부장관에게 제출하여야 한다.

② 관계 중앙행정기관의 장은 … 재난 및 안전관리사업 관련 예산요구서를 매년 5월 31일까지 행정안전부장관에게 제출하여야 한다.

③ 행정안전부장관은 제1항 및 제2항에 따른 중기사업계획서, 투자우선순위 의견 및 예산요구서를 검토하고, 중앙위원회의 심의를 거쳐 다음 각 호의 사항을 매년 6월 30일까지 기획재정부장관에게 통보하여야 한다.

1. 재난 및 안전관리사업의 투자방향
2. 관계 중앙행정기관별 재난 및 안전관리사업의 투자우선순위, 투자적정성, 중점 추진방향 등에 관한 사항
3. 재난 및 안전관리사업의 유사성 · 중복성 검토 결과
4. 그 밖에 재난 및 안전관리사업의 투자효율성을 높이기 위하여 필요한 사항

④ 기획재정부장관은 국가재정상황과 재정운용원칙에 부합하지 아니하는 등 부득이한 사유가 있는 경우를 제외하고 제3항에 따라 통보받은 결과를 토대로 재난 및 안전관리사업에 관한 예산안을 편성하여야 한다.

출처 국가법령정보센터(www.law.go.kr)

사업의 중기사업계획서와 예산요구서 등을 받아 부처별 사업의 투자방향, 투자우선순위, 투자적정성, 유사 · 중복성, 기타 투자효율성을 총괄적으로 조정 검토하고 예산편성권을 가진 기획재정부에 통보하면, 기획재정부에서 행정안전부의 의견을 토대로 재난안전사업예산을 편성하는 제도이다. 「재난안전법」 제10조의 2 제4항에 따르면, 행정안전부가 검토의견을 기획재정부에 통보하면 기획재정부는 부득이한 경우를 제외하고는 통보받은 대로 재난 및 안전관리사업에 관한 예산안을 편성해야 하기 때문에 예산반영 측면에서 볼 때, 실질적 권한으로 볼 수 있다. 재난안전예산 사전협의를 통해 각 부처별 단편적으로 관리되고 있던 재난 및 안전관리사업을 범부처 차원에서 총괄적으로 조정하고, 투자효과성을 높이는 데 그 의의가 있다.

② 연혁

재난안전예산 사전협의는 2014년 세월호 침몰사고 계기로 안전예산에 대한 관심이 고조되면서 정부 안전예산의 체계적 관리와 투자의 효율성을 제고하기 위해 도입된 제도이다. 2016년 회계예산(안) 편성부터 263개 대상사업에 대한 약 7.6조원의 예산을 사전협의하였으며, 이후 대상과 관련예산을 지속적으로 확대해 나가고 있다.

③ 주요 내용

행정안전부는 「재난안전법」에 따라 '재난안전예산 사전협의' 대상을 관계부처 의견수렴을 거쳐 기획재정부와 협의하여 정하게 되는데, 표 3-4에서 보는 바와 같이 자연재난, 사회재난 및 안전사고, 공통 분야 등 재난안전사업의 유형에 대한 사업분류체계를 만들어 재난안전예산 사전협의 대상사업으로 관리하고 있다. 각 재난안전예산사업은 '자연재난' 또는 '사회재난 및 안전사고' 분야로 우선 분류하고 다수의 재난 · 사고 유형과 관련되는 등 사유가 있는 경우에는 '공통' 분야로 분류한다. 다만 과학기술정보통신부에서 예산의 배분 · 조정권을 갖고 있는 연구개발(R&D)예산의 경우는 재난안전예산 분류체계에 따라 분류되더라도 사전협의 대상사업에서 제외된다.

표 3-4 정부의 재난안전예산 분류 현황

분야	재난유형
자연 재난 (9개)	풍수해, 산사태, 가뭄, 지진, 황사, 조류, 대설 · 한파, 폭염, 낙뢰 등 기타
사회 재난 및 안전 사고 (26개)	화재 · 폭발, 산불, 시설물 재난 · 사고, 교통재난 · 사고(도로, 철도, 항공, 선박), 방사능 재난 · 사고, 유해화학물질 재난 · 사고, 미세먼지, 수질오염, 해양오염, 감염병, 가축 및 수산생물 전염병, 생활 · 레저 사고(승강기, 전기 · 가스, 등산 · 레저, 물놀이, 생활제품), 산업 재난 · 사고(사업장 산재, 농어업 사고), 식품 사고, 의료제품 사고, 범죄, 자살, 전시재난 · 테러
공통 (8개)	안전문화 및 교육 · 훈련 · 홍보, 구조, 구급 및 응급의료, 재난 구호 및 복구, 재난안전관리체계, 국가핵심기반 사고, 안전취약계층 지원, 해외재난 관리, 교부세 및 기타 ※ 각 사업은 '자연재난' 또는 '사회재난 및 안전사고' 분야로 우선 분류하고, 다수의 재난 · 사고 유형과 관련되는 등 사유가 있는 경우에만 '공통' 분야로 분류

출처: 국회예산정책처, 2019 회계연도 결산 총괄분석 II p. 364(수정인용)

최근 5년간 재난안전예산(R&D 포함) 규모는 본예산 기준으로 2016년 14.6조원, 2017년 14.6조 원, 2018년 15.1조 원, 2019년 15.9조 원, 2020년 17.5조 원으로 연평균 0.7조 원 증가하였다. 그러나 정부 총지출 대비 재난안전예산이 차지하는 비중은 2016년 3.8%에서 2017년 3.6%, 2018년은 3.5%, 2019년과 2020년은 3.4%로 오히려 감소하고 있는 것으로 나타나고 있다.

표 3-5 최근 5년간 정부 재난안전예산 규모 현황

구분	2016년	2017년	2018년	2019년	2020년
본예산	14.6	14.6	15.1	15.9	17.5
총지출의 비중	386.4조의 3.8%	400.5조의 3.6%	428.8조의 3.5%	469.6조의 3.4%	512.3조의 3.4%

출처: 국회예산정책처, 2019 회계연도 결산 총괄분석 II p. 365(수정인용)

재난안전예산 사전협의 절차를 살펴보면 먼저, 관계부처는 재난 및 안전관리의 중기사업계획, 투자우선순위 의견을 행정안전부에 1월 31일까지 제출하고 행정안전부는 이를 토대로 재난 및 안전관리 유형별, 부처별 투자방향, 투자우선순위, 투자적정성, 유사 · 중복성 등을 검토한다. 이때 행정안전부는 부처 담당자 회의 및 설명회를 개최하여 관계부처의 의견을 수렴하고, 각 분야별 민간전문가로 자문단

을 구성하여 검토에 참여하도록 한다. 관계부처는 재난 및 안전관리사업의 다음 연도 예산요구서를 5월 31일까지 행정안전부에 제출하고 행정안전부는 중기사업계획서, 투자우선순위 의견, 예산요구서를 토대로 재난 및 안전관리 유형별, 부처별 투자방향, 투자우선순위, 투자적정성, 유사 · 중복성 등을 검토하여 다음 연도 재난안전예산 사전협의(안)를 작성한다.

행정안전부는 중앙안전관리위원회의 심의 · 의결을 거쳐 재난안전예산 사전협의(안)를 기획재정부에 통보하고, 기획재정부는 이를 토대로 다음 연도 재난 및 안전관리사업의 예산을 편성하게 된다. 그리고 「재난안전법」에 따라 각 부처의 재난 및 안전관리사업의 중점 추진방향, 투자우선순위, 투자적정성, 유사 · 중복성 등 재난 및 안전관리사업의 투자효율성을 높이기 위한 사항들을 검토한다.

그림 3-8 재난안전예산 사전협의 추진 절차

	예산 절차(기획재정부)	**안전예산 사전협의 절차**(행정안전부)
1월~3월	중기사업계획서 제출 (부처→기재부/1.31.) ↓ 예산편성지침 통보 (기재부→부처/3.31.)	① 대상사업 기재부와 협의(1월) ② 중기사업계획 및 투자우선순위 의견 검토 (2월~5월) – 중기사업계획, 투자우선순위 의견 제출 (부처→행정안전부 / 1.31.)
4월~5월	예산 요구서 제출 (부처→기재부/5.31.)	③ 예산요구서 검토 – 예산요구서 제출 (부처→행정안전부/5.31.)
6월	↓	④ 재난 · 안전예산 사전협의(안) 중앙안전관리위원회 심의 · 의결(6월) ⑤ 재난 · 안전예산 사전협의(안) 제출 (행정안전부→기재부 / 6.30.)
하반기	예산안 국회 제출 (정부→국회/9.2.) ※국회 본회의 확정(12.2.까지)	

출처: 행정안전부 홈페이지(www.mois.go.kr), 업무안내(재난안전예산 사전협의 제도)에서 관련내용 수정인용

행정안전부는 투자방향을 검토하기 위해 먼저 재난 및 안전사고 유형별 피해현황(인명피해, 재산피해, 과거 주요 피해사례 등) 분석, 투자현황(예방, 대비 · 대응, 복구 단계별, 시설구축 · 교육 · 훈련 등 항목별) 분석 과정을 거쳐 객관적 통계를 기반으로 투자수요가 많은 분야, 효과성이 큰 사업 등 투자필요성이 높은 분야를 분석한다. 또한 분야별 관계 민간전문가가 참여하고 관계부처의 중점추진방향 등 의견수렴을 거쳐 분야별 투자방향을 설정하게 된다.

행정안전부는 이밖에 투자효율성을 제고하기 위해 대형 · 특수 재난, 교육 · 훈련 등 다부처 관련사업, 재해보험, 재해대책비 등 유사 · 중복사업에 대해 심층 검토하여 투자효율성을 제고할 수 있는 방안을 추가적으로 제시하고 있다. 재난안전예산 사전협의제도는 어느 정도 제도로서 정착하였으나, 유사 제도인 R&D 배분 · 조정제도를 고려할 때 관계부처 협조체계, 실효성 등과 관련하여 개선할 부분이 있다. 먼저 관계부처 협조체계와 관련하여 미래의 R&D 배분 · 조정제도에서는 과기부에서 각 부처별 중기사업계획서를 검토한 후 국가연구개발사업의 투자방향 · 기준을 매년 3월 15일까지 통보하고 각 부처에서는 이를 고려하여 매년 5월 31일까지 R&D사업에 대한 예산을 요구하게 된다. 행정안전부가 주관하는 재난안전사업 사전협의도 행정안전부의 검토의견을 관계부처에서 고려하여 재난 및 안전관리사업예산을 요구하고, 신규 사업을 발굴하는 등 관련예산을 확보하기 위해 노력할 수 있도록 재난 및 안전관리사업의 중기사업계획 검토결과를 예산요구 전에 통보하고 중앙안전관리위원회에 보고하는 등 관계부처 협의체계를 강화할 필요가 있다. 행정안전부의 사전협의권이 과학기술정보통신부의 예산 배분 · 조정권에 준하는 권한을 갖고 정부의 재난안전 예산에 대한 실질적인 총괄 · 조정 기능 수행을 위해서는 「재난안전법」에 배분 · 조정에 대한 내용을 구체적으로 명시하여 향후 재난안전 컨트롤타워로서 행정안전부가 실질적으로 권한을 행사할 수 있도록 하는 방안을 마련하는 등 후속조치가 필요하다.

(2) 재난안전사업 평가

① 개요

「재난안전법」 제10조의 3에 따라 행정안전부장관은 매년 재난 및 안전관리사

표 3-6 재난안전사업평가 관련 근거법령

- **「재난안전법」 제10조의 3 주요 내용**

제10조의 3(재난 및 안전관리사업에 대한 평가)

① 행정안전부장관은 매년 재난 및 안전관리사업의 효과성 및 효율성을 평가하고, 그 결과를 관계 중앙행정기관의 장에게 통보하여야 한다.

② 행정안전부장관은 … 중앙행정기관의 장 또는 지방자치단체의 장 등에게 … 실적 등에 관한 자료 제출을 요청할 수 있다. … 중앙행정기관의 장 또는 지방자치단체의 장 등은 특별한 사유가 없으면 이에 따라야 한다.

③ 관계 중앙행정기관의 장은 제1항에 따른 평가결과를 다음 연도 재난 및 안전관리사업에 반영하여야 한다.

- **「재난안전법」 시행령 10조의 2**

제10조의 2(재난 및 안전관리사업에 대한 평가)

① 관계 중앙행정기관의 장은 법 제10조의 3 제1항에 따른 재난 및 안전관리사업의 효과성 및 효율성평가(이하 '사업평가'라 한다)를 위하여 매년 9월 30일까지 다음 연도 소관 사업의 성과목표 및 성과지표(이하 '성과목표 등'이라 한다)를 정하여 행정안전부장관에게 제출하여야 한다.

② 행정안전부장관은 제1항에 따라 제출받은 성과목표 등에 대하여 관계 전문가 등으로 구성된 평가자문위원회의 자문과 관계 중앙행정기관의 장의 의견을 들은 후 매년 1월 31일까지 성과목표등을 확정하여야 한다.

③ 행정안전부장관은 전년도의 사업평가를 위한 실시계획(이하 '사업평가 실시계획'이라 한다)을 매년 1월 31일까지 수립하여 관계 중앙행정기관의 장에게 통보하여야 한다.

④ 행정안전부장관은 사업평가 실시계획에 따라 전년도의 재난 및 안전관리사업에 대하여 평가를 실시하고, 그 결과를 매년 4월 30일까지 중앙행정기관의 장에게 통보하여야 한다.

⑤ 제1항부터 제4항까지에서 규정한 사항 외에 제2항에 따른 평가자문위원회의 구성□운영 등 사업평가에 필요한 사항은 행정안전부장관이 정하여 고시한다.

- **재난 및 안전관리사업 평가자문위원회 구성 및 운영에 관한 고시 주요 내용**

제1조(목적)

이 고시는 「재난안전법」 시행령 제10조의 2 제5항에 따라 재난 및 안전관리사업의 평가자문위원회 구성 및 운영에 필요한 사항을 정함을 목적으로 한다.

제3조(위원회의 구성)

① 위원회는 관계중앙행정기관 공무원 및 재난 관련 각 분야와 업무에 대한 학식과 경험이 풍부한 민간위원 60인 이내로 구성한다.

제5조(기능)

① 위원회는 다음 각 호의 사항에 관하여 행정안전부장관의 자문에 응한다.

1. 사업평가에 관한 사항
2. 사전협의에 관한 사항
3. 사업평가와 사전협의, 국가안전관리계획 등의 연계에 관한 사항
4. 그 밖에 행정안전부장관이 자문이 필요하다고 판단하여 회의에 부치는 사항

출처 국가법령정보센터(www.law.go.kr)

업의 효과성 및 효율성을 평가하고, 관계 중앙행정기관의 장은 행정안전부의 평가결과를 다음 연도 재난 및 안전관리사업에 반영하여야 한다. '재난안전사업평가'는 재난 및 안전사고로 인한 인명·재산 피해의 최소화를 위해 재난 및 안전관리사업의 성과를 재난유형별로 관리하고 그 결과를 예산편성 과정에 환류함으로써 재난 및 안전관리사업의 투자효과성을 제고하고, 재난 및 안전관리사업예산의 책임성을 강화하는 데 그 목적이 있다.

이 제도를 통해 행정안전부장관은 매년 재난 및 안전관리사업의 효과성 및 효율성을 평가한다. 평가의 범위·방법, 평가의 실시계획 수립, 성과목표지표 확정, 평가시기 및 절차 등에 관한 사항은 같은 법 시행령 제10조의 2에서 정하고 있다. 또한 재난 및 안전관리사업의 평가를 위해 평가자문위원회의 구성 및 운영에 관한 「재난 및 안전관리사업 평가자문위원회 구성 및 운영에 관한 고시」를 제정('05.11.13.)하였다.

② 연혁

재난안전사업평가는 2014년 12월 30일 개정된 「재난안전법」에 '재난안전사업사전협의'제도와 함께 도입된 제도이다. 이 제도는 재난 및 안전관리사업의 효과성·효율성에 대한 평가결과를 부처의 예산편성과 안전예산 사전협의에 반영하여 재난·안전예산의 투자효율성을 제고하기 위해 도입되었다. 구 국민안전처에서 2016년에 시범적으로 12개 부처 82개 재난안전사업에 대해 평가를 실시하였으며, 2017년에는 최초로 평가대상 전체(국토부 등 23개 부처의 296개 재난·안전사업)에 대하여 평가를 실시하였다.

표 3-7 연도별 재난안전사업평가 추진 현황

평가연도	2016년	2017년	2018년	2019년	2020년
대상사업	82개 8.0조	296개 10.8조	280개 10.5조	318개 11.0조	295개 10.2조
변동사항	시범 평가	최초 평가	행안부 단독 평가	평가예산 활용	평가제도 정착

출처: 행정안전부 보도자료('20.5.8), '행안부, 2020년도 재난안전사업 평가결과 확정'

③ 주요 내용

관계부처에서는 「재난안전법」 시행령 제10조의 2 제1항에 따라 매년 9월 30일까지 다음 연도 소관사업의 성과목표 및 성과지표(이하 '성과목표 등')를 정하여 행정안전부에 제출한다. 행정안전부는 관계 전문가 등으로 구성된 평가자문위원회의 자문과 관계 중앙행정기관의 장의 의견을 들은 후 제1항에 따라 제출받은 성과목표 등에 대하여 매년 1월 31일까지 확정한다.

성과목표란 사업을 통해 달성하고자 하는 구체적 목표이며, 성과지표는 성과목표의 달성 여부를 측정하는 척도로서 재난 및 안전관리사업의 성과를 효율적으로 관리하는 수단이며, 성과지표의 목표치 달성도를 중심으로 재난 및 안전관리사업의 성과를 평가하게 된다.

재난 및 안전관리사업의 성과목표 · 지표는 사업뿐만 아니라 주요 재난유형에 대해서도 '재난유형별 목표'를 수립하고 있다. 주요 재난유형은 피해규모와 국민 관심도가 큰 재난 · 사고를 중심으로 「재난안전법」상 주관부처 및 협조부처가 목표를 수립하게 된다.

재난 및 안전관리사업의 성과목표 · 지표(안)는 예산집행 사전에 제출하여 그 적절성을 검토하게 되는데, 행정안전부와 민간전문가로 이루어진 평가자문위원회에서 검토하고 부처의견수렴을 거쳐 확정한다. 성과목표 · 지표의 적절성은 ① 성과지표가 사업의 내용을 포괄하는지 여부, ② 성과지표가 사업목적과 부합하는지

그림 3-9 재난 및 안전관리사업 성과목표 · 지표 설정 절차 흐름도

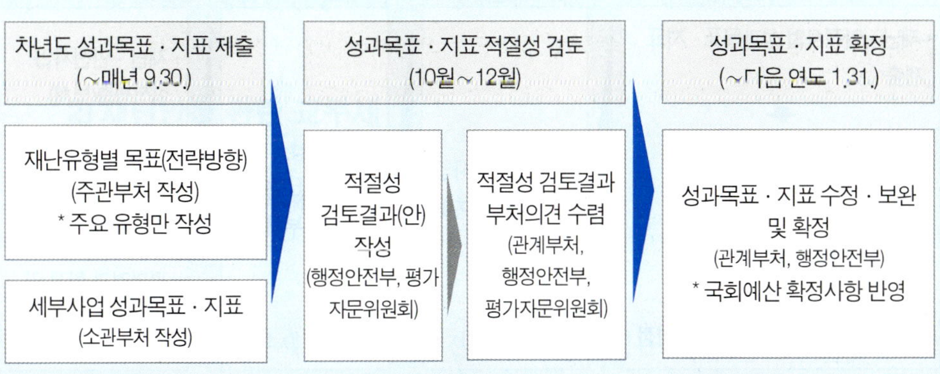

출처: 「재난안전법」에서 재정리

근거는 「지방교부세법」 제9조의 4이며, 2015년 1월 1일에 신설되었다. 소방안전교부세는 지방의 부족한 재원을 보전해주기 위해 교부한다는 점에서는 지방교부세의 성격을 가지고 있으나, 소방 · 안전시설 확충 등 해당 목적에 맞게 사용해야 한다는 점에서 지방교부세의 일반적 성격인 '지방의 일반재원'과는 차이가 있다.

② 연혁

소방안전교부세는 2014년 세월호 사고를 계기로 안전예산 확대의 필요성이 대두되고, 노후화되고 부족한 소방장비에 대한 소방공무원의 개선요구 등으로 인해 2015년 1월 1일 신설되었다. 2015년 담배가격 인상과 함께 「개별소비세법」에 따라 담배에 부과되는 개별소비세가 신설되었고, 개별소비세 총액의 20%를 재원으로 하여 소방안전교부세가 신설되었다.

③ 주요 내용

소방안전교부세는 지방교부세의 일종이다. 지방교부세는 중앙과 지방의 세원 불균형으로 인해 발생하는 지방자치단체의 부족한 재원을 보전하고 지방자치단체 간 재정력 격차를 해소하기 위한 제도이다. 지방교부세의 종류에는 보통교부세, 특별교부세, 부동산교부세, 소방안전교부세가 있다. 분권교부세는 2005년에 국고보조 149개 사업을 지방으로 이양하면서 도입되었으나, 2015년부터 보통교부세로 통합되어 운영되고 있다. 각 교부세의 성격은 다음 **표 3-8**과 같다.

소방안전교부세는 「지방교부세법」상 '소방 및 안전시설 확충, 안전관리 강화'라는 목적을 규정하고 있다는 부분에서 지방자치단체의 재정 보전 및 지역 간 재정의 불균형을 시정하기 위한 일반교부세와 다르며, 사용에 대한 조건이나 용도를 붙일 수 있다는 법적 규정이 없어 특별교부세와는 다른 부분이 있다. 즉, 「지방교부세법 시행령」 및 「소방안전교부세 등 교부기준에 관한 규칙」을 보면 소방안전교부세가 목적에 맞게 사용되도록 하기 위해 소방안전교부세를 사용할 수 있는 대상사업을 규정하고 있고, 소방안전교부세를 교부받은 시 · 도는 그 대상사업의 범위 내에서 자율적으로 예산을 편성하여 집행하도록 되어 있다.

표 3-8 교부세의 종류

종류	특성	
보통교부세	목적	모든 지방자치단체가 일정한 행정수준 유지
	방식	표준수준의 기본적 행정수요를 산출하고 지방세 등 일반재원수입으로 충당할 수 없는 부족분 보전
특별교부세	목적	보통교부세의 획일적인 산정 방법에서 발생하는 기준재정 수요와 수입의 미흡한 부분 보완
	방식	지역현안, 재난안전, 시책수요 등 특별한 재정수요를 고려하여 용도를 지정하거나 조건을 붙여서 교부
부동산교부세	목적	지방세였던 종합토지세, 재산세를 종합부동산세로 전환('05.12월)하면서 이에 따른 지자체의 재원감소분을 보전하기 위해 도입
	방식	2010년 지방소비세가 시 · 도세로 도입되면서 지방자치단체의 균형재원으로 교부
소방안전교부세	목적	지방자치단체의 소방 및 안전시설 확충, 안전관리 강화 등을 위하여 도입
	방식	담배에 부과되는 개별소비세의 20%를 재원으로 하여 2015년에 신설

출처 국민안전처 2017년 소방안전교부세 해설, 재구성

표 3-9 지방교부세의 종류별 운영 개요 비교

구분	보통교부세	부동산교부세	소방안전교부세	특별교부세
근거법령	지방교부세법			
목적	재원보전 지자체 간 불균형 시정	재원보전 지자체 간 불균형 시정	소방 및 안전시설 확충 안전관리 강화 등	특별재정 수요대응
운영권자	행정안전부장관	행정안전부장관	행정안전부장관	행정안전부장관
재원구성	내국세 19.24%의 97%	종합부동산세 총액	담배 개별소비세 총액 20%	내국세 19.24%의 3%
2018년 예산	42조 4,696억 원	1조 7,801억 원	4,173억 원	1조 3,135억 원
용도	제한 없음	제한 없음	소방 및 안전시설 확충 안전관리 강화 등	조건 또는 용도 지정
배분 방법	수요 대비 수입액 부족액 기준 공식배분	재정여건, 사회복지, 지역교육 등 공식배분	현황 · 소요, 노력, 여건 등 공식배분	지역현안, 재난안전, 시책 등 심사배분
교부대상	시 · 도 및 시 · 군 (광역2,기초5 불교부)	시 · 군 · 구 (세종, 제주 포함)	시 · 도	시 · 도 및 시 · 군 · 자치구
자금교부	분기별	분기별	분기별	수시 배정

출처: 행정안전부, 2018년 소방안전교부세 해설

표 3-10 소방안전교부세 대상사업

분야	구분	대상사업
소방 분야	중점 사업	① 주요 기동장비(소방차량) ② 보호장비 ③ 정보통신장비 ④ 구조장비 ⑤ 구급장비 ⑥ 긴급구조 시스템 및 장비확충 · 보강
	재량 사업	① 소방헬기 등 기타 기동장비 ② 안전체험관 건립 ③ 측정장비 ④ 소방출동로 확보(소방관서 앞 신호제어시스템) ⑤ 소방사각지역 화재진압장비 ⑥ 양보위반 단속장비 ⑦ 노후 소방관서 개선 ⑧ 소방관서 보건 안전관리 강화 ⑨ 소방안전교육 ⑩ 소방안전점검장비 확충 ⑪ 재난대응역량강화 소방훈련
안전 분야	중점 사업	① 도로 및 도로의 부속물 정비 ② 교통안전시설 ③ 생활권 이면도로 정비사업 ④ 하천 유지관리 ⑤ 공유림 안전정비 ⑥ 재난관리자원 ⑦ 시설물 안전점검 · 진단 ⑧ 특정관리시설 점검 ⑨ 저수지 · 댐 안전점검 ⑩ 해수욕장 안전관리 ⑪ 풍수해저감 종합계획 ⑫ 지역안전관리활동 강화 ⑬ 안전문화 진흥에 관한 사업
	재량 사업	① 안전체험관 건립 ② 설해예방 및 경감대책 ③ 연안해역 안전관리 시설물 설치 ④ 도시공원 안전유지관리 ⑤ 재해지도 ⑥ 어린이놀이시설 안전점검 및 복구 ⑦ 급경사지 정밀진단 ⑧ 소규모 공공시설 안전점검 ⑨ 펌프장 유지 · 관리 ⑩ 주민대피시설 운영 · 관리 ⑪ 지역민관협력위원회 활성화 ⑫ 재난대응역량강화 안전훈련

출처: 행정안전부, 2018년 소방안전교부세 해설

(2) 재난안전관리 특별교부세

① 개요

우리나라는 지방재정의 어려움을 상당 부분 해결해 주고 자치단체 간 재정력 격차도 완화해 주기 위해 보통교부세를 운영하고 있는데, 이러한 보통교부세 산정 시 반영할 수 없었던 자치단체별 구체적인 사정, 지방재정 여건 변동, 예기치 못한 재정수요에 대해 지원하는 교부세가 특별교부세이다. 이러한 특별교부세제도는 보통교부세 산정 과정에서 발생하는 획일성과 일회성을 보완함으로써 지방교부세제도 전체에 대해 타당성이 확보되도록 하고 있다. 이러한 특별교부세 중 재난 및 안전과 관련된 사업에 교부하는 교부세가 재난안전관리 특별교부세이다.

② 연혁

1961년 「지방교부세법」을 제정하면서 특별교부세의 교부항목에 '재해로 인하여 특별한 재정수요가 있거나 재정수입의 감소가 있을 때'로 규정하여 재난안전

관리 특별교부세의 제도적 근거가 처음 마련되었다. 그러나 2009년 「지방교부세법」 특별교부세 교부 관련조항을 개정하기 전까지 재해가 발생한 재난복구에 관련한 특별한 수요 충당에 한정되어 있었으며, 교부업무도 재난안전부서가 아닌 일반 교부세업무를 담당하는 부서에서 교부를 담당하였다. 2009년에 「지방교부세법」 개정으로 현재와 같이 재난을 복구하거나 재난 및 안전관리를 위한 특별한 재정수요에 교부할 수 있게 되었다. 또한 현재와 같이 재난안전을 전문적으로 담당하는 부서에서 재난안전관리 특별교부세업무까지 담당하게 된 것은 2014년 세월호 참사에 따라 재난안전 컨트롤타워로서 국민안전처가 출범하면서부터이다. 강력한 국가 재난안전 총괄 조정부처로서의 기능을 발휘할 수 있도록 재난안전관리 특별교부세업무를 종전 안전행정부 지방재정경제실에서 국민안전처 재난관리실로 이관하게 됨으로써 지방자치단체에서 재난복구뿐만 아니라 재난안전관리와 관련된 재정적 수요를 지원해 줄 수 있는 제도적 기틀이 확립되었다.

③ 주요 내용

「지방교부세법 시행령」에 따른 특별교부세의 교부기준은 지방공공시설의 설치 등으로 인하여 특별한 재정수요가 있는 경우이거나 각종 재난 및 안전관리 등으로 인하여 드는 지방비 부담분을 보전할 필요가 있는 경우 및 지역경제 활성화, 주민생활 안정, 지방행정기능 강화, 국가적 행사 관련시책, 지방행정 및 재정운용 실적이 우수한 지방자치단체에 대한 재정 지원 또는 그 밖의 주요 시책으로 인하여 특별한 재정수요가 있는 경우에 교부하도록 하고 있다.

특별교부세는 내국세의 19.24%의 3%를 재원으로 하고 있으며, 이 중 50%를 보통교부세의 산정기일 후에 발생한 재난을 복구할 필요가 있는 경우 또는 재난 및 안전관리를 위한 특별한 재정수요가 생기거나 재정수입이 감소한 경우에 교부하는데 이를 재난안전관리 특별교부세라 한다.

「지방교부세법 시행규칙」에 따르면 재난안전관리 특별교부세는 응급복구사업, 항구복구사업, 재난 및 안전관리사업에 지원하도록 되어 있으며, 이에 따라 행정안전부에서는 ① 재난 발생 시 신속한 재난대응 및 복구를 위해 선제적 지원, ② 재정투자가 소외되는 지자체 재난 및 안전관리사업 투자 확대, ③ 재난 및 안전 관련 국민안전 체감도 제고사업에 중점 지원하고 있다.

재난안전관리 특별교부세는 대상사업별로 교부기준이 다르며, 이러한 교부기준의 일반적 기준은 「지방교부세법 시행규칙」 별표8과 같다.

표 3-11 2020년 재난안전관리 특별교부세 수요 현황

(단위: 억 원)

2017년도 특별교부세 총액	재난안전수요 (재난안전관리 특별교부세)	지역현안수요	시책수요
13,894 (100%)	6,947(50%)	5,558(40%)	1,389(10%)
	행정안전부 운영		

출처: 2017년 소방안전교부세 해설

표 3-12 재난안전관리 특별교부세 세부교부기준

대상사업	교부기준
응급복구사업	태풍 · 홍수 · 폭설 · 폭풍 · 해일 · 지진 또는 가뭄 등 각종 재난으로 법령에 따른 응급복구 및 이재민 구호에 긴급한 재원이 필요한 경우로서 지방자치단체가 요구한 소요경비를 심사하여 확정한 금액. 다만, 행정안전부장관은 응급대책을 위하여 불가피한 경우 지방자치단체의 요구가 없더라도 일정한 기준을 정하여 지원할 수 있다.
항구복구사업	「재난안전법」에 따른 재난피해에 대한 항구적인 복구대책을 위하여 중앙재난안전대책본부가 확정한 복구소요액 중 지방비 부담액이 많은 경우로서 다음의 계산식에 따라 산정한 금액 • 교부금액 = 지방비 소요액 × 부담금 비율 × 행정안전부장관이 정하는 지원율
재난 및 안전관리사업	「재난안전법」에 따른 재난 및 안전관리를 위하여 시급히 필요한 사업에 대하여 지방자치단체가 사업계획을 수립하고 지원을 요구하는 경우로서 지방비 소요액의 일부에 대하여 적정성 및 재정여건 등을 고려하여 확정한 금액

출처: 「지방교부세법 시행규칙」 별표8

재난안전관리 특별교부세의 교부절차를 살펴보면, 원칙적으로 지방자치단체의 장이 재난안전관리 특별교부세의 대상사업에 대하여 먼저 행정안전부에 신청하고 행정안전부에서는 신청한 내용에 대해서 심사하여 교부한다. 다만, 행정안전부장관이 필요하다고 인정하는 경우에는 신청이 없는 경우에도 일정한 기준을 정하여 교부할 수 있다.

재난안전관리 특별교부세의 교부를 신청하는 방법은, 먼저 해당 지방자치단체의 장이 사업계획을 수립하고 사업의 타당성 등을 철저하게 검증한 후 시 · 군 ·

구는 시 · 도를 거쳐 신청하고, 시 · 도는 시 · 군 · 구 신청사업에 대한 타당성 등 검토의견을 제출하면 된다. 행정안전부는 신청서 제출 시 '안전관리 총괄부서'를 경유하여 신청하되 예산부서에서 최종 확인하여 제출하도록 교육하고 있다.

지방자치단체의 재난안전관리 특별교부세 교부 신청을 받은 행정안전부는 사업의 효율성 및 국민안전체감도, 자치단체 재정여건, 자치단체 간 형평성, 재난관리평가결과 및 지자체 재난안전관리 유인기능 강화 등을 종합적으로 고려하여 교부를 결정한다. 만약 지방자치단체가 재난안전관리 특별교부세 신청 시 교부액 산정에 필요한 자료를 부풀리거나 거짓으로 기재하여 부당하게 교부세를 교부받거나 받으려 하는 경우에는 그 지방자치단체가 정당하게 받을 수 있는 금액을 초과하는 부분에 대하여는 반환을 명할 수 있다.

재난안전관리 특별교부세의 지원 시기는 수시와 정기 지원으로 운영하고 있는데, 수시지원은 각종 재난 발생 시 재난복구비에 즉시 지원을 하고 응급복구 등 긴급한 지원이 필요한 경우 수시 배정하며, 정기지원은 재난 및 안전관리사업에 대해 재난복구비 규모를 고려하여 상반기와 하반기의 균형 있는 지원을 위해 연 2~3회 정도 나눠 정기지원하고 있다.

그림 3-11 재난안전관리 특별교부세의 교부 및 집행절차

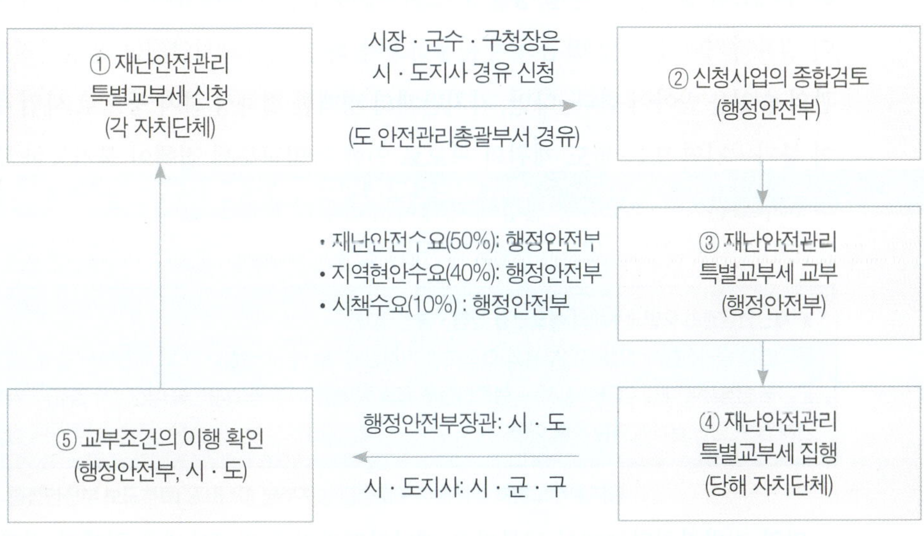

출처: 행정안전부(2018), 2018년 지방교부세 산정 해설, pp.127–129

3) 요약

세월호 이후 각 부처별로 관리되고 있었던 재난 및 안전관리 사업을 행정안전부에서 '재난안전사업 사전협의'를 통해 총괄 · 조정하고, 재난안전예산 사전협의 및 재난안전사업평가 제도를 통해 예산에 대한 부분도 담당하고 있다.

특히 '재난안전사업 평가'를 통해 사업의 투자효과성을 제고시키는 한편 국가에서 지방자치단체에 소방안전교부세, 재난안전관리 특별교부세 등을 활용하여 재난 및 안전관리 사업 투자를 위한 지방의 부족한 재원을 보충해 주고 있다.

3 방재안전산업 및 연구 개발

1) 재난안전산업

(1) 개요

안전산업이란 일반적으로 개인 또는 경제주체를 대상으로 방재안전(防災安全)이라는 다양한 유 · 무형의 서비스를 제공하는 산업을 총칭한다. 안전산업은 다양한 위험요인과 재난을 효율적으로 관리하기 위하여 안전시설의 설계 · 시공 · 제작 · 관리부터 안전제품의 생산 · 유통, 이와 관련된 서비스의 제공 및 그 밖에 재난의 예방 · 대비 · 대응 · 복구와 관련된 산업들을 망라하고 있다.

전 세계적으로 자연재난, 사회재난이 증가하면서 규모가 점차 대형화되고 피해범위도 단일국가 내로 한정되지 않고 국경을 넘어 확산되는 추세이다. 이런 피해규모의 증가로 안전기술 및 제품과 서비스에 대한 수요를 촉발시켜 시장이 급격히 확대되면서 안전에 대한 수요 또한 증가하고 있으나, 시장이 수요자의 요구에 따른 맞춤형 공급을 해주지 못하고 있는 실정이다.

이에 정부에서는 안전기술 개발 및 보급 확산과 함께 안전산업 수요에 대응하고, 국내 열악한 안전기업체의 해외진출 지원 등 안전산업 생태계 조성을 위한 다양한 안전산업 육성정책 등을 추진하고 있다.

(2) 연혁

방재 또는 안전과 관련된 산업을 법에서 최초로 명시한 것은 2012년 2월 22일에 「자연재해대책법」을 개정(시행 2012.08.23.)하면서였다. 동법에서는 방재기술과 방재산업 그리고 방재산업신기술 지정제도를 처음으로 신설 명시하였다. 그러나 동법에서 방재산업이란 자연재해의 예방・대비・대응・복구 및 기후변화 적응과 관련된 산업으로 한정하였으며 「자연재해대책법」에서 방재산업, 방재신기술 용어 이전에는 '자연재해저감기술'이라는 용어로 규정하였다. 2014년에는 「자연재해대책법」에 근거하여 방재산업 특수분류를 제정하였으나, 풍수해 등 자연재난과 관련된 산업으로 재난안전분야에서 포괄적인 안전산업의 정의와 범위가 명확하게 정리되어 있지 않아 안전산업 육성에 필요한 기초적인 자료로서 산업별 매출액, 종사자 수 등을 파악하기 곤란한 상황이었다. 이러한 문제점을 개선하기 위해 2015년도에 기존의 소방산업, 방재산업은 물론 사회재난까지 포함하여 안전산업의 범위, 유형 등을 정의한 '재난안전산업 특수분류'를 통계청 승인을 받아 제정하였다. 재난안전산업 특수분류의 제정은 안전산업의 범위가 구체적으로 정해지고, 안전산업의 흐름이 지속적으로 관리되는 등 안전산업 육성정책의 기반이 조성되었다는 데 그 의의가 있다.

※ 재난안전산업특수분류
한국표준산업분류 중 특정 분야에 해당하는 항목을 재구성한 통계 분류체계로서 2020년 12월 기준 통계청에서 관광산업, 로봇산업, 에너지산업 등 17종을 분류하고 있음

이후 재난안전산업 특수분류를 근거로 하여 2016년 3월에는 재난안전산업 실태조사 수행기관을 선정하였으며, 2017년 3월에는 최초로 재난안전산업에 대한 실태조사 결과를 공표하였다. 이를 통해 안전을 새로운 창조산업으로 육성하기 위한 안전산업 규모・현황 등에 대한 기초 통계자료를 확보할 수 있게 되었다. 그러나 현재까지 「재난안전법」상 자연재난과 사회재난 등 모든 재난을 포괄하는 안전산업 관련조항은 없으며 다만, 「재난안전법」을 2017년 1월 17일에 개정하면서 안전산업 육성을 위한 대표적인 정부정책으로서 '재난안전제품 인증제도'를 신

설 도입하여 운영하고 있다. 한편, 국내 최대 규모의 안전산업 종합전시회이자 비즈니스의 장으로서 의미를 갖는 '안전산업박람회'는 2015년부터 개최를 시작하여 국내 재난안전 산업체나 기업에게 판로개척 지원 및 안전산업 기술발전 기여 등 안전산업 성장을 위한 주요 행사로 자리매김하였다.

(3) 주요 내용

국내 안전산업은 국민의 재산과 안전을 보호해야 하는 헌법적 가치와 모든 사람들이 이용할 수 있는 재화 및 서비스 측면에서 공공재 성격을 보유하고 있으며, 재난 · 안전은 공공부문의 역할로 인식, 정부(재정지출, 규제 등)에 대한 시장의존성이 높고 공공수요가 시장규모를 결정짓는 특성이 있다.

재난안전 기술개발 및 안전산업 육성을 위한 추진근거는 현행 「자연재해대책법」에 방재기술의 연구 및 방재산업의 육성, 방재기술 진흥계획수립, 방재기술의 실용화 등에 대한 추진근거가 마련되어 있다. 그러나 「자연재해대책법」에 의한 근거는 자연재난과 관련된 방재기술 및 방재산업으로 한정되어 있어 사회재난에 대한 반영을 위해서는 「재난안전법」에 안전산업 육성 관련조항을 반영하여야 할 것이다. 나아가 미래 안전산업 수요에 적극 대응할 수 있도록 개별적인 가칭 「재난안전산업진흥법」 제정도 필요하다.

연혁에서 설명한 바와 같이 우리나라는 2015년도에 재난안전산업 특수분류체계를 제정하기 이전까지는 재난안전산업이 독자적 산업분류체계를 갖지 못하여 안전산업 육성을 위한 산업체 현황 등 전반적인 현황과 실태 파악이 안 되어 안전산업 육성정책을 추진하기에 애로가 많았던 게 사실이다. 이에 재난안전산업 특수분류체계 제정 이후 2016년에 제1차 재난안전산업 실태조사를 실시하였고, 2018년과 2019년에도 재난안전산업 실태조사를 실시하는 등 매년 재난안전산업 실태조사를 실시하여 안전산업 육성을 위한 산업실태를 지속적으로 파악해 나가고 있다. 최근 행정안전부에서 발표('20.2.20.)한 조사결과에 따르면 2018년 12월 31일 기준 국내 재난안전산업 관련 사업체는 총 6만 7,159개, 매출규모는 43조 8,336억 원, 종사자는 38만 8,515명으로 조사되었다.

한편, 2018년도에는 재난안전산업 특수분류와 방재산업 특수분류를 통합하여

표 3-13 재난안전산업 특수분류 체계

<table>
<tr><th colspan="2">대분류 체계</th></tr>
<tr><th>개정(2018년) 전</th><th>현재</th></tr>
<tr><td>재난안전산업 특수분류</td><td>재난안전산업 특수분류</td></tr>
<tr><td>1. 안전용품 제조업
2. 안전용 기기 및 장비 제조업
3. 안전용 운송장비 제조업
4. 안전시설 건설, 설계, 감리업
5. 안전 관련 제품 도소매업
6. 안전시스템 개발 및 관리업
7. 안전관리 서비스업</td><td rowspan="3">1. 자연재난 예방산업
2. 사회재난 예방산업
3. 재난 대응산업
4. 재난 복구산업
5. 기타 재난관련 서비스업</td></tr>
<tr><td>방재산업 특수분류</td></tr>
<tr><td>1. 방재제품 제조업
2. 방재시설 건설업
3. 방재용품 도소매업
4. 방재기술 연구개발 및 프로그래밍 서비스업
5. 방재 보험업, 교육서비스업 및 협회, 단체</td></tr>
</table>

출처: 통계분류포털(https://kssc.kostat.go.kr), 재난안전산업 특수분류 자료실

개정하였다. 이는 2015년에 제정된 재난안전산업 특수분류가 종전에 자연재난과 관련된 산업으로 국한되었던 기존 방재산업 특수분류와 범위가 다수 중복되는 문제가 있어서였다. 이에 따라 통합된 재난안전산업 특수분류체계는 「재난안전법」에 따른 재난안전관리 유형 및 기능 등을 고려하여 5개 대분류, 다시 대분류별 관련 제조업, 판매업, 수리업, 공사업, 서비스업 등을 중심으로 16개 중분류, 71개 소분류 체계로 구성하였고, 통계자료 정책 활용성 제고를 위해 기존의 산업활동 중심 체계에서 재난 예방·대응·복구 단계 등을 중심으로 구성체계를 변경하였다.

안전산업 육성과 기술발전을 견인하기 위한 주요 정책으로서 의미를 가진 '재난안전제품 인증제도'는 국민안전과 밀접한 제품에 대해 국가가 공식적으로 품질을 인증하는 제도이다. 국민의 생명과 재산을 보호하고 안전을 확보할 수 있는 제품으로서 재난안전을 확보할 수 있는 우수기술이 적용된 제품을 정부가 재난안전제품으로 인증하는 제도라는 측면에서 국민은 정부로부터 안전인증을 받은 제품을 믿고 사용함으로써 일상생활 속에서 안전을 확보할 수 있고, 기업은 우수한 기

표 3-14 재난안전산업 특수분류 체계 정의서(예시)

대분류	중분류	소분류	산업 정의	산업 생산물
2. 사회재난 예방산업	21. 화재 및 폭발 · 붕괴 관련 사회재난 예방산업	211. 화재 및 폭발 관련 예방제품 제조업	화재 · 가스누출 발생을 감지 · 신호하거나, 피난을 유도 · 진압하기 위한 측정기 및 경보기 등 관련 기기 · 장비, 화재나 폭발에 견딜 수 있는 방염 · 내화 · 내폭 장비 및 관련 장치물 등을 제조하는 산업활동	• 내화벽돌 · 내화타일 및 구조용 정형 내화요업제품 등 제조 • 내화시멘트 · 내화모르타르 · 내화콘크리트 · 기타 부정형 내화제품 제조 • 방화문 · 강화도어 · 수문 등 제조(풍수해 예방 겸용 금속문 포함) • 건물 및 시설물 설치용 금속제 피난 미끄럼대 · 사다리 · 비상구 · 안전용 울타리 등 제조 • 금속제 위험물 저장 및 설치용 탱크 · 용기, 인화성 가스 운반용기 · 가스 저장용기 제조 • 금속제 위험물 포장 및 운반용 통 · 상자 등 제조 • 가스 미터기 등 화재 및 폭발 · 붕괴 측정용 정밀기기 및 과학기기, 전기식 연기 검출기(경보장치 부착품 포함) · 열측정기 제조 • 경보등(경보장치용), 화재경보기 · 가스경보기 등 전기 경보 및 신호장치 관련 제품 제조 • 완강기 · 구조용 호이스트 등 안전용 물품 취급 장비 제조 • 소방호스, 소화용 분사기 · 스프링클러 · 분말 분사용 기기 · 액체분무용 기기 등 제조

출처: 통계분류포털(https://kssc.kostat.go.kr), 재난안전산업 특수분류 자료실

술을 개발하고 제품을 만들어 판매함으로써 안전산업을 활성화하기 위해 도입된 정책이다.

한편 방재기술이란 「자연재해대책법」 제2조에서는 자연재해의 예방 · 대비 · 대응 · 복구 및 기후변화에 따른 신속하고 효율적인 대처를 통하여 인명과 재산피해를 최소화시킬 수 있는 자연재해에 대한 예측 · 규명 · 저감 · 정보화 및 방재 관련 제품생산 · 제도 · 정책 등에 관한 모든 기술을 말한다. 이와 관련기업에서 개발한 우수한 방재기술에 대하여 신기술로 지정하여 개인, 단체, 정부기관 등이 신기술을 신뢰하고 있음으로써 피해를 최소화하여 국민의 안전을 확보하기 위한 제도로서 「자연재해대책법」 제60조(방재기술평가의 지원) 및 제61조(방재신기술의 지정 · 활용 등)에 근거하여 제도를 운영 중이다. 신기술의 신청자격은 국내에서 방재기술

을 최초로 개발하였거나, 외국기술을 도입하여 개량한 기술로서 개인이나 단체 누구나 신청할 수 있으며, 전문기관에서 민간전문가들이 참여하여 현장조사 종합심사를 통한 기술평가를 실시하고 있다.

※ 절차
신청서 접수 → 공고 → 현장조사 → 종합심사 (전문기관) → 지정서 발급 → 우선활용 권고

방재신기술로 지정된 기술에 대해서는 신기술 인증 표시('NET' 마크)를 사용할 수 있으며 조달청 물품구매적격심사 신인도 평가 시 가점, 조달청 조달우수제품 선정 시 우대 등 신기술의 활용도를 높일 수 있도록 다양한 인센티브를 부여하고 있다. 방재신기술은 2007년도부터 제도가 도입된 이후 2020년 7월까지 내수재해, 하천재해, 사면재해, 지진 등 169여 개 기술이 지정되었다.

표 3-15 방재신기술 지정 신청 및 지정 현황

연도	신청	지정
계	283	142
2007~2011년	42	18
2012년	26	20
2013년	31	26
2014년	39	28
2015년	43	18
2016년	49	19
2017년	53	13
2018년	29	15
2019년	34	12
2020년 7월	27	9

출처: 한국방재협회(www.kodipa.or.kr), 방재신기술 연도별 신청 및 지정 현황(재편집)

표 3-16 재해유형별 지정 현황

(2020. 07)

구분	총계	내수재해	하천재해	사면재해	지진	해일	대설	낙뢰	기타
건수	169	53	45	30	20	2	3	6	10

출처: 한국방재협회(www.kodipa.or.kr), 방재신기술 재해 기술분야별 지정 현황(재편집)

정부는 '대한민국 안전산업 박람회'라는 대규모 안전산업 전시회 및 비즈니스 프로그램을 통해 안전산업 분야 기관과 기업체 지원을 하고 안전산업 발전을 위한 신성장 동력을 부여하고 있다. 안전산업 박람회는 2015년부터 경기도 고양시 일산 킨텍스 전시장에서 매년 개최해 오고 있는데, 안전기술 · 제품을 한눈에 볼 수 있는 전시관 이외에도 기업체와 해외바이어 1:1 수출상담회를 가짐으로써 우수한 우리나라의 재난안전기술과 제품이 해외로 판로를 개척할 수 있는 기회로 활용하고 있으며 안전산업 혁신기술 구매상담, 전시관 활용 기업 · 제품 홍보와 신제품 소개 등 다양한 비즈니스 프로그램을 제공하고 있다. 2019년도 안전산업 박람회에서는 484개사 기업체와 기관이 참가하고 50,834명이 박람회를 참관하였으며 해외바이어가 세계 22개국 69개사에서 박람회에서 국내 기업체와 제품 및 기술상담을 하는 성과를 거두기도 하였다.

2) 방재안전 연구개발

(1) 개요

방재안전 연구개발(R&D)은 재난 · 재해로부터 국민의 안전을 확보하기 위한 과학기술과 그 결과 활용을 위한 연구 활동을 의미한다(이경미 · 최성록, 2016). 최근에는 재난의 종류와 범위가 복잡 · 다양화됨에 따라 그 범위가 확대되는 추세이며 각종 재난 및 안전사고로부터 국민 안전기본권 확보를 위한 과학기술의 역할도 증대되고 있다. 오늘날의 위험은 위험요인 자체가 복잡하기도 하지만 위험요인이 상호 연계되고 복합적으로 변동을 가지는 경향이 있다. 이러한 위험 또는 재난 · 재해로부터 국민과 사회의 안전을 확보하고 대응하기 위해서는 연구개발이 필요하며, 연구개발에 대한 투자는 재난 · 재해로부터 발생할 수 있는 사회적 비용을 절감하기 위한 비용이라고 할 수 있다.

(2) 연혁

방재안전 연구개발(R&D)은 「재난 및 안전관리기본법」에 따라 5년마다 관계 중앙행정기관의 재난 및 안전관리 기술현황을 종합한 범정부계획인 「재난 및 안전관리기술개발 종합계획」(이하 '종합계획')을 중심으로 추진되었다. 그동안 3차에 걸쳐 수립되었으며, 제1차(2008~2012년)에서는 재난으로 인한 피해의 대형화 추세에 대응하기 위한 범정부 차원의 기술을 확보하는 중점 기술이 개발되었다. 그리고 제2차(2013~2017)를 통해서는 안전국가 실현을 비전으로 국민이 체감하고 우면산 산사태(2011.7)와 같은 복합재난에 대비 · 대응할 수 있는 기술이 개발되었다. 현재는 제3차(2018~2022)를 통해 대형 · 복합 · 신종 재난 등 각종 재난 및 안전사고로부터 국민 안전기본권을 확보하고 과학기술의 역할 증대와 4차 산업혁명 등으로 인한 기술의 진보에 발맞춰 재난안전 분야의 과학기술이 개발되고 있다.

표 3-17 3차 재난 및 안전관리기술개발 종합계획 추진전략 및 추진과제

추진전략	추진과제
전략 1. 국민안전 확보를 위한 맞춤형 서비스 개발(안전 서비스)	1. 국민생활 안심 서비스 개발 2. 재난 피해자 지원 서비스 개발 3. 재난피해로부터 회복력 강화 기술 개발
전략 2. 미래 · 신종재난 대비 재난안전기술 선진화(안전기술)	4. 재난안전 위험요소 예측 · 영향평가 기술 개발 5. 빅데이터기반 재난안전 정보활용 기술 개발 6. 재난안전 융 · 복합 대응 기술 개발 7. 로봇 및 인공지능 기반 재난안전 관리지원 기술개발
전략 3. 현장 실용화 중심의 안전생태계 구축(안전산업)	8. 재난안전 전문인력 양성 교육훈련 기술 개발 9. 재난안전산업 실용화지원 기술 개발 10. 현장중심 협력형 기술 개발

출처: 국가과학기술위원회(2018), "제3차 재난 및 안전관리 기술개발 종합계획(안)"

이와 같이 3차의 종합계획을 중심으로 투입된 방재안전 연구개발(R&D)의 예산을 살펴보면, 2008년부터 2012년까지는 증가폭이 크지 않았지만, 2013년 이후로는 가파른 상승세를 유지하고 있다. 이러한 투자율 증가 추이는, 취약부문 개선이

나 예측에 따른 체계적인 투자보다는 세월호 사고 참사나 메르스 등과 같은 대형 사고에 대한 사회적 이슈에 좌우된 것으로 보인다.

표 3-18 3차 재난 및 안전관리기술개발 종합계획 추진전략 및 추진과제

(단위: 억 원)

연도	'08	'09	'10	'11	'12	'13	'14	'15	'16	'17	'18	'19	'20
금액	894	1,256	1,319	1,575	1,780	2,174	4,165	5,774	7,408	7,839	8,690	10,555	12,810

출처: 국가과학기술위원회, "제1 · 2. · 3차 재난 및 안전관리기술개발 종합계획(안)", 재인용

최근 방재안전 연구개발(R&D)은 사회재난(67%) 기술이 절반 이상을 차지하고 있으며, 안전사고(18%), 자연재난(11.0%), 일반(4%) 분야의 기술개발이 이루어지고 있다. 특히 사회재난은 감염병(1,286억 원), 방사능(1,005억 원), 에너지시설사고(978억 원) 분야를 중심으로 전년보다 2,255억 원(21.4%)이 증가한 1조 2,810억 원을 투자하여 기술을 개발하고 있다.

단계별 방재안전 연구개발(R&D) 현황을 살펴보면, 예방 5,779억 원(45.1%), 대비 2,786억 원(21.7%), 대응 2,829억 원(22.1%), 복구 780억 원(6.1%), 기타 636억 원(5.0%) 투자를 통하여 기술개발을 추진하고 있다. 선제적 재난관리를 위한 예방 · 대비 단계에 전년 대비 1,507억 원이 증가한 8,566억 원(67%)을 집중 투자하고 있다.

그림 3-12 재난안전 분야 정부 R&D 투자규모 추이

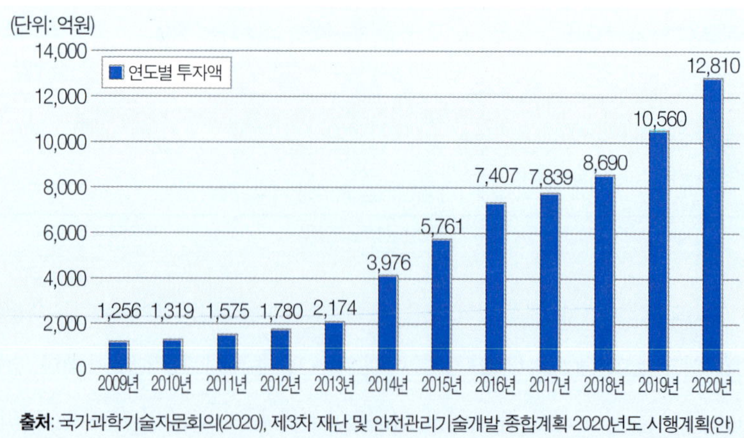

출처: 국가과학기술자문회의(2020), 제3차 재난 및 안전관리기술개발 종합계획 2020년도 시행계획(안)

그림 3-13 재난유형별 연구개발예산(2020년 기준)

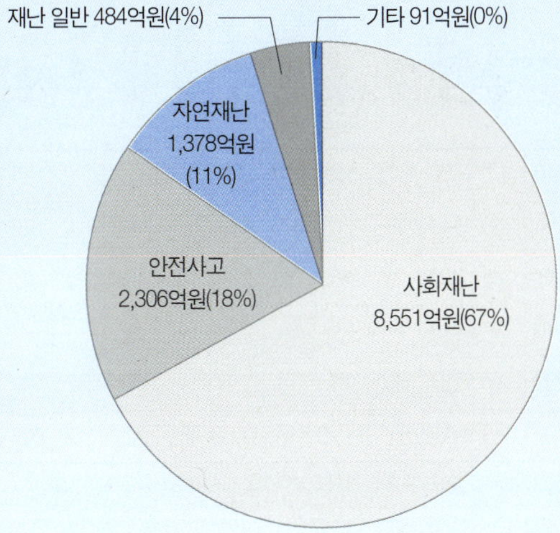

출처: 국가과학기술위원회, 제3차 재난 및 안전관리 기술개발 종합계획 2020년도 시행계획(안)

그림 3-14 재난관리단계별 기술개발예산(2020년 기준)

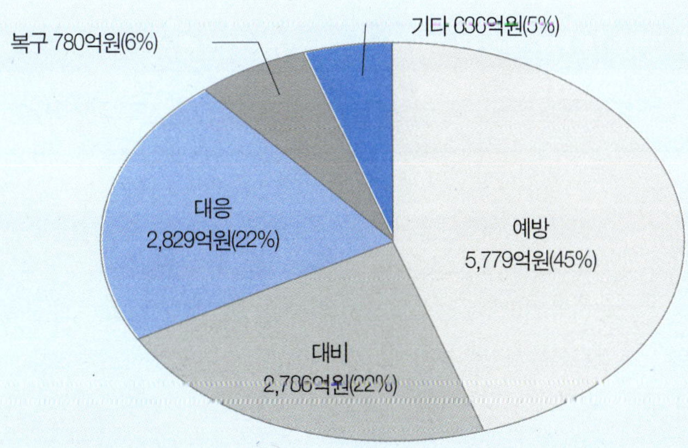

출처: 국가과학기술위원회, 제3차 재난 및 안전관리 기술개발 종합계획 2020년도 시행계획(안)

이를 부처별로 살펴보면, 행안부, 경찰청, 소방청, 해경청 등 현장대응부처의 경우 R&D예산(1,291억 원)의 393억 원(30.4%)을 대응단계에 집중 투자하여 기술을 개발하고 있다.

표 3-19 재난관리단계에 따른 부처별 투자계획(2020년 기준)

(단위: 억 원)

구분	합계	교육부	과기정통부	법무부	행안부	농식품부	산업부	복지부	환경부	국토부	해수부	중기부	경찰청	소방청	농진청	산림청	기상청	해경청	식약처	원안위
예방	5,779	–	1,005	–	246	12	469	835	626	608	302	–	–	–	271	67	503	51	701	85
대비	2,786	–	296	–	54	356	140	–	117	349	489	–	34	102	309	–	–	26	263	254
대응	2,829	7	1,226	14	98	185	362	–	80	153	220	106	185	25	48	35	–	86	–	–
복구	780	–	3	–	110	–	413	–	168	34	22	–	–	–	–	–	–	30	–	–
기타	636	–	1	–	202	–	287	6	28	–	–	–	7	32	–	–	–	7	–	66
합계	12,810	7	2,530	14	709	553	1,670	841	1,020	1,145	1,033	106	225	158	627	102	503	199	964	404

출처: 국가과학기술위원회, 제3차 재난 및 안전관리 기술개발 종합계획 2020년도 시행계획(안)

그 외에 방재안전 연구개발(R&D)은 과학기술 분야의 최상위 국가계획인 「과학기술기본계획」에 포함되어 개발된다. 제4차 과학기술기본계획에 포한된 재난안전 관련기술 개발 내용은 다음 **표 3-20**과 같다.

표 3-20 제4차 과학기술기본계획 중 재난안전 관련기술 개발계획

과제내용	추진계획
과제 17. 안심하고 살 수 있는 안전한 사회 구현	
생활 속 위협요인에 대한 예방 및 관리	– 일상생활 유해요인을 관리하여 안심하고 살 수 있는 생활환경 조성 – 사회적 위협에 효과적으로 대응하기 위한 기술개발 확대 – 원자력 안전규제 강화 및 방사성폐기물 관리에 대한 안전기반 구축
국민 맞춤형 재난 · 안전 교육 및 생활 체감 서비스 확대	– 생활안전 확보를 위한 지역특성화 재난 · 안전교육 시스템 구축 – 국민 안전복지 확대를 위한 안전사고 예방 · 대비 서비스 개발
재난현장 지원 · 대응을 위한 스마트 재난안전관리 시스템 확보	– 재난현장 빅데이터를 활용한 문제해결 및 안전 서비스 제공 – 인공지능형 로봇 · 드론 등을 활용한 재난안전사고 대응지원체계 마련 – 재난대응능력 강화를 위한 실전 중심의 재난안전 훈련 확대 – 대규모 재해로부터 국민을 지키는 안전확보체계 구축
과학기술기반 국방역량 강화로 안보에 강한 나라 실현	– 국가의 과학기술역량을 결집 · 활용하여 혁신적 미래국방 기술 확보 – 첨단국방과학기술역량을 강화하여 굳건한 국가안보를 확립하고 자주국방에 기여 – 민군기술협력 확대를 통해 민간과 국방부문 간 융합 촉진

출처: 국가과학기술자문회의(2020), 제3차 재난 및 안전관리기술개발 종합계획 2020년도 시행계획(안)

(3) 주요 내용

최근 국내 · 외 방재안전 연구개발(R&D)로 개발된 사례의 대부분은 제3차 혁명을 주도한 ICT 기술을 기반으로 물리/생물학 분야의 기술이 상호 교류와 융합하면서 4차 산업혁명 대응재난안전 기술(① 빅데이터, ② IOT, ③ AI)로 현재 개발이 완료되어 재난관리에 활용되고 있다.

① 빅데이터와 관련된 기술로는 국립재난안전연구원 스마트빅보드(Smart Big Board, SBB)가 가장 대표적이다. 스마트빅보드(SBB)는 재난 · 안전사고 발생 시 기상청을 비롯한 12개 유관기관의 31개 빅데이터와 실시간 SNS정보를 통합 분석 · 표출할 수 있다. 그리고 기상, CCTV, 재난이력 등의 다양한 정보를 통합하고 스마트폰을 기반으로 하는 스마트 모니터링체계의 도입, 트위터를 중심으로 하는 빅데이터 분석 및 실시간 모니터링 장비(위성, UAV, MMS 등)의 활용을 통해 공간적인 재난 상황파악이 가능하다.

그림 3-15 스마트 빅보드 개념

출처: The Magazine of the Korean Society of Civil Engineers(2015), Vol. 63 No.7, 빅데이터를 활용한 재난관리 역량강화

② IOT와 관련된 기술로는 구조물 기초 내 균열 생성 시 발생신호를 감지하는 손상 모니터링 시스템을 구축하여 초고층 · 복합시설 재난/재해의 효과적

예방과 대응체계를 구축하였다. 실제 일산 초고층 테스트베드 2차원 시뮬레이션 및 DB를 구축하여 검증함으로써 초고층·복합시설물에서 지진/화재/침수 등 복합 재난 시 인명과 시설물을 안전하게 지킬 수 있는 비상 대응 및 복구시스템을 개발하였다.

③ AI와 관련된 기술로는 위험·유해물질(HNS)사고 예측 시스템으로 국내 최초 HNS 대기/해양 확산 예측 및 위험구역 설정 시스템을 개발하였다. HNS 사고선박 근접역 확산범위 파악을 위한 수치해석기반 근접역 확산평가인자 DB 구축 및 활용을 통한 HNS 위험구역 설정기술 고도화 및 예측 정확도를 향상시켰다.

그림 3-16 HNS 확산예측기반 위험구역 설정 시스템 개발

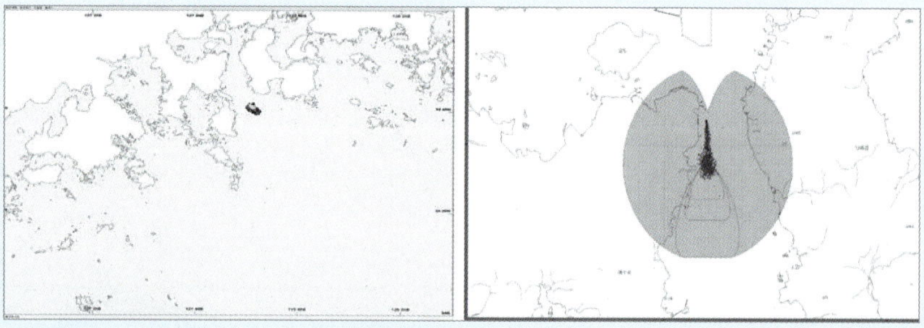

출처: 위험·유해물질(HNS)사고 관리기술개발, 해양수산환경기술개발사업재난안전 R&D 정보 포털(https://www.safernd.kr/main.kst)

국외의 경우를 살펴보면 다음과 같다.

① 빅데이터 분석을 통하여 사전에 대형 재난 발생을 예측하여 저감 효과를 얻고 있다. New York 'FireCast'는 RBIS(Risk-Based Inspection System)을 사용하여 화재에 취약한 건물을 파악함으로써 사전대응체계를 구축하고 있다. FireCast는 위험요소로 구성한 알고리즘이다.

그림 3-17 'FireCast 3.0'의 위험성 분석 절차와 결과 화면

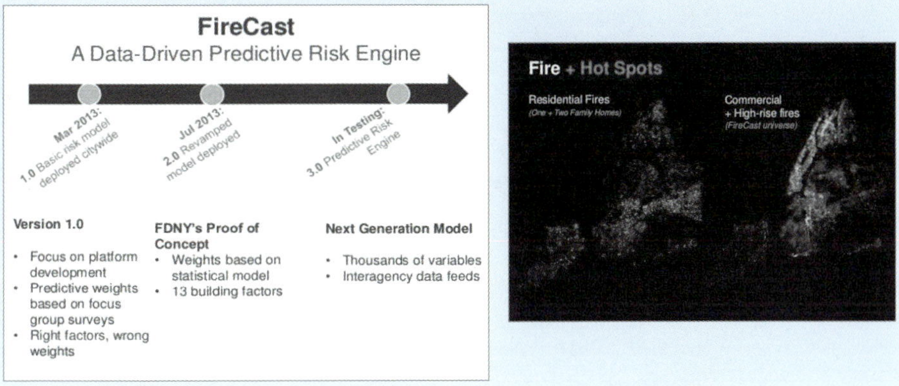

출처: https://www.slideshare.net/AnalyticsWeek/reimagining-the-role-of-data-in-government

② IoT를 활용한 재난감시 기술이 개발되고 있다. 미국의 솔트레이크 시티는 산불 예방에 IoT 기술을 활용하여 약 193에이커(78만 1043㎡)에 달하는 방대한 지역의 숲에 산불이 발생하는 징후들을 추적할 수 있다. 특히 미국과 캐나다 전역의 화재 위치와 규모를 파악하는 것은 물론 화재 강도, 고도에 대한 정보를 입수해 국가적 대형 재난을 방지하고 있다.[1] 또한 퍼플 에어(Purple Air)는 캘리포니아 산불 유독가스를 감지하는 센서를 개발해 사람들이 미리 산불을 감지할 수 있도록 지원한다.

1 http://it.chosun.com/site/data/html_dir/2015/04/16/2015041685072.html

그림 3-18 퍼플 에어(PurpleAir) 지도의 오염 대기질 지수

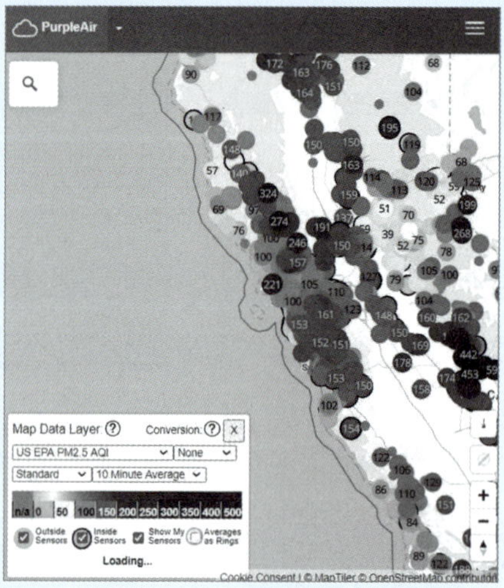

출처: IMPACT ON(임팩트온)(http://www.impacton.net/news/articleView.html?idxno=476)

③ IBM은 기상정보와 인공지능(AI) 기술을 융합한 '기상예측용 왓슨 애널리틱스'를 개발해 기업의사결정 과정에 실시간 기상정보를 적용한 산업솔루션을 제공하는 서비스를 선보이고 있다.

그림 3-19 IBM의 왓슨 애널리틱스

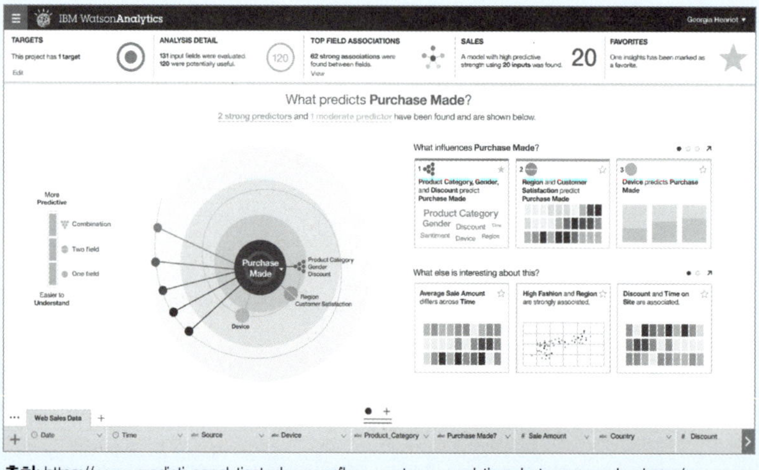

출처: https://www.predictiveanalyticstoday.com/ibm-watson-analytics-beta-open-business/

3) 요약

재난의 피해규모 증가로 안전기술 및 제품과 서비스에 대한 수요가 커짐에 따라 정부에서도 안전산업 생태계 조성을 위해 육성정책을 추진하고 있다.

방재안전 연구개발(R&D)은 재난・재해로부터 국민의 안전을 확보하기 기술을 개발하는 활동으로 성과에 대한 최종수요자가 국가 또는 공공인 경우가 대다수로 공공재적 성격으로 재난 전(全) 주기에 대한 현장대응 역량확보를 위해, 단일기술 및 단일제품보다는 기술 간 연계를 통한 시스템적 접근으로 재난현장의 적용・활용을 전제로 진행되고 있다.

4 기업의 방재안전

1) 개요

2001년 발생한 9・11테러와 2004년 인도양 쓰나미 등의 재난이 BCMS(재해경감활동관리체계)[2] 국제표준 개발을 촉진하였다. 붕괴된 세계무역센터(World Trade Center)에서 가장 모범적인 대응을 잘 했다고 평가되는 모건 스탠리(Morgan Stanley)의 비즈니스연속성계획(Business Continuity Plan)이 전 세계에 알려지면서 국제표준 필요성의 공감대 형성을 위한 분기점이 되었다.

국내도 태풍 루사(2002년 발생)와 매미(2003년 발생)로 인하여 많은 피해를 입은 기업들을 위한 대책 필요성으로 2007년 제정하게 된 「재해경감을 위한 기업의 자율활동 지원에 관한 법률」(이하 「기업재해경감법」)에 따라 2010년에 「기업재난관리표준」이 처음 제정되었다. 이는 재난이 발생하더라도 기업활동이 중단되지 아니하고 안정적으로 유지될 수 있도록 기업이 재난경감활동 계획을 자율적으로 수립・시행하는 것을 지원하는 제도이다. 기업은 국가가 제정한 「기업재난관리표준」에

2 「기업재난관리표준」의 용어 및 정의는 "재해경감활동계획을 수립, 실행, 운영, 감시, 검토, 유지관리 및 개선하는 전반적인 경영시스템"이다.(기업재난관리표준에서의 기업 재해경감활동관리체계는 관련국제표준에서 정의하고 있는 업무연속성관리체계(Business Continuity Management System)와 위상이 동일하다.)

따라 스스로 재해경감 활동을 수립 · 이행하여 우수기업인증을 획득하면 자금 및 산업단지공단입주 등 인센티브 지원을 받을 수 있다. 기업재난관리표준은 재해경감활동관리체계의 수립, 운영 · 실행, 교육 · 훈련, 감시 · 검토, 유지관리 · 개선 등의 프로세스를 수행하도록 하는 국제표준에서의 '요구사항'과 같다.

2) 연혁

「기업재해경감법」이 제정된 후에 기업재해경감 지원 시행을 위한 세부 운영규정 등 행정규칙이 표 3-21과 같이 순차적으로 제정 고시되었다. 기업재난관리표준 고시('10.4.2 제정) 및 기업재해경감활동계획 수립기준 고시('11.3.24 제정)에서는 기업의 재해경감활동계획 수립을 위한 재해경감활동관리체계 구축, 운영 및 실행, 교육과 훈련, 감시 및 검토, 유지관리 및 지속적 개선 등의 표준화된 절차와 원칙을 규정하고 있으며, 기업재해경감활동 전문인력 교육운영규정 고시('11.11.4 제정)는 기업의 재해경감활동 전문인력 양성을 위한 외부 위탁 전문기관 또는 단체 등 교육운영기관의 지정기준과 절차, 교육실시 요령과 교육기관의 사후관리 등을 정하고 있다. 또한 재해경감 우수기업 인증 등에 관한 운영규정 고시('14.12.31 제정)는 재해경감 우수기업 인증제도 운영을 위해 필요한 인증평가위원회 설치 · 운영, 우수기업 인증평가 절차 및 방법, 우수기업의 사후관리 등을 규정하고 있다.

2011년도부터는 전문인력 및 자격인증 시험을 위한 전문교육기관을 지정 · 운

표 3-21 기업재해경감법 관련 행정규칙

- **「기업재난관리표준(고시)*」**
  – * 제정('10.4.2), 전부개정('13.12.9)*, 일부개정('17.7.26)
- **「기업 재해경감활동계획 수립기준(고시)*」**
  – * 제정('11.3.24), 전부개정('14.11.17), 일부개정('17.7.26)
  ※ 국제표준 ISO 22301 제정('12.5) 내용 반영
- **「기업 재해경감활동 전문인력 교육운영규정(고시)*」**
  * 제정('11.11.4), 일부개정('17.7.26)
- **「기업재난관리 특성화대학원 선정 및 운영에 관한 규정(고시)*」**
  * 제정('14.3.10), 일부개정('17.7.26)
- **「재해경감 우수기업 인증 등에 관한 운영규정(고시)*」**
  * 제정('14.12.31), 일부개정('17.12.26)

영하고 있으며 기업재난관리사(실무 및 대행분야) 자격인증 시험을 실시하여 전문인력을 양성하고 있다. 또한 2014년도부터는 기업재난관리 석·박사급 전문인력 양성을 위한 특성화 대학원도 지정·운영하고 있다.

표 3-22 기업재해경감법 추진 경과

- **'05. 6~7: 중소기업 대상 자연재해 피해조사(중소기업청)**
  - 연간 1,200억 원 규모, 대형 태풍 시는 6,000억 원에 달하는 것으로 조사됨.
- **'05. 6~12: 국내기업의 재난관리 실태파악**
  - 국내기업 설문조사 및 결과분석 자연재해로 인한 재난 경험이 최고(84%)를 차지한 것으로 조사됨.
- **'05. 12: 기업의 자연재난 예방제도의 도입 필요성 제기**
  - 인적재난 분야 등 타 분야의 민간기업 지원사례 조사 결과 자연재난으로 인한 피해에 대하여 지원제도가 전무한 실정임.
- **'05. 10~'06. 2: 법률안 마련 및 전문가 자문 후 법안 확정.**

3) 주요 내용

「기업재해경감법」은 총 6장으로 구성되어 있으며 그림 3-20과 같다.

우수기업인증을 받기 위해서는 「기업재난관리표준」에 따라 재해경감활동관리체계를 구축하여야 하며, 주요 내용은 표 3-23과 같다.

우수기업 인증체계는 행정안전부가 지정한 전문교육기관을 통하여 교육(실무, 대행, 인증평가)을 필하고 행정안전부가 지정한 인증시험기관의 시험을 통과한 '기업재난관리사'가 대행을 하는 프로세스이다. 우수기업 인증체계는 그림 3-21과 같다.

그림 3-20 재해경감을 위한 기업의 자율활동 지원에 관한 법률체계도

재난관리표준 제정 (표준제정, 통계 · 조사 · 연구) → 재해경감활동(기업)실시 재해경감 우수기업 인증 → 재해경감 우수기업 지원 → 재해경감활동 기 반 조 성

재난관리 표준 제정	재난관리표준 제정	• 재난관리표준 제정 및 고시 • 표준심의위원회 구성 · 운영(재난관리표준 제정 · 자문 · 심의 등) • 재난관리표준 운영을 위한 통계·조사·연구개발·홍보·교육
재해경감 활동 등	기업의 재해경감활동	• 재난관리표준에 따른 재해경감활동 계획 수립 (전략 · 경감 · 대응 · 복구 · 사업연속성확보 계획) • 재해경감활동 이행 및 자체평가 실시
	재해경감활동계획 수립 대행자 등록 (행정안전부장관)	• 기업재난관리자 및 관련분야 전문가로 구성된 법인 등 • 기업 재해경감활동계획 수립 대행 및 활동 이행에 따른 컨설팅 실시 ※ 중앙본부장은 재해경감활동 계획 수립 등 전문인력을 육성
재해경감 우수기업 인 증	우수기업 추천 심사 (시 · 군 · 구 지역본부장)	• 기업은 지역본부장에게 인증신청(우수기업추천위원회) • 시 · 군 · 구 지역본부장은 심의를 거쳐 시 · 도 지역본부장을 경유하여 중앙본부장에게 우수기업 인증 추천
	재해경감활동 우수기업 인증	• 중앙본부장이 지정 또는 설립한 재해경감 인증대행기관 • 평가결과에 의한 재해경감 우수기업 인증서 발급 • 인증대행기관 업무(기업의 평가, 인증서 발급, 우수기업 관리)
우수기업 지 원	재해경감활동 우수기업 지원	• 가산점 부여(공공기관의 자금 지원, 조달입찰 참여 등) • 보험료 할인(보험요율 차등 적용) • 세제지원(조세특례제한법 및 지방세법 등) • 재해경감 설비자금 지원우대 등
기반조성	재해경감활동기반 조성	• 재해경감활동 촉진을 위한 연구개발사업의 육성 • 기반시설 입주지원(농공단지 입주, 공장용지 입주 등) • 교육 및 훈련 지원(재난관리표준 및 재해경감활동 우수사례의 교육 · 훈련 등) • 재해경감활동정보의 수집 및 보급(기업 및 관련단체) • 기업의 여론조사 및 기업 의견의 정책 반영
	기 타	• 기업재해경감협회 설립(전문교육과정 운영 및 홍보 등) • 수수료 징수(우수기업 인증 시 등) • 포상/평가/청문/벌칙 등

출처: 기업재난관리표준('17.7.26), 기업재해경감활동계획 수립기준('17.7.26), 기업재해경감활동 전문인력교육 운영규정('17.7.26), 재해경감 우수기업 인증 등에 관한 운영규정('17.12.26)을 토대로 재편집

표 3-23 PDCA모델기반의 기업재난관리표준 주요 내용

구 분	주요내용	비고
1. 개 요	계획 수립에 관한 일반적인 사항	
2. 용어의 정의	용어에 대한 설명	
3. 재해경감활동관리 체계 기획	재해경감활동관리체계 기획을 위한 기업 경영현황 분석, 요구사항 및 범위, 최고 경영진 및 관리자의 역할, 운영 지원 등에 대한 사항 * 기업일반현황 분석서, 업무영향분석(BIA) 보고서	Plan
4. 목표달성계획 수립	재해경감활동관리체계의 목표 및 목표달성계획 수립 등에 대한 사항 * 사업연속성계획 절차서	
5. 운영 및 실행	재해경감활동 실행 과정으로서 업무영향 분석 및 리스크 평가, 사업연속성 전략 수립, 재해경감활동 절차 수립 및 실행 등에 대한 사항 * 리스크평가(RA) / 사업연속성전략수립 보고서 위기관리계획 / 업무복구계획 절차서	Do
6. 교육 및 훈련	재해경감활동관리체계를 효과적으로 실행하기 위한 교육프로그램 개발, 운영 및 연습에 관한 사항 * 모의훈련절차서	
7. 수행평가	재해경감활동관리체계 수행평가와 유효성 검증을 위한 절차와 프로세스 * 내부감사 / 경영검토 / 모니터링 및 보고관리 절차서	Check
8. 개선	감사 및 검토를 통해 시정사항을 식별하고 지속적인 개선을 위한 요구사항 * 시정 및 예방조치 절차서	Act

출처: 기업재난관리표준('17.7.26) 요약 편집

그림 3-21 우수기업 인증체계도

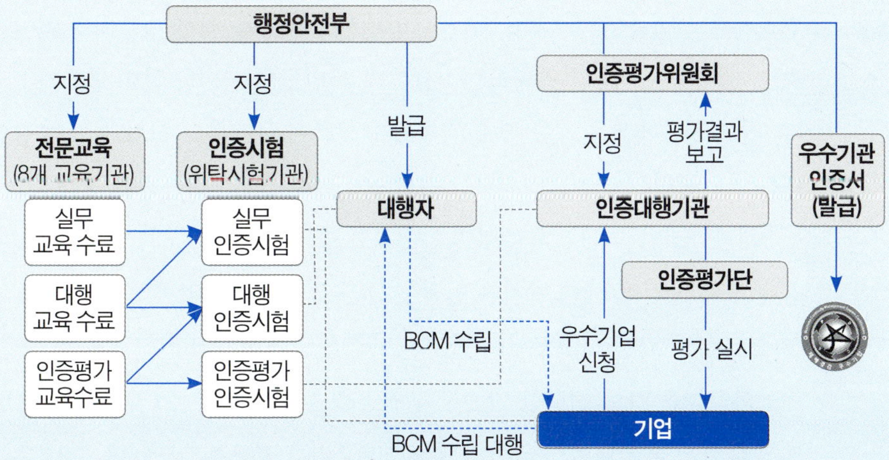

출처: 재해경감 우수활동 기업 인증 등에 관한 운영규정('17.12.26) 요약 편집

4) 요약

우리나라 경제활동 주체인 민간기업이 각종 재난으로부터 안정적인 기업 활동을 유지할 수 있도록 하기 위하여, 우리 실정에 맞는 기업재난관리제도로 기업이 자율적으로 재해경감 및 재난대비 활동을 할 수 있도록 지원함으로써 국가의 재난관리능력을 증대하기 위한 제도이다.

5 민간의 방재안전

1) 안전문화운동

(1) 개요

현대사회는 재난 및 안전사고의 규모와 피해가 대형화되고, 예측 불가능한 신종 재난이 발생하는 등 재난유형도 다변화되고 있어, 정부 주도의 안전대책과 캠페인만으로는 생활 속 안전문화 정착에 한계가 있다. 국민안전을 위한 제도적 기반을 마련하더라도 현장에서 기본적인 안전수칙이 지켜지지 않는다면 국가의 안전정책은 의미를 잃게 된다. 재난 및 안전사고 예방을 위한 정부의 노력이 지속적으로 성과를 유지하기 위해서는 무엇보다 국민들의 신뢰와 참여 협조가 필수적이다. 이에 정부에서는 재난 및 안전정책에 대하여 국민들의 신뢰와 참여 협조를 확대하고 범국민의 안전관리역량을 강화하기 위해 안전문화운동을 전개하고 있다.

「재난안전법」 제3조에 따르면 안전문화 활동이란 안전교육, 안전훈련, 홍보 등을 통하여 안전에 관한 가치와 인식을 높이고 안전을 생활화하도록 하는 등 재난이나 그 밖의 각종 사고로부터 안전한 사회를 만들어가기 위한 활동을 말한다. 안전문화운동은 바로 이러한 안전문화 활동을 정부 · 국민 · 기업 등 전국적인 차원에서 하자는 운동으로 「재난안전법」 제66조의 2(안전문화 진흥을 위한 시책의 추진)에 근거하여 추진하고 있다. 주요 안전문화운동으로는 안전문화운동추진 중앙협의회 구성 및 활동, 기업의 안전문화 사회공헌 활동, 공공기관 안전문화 협업 캠페인, 찾아가는 어린이 체험교실, 안전문화 우수사례 및 유공자 포상 등이 있다.

(2) 연혁

사회 각 분야의 안전문화 활동 경쟁 유도 및 국민안전의식 제고를 위하여 안전관리헌장 제정('04.11.4.)을 기념하여 2005년부터 매년 '안전문화대상'을 실시하고 있다. 2012년에는 민관 협업으로 안전체험시설이 없는 지역에 찾아가 어린이에게 생활안전교육을 진행하는 '찾아가는 어린이 체험교실'을 9개 지역에서 시범 실시하였다. 이후 2013년부터는 기업사회공헌 활동과 연계 협약을 통하여 2016년까지 매년 확대되어 19개 지역으로까지 확대되었다.

2013년 5월에는 공동체 중심의 안전문화운동 추진을 위해서 중앙-지방, 민-관의 실질적 협력체인 '안전문화운동추진중앙협의회'(이하 '안문협')가 출범하였다, 안문협은 중앙부처, 지자체, 공공기관, 민간단체 등 70여 개 기관이 안전문화 선진화에 뜻을 모아 구성한 것으로 범국민 안전문화운동 확산을 위하여 자율적 민관 협의체를 구성했다는 점에서 큰 의미가 있다.

2015년부터는 구 소방방재청의 '생명수호지기'를 '참 안전인'으로 개선하여 재난 및 안전사고현장에서 생명의 위험을 무릅쓰고 국민의 생명과 재산을 보호한 미담사례를 적극 발굴해 그 공로를 치하하고 수시로 시상하고 있다. 그리고 2016년부터 정부와 공공기관이 업무협약을 체결하여 '안전점검의 날'에 홍보물을 공동으로 제작하여 홍보효과가 높은 매체를 통해 홍보캠페인을 전개하고 있다.

(3) 주요 내용

공동체 중심의 안전문화운동 추진을 위해서는 중앙-지방, 민-관의 실질적 협력체계 구축이 중요하다, 중앙 안문협은 공동위원장(행정안전부장관, 민간위원장)체제로 출범한 이후 이에 준하여 지역 안문협이 구성되었다. 안문협은 생활안전, 교통안전, 사회안전, 재난안전, 산업안전 등 5대 분과로 구성 · 운영하고 있다. 양 기관의 업무 중점은 중앙 안문협은 전국적 안전문화운동, 지역안문협은 지역성화 안전문화 캠페인을 전개하는 데 있다. 2020년 기준, 중앙 안문협에는 62개 민간단체,

그림 3-22 안전문화운동 추진 중앙협의회 참여기관 및 단체 현황(2020년 기준)

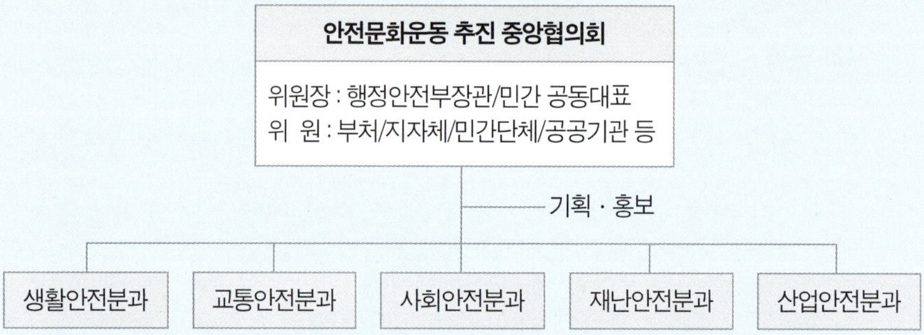

* 위원장 2명(행정안전부장관, 민간위원장)/위원 93명(시 · 도 부단체장 17, 민간단체 62, 공공기관 14)

표 3-24 안전문화운동 추진 중앙협의회 분과별 참여기관

(단위: 개[기관]/가나다순)

분과	민간단체	공공기관	협력기관 (중앙부처)
	62	14	12
기획 · 홍보 추진단	안전생활실천시민연합, 대한산업보건협회, 대한산업안전협회, 사랑실은교통봉사대, 안전모니터봉사단중앙회, 전국재해구호협회, 패트롤맘, 한국어린이안전재단, 한국자전거단체협의회	–	–
생활 안전 (13)	한국어린이안전재단, 녹색어머니중앙회, 대한숙박업중앙회, 안전모니터봉사단중앙회, 안전생활실천시민연합, 어머니포순이봉사단, 한국레저안전협회, 한국생활안전연합, 한국안전교육강사협회, 한국어린이놀이시설협회, 한국자유총연맹, 국민다안전교육협회, 한국노인생활안전연구회	한국가스안전공사, 한국소비자원, 한국승강기안전공단, 한국전기안전공사	산업통상자원부, 행정안전부
교통 안전 (14)	사랑실은교통봉사대, 교통문화운동본부, 대한교통학회, 새마을교통봉사대, 세이프키즈코리아, 손해보험협회, 어린이안전학교, 어머니안전지도자중앙회, 전국모범운전자연합회, 한국수상레저안전협회, 한국안전시민연합, 한국자전거단체협의회, 유도선안전협회, 대한교통장애인안전협회	교통안전공단, 도로교통공단, 한국도로공사	경찰청, 국토교통부, 행정안전부
사회 안전 (17)	패트롤맘, 대한영양사협회, 바르게살기운동중앙협의회, 사이버지킴이연합회, 새마을운동중앙회, 직능경제인- -단체총연합회, 푸른나무청예단, 한국구명구급협회, 한국글로벌피스우먼, 한국무선인터넷산업연합회, 한국사회복지사협회, 한국식품산업협회, 한국여성인권진흥원, 한국외식업중앙회, 한국청소년육성회, 해피맘, 국민안전역량협회	학교안전공제회, 한국양성평등교육진흥원, 한국정보화진흥원	경찰청, 교육부, 과학기술정보통신부, 법무부, 식품의약품안전처, 여성가족부, 행정안전부
재난 안전 (11)	전국재해구호협회, 한국교회연합, 한국기독교총연합회, 한국방송협회, 한국불교종단협의회, 한국신문협회, 한국화재보험협회, 한국재난정보학회, 한국사고장애인연합회, 한국방재안전학회, 재난구호사협회	한국언론진흥재단	문화체육관광부, 방송통신위원회, 행정안전부
산업 안전 (7)	대한산업보건협회, 대한건설협회, 대한산업안전협회, 안전보호구협회, 한국경영자총협회, 한국안전진흥협회, 한국표준협회	안전보건공단, 한국산업단지공단, 한국시설안전공단	고용노동부, 산업통상자원부, 행정안전부

출처: 행정안전부 보도자료('20.8.6), '전문가들과 안전문화 확산을 위한 제도개선 논의한다'

12개 중앙부처, 14개 공공기관이 참여하고 있으며, 중앙을 비롯 시 · 군 · 구 단위까지로 구성되어 범국민 안전문화 확산을 위한 전국적 활동을 전개하고 있다.

최근 들어 갑작스런 지진 발생 등 재난 및 안전사고에 대비하기 위한 예방교육의 필요성이 절실한 실정이다. 특히 자각능력이 부족한 어린이들이 위험에 조건반사적으로 대처하고, 안전생활을 습관화할 수 있도록 체험형 안전교육의 필요성은 나날이 증가하고 있다. 그러나 학령 인구수에 비해 전국적으로 설치되어 있는 안전체험시설은 부족하여 어린이 안전교육 사각지대가 발생하고 있는 상황에서 어린이, 교사, 학부모가 함께 참여할 수 있는 현장 중심 종합안전체험교실의 운영이 필요하게 되었다.

민 · 관 협업으로 안전체험시설이 없는 지역에 찾아가 생활안전교육을 진행하는 어린이 종합안전체험교육으로 행정안전부와 협약기관이 공동 주최하고, 지자체 · 교육청 · 공공기관 등 안전관계기관과 협력하여 사업을 추진하고 있다. 주요 프로그램으로 지진, 화재대피, 승강기안전, 수상안전, 식품안전 등 27개 생활안전 프로그램과 함께 지역별로 안전체험놀이, 정책홍보부스 등 자체 프로그램을 추가 운영하고 있다. 이외에도 사회 각 분야 안전문화 활동의 경쟁을 유도하고 국민안전의식 제고를 위하여 안전사고 예방 · 감소에 기여한 유공자 단체를 적극 발굴하여 포상하고 '참 안전인'을 발굴하여 시상하고 있다.

하지만 그동안 이러한 노력에도 불구하고 공공 주도의 홍보 · 행사 중심 안전문화 활동으로는 안전의식 개선 및 안전문화 정착 · 확산에 한계가 있어 2017년부터는 추진방식을 근본적으로 전환하여 '풀뿌리 안전문화 활성화'를 추진하고 있다. 추진전략은 첫째, 홍보 · 행사 중심이 아닌 생활 속 참여와 실천을 통한 의식개선 유도; 둘째, 정부 주도가 아닌 국민이 앞장서고 정부는 지원, 셋째, 산발적 추진이 아닌 선택과 집중을 통한 가시적 성과 창출이다. 국민이 안전에 관심을 갖고 행동으로 실천하는 안전문화 조성 목표를 달성하기 위해 안전문화 실천운동 개념을 다음과 같이 정립하였다. 안전문화 실천운동의 3대 주체는 활동기반인 가정, 학교, 직장 단위이고, 3대 수단은 일상에서의 안전교육, 안전점검, 안전신고이며, 3대 행정력은 정부의 홍보, 단속, 지원이다.

2) 생애주기별 국민안전교육

(1) 개요

생애주기(life cycle)란 일반적으로 '시간의 흐름에 따라 변화해 가는 개인 생애의 일정한 단계별 과정'으로 정의된다. 또한 안전교육이란 국민이 안전에 대한 중요성을 인식하고 각종 재난 및 안전사고 발생 시 이에 효과적으로 대처할 수 있도록 안전에 대한 지식이나 기능을 습득하는 교육을 말한다. 따라서 안전교육 관점에서 생애주기의 구분은 국내·외, 부처별로 조금씩 다르지만 안전실천에 영향을 미치는 역량의 변화·발전에 따라 영유아기-아동기-청소년기-청년기-성인기-노인기로 구분할 수 있다. 영유아기(0~5세)는 안전교육 의존기, 아동기(6~12세)는 안전교육 준비기, 청소년기(13~18세)는 안전교육 성숙기, 청년기(19~29세)는 안전교육 독립기, 성인기(30~64세)는 안전교육 확대 및 성찰기, 노년기(65세~)는 안전교육 유지기로 특징지을 수 있다.

생애주기별 안전교육이란 개인이 성장단계별 특성에 따라 갖추어야 할 안전역량을 충족할 수 있도록 분야별 안전교육을 제공하는 것을 의미한다. 행정안전부

그림 3-23 생애주기별 안전교육

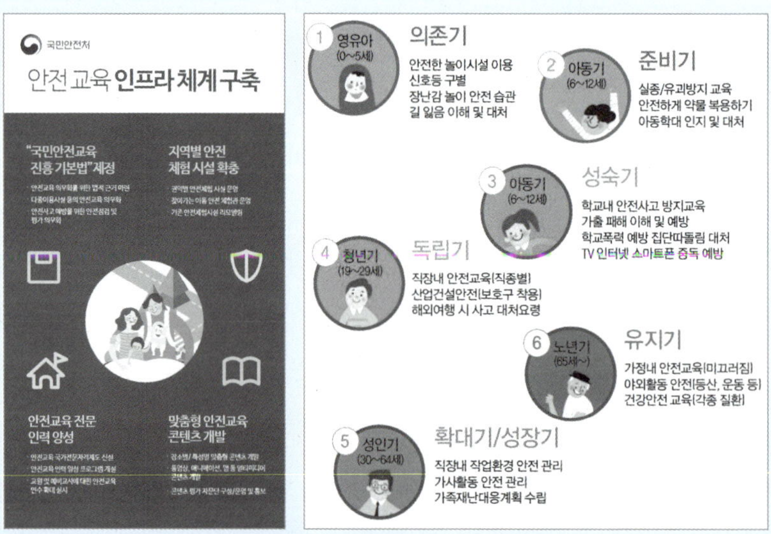

출처: 국민안전교육 포털(http://kasem.safekorea.go.kr), 생애주기별 안전교육이란

에서는 생애주기별 안전교육의 일환으로 「국민안전교육 진흥기본법」을 제정하고 안전교육 콘텐츠 개발, 안전교육 전문인력 양성, 안전체험관 확충 및 안전교육 통합포털 구축 등 다양한 정책을 추진하고 있다.

(2) 연혁

생애주기별 안전교육을 효과적으로 제공하기 위해 영유아기부터 노년기에 이르기까지 어떠한 안전교육이 필요한지를 한눈에 볼 수 있게 맞춤형으로 제시하는 가이드라인이라 할 수 있는 생애주기별 안전교육지도(Korean Age-Specific Education Map, KASEM)가 2016년 2월에 구 국민안전처에서 개발되었다. 또한 대국민 생애주기별 안전교육을 지속적으로 추진하기 위한 법적 근거가 2016년 5월에 「국민안전교육 진흥기본법」이 제정됨으로써 마련되었다. 이 법에는 안전교육 기본계획 및 시행계획 수립, 학교 다중이용시설 사회복지시설 등에 대한 안전교육, 안전교육 실적점검 및 평가, 안전교육 전문인력 양성 등에 대한 내용이 포함되어 있다. 또한 안전교육 콘텐츠, 안전체험관 체험프로그램 등 안전교육을 위해 필요한 자료를 국민들이 쉽게 접근하여 활용할 수 있도록 국민안전교육 포털(kasem.safekorea.go.kr)을 2017년 7월에 구축하여 통합 서비스를 제공하고 있다.

(3) 주요 내용

생애주기별 안전교육지도에서는 영유아부터 노인에 이르기까지 6대 생애주기별로 생활안전, 교통안전, 자연재난안전, 사회기반체계안전, 범죄안전, 보건안전 등 6대 안전 분야별(6개 대분류, 23개 중분류, 68개 소분류)로 필요한 안전교육을 그림 3-21에서 보는 바와 같이 세부적으로 제시한다.

한편 행정안전부는 국민안전교육 포털에 생애주기별 안전교육지도를 게재하고 있으며, 독립적인 자기방어가 어려운 계층(영유아, 아동, 노인, 장애인 등)을 위한 보호자 안전교육지도를 포함하여 제공하고 있다.

「국민안전교육 진흥기본법」에 따라 행정안전부장관은 5년마다 안전교육기본계획을 수립하고, 관계 중앙행정기관의 장과 지방자치단체의 장은 소관사항에 관하여 연도별 안전교육시행계획(이하 '시행계획')을 수립・시행해야 한다. 안전교육

그림 3-24 생애주기별 안전교육지도

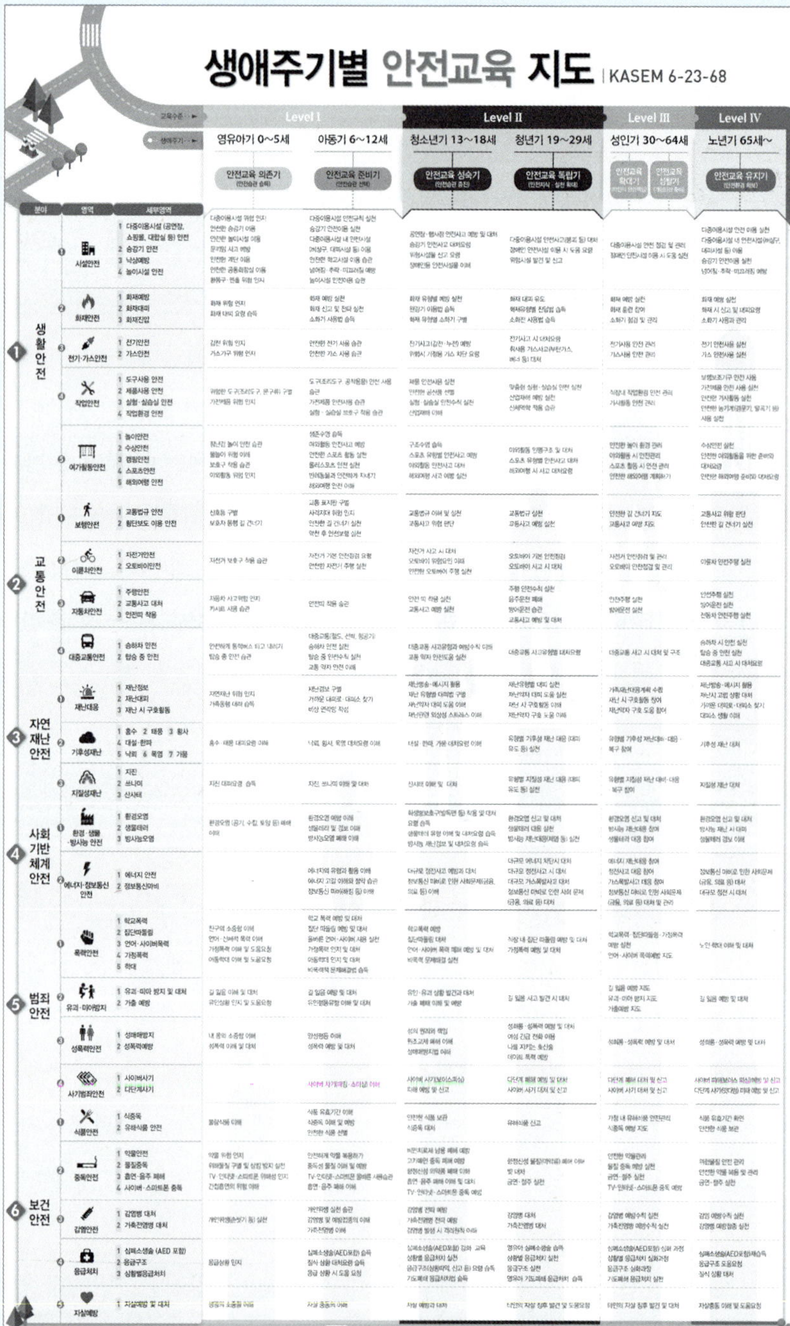

출처: 국민안전교육 포털(http://kasem.safekorea.go.kr), 생애주기별 안전교육지도

계획에는 안전교육 목표와 추진방향, 추진 내용, 안전교육 전문인력 양성, 안전교육에 대한 실태점검 및 평가, 안전교육 진흥에 필요한 재원 확보방안 등을 내용으로 하고 있다.

안전교육은 모든 사람과 계층이 대상이 되지만 재난 및 안전사고에 특히 취약한 재난약자 또는 안전약자와 함께 재난안전 관련업무에 종사하여 안전교육의 역량을 기본적으로 갖추고 있어야 할 안전교육 대상 핵심계층을 정하여 의무적으로 실시해야 한다. 「국민안전교육 진흥기본법」에서는 안전교육 의무화 대상으로 어린이집 영유아, 초중등교육 학생 등과 재난안전 관련업무 종사자, 다중이용시설 시설관리자, 사회복지시설 시설관리자로 지정하고 있다.

생애주기별 안전교육을 위해서는 국민을 대상으로 안전교육을 수행할 수 있는 전문인력의 존재가 필수적이다. 이에 행정안전부에서는 안전교육 전문강사 양성을 위해 교육일정, 교육과목, 운영방식, 교재 등 전문인력 양성계획을 수립하고 시범운영을 한 후, 인력 풀을 관리하며 국민들에게 정보를 제공하고 있다.

효과적인 안전교육을 위하여 유익한 다양한 체험콘텐츠가 필요하다. 그러나 아직까지 학령인구수에 비해 체험시설이 부족하며, 지자체별로 안전체험관 규모나 체험콘텐츠 등에 편차가 있는 실정이다. 이를 개선하고자 행정안전부에서는 '국민안전체험관 표준모델'을 마련하여 체계적으로 안전체험관 건립을 추진하고 있다. 안전체험관은 일반 체험관과 특성화 체험관으로 구분되는데, 일반체험관은

그림 3-25 안전체험관 유형

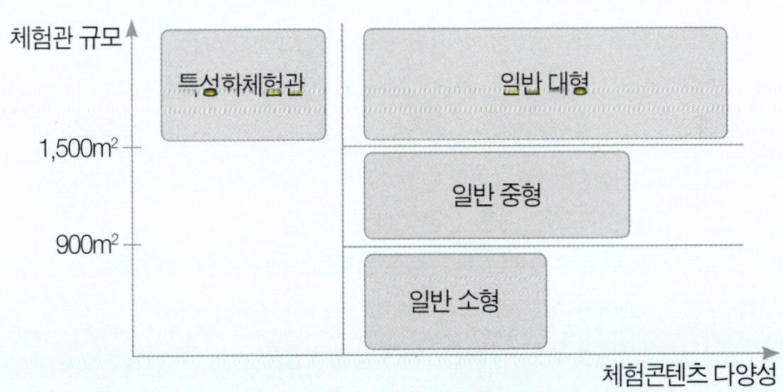

출처: 행정안전부 홈페이지(www.mois.go.kr) 업무안내(안전체험관)

생애주기에 따른 안전역량을 갖추기 위해 필요한 체험종목을 중점으로 구비한 시설로서 이는 다시 규모에 따라 대형, 중형, 소형으로 나뉜다. 그리고 특성화 체험관은 전문적이면서 특성화된 분야에서 발생하는 안전사고 체험종목을 중점으로 구비하고 있으며, 일반 체험관의 기능도 일부 수행하는 시설로서 해양, 항공, 도로 · 철도, 원자력 · 화학, 산업재난 안전체험관 등이 있다.

또한, 생애주기별 안전교육지도에서 제시된 교육 수요와 연동하여 체험 콘텐츠를 개발과 더불어 체험관 방문을 통한 안전체험도 중요하지만, 일상에서 자주 안전을 접하는 것이 중요하다. 이에 행정안전부에서는 '찾아가는 어린이 안전체험교실' 및 '119 이동 안전체험차량'을 운영, 체험관이 없는 지역에 이동체험차량이 직접 방문하여 학부모 및 어린이들을 대상으로 현장 안전체험교육을 실시하고 있다. 신변안전인형극, 식생활안전뮤지컬, 교통안전 · 자전거안전 · 승강기안전 · 가스안전 · 소방안전 · 심폐소생술 · 물소화기 · 놀이안전체험 등 다양한 체험존을 구성하여 체험교육을 실시하고 있다.

표 3-25 분야별 안전문화운동 추진 사례

구분	안전문화운동 사례
교통사고	• 워킹스쿨버스, 교통위반차량 사랑의 엽서 보내기, 교통법규 준수 및 안전벨트 착용 캠페인 • 바른주차봉사대, 교통안전모니터단 운영, 농기계반사판 부착, 농기계 안전운전캠페인
화재	• 화재 없는 마을, 가스안전마을 추진, 다중이용시설 점검, 대피로 확보 • 안전취약계층 무료점검 봉사
자살	• 자살고위험자 신고문화 조성, 자살위해정보 모니터링 경진대회, 자살예방포스터 경진대회, 목사 · 교사 · 의사 등의 재능기부를 통한 상담채널 다변화
감염병	• 환자 병문안 문화 개선 캠페인, 손 씻기, 올바른 기침예절 캠페인 • 감염병 위기상황매뉴얼 작성 · 훈련, 감염병 환자 발생 시 신고문화 활성화, 상시방역소독관리체계 구축
범죄	• 범죄안전지도 작성, 어두운 골목길 순찰 · 감시, 여성귀가길 동행, 안전지대 운영 • 외지인 상호감시 프로그램 가동, 성폭력 예방 캠페인 • 가정폭력, 학교 밖 청소년 상담 프로그램, 청소년 건전놀이문화공간 조성
안전사고	• 홀몸노인 · 장애인가구 돌보미 봉사, 시각장애인 대중교통 탑승 지원 • 가스 · 전기안전점검, 위험지역(시설) 예찰 및 정밀점검 • 민관합동 안전대진단 연중 실시, 안전신문고 앱 신고 경진대회, 투명우산 보급

출처: 행정안전부 보도자료('20.1.13), '안전문화 우수사례집 발간, 안전문화 확산 기대'(수정인용)

3) 안전한 지역사회

우리나라는 인구 10만 명당 자살률이 2019년 기준 24.6명으로 OECD(평균 11.3명) 국가 중 가장 높다고 알려져 있다. 또한, 한 조사에서는 재난 · 안전사고 · 범죄로부터 안전하다고 생각하는 국민은 약 21%에 불과한 것으로 나타났다. 최근 발생하고 있는 각종 사건사고는 안전에 대한 중요성이 더욱 높아지고 있으며, 이러한 각종 재난, 안전사고, 범죄로부터 안전한 사회를 만들기 위한 노력이 필요한 시점이라고 할 수 있다.

그동안 생활 주변에 발생하는 안전에 대비하기 위해 각종 안전시설관리 및 자체 교육 등을 강화해 왔으나, 이러한 방식은 주로 사건사고가 발생한 이후에 후속조치 형태로 국민들의 생활에 실질적인 도움을 주기에는 한계가 있었다. 이를 해결하기 위해서 국민이 쉽게 이해하고 참여하여 직접 안전한 도시를 만들어 갈 수 있는 도구가 필요하였다.

이에 따라, 행정안전부에서는 정부부처와 지자체에 흩어져 있던 안전정보를 통합 · 분석하여 지자체의 안전수준을 평가할 수 있는 '지역안전지수'를 만들고, 이와 관련된 안전 통계값을 분석하여 안전진단과 개선컨설팅을 지원하는'지역안전진단 시스템'을 구축하였다.

이러한 지역안전지수 개선 확대를 위해 행정안전부에서는 지자체 중심의 안전환경 개선사업 성공모델(Best Practice)을 창출하여 전국 확산의 거점 역할을 할 수 있도록 '안전한 지역사회 만들기'사업을 추진하고 있다. 또한 국민들에게 안전정보를 쉽게 이해하고 활용할 수 있도록 안전정보를 지도 형태로 제작한 '생활안전지도'를 인터넷과 모바일을 통해 제공하고 있다.

(1) 지역안전지수

① 개요

우리가 병원에서 주기적으로 건강검진을 받는 것처럼 우리가 사는 지역 역시 주기적인 진단과 처방을 필요로 하는데, 각종 안전 관련 통계정보를 활용하여 지역의 안전수준과 안전의식을 객관적인 수치와 등급으로 계량화한 것을 '안전지수'라 하고, 각종 안전지표를 가지고 진단, 분석기능을 제공하는 것을 '지역안전진단시스템'이라 한다.

지역안전지수는 자치단체의 안전관리 책임성을 강화하고 취약 분야에 대한 개선사업 등 자율적 개선 유도를 목적으로 안전에 관한 주요 통계를 이용하여 자치단체 안전수준을 교통사고, 화재, 범죄, 자연재해, 생활안전, 자살, 감염병 등 7개 분야별로 1~5등급으로 계량화하고 있다. 안전지수가 1등급일수록 동일 단위 행정구역 내에서 상대적으로 안전한 것을 의미하며 「재난안전법」 제66조의 10에 근거하여 행정안전부장관이 공개[3]하고 있다. 지역안전지수 산출에 필요한 핵심지표는 37개인데 정부와 공공기관이 보유 · 관리하는 전국단위 통계 중 주기적 공표, 시 · 군 · 구 단위 활용이 가능한 600여 종의 전국단위 통계를 대상으로 안전사고 사망자 수 또는 발생건수인 위해지표, 그리고 위해지표와의 통계적 상관성 검증을 거친 독립변수들로 구성된다. 각 지표별 가중치는 위해지표 0.5, 취약 · 경감지표의 합이 0.5로 위해지표인 사망자 · 사고 발생건수(인구 1만 명당)가 가장 큰 비중을 차지하고 있다.

그림 3-26 안전지수 추진현황

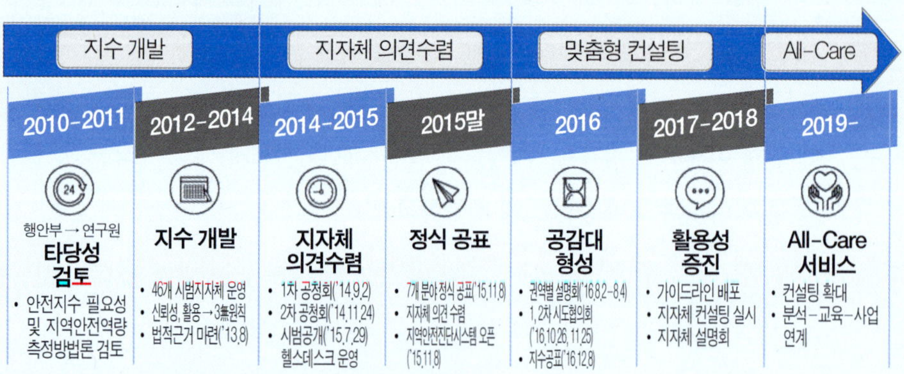

출처: 행정안전부 홈페이지(www.mois.go.kr), 업무안내(지역안전지수)

---

3 2019년 안전지수의 경우 자연재해 분야는 제도 개선을 위한 관련규정 개정으로 공개하지 않음.

② 주요 내용

지역안전지수는 전년도 통계를 활용하여 당해 연도의 지수를 산출하고 있으며('19년 안전지수의 경우 '18년 통계 활용), 위해지표와 취약·경감지표로 구성되어 있다. 위해지표란 분야별 사망자수 및 발생건수 등의 결과지표로 교통사고 사망자, 5대 범죄 발생건수 등이 있다. 취약지표는 위해 발생의 인적·물적 요인이 되는 지표로 재난약자, 하천면적 등이 대표적이다. 경감지표는 위해 발생을 사전에 방지하고 대응하기 위한 지표로 구조구급대원수, 의료기관수 등이 있다. 위해지표 가중치가 0.5, 취약지표와 경감지표의 가중치 합이 0.5가 되도록 설계되어 있어 지역안전지수 상승·하락은 위해지표 변화가 절대적으로 영향을 준다.

표 3-26 2019년 지역안전지수 산출 지표

분 야	위해지표	취약지표	경감지표
가중치	50%	25%	25%
교통사고	인구 만 명당 교통사고 사망자수(.500) ※ 고속도로 사망자 제외	① 인구 만 명당 재난 약자수(.139) ② 인구 만 명당 의료보장 사업장수(.014) ③ 인구 만 명당 자동차 등록대수(.097)	① 행정구역 면적당 응급의료기관수(.080) ② 도로 면적당 교통단속 CCTV대수(.076) ③ 운전 시 안전벨트 착용률(.094)
화재	인구 만 명당 화재사망자*(.500) * 사망자(0.496)+발생건수(0.004) ※ 교통사고 화재 제외	① 인구 만 명당 재난 약자수(.156) ② 인구 만 명단 음식점 및 주점업 종사자수(.066) ③ 인구 만 명당 창고 및 운송 관련 서비스업 업체수(.028)	① 인구 만 명당 의료인력(.067) ② 발생 건수당 화재구조신적(.062) ③ 행정구역 면적당 소방서 종사자수(.078) ④ 소방정책 예산액 비율(.043)
범죄	인구 만 명당 5대 주요 범죄*발생 건수(.500) * 살인, 강도, 강간, 폭력, 절도	① 인구밀도(.140) ② 스트레스 인지율(.055) ③ 고위험 음주율(.055)	① 인구 만 명당 경찰사업체수(.123) ② 인구 만 명당 범죄예방 CCTV대수(.127)
생활안전	인구 만 명당 생활안전 관련 구급건수(.500)	① 인구 만 명당 건설업 종사자수(.056) ② 인구 만 명당 제조업 종사자수(.037) ③ 인구 만 명당 재난 약자수(.157)	① 구급 센터당 전체 이송건수(.075) ② 인구 만 명당 의료기관수(.084) ③ 행정구역 면적당 AED설치대수(.091)
자살	인구 만 명당 자살 사망자수(.500)	① 인구 만 명당 독거 노인수(.148) ② 음주율(.036) ③ 인구 만 명당 기초수급자수(.066)	① 인구 만 명당 보건업 및 사회복지 서비스업 종사자수(.0.37) ② 인구 만 명당 자살예방 관련 기관수(.059) ③ 사회복지예산 결산액 비율(.097) ④ 노인 천 명당 노인여가복지시설수(.058)
감염병	인구 만 명당 법정감염병 사망자수(.500)	① 인구 만 명당 고령 인구수(.155) ② 인구 만 명당 의료급여1종 인구수(.070)③ 인구 만 명당 건강보험 외래급여일수(.024)	① 인플루엔자 예방접종률(.085) ② 취약계층지원 결산액 비율(.113) ③ 행정구역 면적당 지역보건기관수(.052)

출처: 행정안전부 보도자료('19.12.10), '2019년 지역안전지수 공개'

취약 · 경감지표는 직접적으로 감소시켜야 하는 대상이 아니다. 취약 · 경감지표는 분야별 위해지표와 가장 상관성 있는 지표들로, 위해지표 감축정책을 수립하기 위한 해석지표이자 자치단체 안전여건을 나타내는 지표이다. 즉, 지자체는 취약 · 경감지표 진단을 통해 위해지표 감축을 위한 정책이나 계획을 수립해야 하고, 이를 통한 위해지표 감소는 차년의 지수 상승에 영향을 줄 것이다. 반면 실효성이 없는 전시행정 중심일 경우 사망자수 및 발생건수 감소로 이어지지 않아 지수 개선의 효과를 기대하기 어렵다. 정책결과 등이 통계에 반영되는 데 최소 1년 이상의 시차가 발생하기 때문에 단기적인 정책보다는 중장기적으로 지속적인 정책방향을 설정하고 안전사업을 추진하는 것이 자치단체 안전환경 개선을 위해 효과적이다.

전술한 바와 같이 지역안전지수는 위해지표, 취약지표, 경감지표를 사용하여 산출한다. 상대적 비교를 위해 모든 지표는 인구 1만 명당으로 환산하여 사용하며, 기준값 100점에서 위험도를 감한 점수로 산출한다. 여기서 위험도는 위해지표와 취약지표 값을 더하고 경감지표 값을 감한 점수를 의미한다.

표 3-27 안전지수 산출 방법

안전지수 = 100 − (위해지표 + 취약지표 − 경감지표)	
위해지표	분야별 사망자수 및 발생건수 등 결과지표 (예) 교통사고 사망자수 등
취약지표	사망자 발생 등의 원인이 될 수 있는 지표 (예) 재난약자, 자동차등록대수 등
경감지표	사망자 발생 등을 경감할 수 있는 지표 (예) 교통단속 cctv 대수 등

출처: 행정안전부 홈페이지(www.mois.go.kr), 업무안내(지역안전지수)

7개 분야의 위해지표와 취약 · 경감지표는 총 37개로, 이를 지역안전지수 핵심지표라 칭한다. 핵심지표는 시 · 군 · 구 단위로 생산되는 200여 종의 안전 관련지표 중 분야별 위해지표와 인과관계가 있는 지표 조합을 도출한 결과이다. 예외적으로 자연재해 분야는 지역안전도진단 결과를 안전지수로 점수화한다.

산출된 지역안전지수를 바탕으로 지역유형별 상대적 안전수준 비교가 가능하도록 광역단위는 특별 · 광역시그룹, 도그룹으로, 기초단위는 시그룹, 군그룹, 구그룹으로 묶고, 전국 지방자치단체의 분야별 표준편차를 고려하여 1에서 5까지 구간을 나누어 등급(1등급 10%, 2등급 25%, 3등급 30%, 4등급 25%, 5등급 10%)을 부여하였다.

표 3-28 안전지수 등급

특 · 광역시/도/시/군/구 5개 그룹으로 구별하여 등급을 산정합니다. (해당그룹내에서 상대적 안전등급)

구분			합계	1등급	2등급	3등급	4등급	5등급
그룹별 등급비율			100%	10%	25%	30%	25%	10%
지자체수	광역	특 · 광역시	8개	1개	2개	2개	2개	1개
		도	8개	1개	2개	3개	2개	1개
	기초	시	75개	7개	19개	22개	19개	8개
		군	82개	8개	20개	25개	21개	8개
		구	69개	7개	17개	21개	17개	7개

출처: 행정안전부 홈페이지(www.mois.go.kr), 업무안내(지역안전지수)

그림 3-27 2019년 지역안전지수 지도

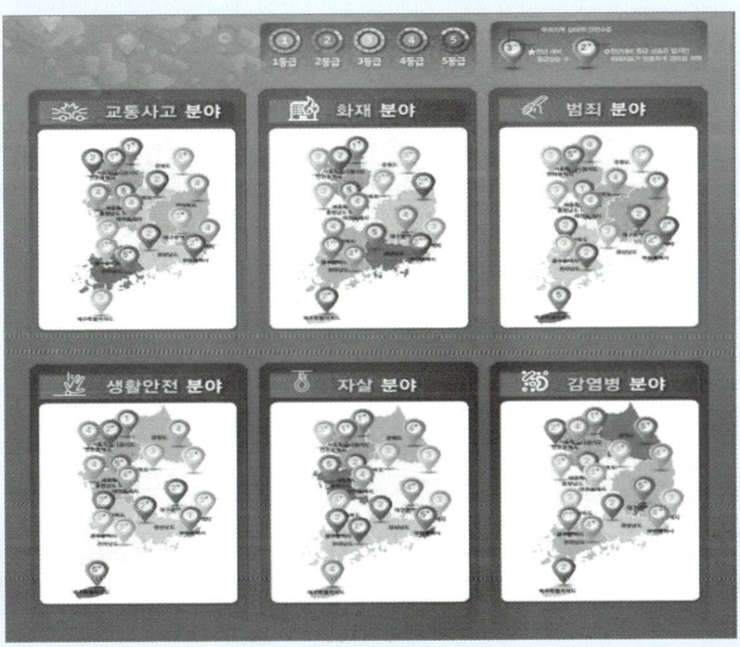

출처: 행정안전부 보도자료('19.12.10), '2019년 지역안전지수 지도'

이때 1등급은 '매우 양호', 2등급은 '양호', 3등급은 '보통', 4등급은 '취약', 5등급은 '매우 취약'을 의미한다. 해당 지자체가 1등급이라는 것은 타 지자체에 비해 상대적으로 안전하다는 것을 의미하며, 위험성이 전혀 없다는 것을 의미하지는 않는다.

행정안전부는 지자체에서 안전사고 사망자 등을 줄일 수 있도록 소방안전교부세의 일정비율('19년 안전지수의 경우 5%)을 지역안전지수 결과와 연계하여 안전이 취약하거나 노력하는 지자체에 지원하고 등급이 낮은 지자체에는 지역안전지수를 잘 활용할 수 있도록 역량강화 교육과 함께 맞춤형 컨설팅도 제공하고 있다.

(2) 생활안전지도

① 개요

생활안전지도는 「재난안전법」 제66조의 9(안전정보의 구축 · 활용)에 근거하여 정보를 수집하여 구축하고 있다. 생활안전지도는 국토부의 브이월드 지도를 기반으로 행정안전부 · 경찰청 · 산림청 등 20여 개의 정부부처 및 기관에서 구축한 교통, 치안, 재난 및 각종 사고정보와 229개 지자체의 CCTV, 방범등, 대피소 정보 등 131종의 정보를 통합하였다. 통합된 안전정보를 국민이 쉽게 이해하고 활용할 수 있도록 8대 안전 분야(교통, 치안, 재난, 맞춤, 산업, 시설, 사고, 보건) 240종의 주제도를 구성하였다.

생활안전지도는 대국민 서비스 제공에 앞서 관계기관, 지역주민, 전문가 등 다양한 계층을 대상으로 2013년 이후 지속적인 의견수렴 및 공청회를 진행하였다. 의견수렴을 통해 국민에게 민감한 범죄, 침수 등의 정보를 주거지역 전체에 표출하는 것이 아니라 도로 및 보행길 등 비거주지역으로 제한하여 서비스를 제공하고 있으며, 지역별 절대적인 비교를 제한하여 상대등급으로 정보를 제공하고 있다.

생활안전지도는 8대 안전 분야 중 교통, 치안, 재난, 맞춤안전 분야 등 4대 안전분야에 한하여 전국 229개 시 · 군 · 구를 대상으로 2016년 1월에 처음 서비스를 제공하였다. 그리고 산업, 시설, 사고, 보건안전 분야는 15개 시 · 군 · 구에만 시범운영을 하다가 2018년 1월부터 대국민 전국 서비스를 시작하였다.

그림 3-28 생활안전지도(재난안전 분야) 화면

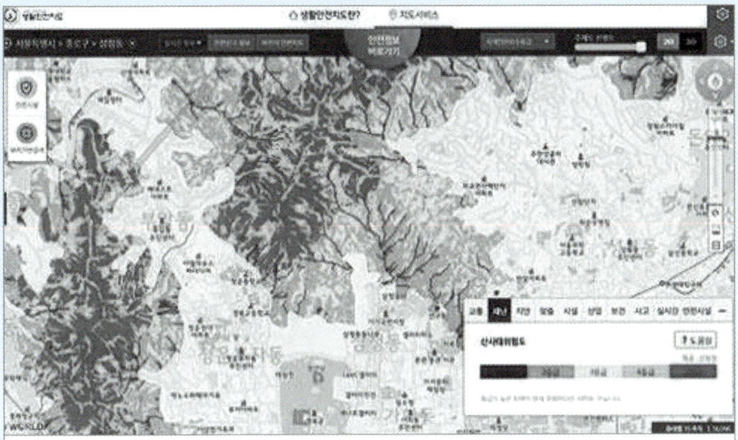

- 범죄 · 교통 · 재난 등 분야별 정보를 종합 분석하여 어린이 · 여성 등 안전 취약 계층별 맞춤형* 안전지도 제공
  - * 어린이 안전지도, 여성밤길 안전지도, 노인 안전지도 등 제공

출처: 행정안전부 홈페이지(www.mois.go.kr), 업무안내(생활안전지도)

세부 서비스 현황은 8대 분야 안전지도 184종, 병원 · 경찰서 등 안전시설 위치정보 44종 및 미세먼지 · 교통돌발(사고 · 공사) 정보 등 실시간정보 11종을 구축 완료하였고, 그동안 인터넷 웹에서만 공개하던 의료시설, 대피시설 등 안전시설 위치정보(37종)를 모바일 앱에도 적용하여 서비스를 제공하고 있다.

② 주요 내용

생활안전지도는 어린이, 여성, 노인 등 취약계층 대상 교통사고 및 범죄정보를 통해 제작한 맞춤안전 분야 서비스를 제공하고 있다. 어린이보행사고 잦은 지역, 스쿨존 교통사고 정보 등 어린이를 대상으로 발생한 교통사고정보와 범죄정보를 위치기반정보로 쉽게 확인할 수 있다. 여성밤길안전 서비스는 여성 대상 주요 4대 범죄(강도, 성폭행, 절도, 폭행)정보를 가로등, 방범등, 24시간 편의점, CCTV 등 안전시설정보와 함께 제공하고 있다. 특히, 여성 대상 범죄정보를 효율적으로 제공하기 위하여 안전시설정보를 밝게 표현하여 사용자들이 보다 안전한 길을 확인할 수 있도록 서비스를 제공하고 있다.

그림 3-29 생활안전지도 맞춤형 서비스

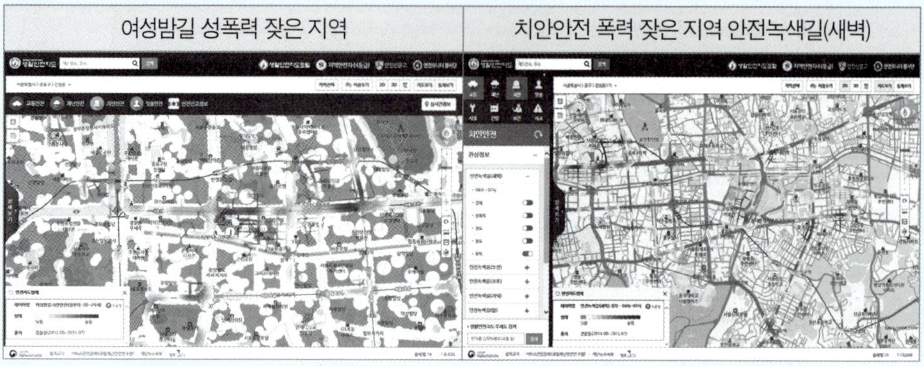

출처: 생활안전지도 홈페이지(www.safemap.go.kr)

또한, 치안안전 분야의 경우 주요 4대 범죄에 대한 위험정보와 보다 안전한 길을 알려주는 안전녹색길 서비스를 제공하고 있다. 안전녹색길은 위험정보를 시간대별(새벽, 오전, 오후, 저녁, 밤, 심야)로 구분하여 내 주변의 범죄정보를 시간대별로 쉽게 확인할 수 있는 정보를 제공하고 있다.

최근 우리나라뿐만 아니라 전 세계적으로 환경오염에 따른 스모그 현상이 발생하고 있다. 생활안전지도에서는 기상청에서 제공하는 대기오염도 측정치를 인체의 영향과 체감오염도를 고려하여 개발된 통합환경지수와 미세먼지, 초미세먼지, 이산화질소 등의 정보를 실시간으로 제공하고 있다. 이와 함께 여름철 식중독 예방을 위한 식중독지수와 겨울철 동파사고에 대비하기 위한 동파가능지수 정보 등 계절맞춤형 실시간 서비스를 추가로 제공할 계획이다. 또한, 각종 교통사고 및 도로공사 정보를 실시간으로 제공하는 교통돌발정보를 실시간으로 제공하고 있다.

생활안전지도는 2015년 7월 31일부터 국민이 직접 신고한 위험정보를 지도기반으로 쉽게 확인할 수 있도록 안전신문고와 안전모니터봉사단에서 제공하는 각종 위해요소 신고정보와 신고처리 현황정보를 위치기반으로 제공하고 있다. 안전모니터봉사단의 경우 2015년 3월 생활안전지도기반 안전신고 서비스로 개편하여 위치기반 신고 서비스로 고도화하였다. 안전모니터 봉사단을 통해 신고된 각종 위험정보는 1일 단위로 생활안전지도에 제공되어 안전정보 서비스에서 우리 주변 안전신고정보를 쉽게 확인할 수 있다. 안전신문고의 경우 서비스 공개 이후 해마

그림 3-30 연도별 안전신문고 안전신고 접수통계 현황

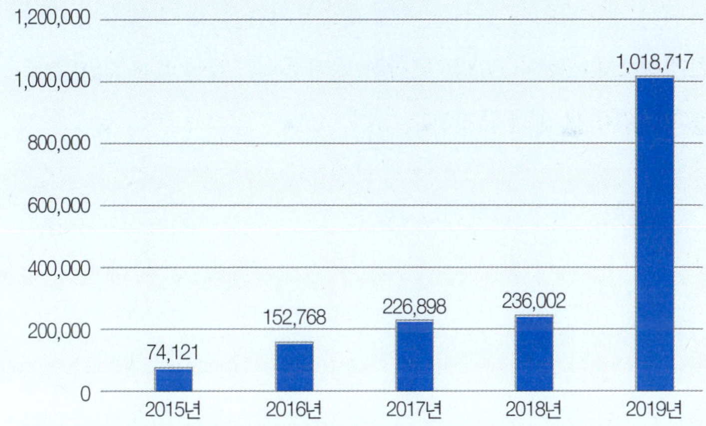

출처: 안전신문고(www.safereport.go.kr) 안전신고 통계

다 안전신고 건수가 폭발적으로 증가하여 2015년도에 7만 4천여 건에서 2019년도에는 101만 8천 건이 넘는 신고가 접수되었으며, 이 중 개인정보를 제외하고 위치기반정보로 활용할 수 있는 현황정보를 생활안전지도를 통해 제공하고 있다.

2015년부터 시작된 공공데이터정보 개방을 통해 12개의 지자체에서 생활안전지도기반 안전정보 서비스를 제작하고 공개하였다. 광주광역시 남구의 경우 인터넷을 사용하지 못하는 어르신을 위하여 생활안전지도정보와 남구의 각종 시설정보를 융합한 마을안전지도를 주민들에게 배포하였다. 또한 경상북도 경주시, 포항시, 안동시 등 9개 시 · 군 · 구를 대상으로 제작된 '안심이 모바일' 서비스를 구축하여 여성 및 학생들의 안전한 귀가정보를 제공하고 있다. 인천광역시에서는 시에서 보유하고 있는 CCTV정보와 생활안전지도에서 공동활용플랫폼으로 제공하고 있는 정보를 융합하여 'CCTV안전 촘촘지도'를 제작하여 안전취약지역에 대한 각종 범죄예방에 활용하고 있다.

(3) 민관협력과 자원봉사

① 개요

최근의 재난관리는 많은 분야의 협업을 통한 종합적인 문제해결방식을 절실히 필요로 한다. 특히 각 분야별 막대한 역량을 보유한 민간 부분의 단체와 조직이 정부와 긴밀한 협력체계를 구축하고 효율적인 재난관리 참여방안의 필요성이 대두되면서 재난관리에 있어 민관협력의 분야는 점차 그 중요성이 커지고 있다. 「재난안전법」 제12조의 2-3은 이러한 민관협력체계를 효율적으로 구축하기 위한 민관협력위원회에 대해 규정하고 있다.

② 연혁

2013년에 발족한 '재난안전민관협력위원회'는 2015년에 '중앙민관협력위원회'로 명칭이 변경되었으며, 민관협력위원회는 중앙민관협력위원회와 지역민관협력위원회로 구성된다. 또한 「재난안전법」에 규정되어 있는 13개 협업기능에 자원봉사 관리가 포함되면서 재난이 발생하였을 때 자원봉사자들이 체계적으로 대응하기 위한 정기적인 민관합동훈련도 실시되고 있다.

③ 주요 내용

중앙안전관리민관협력위원회(이하 '중앙민관협력위원회')는 민간단체와의 인적 · 물적 협력체계를 확대하기 위해 30여 개 민간단체 대표자 등 위원이 위촉되며 각 시 · 도에도 지역민관협력위원회 구성 · 운영 표준조례를 시행하여 지역 차원의 별도 민관협력체계를 구축하고 있다. 구성은 총 35명으로 정부위원 4명, 민간위원 31명으로 되어 있으며 임기는 2년이다. 중앙민관협력위원회는 3개 분과위원회(예방 · 대응 · 지원)와 1개 재난긴급대응단으로 편성되어 있으며 주요 기능으로는 ① 재난 및 안전관리 민관협력 활동에 관한 협의, ② 재난 발생 시 인적 · 물적 자원 동원, ⑤ 인명구조 · 피해복구 활동 참여 협의 등이다.

통합자원봉사지원센터는 재난 발생 시 지자체 자원봉사활동의 원활한 협업체계 구축을 위해 구성되었다. 일반적으로 자원봉사자 운용 및 관리조직은 크게 두 가지가 있는데, 하나는 자원봉사센터로 중앙-시 · 도-시 · 군 · 구 센터로 구성되어 센터별로 4~40명의 직원이 근무하며 민간단체나 개인이 등록되어 자원봉사자로 활동하고 있다. 또 하나는 대한적십자사로 각 시 · 도지사와 산하 희망나눔센터를 기반으로 사회봉사와 재난구호업무를 수행하고 있다. 이러한 자원봉사센터와 지자체 간 원활한 의사소통과 체계적인 봉사활동을 위한 다양한 체계와 훈련이 지속적으로 실시되고 있다. 2016년 재난 시 자원봉사업무에 대해 자원봉사 담당부서로 일원화하고 지대본 · 통합지원본부 · 각 자원봉사지원센터 간 연계 훈련과 교육을 지속적으로 실시하고 있다.

재난관리 민간단체는 법정 민간단체와 비영리민간단체로 구분되는데 법정 민간단체는 의용소방대, 지역자율방재단, 전국재해구호협회 등이며 비영리민간단체는 한국자원봉사협의회 등이 있다. 지역자율방재단은 전국 228개 시 · 군 · 구 단위에 5만여 명의 자율방재단이 구성되었으며 시 · 도연합회와 전국연합회가 있다. 재난 발생 시 신속한 현장 투입을 위하여 자율방재단원 개인별 교육 · 훈련 실적, 자격증 · 장비 보유현황 등 개인 이력을 전산화하고 역량 강화를 위한 맞춤형 교육을 실시하고 있다. 한편, 재난구호 분야에 있어서도 민관협력모델을 접목하여 기업의 사회적 책임(Corporate Social Responsibility, CSR)을 다하고자 활발한 사회공헌 활동을 실천하고 있는 민간기업과의 재난구호를 위한 협력이 활발히 이루어지고 있다.

사례 지역자율방재단

정부에서 코로나19 확산 방지를 위해 총력을 기울이고 있는 가운데 그간 각종 재난상황에서 '우리 동네 지킴이' 역할을 수행하였던 지역자율방재단이 이번 코로나19 감염병 재난에도 지역사회 안전을 위해 방역 활동에 전념하고 있나.

'19년 강원도 산불, 태풍 '미탁' 등 국가적인 재난이 발생했을 때 연인원 40만 명이 3만여 회에 걸쳐 재난극복을 위해 헌신적으로 참여하였다.

이번에도 코로나19 확산 초기부터 지자체의 감염병 확산 방지 활동에 동참하고 있으며, 특히 인력이 부족한 지역 보건소와 협력하여 방역과 소독에 힘을 보태고 있다.

행정안전부에 따르면 확진자 발생 때부터 현재까지 전국 164개 지자체에서 6,186회, 연인원 46,536명의 지역자율방재단이 방역 활동에 참여한 것으로 조사되었다.

■ 지역자율방재단 구성 · 운영 현황

- (설립근거) 「자연재해대책법」 66조 (2005년 설립근거 마련)
- (활동현황) 226개 시 · 군 · 구 전국 58,221명('19년 말 기준)
  - 시 · 도연합회(17개) : 시 · 군 · 구 단장 · 부단장을 회원으로 구성
  - 전국연합회(1개) : 시 · 도 연합회 회장 · 부회장을 회원으로 구성
- (주요활동) 재난위험지역 예찰 · 신고 등의 사전대비 업무, 재난이 발생했을 때 응급복구 및 이재민 구호 활동 등 참여

출처 행정안전부 보도자료('20.4.23), 전국 지역자율방재단, 코로나19 방역 활동에 구슬땀

중앙과 지방정부는 재난관리 민관협력 활성화를 위해 제도적, 조직적인 지원을 강화하고 정보공유를 활성화하는 등 민간단체와의 소통을 강화하는 한편, 재난교육 및 훈련과 인센티브를 통해 민간단체의 재난관리 역량을 강화하여 체계적이고 원활한 현장지원이 이루어지도록 노력해야 한다.

4) 요약

국민안전을 위한 제도적 기반을 마련하더라도 현장에서 기본적인 안전수칙이 지켜지지 않는다면 국가의 안전정책은 의미를 잃게 된다. 재난 및 안전사고 예방을 위해서 행안부는 재난 및 안전정책에 대하여 국민들의 신뢰와 참여 협조를 확대하고 범국민의 안전관리역량을 강화하기 위해 안전문화운동을 전개하고 있다. 안전문화운동의 주요 내용은 공동체 중심의 안전문화운동 추진을 위해서는 중앙–지방, 민–관의 실질적 협력체계 구축이 중요하다. 안전문화 조성목표의 달성을 위해 안전문화 실천운동의 개념을 안전문화 실천운동의 3대 주체, 3대 수단, 그리고 3대 행정력으로 분류하여 정립하고 있다.

생애주기별 안전교육이란 개인이 성장단계별 특성에 따라 갖추어야 할 안전역량을 충족할 수 있도록 분야별 안전교육을 제공하는 것을 의미한다. 행안부에서는 이를 위해 다양한 정책을 추진 중에 있다. 또한 국민의 대상별 분야별 맞춤형 안전교육을 위하여 '국민안전실천 역량조사'를 실시하는데, 이는 국민 안전의식 수준에 대한 정기적 진단을 통해 이루어진다.

그동안 실행해왔던 방식은 주로 사건사고가 발생한 이후의 후속조치 형태로 국민들의 생활에 실질적인 도움을 주기에는 한계가 있기 때문에 국민이 쉽게 이해하고 참여하여 직접 안전한 도시를 만들어 갈 수 있는 도구가 필요하였다. 이에 따라 행안부는 '지역안전지수', '생활안전지도' 등을 구축하였다.

지역안전지수는 정부부처와 지자체에 흩어져 있던 안전정보를 통합/분석하여 지자체의 안전수준을 평가할 수 있는 지표이며, 이러한 지표를 가지고 진단, 분석 기능을 제공하는 것을 '지역안전진단 시스템'이라 한다. 지자체에 불필요한 업무로 가중되지 않고 지표의 신뢰성이 확보될 수 있도록 세 가지 원칙이 고려되었는데, 이는 첫째, 지수 산출만을 목적으로 지자체에 자료 요구 등 업무로 작용하지 않도록 한다. 둘째, 평가자의 역량 등이 자치단체 안전수준 판단에 영향을 미치지 않도록 한다. 셋째, 지자체의 실효성 없는 사업들이 지수 상승에 반영되지 않도록 한다.

생활안전지도는 국토부의 브이월드 지도를 기반으로 행안부, 경찰청, 산림청 등 20여 개의 정부부처 및 기관에서 구축한 131종의 정보를 통합하여 통합된 안전정보를 국민이 쉽게 이해하고 활용할 수 있도록 8대 안전 분야 240종의 주제도를 구성하였다. 생활안전지도는 어린이, 여성, 노인 등의 취약계층 대상 맞춤정보 및 대기오염, 식중독지수, 및 동파가능지수 등도 실시간으로 제공하고 있다.

최근의 재난관리는 많은 분야의 협업을 통한 종합적 문제해결방식을 필요로 하며 재난관리에서의 민관협력 분야는 점차 그 중요성이 대두되고 있다. 중앙과 지방정부는 재난관리 민관협력 활성화를 위해 민간단체와의 소통을 강화하는 한편, 재난교육 및 훈련과 인센티브를 통해 민간단체의 재난관리역량을 강화하여 체계적이고 원활한 현장지원이 이루어지도록 노력해야 한다.

연습문제

01 국가안전관리계획의 체계와 역할을 설명하고, 기 수립된 현황과 내용을 정리하라.

02 재난관리평가 제도의 의의를 설명하고, 추진 연혁과 내용을 정리하라.

03 재난안전예산 사전협의란 무엇인가?

04 재난안전사업 평가란 무엇인가?

05 소방안전교부세의 개요와 연혁을 설명하라.

06 소방안전교부세의 세부교부기준을 설명하라.

07 소방안전교부세 교부 현황 및 대상사업을 설명하라.

08 재난안전관리 특별교부세란 무엇인가?

09 지방공공시설의 설치 등으로 인한 특별교부세란 무엇인가?

10 특별한 재정수요에 따른 교부세란 무엇인가?

11 재난안전산업을 정의하라.

12 재난안전산업 특수분류에 대해 설명하라.

13 안전문화운동의 개요, 연혁, 주요 내용 등에 대해 설명하라.

14 생애주기별 국민안전교육의 개요, 연혁, 주요 내용 등에 대해 설명하라.

15 지역안전지수의 개요와 주요 내용을 설명하라.

16 생활안전지도의 개요와 주요 내용을 설명하라.

17 민간협력과 자원봉사의 개요, 연혁, 주요 내용 등에 대해 설명하라.

제 4 장

우리나라 재난의 유형과 주요 사례

2

1 재난의 개념과 유형

재난의 정의는 국가별 · 시대별 및 사회적 배경에 따라 많은 의미가 혼용되어 왔으며, 각 견해에 따라서 분류가 다양하게 발전하였다. 재난의 개념과 분류는 학자들의 견해에 따라 달라질 수 있는데, 이는 각 나라별로 경험한 재난과 관련된 역사적 상황이나 사회적인 환경이 매우 다양하기 때문이다. 특히 근대를 거쳐 경제 · 사회적으로 급속한 변화와 발전을 이룬 현대사회에 이르러서는 과거보다 재난의 대상과 범위가 확대되고 있는 추세로 그 어느 시대보다 재난이 우리에게 끼치는 영향력을 실감하고 있다.

우리말로 재난(災難) 또는 재해(災害)로 번역되는 영어 단어 disaster는 'dis'와 'aster'가 합쳐진 단어이다. 'dis'는 분리, 파괴, 불일치 등을 의미하고, 'aster'는 별을 의미하기 때문에 disaster의 어원상 의미는 '불길한 별'이다. 즉, disaster는 '별의 분리나 파괴 등으로 행성의 배열이 맞지 않아 갑작스럽게 생기는 대규모 불행'이라는 뜻으로 해석할 수 있다. 즉, 인류의 역사와 함께 시작된 재난 또는 재해라는 단어는 원래 태풍, 홍수, 지진처럼 자연현상에 의해 발생하는 대규모 피해 또는 이러한 피해를 유발하는 사건을 지칭하는 것이었다. 그러나 문명의 발달로 원자력 발전소나 화학단지와 같은 고위험 시설들이 만들어지고, 기술적 결함이나 테러와 같은 고의적 행위로 이 시설들이 붕괴되거나 대규모 피해를 입는 상황이 발생하고, 에볼라 바이러스나 코로나19와 같은 전 세계적인 전염병이 발생하기 시작하면서, 발생원인에 상관없이 국가나 사회에 대규모 피해를 주는 모든 사건이나 사

그림 4-5 태풍 매미로 인한 강풍에 따른 크레인 붕괴('03.9.)

출처: 소방방재청(2009), 재난관리 60년사

을 만큼 강풍을 동반하였다. 태풍 매미가 동반한 강풍으로 인해 부산지역에서 기간산업시설인 송전탑과 주요 수출 · 입항 대형 크레인 등이 붕괴되어 전력공급과 국제교역에 큰 차질이 발생하였다. 태풍 매미 이후, 강풍으로 인한 피해를 줄이기 위해 '내풍 설계기준' 제도가 도입되었다.

이 밖에도 2005년 10월 21일부터 24일까지 동해안 지역에 강한 바람이 불어 11명이 사망, 실종되는 인명피해와 선박 · 어망 등 83억 원의 재산피해를 입기도 하였다.

(4) 풍랑

① 풍랑의 특징

풍랑이란 강풍으로 인해 해상에서 파도가 발생하여 생기는 피해를 의미한다. 풍랑특보 발표기준은 풍랑주의보와 풍랑경보로 구분된다.

표 4-8 풍랑특보 발표기준

구분	발표기준
풍랑주의보	해상에서 풍속 14m/s 이상이 3시간 이상 지속되거나 유의파고가 3m 이상이 예상될 때
풍랑경보	해상에서 풍속 21m/s 이상이 3시간 이상 지속되거나 유의파고가 5m 이상이 예상될 때

출처: 기상청 홈페이지(www.kma.go.kr), 날씨누리(특보 · 예보)

② 풍랑으로 인한 주요 피해 사례

풍랑으로 인한 피해는 주로 너울성 파도에 의해 발생되는데, 너울성 파도란 육지에서 멀리 떨어져 있는 저기압이나 태풍권 안에서 일어난 풍랑이 육지방향 해면으로 밀려오는 현상으로 해안으로 다가오면서 파고와 속도, 바닷물의 양이 갑자기 증가하는 것을 말한다.

그림 4-6 풍랑으로 인한 부상송도해수욕장 너울성 파도('02.8.12.)

출처: 소방방재청(2009), 재난관리 60년사

2006년에서 2015년 사이에 풍랑으로 약 656억 원의 재산 피해가 발생하였으며, 같은 기간 동안에 보고된 인명피해는 없었다.

(5) 해일

① 해일의 정의와 특징

해일이란 해안에 발달한 저기압 또는 해저의 화산활동으로 인해 급작스러운 수위 상승이 발생하거나 바다의 해수면이 단파의 형태를 가지고 육지로 유입되는 사고를 의미한다. 해일에는 크게 폭풍해일과 지진해일이 있으며, 특보는 주의보와 경보로 구분하여 발표된다. 폭풍해일특보 발표기준은 주의보와 경보 모두 천문조, 폭풍, 저기압 등의 복합적인 영향으로 해수면이 상승하여 발효기준값 이상이 예상될 때이다. 발효기준값은 지역별로 별도 지정된다.

표 4-9 지진해일 통보 발표기준

구분	발표기준
지진해일 주의보	규모 6.0 이상의 해저지진이 발생하여 우리나라 해안가에 해일파고 0.5~1.0m 미만의 지진해일 내습이 예상될 때
지진해일경보	규모 6.0 이상의 해저지진이 발생하여 우리나라 해안가에 해일파고 1.0m 이상의 지진해일 내습이 예상될 때

출처: 기상청 홈페이지(www.kma.go.kr), 날씨누리(특보 · 예보)

② 해일로 인한 주요 피해 사례

1983년 5월 26일 임원항에 지진해일이 내습했을 때 약 3억 7천만 원의 재산피해가 발생하였다. 피해원인은 1983년 5월 26일 일본 아키타현 서쪽 근해에서 발생한 규모 7.7 지진이 동해항과 임원항에 최고 4m의 지진해일을 발생시켰기 때문이다. 지진해일로 사망 1명, 실종 2명, 부상 2명(총 5명)의 사상자가 발생하고, 총 3억 7천여만 원의 재산피해가 발생하였다. 선박피해는 총 81척으로 전파 47척, 반파 34척

그림 4-7 해일내습에 따른 침수된 임원항('83.05.06.)

출처: 내무부(1995), 재해극복 30년사

이 피해를 입었으며, 가옥 44동이 파손되었다.

1993년 일본 홋카이도 오쿠시리섬 지진으로 우리나라 동해안에 해일이 왔을 때 약 3억 9천만 원의 재산피해와 5명의 인명피해가 발생하였다. 일본의 북서 근해에서 대규모 지진이 발생하면, 한 시간 내지 한 시간 반 후에 지진해일이 동해안에 도달한다. 지진해일은 심해에서는 파고가 작아 눈에 잘 띄지 않지만, 해안 근처의 얕은 곳에서 갑자기 커져서 해안에 큰 피해를 주는 경향이 있다.

2003년 9월 마산에 태풍 매미로 인한 폭풍해일이 내습하여 큰 피해가 발생하였다. 피해 발생원인은 태풍 매미의 영향으로 해수면이 급격하게 높아져, 내륙까지 바닷물이 유입되었기 때문이다. 해안가에서 1km 이상 떨어진 곳까지 바닷물이 유입되었고, 지상은 1m가량 바닷물로 잠겼다. 이로 인해 차량 7천여 대가 침수되는 등 6천 600억 원의 재산피해가 발생하고, 인명피해도 사망 13명, 실종 5명이 발생하였다.

(6) 대설

① 대설의 특징

대설이란 강설로 인해 교통두절, 고립 또는 농작물, 동 · 식물 등의 생육에 악영향을 끼치는 현상을 의미한다. 대설특보는 주의보와 경보로 구분하여 발표된다. 대설주의보는 24시간 동안 새롭게 내린 눈의 양이 5cm 이상 예상될 때 발표되고, 대설경보는 24시간 동안 새롭게 내린 눈의 양이 20cm 이상 예상될 때 발표된다. 다만, 산지는 24시간 신적설이 30cm 이상 예상될 때 발표된다.

② 대설로 인한 주요 피해 사례

2000년부터 2019년까지 대설로 인한 재산피해는 약 1조 4천 9백억 원이 발생하였고, 이 기간 중 대설로 인한 인명피해는 2001년 1월에 4명 그리고 2005년 12월에 14명의 사망, 실종자가 발생한 적이 있었다.

2005년 12월 3일부터 24일까지 강한 바람과 한파를 동반한 많은 눈이 내려 강원, 충남 등 11개 시 · 도에서 5,206억 원의 재산피해가 발생하고 사망 · 실종 14명, 이재민 6,511명/2,180세대가 발생하는 등 유례없는 피해를 입었다. 20여 일이 넘게 장기간에 걸쳐 한파까지 동반하면서 많은 눈이 내려 피해가 가중되었다.

그림 4-8 중부지방 대설로 인한 대전시 모습('04.03.05.)

출처: 소방방재청(2009), 재난관리 60년사

표 4-10 과거 20년간 주요 대설피해 현황

발생기간	피해 지역	인명피해(명)	재산피해(억 원)
2001.1.7.~9	12개 시 · 도(전국 일원)	4	66
2004.3.4.~5	10개 시 · 도 82개 시 · 군 · 구(전국 일원)	–	6,734
2005.12.3.~23	9개 시 · 도 57개 시 · 군 · 구(전국 일원)	14	5,206
2010.12.29.~2011.1.4	6개 시 · 도 32개 시 · 군 · 구	–	383
2011.2.11.~14	4개 시 · 도 21개 시 · 군 · 구	–	360
2014. 2.6~14	5개 시 · 도 23개 시 · 군 · 구	–	179
2016. 1.17~25	7개 시 · 도 38개 시 · 군 · 구	–	185
2018.3.7.~9	6개 시 · 도 34개 시 · 군 · 구	–	135

출처: 행정안전부 재해연보(2000~2019년)

2) 가뭄

가뭄이란 특정 지역에 일정기간 이상 강수가 없거나 가용수자원이 고갈되어 용수공급 및 농작물이나 동식물의 생육에 지장이 발생하는 현상을 의미한다. 가뭄은 크게 기상학적 가뭄, 수문학적 가뭄, 농업적 가뭄, 사회경제적 가뭄으로 분류한다. 기상청에서 정의하는 '기상학적 가뭄'은 최장 1개월 이상의 기간에 걸쳐 강수량이 감소하여 피해가 발생하는 가뭄을 말하며, 국토교통부에서 정의하는 '수문학적 가뭄'은 수자원 전체가 계절적 평균치에 모자라서 피해가 발생하는 가뭄을 의미한다. 농림축산식품부에서 정의하는 '농업적 가뭄'은 작물생육에 필요한 토양수분이 부족하여 농작물 피해가 발생하는 가뭄을 의미하며, 행정안전부에서 정의하는 '사회·경제학적 가뭄'은 생활용수, 공업용수, 농업용수의 부족으로 피해가 발생하는 가뭄을 의미한다. 가뭄의 분류에 따른 특징을 정리하면 **그림 4-9**와 같다.

그림 4-9 가뭄의 분류

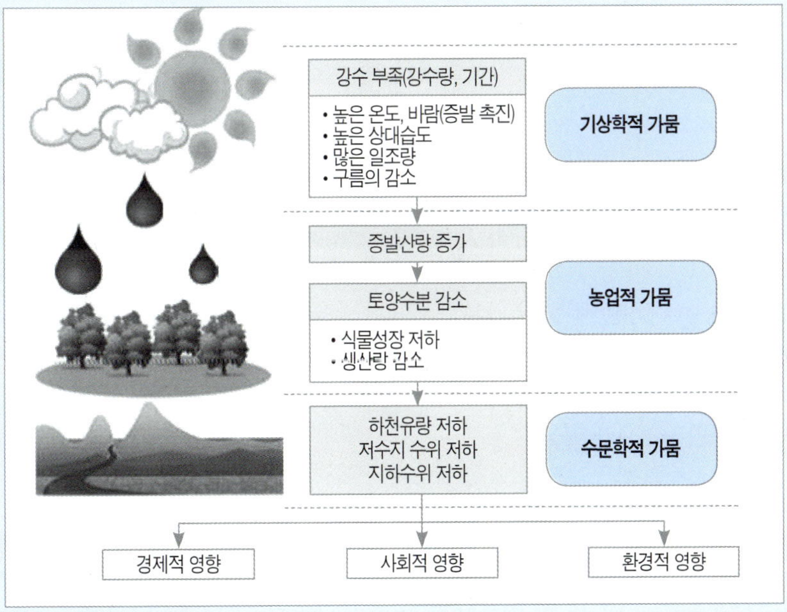

출처: 한국수자원공사 가뭄정보시스템

가뭄은 피해에 대한 정확한 산정이 어려우며, 우리나라에서 아직 가뭄으로 인한 인명피해 사례는 보고되지 않았다. 국가가뭄정보통계에 따르면 가뭄피해가 매년 발생한 것이 아니라 강수량에 따라 불규칙적으로 발생하다가 2000년 이후부터 전국 또는 지역적으로 가뭄 발생빈도가 많아졌고, 특히 2006년 이후로 매년 가뭄피해가 발생한 것으로 나타났다.

2012년 5~6월에는 경기, 강원 등 10개 시·도에서 평년보다 현저히 적은 강수량(평년 대비 32%)으로 농경지 11,500ha가 피해를 입었으며, 또한 2014년 가뭄이 2015년까지 지속되어 강원, 충남 등 7개 시·도에서 농경지 7,300ha가 피해를 입고 특히 한강 유역 역대 1번째, 금강 유역 역대 1번째 최저 강수량을 기록하는 등 연중 극심한 강수 부족으로 인해 생활용수가 부족하여 제한급수를 실시하기도 하였다.

2016년에도 경기, 강원 등 8개 시·도에서 평년의 62% 수준밖에 안 되는 적은 강수량으로 인해 생활용수를 제한급수하는 한편, 특히 급수가 보급되지 않는 강원, 경기, 경북 등 일부 도서·산간지역은 급수를 운반, 보급받는 불편을 겪기도 하였다. 또한 2018년에는 1~3월에 강원, 경기도 등 8개 시·도에서 생활용수가 부족하여 역시 운반급수나 제한급수를 실시하였는데 특히 서울, 인천, 경기, 강원이 1월에 평년과 비교하여 강수량이 25% 수준에 불과하여 생활용수가 많이 부족하였다. 또한 7~8월 여름철에는 제주, 강원도 등 9개 시·도에서 농업용수 부족으로 농작물 피해가 발생하였다.

표 4-11 최근 20년간 주요 가뭄 현황

연도	가뭄시기	가뭄지역	가뭄면적 (천ha)	가뭄상황
2006	3월	광주, 전남	–	• 3월 광주, 전남지역의 강수량은 최근 10년 대비 38%
	8~10월	충남, 영남, 호남	–	• 8~10월 충남, 영남, 호남지역의 강수량은 평년 대비 30%
2008~ 2009	9월~ 2월	전남, 경남, 강원	국지적 피해 생활용수 제한급수	• 전국 평균 강수량은 평년 대비 46.4% • 경남, 전남, 강원 동해지역 가뭄 극심 – '08. 9월~'09. 5월, 9만 7천여 세대 22만·8천여 명 제한급수
2012	5~6월	경기, 강원 등 10개 시·도	11.5 (논5, 밭6.5)	• 전국 평균 강수량은 평년 대비 32% – 경기 15%, 충남 19%, 전북 21%, 전남 23% • 5월 전국 강수량은 평년 대비 39% • 6월 전국 농업용 저수지의 저수율은 40%로 평년(61%)의 66%
2015	연중	강원, 인천, 충남, 충북, 전남, 전북, 경북	7.3 (논2.8, 밭4.5) 생활용수 제한급수	• 전국 평균 강수량은 평년 대비 62% – 중부지방 45~54% – '14년 가뭄이 '15년까지 발생('14년에 비해 더욱 극심) • 한강유역 역대 1번째, 금강유역 역대 2번째 최저 강수량 기록 – 소양강댐은 역대 최저 월평균 저수위(153.2m) 기록

연도	가뭄시기	가뭄지역	가뭄면적 (천ha)	가뭄상황
		충남	생활용수 급수조정 (충남 7개 시 · 군, 20% 감량)	• 7~9월 보령댐은 홍수기 강수량이 예년의 1/3 수준에도 못 미침 • 11월 보령댐의 저수율은 최저 18.9% 기록
2016	8~9월	충남, 전북 등 5개 도	39.8 (논10.2, 밭29.6)	• 9월 전국 농업용 저수지의 저수율은 49%로 평년(76%) 대비 65%
2016	1~12월	강원, 경기 등 8개 시 · 도	생활용수 제한급수	• 6~8월 전국 강수량은 446mm로 평년 대비 62% • 급수 미보급지역인 강원, 경기, 경북 등 일부 도서 · 산간지역에 운반 · 제한급수 실시 • 3~8월 중 가뭄이 발생한 전남, 인천 일부 도서 · 산간지역에 운반 · 제한급수 실시
2018	1~3월	강원, 경기 등 8개 시 · 도	생활용수	• 1~2월 전국 강수량은 538mm로 평년대비 85% – 특히 서울 · 인천 · 경기, 강원은 1월에 평년대비 25% • 13개 시군은 생활용수 부족으로 운반급수, 제한급수 실시 – 특히 강원 속초시의 경우 상수도 보급지역임에도 2.6~3.5기간 중 제한 급수로 가장 큰 피해 발생
	7~8월	제주, 강원 등 9개 시 · 도	2.3 (논0.3, 밭2) 생활용수	• 농업용수 부족으로 54개 시 · 군에서 논의 물마름 및 밭 시듦 피해 발생 – 강원 횡성군은 논 물마름 피해, 강원 양구군은 밭 시듦이 가장 심각 • 전남 완도 일부지역은 2017. 7~8월부터 2018년까지 제한급수 실시

출처: 행정안전부(2020), 2018 국가가뭄정보통계집, pp. 331~334(일부 수정인용)

3) 지진재난

(1) 지진재난의 정의와 특징

지진이 일어나는 원리는 탄성 반발이다. 이 원리를 쉽게 이해할 수 있게 설명하는 대표적인 예가 소시지이다. 소시지의 양 끝을 잡고 살짝 구부리면 탄력이 있어 형태의 파손 없이 휘어지기만 하지만 더 많은 힘으로 구부리게 되면 결국 부러지고 만다. 이때 휘어졌던 부분은 다시 원래대로 펴지게 된다. 이와 같이 지층도 힘을 받게 되면 처음에는 휘어지다가 지탱할 수 없을 정도의 힘이 쌓이게 되면 지층이 끊어지고 단층이 생기게 된다. 바로 이때 원래의 모습으로 돌아가려는 반발력으로 지진이 발생한다.

대부분의 지진은 오랜 기간에 걸쳐 대륙의 이동, 산맥의 형성, 해저의 확장 등에 작용하는 지구 내부의 커다란 힘에 의하여 발생되며 화산활동으로도 지진이 발생하지만, 이 경우에는 그 규모가 비교적 작은 편이다. 이 밖에 폭발물에 의해 인공적으로 지진이 발생하기도 한다. 지진이 일어나는 원인인 에너지가 발생된 점을 진원, 진원에서 수직으로 연결된 지표면을 진앙이라 한다. 진앙은 진원에서 가장 가까운 지표이기 때문에 가장 큰 피해를 입는다.

지진은 그 형태와 발생하는 원인에 따라 구조지진, 화산지진, 함몰지진으로 나뉜다. 대표적인 사례로 1906년 4월 18일 미국에서 발생한 산안드레아스 단층은 구조지진이었다.

(2) 지진으로 인한 주요 피해 사례

① 2016년 경주 지진

추석 명절을 앞둔 2016년 9월 12일 19시 44분경 경주시 남남서쪽 8.2km 지역(35.77° N, 129.19° E)에서 규모 5.1의 전진이 발생한 이후, 20시 32분경 경주시 남남서쪽 8.7km 지역(35.76° N, 129.19° E)에서 규모 5.8의 본진이 발생하였다. 이후 9월 19

그림 4-10 9.12 지진 진도분포도

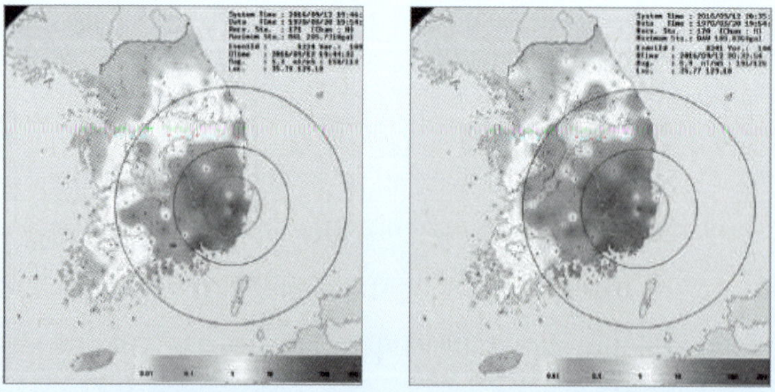

규모 5.1(전진) 진도분포도　　규모5.8(본진) 진도분포도

출처: 국민안전처, 9.12 지진백서

일 20시 33분에 규모 4.5의 여진이 발생하였다. 9.12 지진은 국내 계기지진 관측 이래 역대 최대 규모의 지진으로서 전국 대부분의 지역에서 진동을 느낄 수 있었으며, 경주 · 대구에서 최대 진도VI, 부산 · 울산 · 창원에서 진도V가 감지되었다.

9 · 12 지진은 단층면 분석 결과 전형적인 주향이동단층으로, 2011년 3월 11일 일본 도후쿠(東北) 지방에서 발생한 규모 9.0의 동일본대지진의 영향으로 한반도에 응력 불균형이 발생하고, 이러한 힘이 단층을 움직여 지진이 발생한 것으로 추정하고 있다. 전진의 최대 진도는 V, 본진의 최대 진도는 VI으로, 본 지진은 1978년 대한민국 지진 관측 이래 역대 최강의 지진이었다. 국내 발생했던 육상지진으로는 충청북도 속리산에서 규모 5.2, 충청남도 홍성군에서 규모 5.0의 지진 발생 이후 38년 만의 대형 지진이며 한반도에서는 1980년 평안북도 의주 · 삭주 · 구성 지역에서 규모 5.3의 지진 발생 후 36년 만의 대형 지진이다.

진앙지에 위치하는 경주시 및 인근 지역에서는 건물 균열 및 부분파손 등의 시설물피해, 낙하물에 의한 인명피해, 일시적인 트래픽 증가로 인한 통신장애 등의 피해가 발생하였다. 경주시가 9월 26일 기준으로 집계한 직접피해 현황에 따르면 인명피해 6명, 재산피해 4,966건 등 약 35억 원의 피해를 입었으며, 공공시설은 182건으로 약 58억 원의 피해를 입었다. 사유재산은 주택전파 5건, 반파 24건, 주택소파(기와파손, 벽체균열 등)는 4,967건으로 집계되었다. 이 밖에 문화재의 경우 59건으로 약 50억 원의 피해를 입은 것으로 나타났다. 이는 더 이상 우리나라가 지진

그림 4-11 지진 발생 시 진원

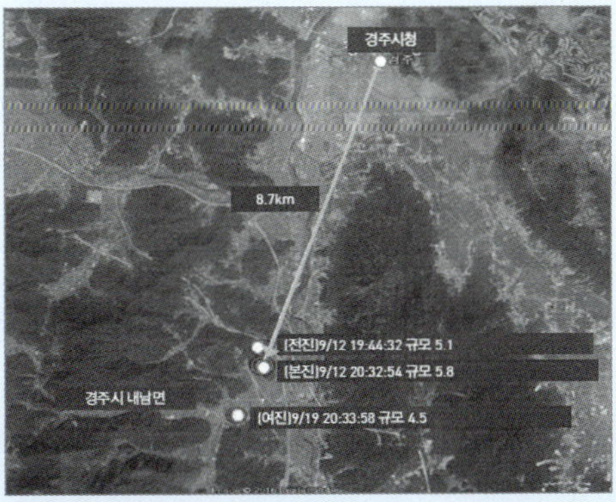

출처: 국민안전처, 9.12 지진백서

에 안전지대가 아니며, 지진에 의한 국내의 인명손실 및 재산피해가 발생할 수 있다는 경각심을 심어주는 지진이었다.

지진 여파로 부산국제금융센터에 필수인력을 제외한 모든 인원에게 대피령이 내려졌고, 부산 도시철도 1~4호선이 5분간 정지되었다. 월성원자력발전소의 1~4호기에 수동으로 가동 중지 조치가 취해졌으며, 울산화력발전소의 LNG 복합화력발전 4호기도 가동을 중지하였다. 또한 카카오톡이 일시적으로 불통되기도 하였다. 그 외에도 일본에서는 규슈와 쓰시마 섬 등 서부 일부 지역에서도 지진이 감지되었던 것으로 보인다. 불국사 대웅전 지붕 및 오릉 담장 일부 기와가 탈락됐고, 석굴암 진입로에 낙석이 발생한 것으로 파악됐으며, 첨성대의 꼭대기 돌이 심하게 기울어진 것으로 파악됐다.

② 2017년 포항 지진

2017년 11월 15일에는 우리나라 지진 관측 이래 두 번째로 큰 규모 5.4의 지진이 포항에서 발생하였다. 이날 발생한 지진으로 대피 중에 넘어지거나 낙하물에 의해 부상을 당한 사람만 92명이었고, 총 27,000여 개소의 시설이 피해를 입어 피해금액만 551억 원에 달하였다.

기상청은 행정안전부 CBS시스템을 활용하여 지진 발생 후 35초 만에 전국적으로 긴급재난문자를 발송하였다. 2016년 9.12 지진의 경우와 비교하면 문자발송 시간이 대폭 감소하였다. 이는 지진 재난문자 발송체계 일환의 결실이었다. 수도권 대다수의 국민들은 지진의 진동보다 빠른 재난문자를 통해 정부의 지진대응체계를 긍정적으로 평가하였다.

포항 지진의 경우 정부에서 지진정보를 35초 만에 제공한 것 이외에도 비상대응체계 가동과 의사결정이 신속하게 진행되었다. 지진 발생 10여 분 후인 오후 2시 43분에 중앙재난안전대책본부를 가동하고, 30분 만에 현장상황관리관을 포항으로 파견하기로 결정하였다. 행정안전부장관은 오후 4시 30분에 직접 현장으로 가서 현장의 피해상황을 직접 확인한 후 다음 날로 예정된 대학수학능력시험을 연기하도록 관련 부처에 건의하였으며, 재난으로 인하여 처음으로 수능시험이 연기되었다.

지진피해 수습을 위해 우선 지진피해시설물에 대한 긴급위험도평가를 실시하였다. 위험도평가는 지진 시 피해를 입은 주택을 중심으로 시설물의 사용가능 여부를 판단하는 제도이다. 신속한 위험도평가를 위하여 행정안전부, 국토교통부, 한국시설안전공단, 건축사협회 등 민간기관의 전문가들을 총동원하여 11월 16일부터 12월 15일까지 총 3,330개소에 대한 위험도평가를 실시하였다. 점검결과 위험 및 사용제한 등의 판정을 받은 100개소에 대해서 정밀점검을 하여 시설물의 보강 또는 철거 여부 등을 결정하기로 하였다.

포항 지진은 예상보다 큰 피해가 발생하고, 1년 전에 발생한 9.12 지진과는 피해양상에서 많은 차이가 있었다. 인구밀도가 높은 도시 인근 지역에서 발생한 점, 지진발생 깊이가 얕은 점 등으로 인하여 9.12 지진보다 훨씬 피해가 컸으며, 이로 인해 많은 이재민이 발생하였다. 이에 행정안전부에서는 실장급을 단장으로 행안부, 국토부, 교육부 등 11개 기관으로 구성된 '중앙수습지원단'을 가동하여 현장 인력 동원과 지자체에 수습방향 등을 조언하는 등 중앙정부의 역량을 일원화하여 재난수습에 많은 기여를 하였다.

2016년과 2017년에 잇달아 발생한 경주 지진과 포항 지진은 우리나라도 더 이상 지진의 안전지대가 아니라는 국민적 공감대를 형성하는 중요한 계기가 되었다.

표 4-12 국내 규모 5.0 이상 지진목록

발생시각	규모	깊이(km)	위도	경도	위치
2017/11/15 14:29:31	5.4	7	36.11 N	129.37 E	경북 포항시 북구 북쪽 8km 지역
2016/09/12 20:32:54	5.8	15	35.76 N	129.19 E	경북 경주시 남남서쪽 8.7km 지역
2016/09/12 19:44:32	5.1	15	35.77 N	129.19 E	경북 경주시 남남서쪽 8.2km 지역
2016/07/05 20:33:03	5.0	19	35.51 N	129.99 E	울산 동구 동쪽 52km 해역
2014/04/01 04:48:35	5.1		36.95 N	124.50 E	충남 태안군 서격렬비도 서북서쪽 100km 해역
2004/05/29 19:14:24	5.2	12	36.80 N	130.20 E	경북 울진군 동남동쪽 74km 해역
2003/03/30 20:10:53	5.0	19	37.80 N	123.70 E	인천 백령도 서남서쪽 88km 해역

출처: 기상청 날씨누리(www.weather.go.kr), 지진 · 화산(국내지진 목록)

4) 조류 대발생

조류 대발생이란 조류(식물플랑크톤)가 다량으로 번식하면서 하천, 호수, 또는 바닷물의 색이 적색, 녹색 또는 황갈색 등으로 변하고, 수산양식물 및 어업생산시설에 피해를 입히는 재난을 의미한다. 주의보, 경보, 특보로 구분하여 발표된다.

표 4-13 조류 대발생 발표기준

구분	발표기준
조류주의보	2회 연속 채취 시 클로로필-a 농도 15mg/m³ 이상, 남조류 세포수가 500cells/ml 이상일 때
조류경보	경보는 2회 연속 채취 시 클로로필-a 농도 25mg/m³ 이상, 남조류 세포수 5,000cells/ml 이상일 때
조류특보	특보는 2회 연속 채취 시 클로로필-a 농도 100mg/m³ 이상, 남조류 세포수 106cells/ml 이상일 때

출처: 물환경정보시스템(2019), 조류예보제: 발령기준(http://water.nier.go.kr/front/waterEASY/policy04_02.jsp)

규조류, 녹조류, 남조류 등 조류 유형에 따른 발생시기와 물빛 색깔은 다음 표 4-14와 같다.

표 4-14 조류 유형별 발생시기 및 물빛 색깔

구분	규조류	녹조류	남조류
현미경 사진	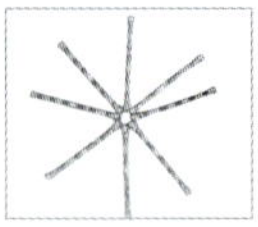	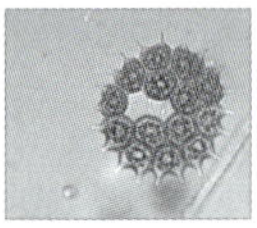	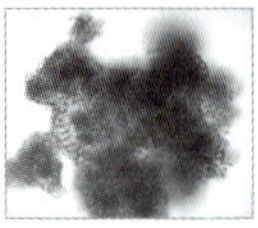
주 발생시기			
최적 성장수온	10℃ 이하	10℃~20℃	20℃~30℃
물빛 색깔	갈색	옅은녹색	진한녹색

출처: 물환경정보시스템, 조류정보방

적조란 적조원인 생물이 다량으로 번식해서 바닷물의 색이 적색 또는 황갈색 등으로 변하여, 수산양식물 및 어업생산시설에 피해를 입히는 재해를 의미한다. 「농어업재해대책법」 제2조와 「적조예찰 · 예보 및 피해방지에 관한 요령」(해양수산부훈령)에 그 내용이 규정되어 있다. 녹조는 강이나 호수에 남조류의 과다 성장으로 물의 색이 짙은 녹색으로 변하는 현상을 말한다. 이에 따른 조류는 강이나 바다 등 물속에 사는 작은 생물로 엽록소를 가지고 있어 광합성 작용을 하고 1차 생산조로 수생태계의 에너지 공급원으로써 꼭 필요하다. 사는 곳(바다－해조류, 민물－담수조류)과 서식 방법(부착조류, 부유조류)에 따라 분류되며, 담수 조류는 규조류(갈색), 녹조류(옅은 녹색), 남조류(남색)로 구분된다.

5) 요약

주요 자연재난으로는 풍수해, 가뭄, 지진 등을 들 수 있다.

풍수해는 「자연재해대책법」 제2조에 '태풍, 홍수, 호우, 강풍, 풍랑, 해일, 조수, 대설, 그 밖에 이에 준하는 자연현상으로 인하여 발생하는 재해'로 규정되어 있다. 가장 큰 태풍피해는 2002년 태풍 '루사'로 인해 발생했으며, 사망 213명, 실종 33명의 인명피해와 총 5조 1,479억 원의 재산피해를 기록했다. 호우, 강풍, 풍랑, 해일, 대설 등의 피해도 지속적으로 발생하고 있다.

가뭄이란 특정 지역에 일정기간 이상 강수가 없거나 가용 수자원이 고갈되어 용수 공급 및 농작물이나 동식물의 생육에 지장이 발생하는 현상을 의미한다. 2000년대 이후 주기적이고 지속적으로 가뭄이 발생하고 있다.

상대적으로 지진으로부터 안전한 것으로 평가받던 우리나라에서 최근 지진피해가 잇달아 발생했다. 2016년 경주에서 규모 5.8의 지진이 발생하여 인명피해 6명과 공공시설과 사유시설의 재산피해를 기록했다. 이듬해인 2017년 포항에서는 규모 5.4의 지진이 발생했으며, 부상자 92명과 재산피해 551억 원을 기록했다. 이를 계기로 우리나라가 더 이상 지진의 안전지대가 아니라는 국민적 공감대가 형성됐다.

조류 대발생은 조류(식물플랑크톤)가 다량으로 번식하면서 하천, 호수, 또는 바닷물의 색이 적색, 녹색 또는 황갈색 등으로 변하고, 수산양식물 및 어업생산시설에 피해를 입히는 재난이다.

3 사회재난 유형별 특징과 주요 재난 사례

1) 화재

(1) 화재의 특징

화재는 인위적, 부주의, 부실시공 등 다양한 요소들에 의해 발생되는 발화사고를 의미한다. 교통사고와 함께 화재로 인한 인명 및 재산피해가 전체 사회재난 중 대부분을 차지한다. 최근 20년간(2000년~2019년) 연평균 40,178건의 화재가 발생하였고, 화재로 인해 2,302명의 인명피해와 약 3,200억 원의 재산피해가 발생하였다. 고층, 대형, 지하구조물이 증가하고 사회가 복잡·다양화됨에 따라 화재 위험도 증가하고 있으며 화재보험금을 노린 방화, 불특정다수인을 노린 공공장소에서의 방화, '묻지마' 식 연쇄방화, 부주의 등 인적 요인에 의한 화재가 증가할 것으로 전망된다.

표 4-15 최근 20년간 화재 발생 및 피해 현황

연도별	발생(건)	인명피해(명)			재산피해(억 원)
		합 계	사 망	부 상	
2000	34,844	2,384	531	1,853	1,520
2001	36,169	2,376	516	1,860	1,698
2002	32,966	2,235	491	1,744	1,434
2003	31,372	2,833	744	2,089	1,516
2004	32,737	2,304	484	1,820	1,466
2005	32,340	2,342	505	1,837	1,714
2006	31,778	2,180	446	1,734	1,508
2007	47,882	2,459	424	2,035	2,484
2008	49,631	2,716	468	2,248	3,831

연도별	발생(건)	인명피해(명)			재산피해(억 원)
		합계	사망	부상	
2009	47,318	2,441	409	2,032	2,519
2010	41,863	1,892	304	1,588	2,665
2011	43,875	1,861	263	1,598	2,565
2012	43,249	2,222	267	1,955	2,894
2013	40,932	2,184	307	1,877	4,344
2014	42,135	2,181	325	1,856	4,053
2015	44,435	2,093	253	1,840	4,331
2016	43,413	2,024	306	1,718	4,206
2017	44,178	2,197	345	1,852	5,069
2018	42,338	2,594	369	2,225	5,597
2019	40,103	2,515	285	2,230	8,584
연평균	40,178	2,302	402	1,900	3,200

출처: 소방청 홈페이지(www.nfa.go.kr), 연도별 소방청 통계연보

(2) 화재로 인한 주요 피해 사례

① 1999년 인천 호프집 화재

1999년 10월 30일 18시 57분경에 인천 중구 인현동 27-41번지 4층 건물에서 화재가 발생하였다. 건물 내부 수리공사 중에 지하 노래방에서 아르바이트 학생 2명이 시너와 휘발유 중 어느 것이 빨리 불이 붙는지 알아보기 위해 바닥에 시너를 붓고 라이터를 켜는 순간 불이 인화되어 계단을 타고 2층 라이브 호프집으로 확산되면서 큰 피해가 발생하였다. 이 건물은 출입구가 하나뿐이고 비상계단도 없으며, 구조변경을 통하여 통유리로 교체하고 합판을 덧붙여 환기가 불가능하였다. 미관 · 단열 · 방음효과를 위하여 벽체, 천장 등에 가연성 우레탄폼 및 스티로폼을 사용하였으며, 이들이 연소하면서 연기 및 유독가스가 발생하였다. 또한 관계자와 직원의 소방안전의식이 부족하였고, 대다수 사상자들이 소방안전 경험과 위기상황의 판단력이 부족한 10대 중 · 고등학생이어서 다수의 인명피해가 발생하였다. 게다가 2층으로 불이 번졌을 때 호프집 주인이 술값을 받기 위해 현관 안쪽 유리문을 닫는 바람에 출입문으로 향하던 학생 56명이 빠져나가지 못하고 모두 숨

졌다. 사망자 중에는 10대 중 · 고교생들이 많아 많은 안타까움을 주었다. 이 사고로 사망 57명, 부상 80명, 총 137명의 인명피해가 발생하였고 6,400만 원 정도의 재산피해가 발생하였다.

정부는 이 화재사고를 계기로 국무총리 소속의 '민 · 관합동 안전관리대책기획단'을 설치 · 운영하고, 근본적이고 종합적인 화재안전대책을 마련하였다. 첫째, 이 건물은 출입구가 하나뿐이고 비상계단도 없어 큰 피해가 발생하였다. 이를 개선하기 위해 바닥면적이 200m² 이하의 다중시설 등에 반드시 2개 이상의 피난계단을 의무적으로 확보하여 화재 발생 시 신속하게 대피할 수 있도록 「건축법」을 개정하였다. 둘째, 미관, 단열, 방음효과를 위하여 벽체, 천장 등에 가연성 우레탄폼과 스티로폼을 사용해서 화재 발생 시 질식사하는 사례를 막기 위해서 유독가스가 발생하지 않는 불연자재를 사용하도록 의무화하였다. 또한 불법으로 청소년에게 주류를 판매한 업주나 업소에 대한 처벌 역시 강화하였다.

② 2003년 대구 지하철 화재

이 사고는 2003년 2월 18일 오전 9시 53분경, 대구광역시 중구 남일동 대구 지하철 1호선 중앙로역 내 전동차에서 발생하였다. 1079호 열차가 중앙로역에 들어설 무렵, 전동차 내에 탑승하고 있던 2급 장애인이 사회에 대한 불만으로 휘발유가 든 페트병에 불을 붙여 화염이 시트에 인화되면서 급격히 차 내부로 연소되고, 삽시간에 큰불로 번져서 많은 인명피해가 발생하였다. 대구지하철공사 소방안전

그림 4-12 화재로 소손된 대구지하철 내부('03.02.18)

출처: 소방방재청(2009), 재난관리 60년사

대책에는 '화재 발생 시 기관사는 운전사령에게 화재 발생상황을 급보하여 지시에 따른다'고 정해져 있으나, 1079호 기관사는 화재가 난 사실을 운전사령실에 보고하지 않았다. 즉시 보고만 했더라면 피해가 컸던 1080호의 중앙로역 진입은 막을 수 있었을 것이다. 또한 운전사령실 근무자들은 모니터 화면이 연기로 꽉 찰 때까지의 상황을 알지 못했다. 이 사고로 사망 192명, 부상 148명의 사상자가 발생하고, 재산피해는 약 614억 7,700만 원이 발생하였다.

감사원 감사 결과에 따르면, 전동차 내장재의 난연 성능 등에 대한 규정 부재, 전동차 제작 및 관리자의 도덕성 부재, 전동차 운행 승무원의 안전수칙 미준수, 그리고 시민들이 능동적으로 대처할 수 있는 국민안전교육 부재 등이 피해를 키운 원인이었다. 정부에서는 대구 지하철 화재사고 이후 국가재난관리시스템기획단을 설치 · 운영하여 종합적인 개선대책을 마련하는 한편, 자연재난, 인적재난, 사회적 재난을 통합 관리하는 「재난 및 안전관리 기본법」을 제정하였다.

③ 2017년 제천 스포츠센터 화재

2017년에 발생한 '제천 스포츠센터 화재'는 2017년 12월 21일 15시 53분 충청북도 제천시 하소동에 있는 스포츠센터에서 일어난 화재이다. 이 사건은 1층 주차장의 배관에 열선을 설치하는 작업을 하던 도중 천장 구조물에 불이 옮겨 붙었으며, 주차장에 있는 차량으로 옮겨 붙으면서 연소가 확대되었다. 16시에 출동대가 도착하였으나 1층의 차량들과 LP가스통의 폭발 위험성 때문에 신속한 접근이 이루어지지 못했다. 이 사고로 29명이 사망하고 36명이 부상을 입어 치료를 받았다. 불법주차로 인하여 굴절차를 설치하지 못한 데다 건물 구조의 문제로 여자 사우나 출입문이 제대로 작동하지 않았으며, 비상구가 창고로 이용되는 등 비상탈출이 용이하지 못하여 피해를 키웠다.

④ 2018년 고양 저유소 화재

2018년 10월 7일 오전 10시 56분쯤 경기도 고양시 덕양구 화전동 대한송유관공사 경인지사 옥외탱크 14기 중 하나인 휘발유 탱크에서 폭발이 일어났다. 경찰 수사 결과 탱크 주변에 건초더미가 쌓여 있었으며, 인화방지망이 뜯겨 있는 등 화재 위험에 상시 노출되어 있었던 것으로 조사되었다. 또한 「산업안전보건법」상 인화성 액체나 기체를 방출하는 시설에 설치해야 하는 화재예방장치인 화염방지기가 유증환기구 10개 중 1개에만 설치되어 있어 불씨를 원천 차단하지 못한 것으로 조사되었다. 이 화재사고로 인한 인명피해는 없었으나 총 피해금액은 휘발유 46억 원(약 282만 리터), 탱크 2기 총 69억 원, 기타 보수비용 2억 원 등 총 117억 원으로 집계되었다. 화재 진화에만 17시간이 소요됐고, 검은 연기가 서울 등 수도권 일부 지역으로 번져 시민들이 외출에 불편을 겪기도 했다.

⑤ 2018년 KT 화재

2018년 11월 24일 오전 11시 12분 서울특별시 서대문구 충정로 3가에 위치한 KT 아현지사 건물의 지하 통신구에서 화재가 발생하여 일대 KT망을 사용하는 기기들의 유무선 통신장애가 발생하였다. 이 사고로 인해 2018년 11월 24일 기준 서울 강북지역과 고양시 일부 등 유무선 통신에 장애가 일어났다. 가입자의 인터넷 사용뿐만 아니라 일반 유선전화와 휴대전화 KT의 인터넷망을 사용하는 KT IPTV 시청에도 문제가 있었으며, KT통신망으로 연결된 ATM이나 신용카드 단말기, IDC에서 호스팅하는 웹사이트의 접속이 불가능해지는 장애가 일어났다.

⑥ 2020년 한익스프레스 이천물류센터 화재

2020년 4월 29일 오후 1시 32분경 경기도 이천시 모가면에 소재한 한익스프레스 물류창고 건설현장에서 별다른 안전조치 없이 용접작업 중에 발생한 불티가 가연성 소재인 건물 천장의 벽면 우레탄폼에 튀면서 화재가 발생하였다. 사고 당시 지하 2층, 지상 4층의 건물 안에서 78명이 마감작업 중이었으며, 지하 2층에서 폭발과 화재가 일어난 뒤 순식간에 위층으로 불길과 연기가 퍼지는 바람에 미처 대피하지 못한 38명이 사망하고 10명이 중경상을 입는 등 48명의 다수 인명피해가 발생하였다. 물류창고는 화재가 발생하면 대형 인명피해가 발생하는 대표적인 곳으로 이날 사고도 40명의 사망자가 발생하였던 2008년 1월 이천 냉동창고 화재와 판박이 사고로 지적되었다. 특히 물류창고 건물이 샌드위치 패널 구조로 별도 마감이 필요 없고 공사를 빨리 마칠 수 있어 건축현장에 많이 쓰이지만 화재에 취약하여 화재가 발생하면 피해가 커지기 때문에 물류창고 화재가 반복되지 않도록 창고, 공장에 가연성 샌드위치 패널을 금지해야 한다는 의견이 제기되었다.

2) 붕괴

(1) 붕괴의 개념과 특징

붕괴는 건축물, 교량, 육교 등 각종 시설물이 시공하자, 노후, 관리소홀, 지반약화 등으로 붕괴되어 인명과 재산피해가 발생한 사고를 말한다. 지금까지 발생한 붕괴를 분석해 보면, 자연재난, 폭발, 테러 등 외적인 요인보다 시설물 관리부실, 시공부실 등 내적인 요인으로 인한 발생이 더 많다. 또한 대규모 붕괴사고의 경우 발생 이전에 진동, 소음, 균열 등 이상징후가 있었지만, 점검 소홀과 안일한 대처로 인해 대규모 재난으로 확대된 경우가 다수 존재한다.

(2) 붕괴로 인한 주요 피해 사례

① 1970년 와우아파트 붕괴사고

1970년 4월 8일 오전 6시 30분경 서울시 마포구 창천동에 위치한 와우아파트 15동이 붕괴되는 사고가 발생하였다. 1969년 12월 준공된 와우시민아파트는 부실시공의 대표적인 사례 중 하나이다. 지나치게 낮게 책정된 공사비, 현장상황을 고려하지 않은 건설방식, 기초공사단계에서 설계보다 적게 사용된 철근과 시멘트, 6개월이라는 짧은 공사기간 등 다양한 문제점이 있었고, 대응 · 수습 과정에서도 문제가 많았다. 마포구청과 경찰은 사고가 발생하기 한 달 전에 주민으로부터 붕괴 위험 신고를 받고도 제대로 대책을 세우지 않았으며 그 결과 아파트 준공 5개월 만에 붕괴되는 사고가 발생하여 33명이 사망하고 40명이 중경상을 입었다.

② 1994년 성수대교 붕괴사고

이 사고는 1994년 10월 21일 오전 7시 38분에 성수대교 북단으로부터 10번째와 11번째 교각 사이 120m 중 중앙 48m의 현수 트러스 중간 부분이 갑자기 푹 꺼지면서 한강으로 내려앉으며 발생하였다. 사고의 직접적인 원인은 수직재의 용접불량 및 제작결함 등 부실시공, 피로균열의 진전을 예방하지 못한 점검 · 진단 · 보수 등 유지관리 부실, 피로균열을 가속화시킨 규정 이상 과적차량 통행규제의 소홀 등으로 밝혀졌다. 이 사고로 인해 사망 32명, 부상 17명(총 49명)의 인명피해가 발

그림 4-13 성수대교 상판붕괴 전경('94.10.21)

출처: 소방방재청(2009), 재난관리 60년사

생하였고, 버스 1, 봉고 1, 승용차 4대(총 6대)의 차량이 파손되었다.

성수대교 붕괴 이후, 시설물의 안전점검 및 유지관리를 위한 각종 제도를 도입한 「시설물 안전관리에 관한 특별법」이 제정되었다. 「시설물 안전관리에 관한 특별법」에서는 안전점검 및 유지관리대상이 되는 시설물의 종류를 시설물의 위험도 · 공공성 등을 감안하여 1종 시설물과 2종 시설물로 구분하고, 관리주체를 공공관리와 민간관리로 구분한다. 관리주체는 안전점검, 정밀안전진단 및 유지관리의 실제적인 책임을 지도록 하되, 안전점검 및 유지관리는 안전진단전문기관이나 유지관리업자가 실시하고, 정밀안전진단은 안전진단전문기관이나 시설 안전기술공단이 실시하도록 하였다. 또한 관리주체는 시설물의 구조상 공중의 안전한 이용에 미치는 영향이 중대하여 긴급한 조치가 필요하다고 인정되는 경우에는 시설물의 사용제한, 사용금지, 철거 등의 조치를 하도록 규정하였다.

③ 1995년 삼풍백화점 붕괴사고

1995년 6월 29일 17시 55분, 서울시 서초구 서초동에 있는 지상 5층, 지하 4층의 삼풍백화점 건물이 무너지는 사고가 발생하였다. 삼풍백화점 A동 5층 식당 바닥이 가라앉으면서 연쇄적인 전단파괴가 발생하여 붕괴되었다. 삼풍백화점 건물은 무량판 구조로서, 정확한 하중설계와 시공이 필요한 구조물이었음에도 수익을 위하여 회장의 독단으로 설계가 변경되었다. 원래 건물의 용도는 근린상가였으나 백화점으로 용도를 변경한 뒤에 원래 4층이었던 설계를 5층으로 재설계할 것을 원 설계업체에 요구하였다. 붕괴를 우려한 원 설계업체는 건설을 포기하고 계열사에서 시공하였으며, 관계 공무원이 업무 과다와 전문지식 부족으로 형식적인 준공검사를 하는 바람에 부실시공 부분에 대한 확인이 미흡하였다. 제도적으로는 설계와 감리를 동일인이 할 수 있다는 문제가 있었고, 부당한 하도급 관행과 비리에 따른 부족한 공사비로 인해 시공능력이 부족하고 저렴한 하도급업체가 공사를 진행하는 등 다방면에 걸쳐 부실공사가 확인되었다. 삼풍백화점 붕괴로 사망 502명, 부상 937명(총 1,439명)의 인명피해가 발생하였고, 약 3,400억 원의 재산피해가 발생하였다.

그림 4-14 삼풍백화점 붕괴사고현장('95.06.29)

출처: 소방방재청(2009), 재난관리 60년사

정부는 삼풍백화점 붕괴사고 이후 기존 부실방지대책의 한계점을 인식하고 민간건축물에 대한 안전을 강화하기 위하여 부실공사 방지 및 건축물 안전확보대책을 발표하였다. 이 대책과 더불어 폭발, 붕괴 등 인적재난의 체계적인 관리와 긴급구조재난체계의 확립을 위하여 「재난관리법」이 1995년 7월 18일 제정되었다. 이 법에서는 '재난'을 화재, 폭발, 붕괴 등의 사고로서 자연재해를 제외한 모든 사고로 정의하였다. 1995년 10월에 내무부 민방위본부를 '민방위재난통제본부'로 개편하고 재난관리국을 신설하였으며, 내무부 중앙소방학교 산하에 중앙 119구조대를 신설하여 재난관리조직을 강화하였다. 또한 지방에 재난관리기구가 신설되어

인적재난을 체계적으로 관리하기 시작하였다.

④ 2014년 경주 마우나오션 리조트 체육관 붕괴사고

2014년 2월 17일 21시 05분에, 경주에 있는 마우나오션 리조트의 체육관 천장이 붕괴되는 사고가 발생하였다. 체육관 붕괴 당시 현장에서 오리엔테이션 중이던 부산외대 학생 100여 명이 건물잔해에 깔렸다. 사고현장에 있던 학생들의 증언에 따르면, 부산외대 신입생들이 환영회 및 오리엔테이션 공연을 시작한 지 얼마 되지 않아, 출입문 반대편 무대가 설치되어 있던 곳부터 붕괴가 시작됐으며 불과 10초 만에 무너져 내렸다고 한다. 이 사고는 부실하게 체육관을 설계 · 시공 · 감리한 과실, 체육관 관리업체가 지붕 위에 많은 눈이 쌓였음에도 제설작업을 하지 않은 과실 등이 복합적으로 작용하여 발생하였다. 이 사고로 사망 10명과 부상 204명(총 214명)의 사상자가 발생하였다.

3) 폭발

(1) 폭발의 정의와 특징

폭발이란 「도시가스사업법」과 「에너지이용 합리화법」에서 정한 가스 및 에너지가 누출되고, 폭발에 의해 인명과 재산피해가 발생한 사고를 의미한다. 폭발은 가스 누출에 의해 주로 발생하며, 화재 및 붕괴로 이어지면서 2차 피해가 발생할 가능성이 높고, 화재에 비해 발생빈도는 낮지만 발생하면 대규모 인명 및 재산피해가 발생한다.

(2) 폭발로 인한 주요 피해 사례

① 1995년 대구상인동 가스폭발사고

1995년 4월 28일 7시 52분경, 대구 달서구 상인동 상인네거리 대구백화점 신축공사장에서 도시가스 폭발사고가 발생하였다. 이 사고는 백화점 신축공사장에서 그라우팅 공사 도중 도시가스관 파손으로 약 77m 떨어진 지하철 공사장에 가스가 유입되었고, 원인불명의 화인에 의해 가스가 폭발한 사고이다. 이 사고로 인해 사

그림 4-15 대구 도시가스 폭발 현장('95.04.28)

출처: 소방방재청(2009), 재난관리 60년사

망자 101명, 부상자 202명(총 303명)의 사상자가 발생하였고, 47억 1,800만 원의 재산 피해가 발생하였다.

대구 도시가스 폭발사고 이후 통상산업부에서는 '가스안전관리체계 개선계획'을 발표하였다. 개선계획에는 도시가스 배관관리 강화를 위한 '안전점검원'제도 신설, 도시가스 공급지역에서 도로굴착 시 '가스안전영향 평가서'를 작성하여 시 · 도지사에게 의무적으로 제출하는 내용 등이 포함되어 있다. 1995년 7월에는 도시가스로 인한 각종 사고를 사전에 방지하기 위하여 가스안전관리와 관련된 제도를 추가로 보완하는 것을 내용으로 하는 「도시가스사업법 시행령」이 개정되었으며, 1995년 8월에는 정부의 가스안전관리체계 개선계획에 따라 도시가스에 대한 안전관리를 강화하기 위하여 「도시가스사업법」이 개정되었다.

② 2015년 울산 산업단지 폭발사고

2015년 7월 3일 9시 16분경, 울산시 남구 여천동 한화케미칼 울산 2공장 폐수처리장 저장조에서 폭발사고가 발생하였다. 폐수처리장 저장조는 주요 생산품인 PVC(폴리염화비닐) 생산공정에서 발생하는 폐수를 처리하는 폐수집수조 시설이다. 이곳에서 폐수 이송배관의 연결작업을 하던 중 하부의 폐수집수조에서 폭발하였다. 사고원인은 폭기조 공사를 하는 과정에서 배풍기 가동을 중지하여 폐수집수조에 인화성 가스가 축적된 상태였는데, 폐수 이송배관 연결을 위한 용접작용을 하다가 폭발한 것이다. 작업 전에 위험성 평가나 가스 측정을 제대로 하지 않은 결과이다. 이 사고로 6명이 사망하고, 1명이 부상을 입었다. 사고의 교훈으로 화학물질 사용 및 작업 시 실질적인 안전점검과 교육이 필요하다는 것이 다시 한번 강조되었으며, 궁극적으로는 노후화된 산업단지시설에 대한 전면적인 개선이 필요하다는 인식이 확산되었다.

4) 교통사고

(1) 교통사고의 정의와 특징

교통사고는 항공, 철도, 도로, 해상 등에서 교통 과정 중 물건이 손괴되거나 사람이 사상되는 모든 사고를 의미하며, 항공기 추락, 기차 또는 지하철 충돌, 해상에서의 선박 충돌 및 침몰 등의 유형이 있다. 교통사고는 전체 사회재난의 약 80%를 차지한다. 발생빈도 기준으로 도로교통사고가 대부분을 차지하며, 피해규모 기준으로 항공사고, 철도사고, 선박사고 등에서 대규모 인명피해가 발생한다.

(2) 교통사고로 인한 주요 피해 사례

① 1993년 구포역 열차 전복사고

1993년 3월 28일 5시 30분경에, 부산시 북구 덕천2동 덕천천 교량 200m 앞에서 철로의 지반침하로 서울발 부산행 무궁화호 열차가 전복되는 사고가 발생하였다. 사고지점 부근인 구포역 쪽으로 시속 85km로 운행하던 중 사고지점 약 50m 앞에서 철로 지반이 내려앉기 시작하는 것을 기관사가 발견하고 급제동을 하였으나 철로가 깊이 5m가량 내려앉으면서 기관차 머리가 먼저 흙 속으로 전복되었고 연결된 발전차와 6호, 5호 객차가 잇따라 탈선하면서 서로 충돌하였다. 조사 결과, 전복사고의 원인으로 공사현장 부근에서 전력구 설치를 위한 지하 굴착공사 과정에서의 안전대책 미비 등이 밝혀졌다. 당시 사고현장 인근에서는 한국전력의 도급을 받아 고압선을 매설하는 전선지중화 공사를 하던 건설회사에서 폭약을 이용한 지하 발파작업을 하고 있었다. 지하 굴착공사를 할 때 지반 강화 등 안전조치를 취하지 않아, 발파작업에 따른 진동으로 연약한 토사가 대량 유출되었고, 이 과정에서 연약한 지반이 침하되면서 선로를 달리던 열차가 전복되었다. 열차 전복사고로 사망 78명, 부상 198명(총 276명)의 사상자가 발생하였다.

구포역 열차 전복사고의 교훈을 통해 열차의 안전운행을 확보하기 위해 1993년 12월 27일 「철도법」이 개정되었다. 주요 개정 내용을 살펴보면, 먼저 열차의 안전운행과 철도의 보호를 위하여 철도경계선으로부터 30m 이내의 범위 안에서 건축 또는 굴착공사 등을 하고자 하는 자는 교통부장관에게 신고하도록 하고, 교통부장관은 열차의 안전운행과 철도보호를 위하여 필요한 조치를 명할 수 있도록 하였다. 또한 철도선로 인접지역 안에서 위법한 건축 또는 굴착공사 등 위반행위를 한 자, 상습적으로 승차권을 전매하는 자 등에 대한 벌칙을 강화하였다.

② 1993년 아시아나 항공기 추락사고

1993년 7월 26일 15시 50분경, 전라남도 목포 화원면 마산리 뒷산인 운거산에 아시아나 보잉 737기가 추락하였다. 사고 비행기는 이날 14시 35분 김포공항을 출발하여 같은 날 15시 15분경 목적지인 목포상공에 도착해 두 차례 착륙을 시도했으나 실패한 뒤, "목포공항 상공 남서쪽 10마일 지점에서 착륙을 위해 접근 중"이

그림 4-16 아시아나 여객기 추락사고('93.07.26)

출처: 소방방재청(2009), 재난관리 60년사

라고 관제탑에 연락한 뒤 15시 41분경부터 무전교신이 끊기고 레이더에서 사라졌다. 당시 목포공항에는 18m/sec 이상의 강풍을 동반한 폭우와 함께 짙은 안개가 껴있었다. 정부합동조사반 발표에 의하면, 기장이 시계 불량과 악천후에도 불구하고 무리하게 착륙을 시도하는 과정에서 착륙접근 항로상에 있는 운거산을 넘은 것으로 착각하여 비행고도를 정상(1,600피트)보다 훨씬 낮은 800피트까지 낮춰 일어난 사고로 밝혀졌다. 이 사고로 66명이 사망하고 40명이 부상을 당해 총 106명의 인명피해가 발생하였다.

③ 1993년 서해 훼리호 침몰사고

1993년 10월 10일 10시 10분에 전북 부안군 위도 앞바다에서 '서해 훼리호'가 침몰하였다. 서해 훼리호는 이날 위도 벌금항을 출발, 인근 식도를 경유하여 362명의 승객을 싣고 파장금항을 떠난 시각이 9시 40분경이었으며, 선실은 물론 갑판과 화물칸까지도 초만원 상태였다. 침몰원인은 크게 두 가지로 기상악화와 안전운항규정 미준수이다. 먼저, 당시 상황은 북서풍이 14~18m/sec로 불고, 파도가 3~4m인 악기상이었다. 이에 훼리호가 위도로 회항하려고 선수를 돌렸고, 이 과정에서 스크루에 폐어구가 걸려 기관이 정상 작동하지 못하면서 심한 너울 파도에 선체가 기울어져 침몰하였다. 안전운항 미준수 역시 사고의 결정적 원인이었다. 서해 훼리호는 110톤에 221명이 정원인데 정원보다 144명이나 많은 인원을 승선시켰고, 많은 낚시 장비와 지역주민들의 화물을 과적하였으며, 이로 인해 복원

그림 4-17 서해 훼리호 침몰사고('97.10.10)

출처: 소방방재청(2009), 재난관리 60년사

력이 매우 낮아졌다.

서해 훼리호 침몰사고 이후 해양행정의 일원화를 추진하기 위하여 해양산업부가 신설되었다. 또한 해상구조에 대한 일관된 지휘체계를 확립하기 위하여 「수난구호법」을 개정, 해양경찰청에 중앙구조조정본부를, 해양경찰서에 구조조정본부 및 구조지부대를 운영하게 되었다. 이와 더불어 해수면 유도선 면허(신고), 행정처분권 등의 관리업무가 시 · 군에서 해경으로 이관되었고, 여객선 안전관리업무가 (구)해운항만청에서 해경으로 이관되었으며, 여객선 점검업무가 경찰청에서 해경으로 이관되었다.

④ 1997년 KAL기 괌추락사고

1997년 8월 6일 괌 현지시각 오전 1시 55분에 괌 아가나 공항 인근 5km 산 중턱에 대한항공 801편이 착륙 시도 중 추락한 사고가 발생하였다. 미 합동조사단 및 전문가 등이 사고원인 조사 결과, 접근관제소의 최저안전고도 경보장치(Minimum Safe Altitude Warning System, MSAW)가 사고 당시 소프트웨어 장애로 작동하지 않으면서 사고가 발생하였다. 이에 더하여, 성수기의 무리한 비행으로 인한 조종사와 항공기의 피로 가중, 해외에서 발생한 사고를 효율적으로 수습할 수 있는 국가 차원의 적극적인 대응체계 미흡 등이 문제점으로 지적되었다. 이 사고로 사망 247명, 부상 25명(총 272명)의 인명피해가 발생하였으며, 사망자 중에는 한국인 231명, 외국인 16명이 있었다.

⑤ 2014년 세월호 침몰사고

사고는 2014년 4월 16일 오후 12시 57분경 진도군 병풍도에서 북동 방향으로 3.1마일 떨어진 해상에서 발생하였다. 사고 당일 세월호에는 제주도로 수학여행을 떠난 안산시 단원고등학교 학생 325명과 교사 14명, 승무원 29명, 화물기사 33명, 차량 150여 대 등이 승선해 있었다. 당시 상황은 제주 해상교통관제센터에서 사고를 오전 8시 55분경 접수하고 세월호는 10시 31분경 전복되어 침몰하였다. 감사원 조사 결과, 사고 원인은 과적 및 평형수 부족 등으로 복원성이 극히 불량한 상태로 운항 중에 조타기를 잘못 조작하는 등의 이유로 침몰된 것으로 조사되었다. 이로 인하여 304명의 인명피해가 있었고 그중 사망 295명, 실종은 5명('20년 6월

되고, 3,826ha에 달하는 양식장이 피해를 입는 등 총 1,500억 원의 재산피해가 발생하였다.

씨프린스호 좌초사고 수습 과정에서 국가방제능력 제고와 방제지휘체계 개선에 대한 부분이 많이 지적되었다. 이에 따라, 사고 이후 해양오염사고 수습에 대한 법과 제도적인 개선이 많이 이루어졌다. 「해양오염방지법」을 1995년 12월 개정하여 해상방제업무를 일원화하였고, 1996년 8월에는 해양안전 및 환경보전을 전담하기 위해 해양수산부를 신설하였다. 그리고 해양경찰청으로 해상방제업무를 일원화하여 '방제대책본부'에서 해양오염사고를 책임 대응토록 하고, 국가적으로 대응해야 할 대규모 해양오염사고가 발생하면 해양수산부장관을 본부장으로 하는 '중앙사고수습본부'를 설치하여 관계 중앙행정기관과의 협조가 원활히 진행되도록 하였다.

② 2007년 허베이 스피리트호 기름 유출사고

이 사고는 2007년 12월 7일 7시 06분경에 태안 만리포 해상에서 크레인부선과 허베이 스피리트호가 충돌하여 발생한 사고이다. '서해안 기름 유출사건' 또는 사건 유발 당사자들의 이름을 명시하기 위하여 '삼성 허베이 스피리트호 원유 유출사고'라고도 부른다. 사고는 삼성 예인선단 2척이 인천대교 건설공사에 투입되었던 삼성중공업의 해상크레인을 쇠줄에 묶어 경상남도 거제로 예인하던 도중에 한 척의 쇠줄이 끊어지면서 해상크레인이 유조선과 세 차례 충돌을 일으키면서 발생되었다.

허베이 스피리트호의 적재원유 12,547kl가 유출되었으며, 이는 종전까지 한국 해상의 기름유출사고 가운데 최대 규모로 알려진 씨프린스호 사건보다 2.5배나 많을 뿐 아니라, 1997년 이후 10년 동안 3,915건의 사고로 바다에 유출된 기름을 합친 10,234kl보다 훨씬 많은 양이다. 피해지역으로는 태안반도 해안선 약 167km 및 충남 · 전라의 101개 도서가 오염되었으며, 피해보상은 방재비용 및 어민피해 등 총 960억 원에 달하였다.

허베이 스피리트호 기름 유출사고의 경우 재난수습 과정이 그 이전에 발생하였던 씨프린스호 좌초사고와 확연히 다른 점이 있다. 사고수습 과정을 분석해 보면, 씨프린스호 사고의 경우 주로 공식적 네트워크를 통해 사고 관련 기업과 동원된 지역주민의 재난대응작업이 이루어진 반면, 허베이 스피리트호 사고의 경우, 정부의 공식적인 재난수습 노력 이외에도, 자발적으로 참여한 시민자원봉사자들의 활동이 재난수습 과정에 매우 큰 역할을 하였다. 현대사회의 재난관리가 정부의 노력만으로 이루어질 수 없으며 민관협력이 무엇보다도 중요하다는 점에서, 허베이 스피리트호 기름 유출사고 수습 과정에서 자발적으로 참여한 국민들의 노력은 민관협력에 기반을 둔 재난관리의 좋은 사례로 참고할 수 있을 것이다.

6) 화학사고

(1) 화학사고의 정의와 특징

'화학사고'란 단순하게 화학물질과 관련된 사고라 말할 수 있지만, 법을 통해서 그 의미를 정확히 이해할 수 있다. 「화학물질관리법」 제2조에 의하면 화학사고란 "화학물질을 제조, 보관 · 저장, 운반(항공기 · 선박 · 철도를 이용한 운반은 제외) 또는 사용하는 시설이나 설비에서 시설의 교체 등 작업 시 작업자의 과실, 시설 결함 · 노후화, 자연재해, 운송사고 등으로 인하여 화학물질이 사람이나 환경에 유출 · 누출되어 발생하는 일체의 상황"을 말한다.

화학사고의 대표적인 유형으로는 누출, 화재, 폭발이 있다. 최근 5년간('15~'19) 화학사고가 총 401건이 발생한 것으로 나타났는데 누출 유형의 사고가 308건(76.8%)으로 가장 많이 발생한 것으로 나타났다. 또한 화학사고가 일어나는 가장 큰 원인으로 시설관리 미흡으로 인한 사고 발생이 175건(43.6%)으로 가장 많았다.

표 4-16 최근 5년간('15~'19) 화학사고 유형 및 사고원인 현황

사고유형	건수	비율	사고원인	건수	비율
화재	18	4.5%	작업자부주의	135	33.7%
폭발	33	8.2%	운반차량사고	83	20.7%
누출	308	76.8%	시설관리미흡	175	43.6%
기타	42	10.5%	기타	8	2.0%

출처: 화학물질안전원(www.icis.me.go.kr), 화학물질종합정보시스템(화학물질 사고현황 및 사례)

화재나 폭발사고의 경우 사고 자체로부터 오는 인명과 재산피해의 규모가 클 수 있지만 사고현장에서 원인 물질이 연소되어 소멸되기 때문에 2차적인 환경오염에 의한 우려가 적다. 그러나 화학사고는 누출사고의 경우 다양한 발생원을 가지고 있어서 누출 과정에서 나온 화학물질이 확산되면 주변 환경에 미치는 영향이 화재나 폭발에 비해 훨씬 커질 수 있다.

화학사고가 산림화재, 건물화재 등과 다른 점은 화학물질의 연소 과정에서 다량의 유독가스가 생성되기도 하고, 누출사고의 경우 유해한 화학물질이 대기로 확산됨으로써 사고가 일어난 사업장의 근로자뿐만 아니라 인근 주민이나 자연환경에 큰 영향을 미친다는 점이다. 인도 보팔 유독가스 유출사고(1984년)나 이탈리아 세베소 염소가스 누출사고(1976년) 사례와 같이 그 피해가 발생 당시에 한정되지 않고 오랫동안 지속됨으로써 후손에게까지 영향을 미칠 수 있는 등 화학사고는 피해규모나 양상이 매우 복잡하고 다양하다.

※ 화학사고의 특징

① 사고를 처리하는 과정이 과학 · 기술적으로 복잡해 대응 및 복구에 전문성이 요구된다.

② 인명 및 자연환경 피해 측면에서 직접적인 피해보다 간접적인 피해가 훨씬 크다.

③ 단기적으로 피해가 끝나지 않고 장기적으로 영향을 미칠 수 있다.

④ 사고 발생 장소에서만 피해가 발생하는 것이 아닌 인근 지역에까지 영향을 줄 수 있다.

⑤ 대기 · 수질 · 식생 등 환경 여러 부분에 걸쳐 심각한 영향을 주기도 한다.

(3) 화학사고로 인한 주요 피해 사례

① 2012년 구미 불화수소(불산) 누출사고

2012년 9월 27일 15시 43분경 (주)휴브글로벌 구미4공단에서 발생한 누출사고이다. 탱크로리에서 제조탱크로 불산 20톤을 옮기는 과정에서 작업자의 과실로 밸브가 개방되어 누출되었으며 국내에서 전에 없던 피해가 발생하였다. 인명피해로는 사망 5명, 경상 18명이 발생하였고, 화학사고에 따른 건강이상 유무 확인을 위해 12,243명이 건강검진을 받기도 하였다. 또한 농작물 212ha, 가축 4,015두, 차량 1,954대, 기업체 81개사가 물적 피해를 입었다. 우리나라 역사상 최초로 주민이 대피한 사고로서 이후에 법, 대응 매뉴얼 등의 안전시스템 개선과 정부기관 및 기업문화에서 안전을 강조하는 등 많은 변화가 생겨났다.

② 2008년 여천공단 화학공장 폭발사고

2008년 8월 24일 10시 10분경 전라남도 여수시 여천공단의 한 공장에서 발생한 사고이다. MEK−PO(Methyl Ethyl Ketone Peroxide) 공정에서 포장작업 중 작업온도(30℃)를 유지하지 못하여 온도가 급상승하면서 폭발이 발생하였다. 이 사고로 사망자 7명, 부상자 18명의 인명피해가 발생하였으며, 건물전파, 인근지역 차량 및 사업장 파손 등을 포함하여 약 60억 원의 재산피해가 발생하였다.

그림 4-19 여천공단 화학공장 폭발사고 현장

출처: 환경부 한강유역환경청 화학물질관리과(2013), 화학물질 사고관리 및 대처요령

③ 1977년 이리역 폭발사고

1977년 11월 11일 오후 9시 15분경 전북 이리시(현 익산시)의 이리역(현 익산역)에서 발생한 대형 폭발사고이다. 화약 화물열차가 정식 책임자 없이 다이너마이트와 전기뇌관 등 약 40톤의 고성능 폭발물을 싣고 이리역에서 출발 대기하던 중 폭발하였다. 당시 역 내부를 밝히기 위해 밤에 켜 놓은 촛불이 화약상자에 옮겨 붙은 것이 직접적인 원인이 되었다. 폭발로 인하여 지름 30m, 깊이 10m의 거대한 웅덩이가 파였고 주변 반경 500m 이내의 건물 9,500여 채에 달하는 건물이 파괴되었다. 폭발사고로 인하여 59명이 사망하였고, 부상자는 1,343명에 달했으며 약 23억

원의 재산피해가 발생하였다.

그림 4-20 이리역 폭발사고

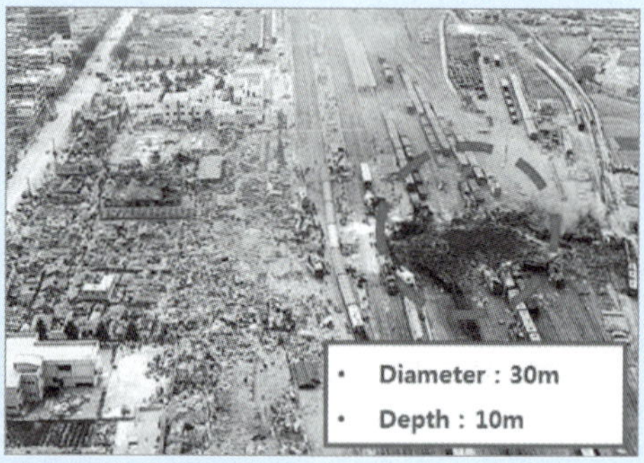

출처: 소방방재청(2009), 재난관리 60년사

7) 감염병

(1) 감염병의 정의와 특징

감염병은 세균, 바이러스, 진균, 기생충과 같은 병원체에 의해 감염되어 발병 및 유행하는 질환으로서, 「감염병의 예방 및 관리에 관한 법률」 제2조에 따른 감염병의 확산으로 인명피해를 유발하는 재난을 의미한다. 1950년대 이후 현재까지 20여 개의 신종감염병이 출현했으며, 국내에서도 법정감염병 환자 발생 보고건수는 매년 지속적으로 상승하고 있다. 신종감염병이 빠르게 증가하는 이유는 약물에 대한 내성이 커지고 있으며, 지역 · 국가 간 교류가 점차 확대되고 있기 때문이다. 신종감염병의 특징은 불확실성과 예측불가능성이 높아 발생시기, 심각성, 전파속도, 잠재적 영향력 등에 대한 예측이 매우 어렵다는 것이다.

우리나라는 「감염병의 예방 및 관리에 관한 법률」에서 감염병을 크게 5개 군으로 구분하고 있으며, 5개 군에 속하지 않는 17종의 감염병도 함께 규정하고 있다. '1군 감염병'은 마시는 물 또는 식품을 매개로 발생하고 집단 발생의 우려가 커서 발생 또는 유행 즉시 방역대책을 수립하여야 하는 감염병을 말한다. 콜레라, 장티푸스, 파라티푸스, 세균성이질, A형간염 등이 이에 해당한다. '2군 감염병'은 예방접종을 통하여 예방 및 관리가 가능하여 국가예방접종사업의 대상이 되는 감염병으로서 디프테리아, 백일해, 파상풍, 홍역, 풍진, B형간염, 일본뇌염, 수두 등이 이에 해당한다. '3군 감염병'은 간헐적으로 유행할 가능성이 있어 계속 그 발생을 감시하고 방역대책의 수립이 필요한 감염병으로서 말라리아, 결핵, 한센병, 비브리오패혈증, 인플루엔자, 후천성면역결핍증 등이 있다. '4군 감염병'은 국내에서 새롭게 발생하였거나 발생할 우려가 있는 감염병 또는 국내유입이 우려되는 해외유행 감염병으로서 보건복지부령으로 정하는 감염병이다. 페스트, 뎅기열, 중증급성호흡기증후군(SARS), 조류인플루엔자, 인체감염증(AI) 등이 있다. '5군 감염병'은 기생충에 감염되어 발생하는 감염병으로 정기적인 조사를 통한 감시가 필요하여 보건복지부령으로 정하는 감염병을 말한다. 회충증, 편충증, 간흡충증, 장흡충증 등이 있다. 제1군부터 제4군 감염병까지는 발병 즉시 신고해야 하고, 제5군 감염병과 지정감염병의 경우는 발병 후 7일 이내 신고해야 한다. **표 4-17**은 감염병의 종류를 정리한 것이다.

표 4-17 감염병 분류

구분	종류
제1군 감염병	콜레라, 장티푸스, 파라티푸스, 세균성이질, A형간염 등
제2군 감염병	디프테리아, 백일해, 파상풍, 홍역, 풍진, B형간염, 일본뇌염, 수두 등
제3군 감염병	말라리아, 결핵, 한센병, 비브리오패혈증, 인플루엔자, 후천성면역결핍증 등
제4군 감염병	페스트, 뎅기열, 중증급성호흡기증후군(SARS), 중동호흡기증후군(MERS) 등
제5군 감염병	회충증, 편충증, 간흡충증, 장흡충증 등
지정 감염병	수족구병, 임질, 급성호흡기감염증, 살모넬라균감염증 등

출처: 질병관리청(www.kdca.go.kr), 감염병포털

(2) 감염병으로 인한 주요 피해 사례

① 2002년 사스

사스의 공식 명칭은 중증급성호흡기증후군으로 사스-코로나 바이러스(SARS coronavirus, SABS-CoV)가 인간의 호흡기를 침범하여 발생하는 질병이다. 사스는 중

국 남부 광동성에서 최초로 발생하였으며, 2002년 11월부터 2003년 8월까지 유행하였다. 발생원인은 중국 광둥에서 사스 환자를 치료하다 감염된 한 명의 중국인 의사가 홍콩에 투숙하면서 빠른 속도로 감염병으로 확산됐기 때문이다. 사스의 증상은 16일 정도의 잠복기를 거쳐 38° C가 넘는 고열이 나고 오한, 두통, 근육통이 수반되며 뒤이어 마른기침과 호흡곤란, 혈중 산소농도 저하 현상이 발생한다. 2002년 11월부터 2003년 8월까지 8,096명의 사스 환자가 발생하였고 774명이 사망하였다.

② 2009~2010년 신종플루

신종플루는 A형 인플루엔자 바이러스에 감염된 돼지에서 발생하여 생긴 신종 인플루엔자 바이러스(pandemic influenza A/H1N1 2009) 호흡기 질환이다. 초기에 '돼지독감'으로 불린 이 바이러스성 질환은 멕시코에서 등장하여 미국으로 퍼진 후 전 세계로 확산되었다. 신종플루는 계절 인플루엔자와 유사한 증상을 보이며, 전형적인 증상은 38° C 이상의 갑작스런 고열, 오한, 근육통, 두통 등의 전신 증상과 인후통, 콧물, 마른기침 등의 호흡기 증상이 있다. 일부 신종플루 감염자에게는 구토나 설사 등의 증상도 나타날 수 있다. 확진, 추정, 의심 환자에 대해서는 항바이러스제 치료를 하게 되는데, 치료는 '타미플루'라는 상품명으로 알려진 오셀타미비어 경구 약제로 치료한다. 또한 '릴렌자'라는 상품명으로 알려진 자나미비어 흡입약제로 치료할 수도 있다.

신종플루는 2009년 5월 1일부터 2010년 4월 1일까지 11개월 동안 발병하여 2010년 3월 14일 기준으로 총 213개국 이상에서 16,813명이 사망하였다. 국외 피해 사례는 2009년 4월 멕시코 등 북미 국가들로부터 시작되어 전 세계적으로 확산되었으며, 특히 멕시코에서는 중증 폐렴과 다수의 사망자가 발생하였다. 국내의 경우, 2009년 5월 2일에 첫 확진환자를 시작으로 주별로 일평균 8월 초 45명이던 확진 환자수는 11월 초순 일평균 약 9천여 명에 도달하였고, 11월 중순부터 학교 예방접종, 고위험군 예방접종 실시와 항바이러스제를 투여하여 증가세가 둔화되었다. 2010년 3월 8일에 위기경보 주의단계로 위기하향 조정함으로써 사실상 종결되었으며 2010년 3월 14일 기준으로 총 249명이 신종플루로 인해 사망하였다.

③ 2015년 메르스

메르스는 메르스-코로나 바이러스(Middle East Respiratory Syndrome coronavirus, MERS-Cov)에 의한 호흡기 감염증으로서, 2015년 3월 20일부터 12월 23일까지 발생하였다. 2012년 9월 메르스 환자가 사우디아라비아에서 처음 보고된 이후 2016년 3월까지 총 1,499명의 환자가 발생하였다. 세계보건기구(WHO)는 2013년 7월부터 2015년 2월까지 메르스 관련 비상회의를 개최하였으며, 회원국에게 메르스 연구, 감염병 방지대책 등과 같은 사전대비를 권고하였다. 미국의 질병통제예방센터(CDC)는 사우디아라비아와 공동연구를 통해서 의료진 감염률이 높은 현상을 파악하고 병원 내 감염관리를 강조하였다.

메르스 감염은 증상이 전혀 없는 경우부터, 급성호흡기 증상, 폐렴, 심한 경우에는 패혈성 쇼크, 신체 여러 장기의 부전으로 인한 사망까지 다양한 양상을 보인다. 대표적인 증상은 발열을 동반한 호흡기 증상(기침, 호흡곤란 등)이며 소화기 증상(설사, 구토 등)을 보이는 경우도 있다. 만성질환 혹은 면역기능이 저하된 환자들에게서 폐렴, 급성신부전 등 중증의 합병증이 잘 나타난다. 메르스-코로나 바이러스의 잠복기는 최소 2일에서 최대 14일로 평균 5일 정도이고, 치명률은 약 40%이며, 나이와 기저질환 여부 등에 따라서 사망률이 증가하기도 한다.

2015년에 발생한 메르스 사태는 바레인에서 카타르를 경유하여 5월 4일 귀국한 여행자(메르스 최초 의심환자, 68세 남자)가 5월 11일부터 발열과 기침 증상으로 약 10일간 아산서울의원, 평택성모병원, 삼성서울병원, 365서울열린병원을 내원해 치료를 받으면서 진행되었다. 첫 환자는 귀국 7일 후부터 몸살과 발열 증상이 나타났으며 의원에서 진료를 받았으나 증상은 좋아지지 않았다. 담당 의사의 권유로 평택성모병원에 3일간 입원 후 퇴원한 첫 환자는 고열과 호흡곤란 증상이 나타나 다른 의원을 방문했다가 5월 18일에 삼성서울병원 1인실에 입원하였다. 마침내 담당 의사가 환자의 중동지역 여행 경력을 파악하였고 5월 19일 질병관리본부에 메르스 검사를 의뢰하였다. 국립보건연구원에서 이 환자의 호흡기 검체로 진단검사를 수행한 결과, 메르스-코로나 바이러스 유전자가 검출되어 5월 20일 이를 보고하였다. 이 과정에서 메르스 병원균이 병원을 중심으로 면역력이 약한 환자와 의료진, 가족 등 일반인들에게 광범위하게 전파되어 유행하면서 186명의 확진환자가 발생하였고 그중 38명이 사망하였다.

④ 2015년 건국대 호흡기 질환

이 사고는 2015년 10월 19일부터 11월 6일까지 건국대 동물생명과학대학 5층 실험실에서 발생하였다. 원인은 동물사료 실험 과정에서 증식한 '방선균'으로 확인되고 있다. 방선균은 토양 · 식물체 등에서 발견되는 균으로, 형태학적으로 곰팡이와 유사하나 세균류에 속하며 과민성 폐장염을 일으킨다. 증상을 보인 환자에 대한 관찰분석 결과, 전파경로는 사료를 많이 취급하는 실험환경에서 유기분진(organic dust)과 관련된 병원체의 증식이 이루어지고, 가동이 중단됐던 환기시스템을 통해 타 실험실 근무자들에게 확산되어 집단 발병한 것으로 추정되었다. 이 사고로 발열을 동반한 호흡기 질환 환자 55명이 발생하였다.

⑤ 2013～2017년 살인진드기

다섯 번째 사례는 2013년 36건, 2014년 55건, 2015년 79권, 2016년 165건, 2017년 272건으로 총 숨진 사람만 127명에 달하는 '살인진드기'로 피해로 인한 중증열성혈소판감소증후군(Sever Fever with Thrombocytopenia Syndrome, SFTS)이다. 야외활동이 잦아지는 가을에 발생하는 질병으로 바이러스에 의한 감염병이다. 주로 산과 들판의 풀숲에 살고 있는 작은소피참진드기에 물려 감염되며 매년 사망자가 증가하고 있는 추세이다. 중증열성혈소판감소증후군은 특정 항바이러스제가 필요하지만 아직 개발되지 않아 증상에 맞춘 보존적인 치료만 가능하며, 환자 증상에 따라 최선의 치료를 했음에도 불구하고 많게는 30%의 환자가 사망하므로 반드시 전문 의료진이 있는 병원에 입원하여 관리해야 한다. 진드기 매개 감염병은 짧으면 3일, 길게는 3주 정도의 잠복기를 거치며 SFTS는 피부 밑에 출혈과 충혈이 발생하는 경우가 많다.

⑥ 2020년 코로나 바이러스 감염증-19(COVID19)

2019년 12월 중국 우한에서 처음 발생한 것으로 보고된 이후 중국 전역과 전 세계로 확산된 새로운 유형의 코로나 바이러스(SARS-CoV-2)에 의한 호흡기 감염질환이다. 기침이나 재채기를 할 때 생긴 비말(침방울)이나 코로나19 바이러스에 오염된 물건을 만진 뒤 눈, 코, 입을 통해 점막으로 침투하여 전염되는 등 확진자의 직 · 간접적인 접촉을 통해 전파되는 것으로 알려져 있다. 잠복기는 1～14일이고 발열,

권태감, 기침, 호흡곤란이나 폐렴 등 경증에서 중증까지 다양한 호흡기감염증이 나타난다. 코로나19 바이러스로 인한 치명률은 국가별, 연령별 수준이 매우 상이하나 전 세계 치명률은 약 3.4%이다. 주로 면역 기능이 저하된 환자와 기저질환을 가진 환자가 중증, 사망에 이르고 있다. 2020년 12월 말 기준 미국 등 제약회사에서 백신이 개발되어 접종이 시작되었으나 대중적으로 보급되어 코로나19 바이러스를 정복하기까지는 상당한 시일이 소요될 것으로 전망되고 있다. 현재 인류의 삶은 코로나 바이러스 발생 이전과 이후로 나뉜다고 할 정도로 일상생활뿐만 아니라 경제, 사회, 문화 등 모든 부분에 미친 파급 효과는 막대하였다.

전 세계 코로나19 바이러스에 의한 누적 확진자가 7천2백8십만 명(2020년 12월 20일 기준)을 넘어서고 사망자 수도 163만 명에 이르고 있는 상황으로, 우리나라는 누적 확진자가 49,665명이며 사망자가 674명을 기록하였다.

우리나라에서 최초 확진자가 발생한 것은 2020년 1월 19일 중국 우한에서 입국한 중국 국적 여성이었으며, 이후 2월에 대구에서 신천지 교회 신도들을 중심으로 확진자가 대폭 증가하였다. 이에 감염병 위기경보를 심각단계로 격상시키는 등 지역적인 집단감염에 의해 몇 차례의 위기를 겪기도 하였다. 그러나 바이러스 초기부터 정부에서 범정부 대응체계를 갖추고 바이러스 유입차단과 감염자 역학조사를 통해 체계적으로 확산을 차단하여 미국, 유럽 등 다른 나라와 비교해 볼 때 성공적으로 코로나19에 대처하였다는 평가를 받고 있다.

8) 가축전염병

(1) 가축전염병의 정의와 특징

가축전염병이란 제1종, 제2종, 제3종 가축전염병을 의미한다. 제1종 가축전염병은 우역, 우폐역, 구제역, 고병원성 조류인플루엔자, 아프리카 돼지열병 등의 질병으로서 농림축산식품부령으로 정하는 가축의 전염성 질병이다. 제2종 가축전염병은 탄저, 기종저, 브루셀라병, 결핵병, 요네병, 소해면상뇌증, 큐열, 돼지오제스키병, 돼지 일본뇌염, 돼지테 센병, 스크래피(양해면상뇌증), 비저, 말전염성빈혈, 말바이러스성동맥염, 구역, 말전염성자궁염, 동부말뇌염, 서부말뇌염, 베네수엘라

말뇌염, 추백리, 가금티푸스, 가금콜레라, 광견병, 사슴만성소모성질병 및 그 밖에 이에 준하는 질병으로서 농림축산식품부령으로 정하는 가축의 전염성 질병이다. 제3종 가축전염병은 소유행열, 소아카바네병, 닭마이코플라스마병, 저병원성 조류인플루엔자, 부저병 및 그 밖에 이에 준하는 질병으로서 농림축산식품부령으로 정하는 가축의 전염성 질병이다.

① 구제역

구제역이란 소, 돼지, 양, 염소 및 사슴 등 발굽이 둘로 갈라진 동물(우제류)에 감염되는 질병으로, 전염성이 매우 강하며 잠복기간은 일반적으로 2일에서 14일 정도이다. 세계동물보건기구(OIE)에서 지정한 중요 가축전염병으로 제1종 가축전염병에 속한다. 증상은 입술, 혀, 잇몸, 코 또는 지간부 등에 물집(수포)이 생기며 체온이 급격히 상승하고 식욕이 저하되어 심하게 앓거나 어린 개체의 경우 폐사하기도 한다.

병 인체는 Picornaviridae Aphthovirus, 작은 RNA 바이러스로서 이는 7개의 혈청형 즉 A, O, C, Asia1, SAT1, SAT2, SAT3형으로 분류되며 이 주요 혈청형은 다시 80여 가지의 아형으로 구분된다. 바이러스의 생존기간은 온도, 습도, pH 및 자외선 등에 영향을 많이 받으며, 통상 물에서는 최대 50일, 흙 · 마대 · 건초 등에서는 환경조건에 따라서 26~200일, 혈액 등으로 오염된 나무나 금속 등에서는 최대 35일까지 생존한 기록이 있다.

감염은 일반적으로 감염된 동물의 이동에 의해 이루어진다. 감염동물의 수포액이나 콧물, 침, 유즙, 정액, 호흡 및 분변 등의 접촉이 감염경로가 되며 감염동물 유래의 축산물에 의한 전파도 가능하다. 또한 감염된 동물과 접촉하거나 오염된 지역을 출입한 사람과 차량 그리고 이와 관련된 의복, 사료, 물, 기구 등을 통해서도 전파가 일어난다. 특히 공기를 통한 전파의 경우 육지에서는 50km, 바다를 통해서는 250km 이상까지 전파가 가능하다. 또한 감염축은 구제역 증상을 나타내기 전에도 질병을 전파할 수 있으므로 특별한 주의가 필요하다.

② 조류인플루엔자(AI)

조류인플루엔자란 AI 바이러스 감염에 의한 급성가축전염병을 의미한다. 야생 오리류 등이 자연숙주이며, 닭 · 칠면조 등의 가금류에 피해가 발생한다. 조류인플루엔자는 병원성에 따라 저병원성과 고병원성으로 구분된다. 저병원성의 경우 H1～H6, 고병원성의 경우 H5와 H7의 혈청을 가지고 있으며, 저병원성이 호흡기와 소화기에서 증식한다면, 고병원성은 전신에서 증식하고 있다. 저병원성은 증상이 없거나 경상의 증상을 나타내지만, 고병원성은 전신에 나타나고 중증이다. 폐사율의 경우 저병원성은 낮지만, 고병원성은 75% 이상으로 높게 나타난다. 세계동물보건기구의 병원성 분류를 보면, 고병원성 조류인플루엔자(Highly Pathogenic Avian Influenza, HPAI)는 4～6주령 닭에 정맥 내 감염 시 75% 이상 폐사하고, 6주령 닭에 정맥 내 감염 시 정맥 내 병원성지수(IVPI) 1.2 이상 또는 H5, H7인 경우 HA의 병원성 관련 단백질 분석 결과 HPAI와 유사한 염기서열이 확인된다. 그리고 저병원성 조류인플루엔자(Low Pathogenic Avian Influenza, LPAI)는 H5와 H7 혈청형 바이러스이면서 HA 유전자에 고병원성 특성을 보유하지 않은 경우 또는 닭에서 병원성이 높지 않으며 H5나 H7형이 아닌 경우이다.

③ 아프리카돼지열병

아프리카돼지열병(ASF)은 고병원성 바이러스에 전염될 경우 치사율이 거의 100%에 이르는 바이러스성 출혈 돼지전염병으로, '돼지 흑사병'으로도 불린다. 아프리카 지역에서 주로 발생하였기 때문에 아프리카돼지열병이라는 이름이 붙여졌다. ASF는 주로 감염된 돼지의 분비물(눈물, 침, 분변 등) 등에 의해 직접 전파되고, 간접전파는 오염된 차량, 사료 및 도구 등 비생체접촉매개물에 의해 바이러스가 전파되는 것이다. 또 아프리카돼지열병에 감염된 물렁진드기나 연진드기가 돼지를 흡혈하는 경우 등 매개체 전파로도 감염되며, 잠복기간은 약 4～19일이다.

다만 ASF는 인체에는 영향이 없고 다른 동물에도 전염되지 않으며, 돼지와 야생멧돼지 등 돼지과 동물에만 감염된다. 이 병에 걸린 돼지는 고열(40.5～42℃), 식욕부진, 기립불능, 구토, 피부출혈 증상 등을 보이다가 보통 10일 이내에 폐사한다. ASF는 이름이 비슷한 돼지열병과 그 임상증상은 비슷하지만 전혀 다른 바이러스 질병으로, 돼지열병과 달리 백신이 없어 그 위험성이 더욱 높다. ASF의 백신과 치료제가 없는 것은 우선 바이러스 종류가 많아 백신 개발이 어렵기 때문이다. 실제로 총 23종인 이 병의 바이러스는 유전형이 많은 만큼 바이러스가 만드는 단백질의 종류도 200종이 넘는 것으로 알려져 있다.

(4) 가축전염병으로 인한 주요 피해 사례

① 구제역

우리나라에서는 1934년 처음 구제역이 발생했으며, 이후 66년 만인 2000년 경기도 파주 지역에서 발생해 충청도 지역까지 확산되어 큰 피해를 입혔다. 2011년에도 한국에서 구제역이 발생하여 전국적으로 확산되었으며 약 300만 마리의 가축이 매장되었다. 2010년 11월부터 2011년 5월까지 서울특별시, 전라남도, 전라북도, 제주특별자치도를 제외한 전국에서 발생하였는데 이러한 구제역의 전국적 확산은 방역당국의 미흡한 초기대응이 주된 원인으로 파악되었다. 구제역으로 인한 피해는 소 15만, 돼지 330만, 기타 사슴 · 염소 등 5만, 총 350만 두수를 살처분하였으며, 재산피해는 약 3조 원에 육박하는 것으로 추정된다.

2014년에는 9월 이동제한 해제 이후 12월 3일부터 구제역이 재발하여, 2015년 4월 28일까지 7시 시 · 도의 33개 시 · 군에서 총 185건(돼지 180, 소 5)이 발생하였고, 예방적 살처분을 포함한 196개 농장의 가축 17만 2,798마리를 살처분하였다. 이로부터 8개월 후인 2016년 1월 11일 전북 김제 소재 돼지사육농장에서 구제역 의심신고가 발생하였다. 혈청형은 O type으로 2014~2015년 발생한 구제역과 같은 혈청형이었으며, 이때 구제역은 돼지에서만 발생되었고, 1월 11일부터 3월 29일까지 김제, 고창, 공주, 천안, 논산, 홍성 등 총 6개 시 · 군 21개 농장에서 발생되었다. 구제역 의심 신고농장은 7개, 예찰 13개 농장, 역학 1개 농장이었으며 예방적 살처분(구제역 발생농장 외 4개 농장, 2,250마리)을 포함한 살처분 마릿수는 3만 3,073마리였다. 지역적으로는 논산에서 집중적으로 발생(14건, 전체 발생 중 66.7%)하였고, 특히 밀집사육단지 내 13개 농장 중 10개 농장에서 구제역이 발생하였다.

② 조류인플루엔자(AI)

고병원성 조류인플루엔자는 2008년 봄, 2010년에서 2011년 겨울철, 2014년에서 2015년 겨울철, 2016년 봄, 그리고 2016년 겨울부터 봄까지 발생하였다. 2016년 봄을 제외하고 대부분의 지역에서 고병원성 조류인플루엔자가 발생하여 많은 피해가 있었다. 2008년 봄에 1,500호 10,204천 수 살처분, 2010년에서 2011년 겨울철에 286호 6,473천 수 살처분, 2014년에서 2015년 겨울철에는 809호 1,937만 수 살처분이 이루어졌다. 위기경보의 경우 2016년 봄을 제외하고는 '경계'단계까지 발령되었다. 고병원성 조류인플루엔자의 혈청형 종류는 2008년과 2010년~2011년에는 H5N1형이었으며 2014~2016년에는 H5N8형이었다. 재정소요액을 살펴보면, 2008년 살처분 보상금과 생계소득안정, 입식융자, 수매 등에 소요된 금액이 1,817억 원이었으며, 2014년과 2015년에는 2,381억 원이 소요되었다.

2016년 10월 28일 천안시 봉강천 인근의 농장에서 AI가 검출되었으며, 11월 10일 김제시 만경강 인근 농장에서 AI가 검출되었다. 11월 16일에 음성군 용촌리와 해남군 산이면 인근 농장에 AI가 확산되었고, 3일 뒤 청주시와 무안군 일로읍에 AI가 확산되었다. 2016년 12월 15일에는 살아 있는 토종닭의 시중 유통을 허용했던 사실이 뒤늦게 밝혀졌다. 생닭은 AI 바이러스 전파 위험성이 큰데도 유통을 허용했다가 문제가 되자 이틀 만에 다시 금지하게 되었다. 12월 17일 기준, 경기도의 40개 농장, 강원도의 2개 농장, 충청북도의 74개 농장, 충청남도의 16개 농장, 세종시의 10개 농장, 전라북도의 14개 농장, 전라남도의 6개 농장이 AI에 감염되었으며, 12월 18일 경기도 안성천에서 야생조류 배설물을 수거해 검사한 결과 H5N8형 AI 바이러스가 검출되었다. 이 H5N8형 AI 바이러스는 2014년에 피해를 크게 주었던 AI 바이러스인데, 사상 최초로 AI 바이러스 두 종류가 동시에 발생하는 충격을 안겨주었다.

③ 아프리카돼지열병(ASF)

ASF는 1920년대부터 아프리카에서 발생해 왔으며, 유럽의 경우 1960년대에 처음 발생하였고, 2007년에 조지아에서 다시 발병하면서 동유럽으로 확산됐으며, 현재 동유럽과 러시아 등지에 풍토병으로 남아 있다. 그러다 2018년 8월 중국 랴오닝성 선양에서 아시아 최초로 아프리카돼지열병이 발생했고, 이후 중국 전 지역과 몽골 · 베트남 · 미얀마 등 주변국으로 확산되면서 국내 유입 우려를 높였다. 그리고 2019년 5월 북한에서 아프리카돼지열병이 발생하면서 비무장지대(DMZ)를 넘어오는 멧돼지 등을 통한 유입 가능성 우려를 높였다.

9) 요약

사회재난의 주요 재난사례에는 화재, 붕괴, 폭발, 교통사고, 환경오염사고, 감염병, 가축전염병 등이 있다.

화재는 인위적, 부주의, 부실시공 등 다양한 요소들에 의해 발생되는 발화사고를 의미한다. 1999년 인천 호프집 화재, 2003년 대구 지하철 화재, 2017년 제천 스포츠센터 화재, 2018년 고양 저유소 화재, KT 화재, 2020년 한익스프레스 이천물류센터 화재 등의 피해가 발생한 바 있다.

붕괴는 건축물, 교량, 육교 등 각종 시설물이 시공하자, 노후, 관리 소홀, 지반약화 등으로 붕괴되어 인명과 재산피해가 발생한 사고를 말한다. 1970년 와우아파트 붕괴, 1994년 성수대교 붕괴, 1995년 삼풍백화점 붕괴, 2014년 경주 마우나오션리조트 체육관 붕괴 등의 사례가 있다.

폭발이란 「도시가스사업법」과 「에너지이용 합리화법」에서 정한 가스 및 에너지가 누출되고, 폭발에 의해 인명과 재산피해가 발생한 사고를 의미한다. 1995년 대구 도시가스 폭발, 2015년 울산 산업단지 폭발 등의 사례가 있다.

교통사고는 항공, 철도, 도로, 해상 등에서 교통 과정 중 물건이 손괴되거나 사람이 사상되는 모든 사고를 의미하며, 항공기 추락, 기차 또는 지하철 충돌, 해상에서의 선박 충돌 및 침몰 등의 유형이 있다. 1993년 구포역 열차 전복사고와 아시아나 항공기 추락 및 서해훼리호 침몰, 1997년 KAL 괌 추락, 2014년 세월호 침몰, 2015년 영종대교 106중 추돌 등의 사고가 있었다.

환경오염사고는 환경이 오염되어 피해가 발생하는 사고로, 유해화학물질 유출사고, 수질오염사고, 대규모 해양오염사고 등이 있다. 1995년 씨프린스호 좌초, 2007년 허베이 스피리트호 기름 유출 등의 사고 사례가 있다.

화학사고란 화학물질을 제조, 보관·저장, 운반(항공기·선박·철도를 이용한 운반은 제외) 또는 사용하는 시설이나 설비에서 시설의 교체 등 작업 시 작업자의 과실, 시설 결함·노후화, 자연재해, 운송사고 등으로 인하여 화학물질이 사람이나 환경에 유출·누출되어 발생하는 일체의 상황을 말한다. 1977년 이리역 폭발, 2008년 여천공단 화학공장 폭발, 2012년 구미 불산 누출 등의 사례가 있다.

감염병은 세균, 바이러스, 진균, 기생충과 같은 병원체에 의해 감염되어 발병 및 유행하는 질환으로서, 「감염병의 예방 및 관리에 관한 법률」 제2조에 따른 감염병의 확산으로 인명피해를 유발하는 재난을 의미한다. 2002년 사스, 2009년 신종플루, 2015년 메르스 및 건국대 호흡기 질환, 2013~2017년 살인진드기, 2020년 코로나 등의 사례가 있다.

가축전염병이란 제1종, 제2종, 제3종 가축전염병을 의미한다. 제1종 가축전염병은 우역, 우패역, 구제역, 고병원성 조류인플루엔자 등의 질병으로서 농림축산식품부령으로 정하는 가축의 전염성 질병이다. 구제역, 조류인플루엔자, 아프리카돼지열병 등의 발병 사례가 있다.

연습문제

01 재난의 유형의 자연재난과 사회재난으로 구분하고, 각각의 유형별 해당되는 재난을 설명하라.

02 태풍의 정의와 특징, 주요 피해 사례를 정리하라.

03 호우의 정의와 특징, 주요 피해 사례를 정리하라.

04 강풍의 정의와 특징, 주요 피해 사례를 정리하라.

05 풍랑과 해일의 정의와 특징, 주요 피해 사례를 정리하라.

06 대설의 정의와 특징, 주요 피해 사례를 정리하라.

07 조류대발생이란 무엇인가?

08 가뭄의 정의와 분류를 설명하라.

09 지진의 정의와 특징, 주요 피해 사례를 정리하라.

10 화재의 정의와 특징, 주요 피해 사례를 정리하라.

11 붕괴의 정의와 특징, 주요 피해 사례를 정리하라.

12 폭발의 정의와 특징, 주요 피해 사례를 정리하라.

13 교통사고의 정의와 특징, 주요 피해 사례를 정리하라.

14 환경오염사고의 정의와 특징, 주요 피해 사례를 정리하라.

15 감염병의 정의와 특징, 주요 피해 사례를 정리하고 시사점을 도출하라.

16 가축전염병의 정의와 특징, 주요 피해 사례를 정리하라.

토론주제

01 우리나라의 시대적 상황에 따른 재난 구분의 변화 내용을 정리하고, 자연재난과 사회재난으로 구분된 현재의 정의에 대해 토론하라.

02 주요 자연재난 중 풍수해와 지진의 대표적인 사례를 정리하고, 우리나라에 미친 영향에 대해 논하라.

03 주요 사회재난 중 붕괴, 환경오염, 감염병, 가축전염병 등의 대표적인 사례를 정리하고, 우리나라에 미친 영향에 대해 논하라.

제 5 장

재난의 예방과 경감

재난의 경감이란 재난 발생 이전에 적절한 조치를 취하여 재난 발생을 사전에 막거나 재난이 발생하더라도 피해를 줄이기 위한 모든 활동을 의미한다. 재난의 예방에 해당하는 영어 단어는 'prevention'이며, 적용범위에 따라서 다양한 의미를 가지고 있다. 유엔(UN ISDR)에서는 '예방'을 '위험요인으로 인해 발생하는 재난의 부정적 충격을 없애는 활동'이라고 정의하고 있다. 자연재난의 경우 피해 발생을 원천적으로 막을 수는 없지만, 적절한 구조적 또는 비구조적 대책을 취하면 피해를 줄일 수 있다는 관점에서 'mitigation(경감 또는 완화)'이라는 용어를 사용한다.

1 재난안전 종사자 교육

1) 개요

재난관리책임기관에서 재난 및 안전관리업무를 담당하는 공무원이나 직원 등 재난안전분야 종사자는 전문교육을 받도록 「재난안전법」 제29조의 2에 규정되어 있다. 재난관리책임기관의 재난 및 안전관리업무 담당부서의 직원은 해당 업무를 맡은 지 1년 이내에 반드시 교육을 이수하고, 신규교육 이수 후 매 2년마다 정기교육을 이수하도록 하고 있다.

2) 연혁

재난안전 종사자의 전문성은 국민안전을 위해 필수적인 분야이지만, 재난안전 교육에 관한 투자는 충분하지 않았다. 이에 따라 2014년 「재난안전법」을 개정하여 재난관리책임기관에서 재난 및 안전관리업무를 담당하는 공무원이나 직원은 전문교육을 받도록 의무화하였다.

3) 주요 내용

재난안전분야 교육대상은 중앙행정기관, 지방자치단체, 공공기관·공공단체 등 「재난안전법 시행령」에서 정하는 재난관리책임기관의 재난 및 안전관리 업무를 담당하는 부서의 장과 실무자이다. 교육기관으로는 행정안전부 산하 국가민방위 재난안전교육원, 중앙행정기관, 시·도 및 공사·공단 소속의 공공 교육기관과 민간 교육기관 등 52개의 기관을 지정하여 운영하고 있다('18.12. 기준). 또한 재난안전 의무교육의 실행력을 강화하기 위해 기관별로 교육의무대상자 관리카드를 작성하여 관리하게 하고, 행정안전부에서는 이에 대한 정기적인 점검을 실시하고 있다.

표 5-1 재난안전분야 종사자 교육이수 기준

대상기관	전문과정	대상자	교육일수	이수기준
재난관리책임기관	관리자 전문과정	부서의 장, 시·군·구 부단체장	3일 이내	• 1년 이내 신규교육 • 2년마다 정기교육
	실무자 전문과정	부서의 공무원 또는 직원		

출처: 「재난안전법 시행규칙」제6조의2 요약편집

2014년 재난안전분야 종사자 교육의무화 시행 이후 교육기관 지정 및 교육이수에 많은 성과가 있었다. 특히 재난대응의 1차적 책임기관인 지방자치단체의 재난관리역량을 높이기 위해서 무엇보다 지자체 기관장들의 재난에 대한 관심과 이해가 중요해짐에 따라 최근에는 부단체장을 대상으로 하는 교육이 실시되고 있다.

재난안전분야 교육은 아직까지 자발적인 교육참여보다는 의무적인 교육이수에 급급한 실정이다. 잦은 인사이동과 관심부족에 따라 법정교육시간 미이수자가 여전히 존재하고 있다. 교육기관의 대상자별, 전문분야별 교육콘텐츠를 포함하는 표준교육 커리큘럼을 마련하고, 교육의 품질을 높여야 하며 자발적인 교육참여 분위기 조성을 위해 인센티브적인 요소가 필요하다.

4) 요약

재난의 경감이란 재난 발생 이전에 적절한 조치를 취하여 재난 발생을 사전에 막거나 재난이 발생하더라도 피해를 줄이기 위한 모든 활동을 의미한다. 재난의 예방에 해당하는 영어 단어는 'prevention'이며, 적용범위에 따라서 다양한 의미를 가지고 있다. 유엔(UN ISDR)에서는 '예방'을 '위험요인으로 인해 발생하는 재난의 부정적 충격을 없애는 활동'이라고 정의하고 있다. 자연재난의 경우 피해 발생을 원천적으로 막을 수는 없지만, 적절한 구조적 또는 비구조적 대책을 취하면 피해를 줄일 수 있다는 관점에서 'mitigation(경감 또는 완화)'이라는 용어를 사용한다.

재난관리책임기관의 재난 및 안전관리업무 담당부서의 직원은 해당 업무를 맡은 지 1년 이내에 반드시 교육을 이수하고, 신규교육 이수 후 매 2년마다 정기교육을 이수하도록 하고 있다.

2 재난경감사업

1) 자연재해위험개선지구 정비사업

(1) 개요

재해위험개선지구 정비사업은 자연재해를 사전예방하거나 재해를 경감시키기 위하여 상습침수지역이나 산사태 위험지역 등 자연재해 발생 우려가 있는 지역을 자연재해위험개선지구로 지정하여 체계적으로 정비 · 관리를 하는 제도이다. 이

사업은 「자연재해대책법」 제12조~14조에 근거를 두고 있다.

(2) 연혁

재해위험개선지구 정비사업은 재해위험개선지구로 지정한 2,069개 지구를 대상으로 1998년부터 정비사업을 추진하여 2018년까지 1,483개 지구를 정비하고 586개 지구에 대해서는 지속적으로 정비를 추진하고 있다.

(3) 주요 내용

재해위험개선지구 정비사업은 국가가 「보조금 관리에 관한 법률」에 따라 지원하는 국비와 지방자치단체 지방비 재원을 50:50으로 매칭해 지방자치단체가 시행한다. 재해위험개선지구 2,069개소의 총 사업비는 10조 3,080억 원으로 2018년까지 7조 2,178억 원을 투입하여 재해위험개선지구 1,483개소를 정비하였으며, 사업의 예산과 사업량은 다음 표 5-2와 같다.

표 5-2 재해위험개선지구 정비사업 추진 현황

(단위: 개소, 억 원/( ) 국비)

구분	계		'19년까지		'20년 계획		'21년 이후		지원 연도
	사업량	사업비	사업량	사업비	사업량	사업비	사업량	사업비	
계	2,389	168,363 (88,835)	1,561	79,227 (44,267)	259 *완료예정 185	6,036 (3,018)	767	83,100 (41,550)	
재해위험 개선지구	2,279	130,257 (69,782)	1,561	79,173 (44,240)	239 완료예정 61	5,410 (2,705)	657	45,674 (22,837)	'98~
풍수해 생활권	110	38,106 (19,053)	–	54 (27)	20 완료예정 0	626 (313)	110	37,426 (18,713)	'19~

출처: 행정안전부 홈페이지(www.mois.go.kr), 업무안내(재해예방사업)

법에서 정한 자연재해위험개선지구의 종류로는 침수위험지구, 유실위험지구, 고립위험지구, 붕괴위험지구, 취약방재시설지구, 해일위험지구가 있으며 2,070여 개 지구를 지정·고시하여 재해 사전예방을 위하여 매년 정기적인 안전점검과 지구 내 행위제한 등을 통해 안전관리 및 침수 등 위험요인 해소를 위한 정비사업을 지속적으로 실시하고 있다.

표 5-3 자연재해위험개선지구 지정기준

유형	지정기준
침수위험 지구	• 하천의 외수범람 및 내수배제 불량으로 인한 침수가 발생하여 인명 및 건축물 · 농경지 등의 피해를 유발하였거나 침수피해가 예상되는 지역
유실위험 지구	• 하천을 횡단하는 교량 및 암거 구조물의 여유고 및 경간장 등이 하천기본계획의 시설기준에 미달되고 유수소통에 장애를 주어 해당 시설물 또는 시설물 주변 주택 · 농경지 등에 피해가 발생하였거나 피해가 예상되는 지역
고립위험 지구	• 집중호우 및 대설로 인하여 교통이 두절되어 지역주민의 생활에 고통을 주는 지역(단, 우회도로가 있는 경우와 섬 지역은 제외한다.) – 집중호우 및 대설로 인하여 교통 두절이 발생되었거나, 우려되는 재해위험도로 구역
붕괴위험 지구	• 산사태, 절개사면 붕괴, 낙석 등으로 건축물이나 인명피해가 발생한 지역 또는 우려되는 지역으로 다음에 해당하는 지역을 대상으로 한다. – 주택지 인접 절개사면에 설치된 석축 · 옹벽 등의 구조물이 노후되어 붕괴피해가 발생할 경우 인명 및 건축물 피해가 예상되는 지역 – 자연적으로 형성된 급경사지로 풍화작용, 지하수 용출, 배수시설 미비 등으로 산사태 및 토사유출 피해가 발생할 경우 인명 및 건축물 피해가 예상되는 지역 – 「급경사지 재해예방에 관한 법률」에 따라 지정된 붕괴위험지역
취약방재 시설지구	• 「저수지 · 댐의 안전관리 및 재해예방에 관한 법률」에 따라 지정된 재해위험 저수지 · 댐 • 기 설치된 하천의 제방고가 하천기본계획의 계획홍수위보다 낮아 월류되거나 파이핑 현상으로 붕괴위험이 있는 취약구간의 제방 • 배수문, 유수지, 저류지 등 방재시설물이 노후화되어 재해발생이 우려되는 시설물 • 풍수해저감종합계획에 따라 침수, 붕괴, 고립 등 복합적인 위험요인으로 인해 종합적인 정비가 필요한 지역 내 시설물
해일위험 지구	• 지진해일, 폭풍해일, 조위상승 너울성 파도 등으로 해수가 월류되어 인명피해 및 주택, 공공시설물 피해가 발생한 지역 • 「자연재해대책법」 제25조의 3에 따라 해일위험지구로 지정된 지역
상습가뭄 재해지구	• 「자연재해대책법」 제33조 및 같은 법 시행령 제23조에 따라 상습가뭄재해지역 중 정비가 필요한 지구 • 가뭄재해가 상습적으로 발생하였거나 발생할 우려가 있는 지구

출처: 자연재해위험개선지구 관리지침(행정안전부 고시 제2018-73호, '18.11.19)

자연재해위험개선지구의 지정은 기초자치단체장(시 · 군 · 구장)이 하며, 지정기준 및 지정 시 부여하는 등급은 다음 **표 5-4**와 같다.

표 5-4 자연재해위험개선지구 등급분류 기준

등급별	지정기준
가 등급	• 재해 발생 시 인명피해 발생우려가 매우 높은 지역
나 등급	• 재해 발생 시 건축물(주택, 상가, 공공건축물)의 피해가 발생하였거나 발생할 우려가 있는 지역
다 등급	• 재해 발생 시 기반시설(공업단지, 철도, 기간도로)의 피해가 발생할 우려가 있는 지역 • 농경지 침수발생 및 우려지역
라 등급	• 붕괴 및 침수 등의 우려는 낮으나, 기후변화에 대비하여 지속적으로 관심을 갖고 관리할 필요성이 있는 지역

출처: 자연재해위험개선지구 관리지침(행정안전부 고시 제2018-73호, '18.11.19)

사례 한강로지구 자연재해위험개선지구 정비사업

과거 용산구 한강로지구 일대는 하수관거의 통수능 부족 등으로 주거지, 도로, 지하차도 등의 침수피해가 빈번하였는데, 2010년 9월 21일에 6시간 동안 246.5㎜나 내린 기습적인 호우로 인하여 서울 용산구에 신용산역, 신용산지하차도 등 용산구 일대의 주택과 점포(71동), 시가지(18ha)가 침수되고 많은 피해를 입었다. 이에 따라 용산구에서는 상습 침수피해를 예방하기 위해 「자연재해대책법」 제12조 제1항의 규정에 의거 한강로지구 자연재해위험개선지구를 지정 고시하고 정비사업을 추진하게 되었다.

■ 서울특별시 용산구 고시(제2011-13호, 2011.3.8.)

지구명	위 치	지정내용			지정사유
		유형	등급	면적 (m^2)	
용산 한강로 지구	이촌동 372~갈월동 97-1번지 (한강대교 북단~남영역 간)	침 수 위험지구	가	180,491	• '10.9.21 집중호우 침수피해 발생 • 재해 발생 시 인명피해 발생 우려가 매우 높은 지역

■ 한강로지구 자연재해위험개선지구 정비사업 개요

- 사 업 명 : 한강로 일대 방재시설 확충사업
- 사업위치 : 용산구 한강대교 북단~남영역 간
- 사업기간 : '13.12~'18.10 (4년 10개월)
- 사 업 비 : 529억 37백만 원 (국비 50%, 시비 50%)
- 사업규모 : 빗물펌프장 설치(용량 1,010m^3/분, 면적 2,364m^2),
  유역분할관거 설치 : □2.0×2.0m ~ D2400mm, L=1.57km 등

출처 서울특별시(https://opengov.seoul.go.kr), 용산구 한강로 방재시설 확충(2014), https://opengov.seoul.go.kr/budget/1825087

2) 우수유출저감대책 및 빗물일시저장시설 설치사업

(1) 개요

우수유출저감대책과 빗물일시저장시설 설치사업은 각종 개발사업과 도시화 등으로 인하여 불투수 면적이 확대되고 빗물 유출량이 증가함에 따라 발생하는 피해를 줄이기 위한 대책 및 사업이다. 도시화 · 산업화에 따른 각종 개발사업으로 인하여 하수관거의 통수능력이 부족하거나 기존 상수도, 통신, 가스 등 지하매설물로 인해 하수관거 확장이 곤란한 실정이다. 기존 배수펌프 시설용량을 초과하는 기록적인 집중호우가 발생할 경우 빗물이 땅속으로 침투되지 못함에 따라 기존 시가지 저지대 침수피해가 증가하고 있다. 유수유출저감대책과 빗물일시저장시설 설치사업은 침수를 유발하는 첨두홍수량을 줄여 침수 피해를 예방하고 저류된 빗물을 대체수자원으로 활용하기 위한 것으로서 「자연재해대책법」 제19조~제19조의 6에 근거를 두고 있다.

(2) 연혁

2005년 1월에 전부 개정된 「자연재해대책법」 제19조에 우수유출저감대책의 수립과 우수유출저감시설 기준의 제정 · 운용에 관한 규정이 도입되었다. 2013년 8월에 개정된 「자연재해대책법」에서는 지방자치단체의 장(특별시장, 광역시장, 특별자치시장 및 시장 · 군수)이 관할구역의 지역특성 등을 고려하여 우수의 침투 또는 저류를 통한 재해의 예방을 위하여 우수유출저감대책을 5년마다 수립하도록 규정하여 지방자치단체장의 책임성을 강화하였다. 빗물일시저장시설 설치사업은 2008년

표 5-5 우수저류시설 설치사업 추진 현황

(단위: 개소, 억 원/( ) 국비)

계		'19년까지		'20년 계획		'21년 이후		지원 연도
사업량	사업비	사업량	사업비	사업량	사업비	사업량	사업비	
192	20,233 (10,502)	95	11,987 (6,379)	27 (4)	1,390 (695)	92	6,856 (3,428)	'09~

출처: 행정안전부 홈페이지(www.mois.go.kr), 업무안내(재해예방사업)

에 '녹색 뉴딜사업' 추진과제로 선정되어 2009년부터 사업을 처음 시작하였고 총 192개소 사업대상 지구에 대해 2019년까지 95개소를 설치 완료하였으며, 2020년에 27개소를 사업 추진하였다.

사례 **아산시 숲골소하천 정비사업**

아산시는 관내 숲골소하천의 이 · 치수 기능을 확대하고 하천 정화로 쾌적한 하천환경을 조성함과 동시에 하천유역의 영농편익 및 우기 시 농지와 지역주민의 생명과 재산을 보호하기 위해 「소하천정비법」 제8조 제2항의 규정에 의거 소방천정비시행계획을 공고하고 정비사업을 추진하게 되었다.

■ 아산시 공고(제2019-2456호, 2019.11.5.)

소하천명	사업 개요								
	공사명	공사 위치		사업량(m)			공사기간		공사목적
		시작지점	끝지점	축제(築堤)	호안(護岸)	기타	착공	준공	
숲골천	숲골소하천 정비사업	도고면 화천리 524	도고면 화천리 50-1	2,342	2,153	교량 (암거) 등	2020	2022	소하천재해 예방사업

■ 아산시 숲골소하천 정비사업 개요

- 사업명 : 숲골소하천 정비사업
- 사업위치 : 충남 아산시 도고면 화천리 524~도고천 합류부 일원
- 사업량 : 소하천 정비 L=1.87km, 호찬 L=2,153m 등
- 사업기간 : '20.3 ~ '22.12 (2년 8개월)
- 사업비 : 58억 33백만 원 (시비 100%)

출처 아산시(https://www.asan.go.kr), 소하천정비시행계획 공고(숲골 소하천 정비사업)('19.11.5)

(3) 주요 내용

「자연재해대책법」 제19조에 따라 특별시장 · 광역시장 · 특별자치시장 · 특별자치도지사 및 시장 · 군수는 관할구역에 대하여 우수유출저감대책을 5년마다 수립하여야 하며, 특별시장 · 광역시장 · 특별자치시장 · 특별자치도지사는 행정안전부장관에게 제출하고, 시장 · 군수는 시 · 도지사를 거쳐 행정안전부장관에게 제

출하여야 한다. 우수유출저감대책에는 우수유출저감 목표와 전략, 우수유출저감대책의 기본방침, 우수유출저감시설의 연도별 설치에 관한 사항, 우수유출저감시설 설치를 위한 재원대책, 재해의 예방을 위한 우수유출저감시설 관리방안, 유휴지 · 불모지 등을 이용한 우수유출저감대책 등이 포함되어야 한다. 배수구역별로 빗물 저류량과 침투량의 목표를 설정하고 토지이용에 따라 적용 가능한 시설을 설치하도록 목표저감량을 할당한다. 또한 시 · 도지사 또는 시장 · 군수가 우수유출저감대책을 수립하기 전에 주민의견을 수렴하도록 하고 있으며, 수립된 대책은 자연재해저감 종합계획 등에 반영하도록 규정하여 대책의 실행성을 높이고 있다.

빗물일시저장시설은 지자체에서 수요를 행정안전부에 제출하면, 행정안전부는 서면검토 및 현장실사를 통해 사업을 심의하고 확정한다. 심의가 확정되면 사전설계를 실시하고 설계의 타당성과 적정성에 대한 전문가의 의견을 검토하여 사업에 착수하게 된다. 다음 **그림 5-1**은 우수저류시설 설치사업의 추진체계를 정리한 것이다.

그림 5-1 우수저류시설 설치사업 추진체계

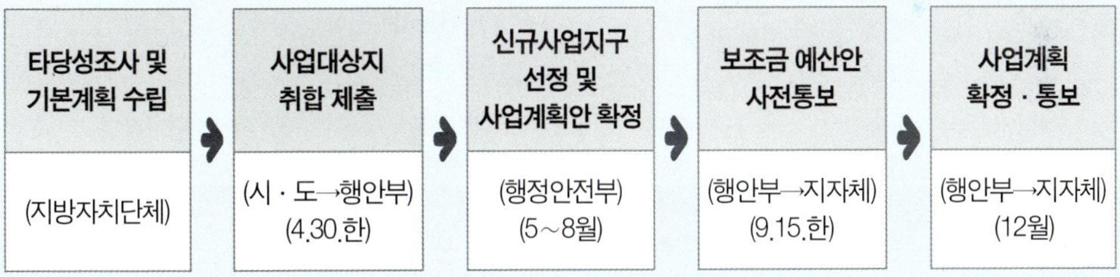

출처: 지방자치단체 우수유출저감대책 세부 수립기준(행정안전부 고시 제2018-14호, '18.3.5)

3) 소하천 정비사업

(1) 개요

수해 위험이 높은 미정비 소하천을 정비하여 재해를 사전에 예방하고 자연친화적인 정비로 하천생태계 보전 및 친수 환경을 조성하는 사업으로 「소하천정비법」에 근거를 두고 있다.

(2) 연혁

소하천 정비사업은 1995년 1월 「소하천정비법」이 제정되면서 법적근거를 마련하였다. 전체 소하천 정비대상 제방연장 55,300km에 대해 1995년부터 정비사업을 추진하여 2019년까지 24,972km를 정비하고 30,028km에 대해서는 지속적으로 정비를 추진하고 있다.

(3) 주요 내용

「소하천정비법」 제6조 내지 제8조 규정의 소하천정비계획에 의거하여 체계적으로 치수 · 이수와 자연환경이 조화된 소하천 정비사업을 추진하고 있다. 소하천 정비사업 수행주체는 시장 · 군수 · 구청장이며, 사업 추진절차는 다음 **그림 5-2** 와 같다.

그림 5-2 소하천 정비사업 추진절차

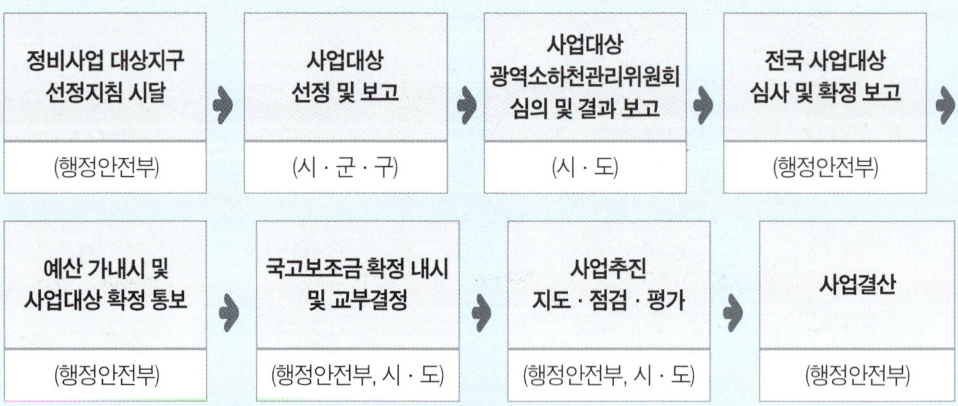

출처: 소하천정비법 시행령 및 시행규칙의 절차 관련내용 요약(재편집)

전국 소하천 총 22,482개소, 제방연장 총 67,554km 중 정비대상은 55,300km이며 총 사업비 59조 2,794억 원이 소요된다. 1995년부터 2019년까지 사업비 7조 652억 원을 투자하여 제방 24,972km를 정비(정비율 45.2%)하였으며, 소하천 정비사업의 예산과 사업 추진현황은 다음 **표 5-6**과 같다.

표 5-6 소하천 정비사업 추진 현황

(단위: 개소, 억 원/( ) 국비)

계		'19년까지		'20년 계획		'21년 이후		지원 연도
사업량	사업비	사업량	사업비	사업량	사업비	사업량	사업비	
22,160	632,765 (32,244)	4,863	70,652 (32,244)	572 (100)	6,060 (-)	17,118	556,053 (-)	'95~'19

출처: 행정안전부 홈페이지(www.mois.go.kr), 업무안내(재해예방사업)

4) 급경사지 정비사업

(1) 개요

인명피해가 우려되는 붕괴위험지역에 대해 주택 이주 및 사면정비 등 위험요인의 근원적 해소를 통해 국민의 생명과 재산을 보호하는 사업으로 「급경사지 재해예방에 관한 법률」에 근거를 두고 있다.

(2) 연혁

급경사지 정비사업은 2007년 7월 「급경사지 재해예방에 관한 법률」이 제정되면서 법적근거를 마련하였다. 2012년부터 국비를 지원하여 정비사업을 추진하고 있으며, 전체 급경사지 붕괴위험지역 정비대상 1,485개소 중 2018년까지 576개소를 정비하고 909개소에 대해서는 지속적으로 정비를 추진하고 있다.

(3) 주요 내용

급경사지 대상지구는 2020년 기준 총 15,732개소가 지정되어 있으며, 이 중 붕괴위험지역(붕괴 · 낙석 등으로 국민의 생명과 재산의 피해가 우려되는 급경사지와 그 주변 토지로서 재해위험도 평가와 주민의견 수렴절차를 거쳐 지정 · 고시)은 1,707개소(공공 1,602, 사유 105)가 지정되어 관리 중에 있다.

표 5-7 급경사지 대상지구 현황

계	A등급	B등급	C등급	D등급	E등급
15,732	1,260	7,419	5,969	1,055	29

출처: 행정안전부(2020), 2020 행정안전통계연보(수정인용 재편집)

붕괴위험지역 중 사유시설(105개소)에 대해서는 소유자 등 관리주체에게 안전관리토록 하고, 전담공무원을 지정하여 예찰활동 등 상황관리토록 하고 있다. 붕괴위험지역 중 공공시설(1,602개소)에 대해서는 「급경사지 재해예방에 관한 법률」 제12조 내지 제13조 규정의 붕괴위험지역 정비계획에 의거하여 연차적으로 정비사업을 추진하고 있다. 급경사지 붕괴위험지역 정비사업은 국가가 「보조금 관리에 관한 법률」에 따라 지원하는 국비와 지방자치단체 지방비 재원을 50:50으로 매칭해 지방자치단체가 시행한다. **표 5-8**에서 보는 바와 같이 정비대상 1,707개소의 총 사업비는 2조 5,526억 원으로 2019년까지 사업비 1조 789억 원을 투자하여 758소를 정비하였고, 2020년에는 184개소 정비를 추진하였으며 2021년 이후에도 853개소를 지속적으로 정비할 계획이다.

표 5-8 급경사지 정비사업 추진 현황

(단위: 개소, 억 원/( ) 국비)

계		'19년까지		'20년 계획		'21년 이후		지원 연도
사업량	사업비	사업량	사업비	사업량	사업비	사업량	사업비	
1,707	25,526 (12,127)	758	10,789 (4,887)	184 (96)	1,827 (914)	853	12,910 (6,326)	'12~

출처: 행정안전부 홈페이지(www.mois.go.kr), 업무안내(재해예방사업)

사례 1 급경사지 붕괴위험지역 지정·고시

강원도 화천군은 관내 태풍, 호우 등 자연재해에 의한 추가 붕괴 우려에 따라 「급경사지 재해예방에 관한 법률」제6조(붕괴위험지역의 지정 등) 및 같은 법 시행규칙 제2조(붕괴위험지역 지정 · 고시 등)의 규정에 의거하여 급경사지 붕괴위험지역을 지정 · 고시하였다.

■ 화천군 고시(제 2019-47호, '19.9.16)

지구명	위 치	지정내용			지정사유	관리기관
		유형	등급	면적(m^2)		
동촌 45지구	화천읍 동촌리 산 304번지 일원	붕괴위험	D급	9,100	천재지변에 따른 추가 붕괴 우려	도로관리사업소 북부지소

출처 화천군(www.ihc.go.kr)

사례 2 급경사지 붕괴위험지역 정비사업

강원도는 춘천시와 화천군 지정, 급경사지 붕괴위험지역 2개소에 대해 지방도상 급경사지 붕괴위험지역을 사전에 정비하여 안전한 도로환경 제공은 물론 교통사고 위험성을 사전에 예방하기 위해 「급경사지 재해예방에 관한 법률」제13조 규정에 따라 급경사지 위험지역 정비사업 실시계획을 고시하고 정비사업을 추진하게 되었다.

■ 강원도 고시(제 2016-423호, '16.10.31)

정비 사업명	사업개요					
	지정일자	공시위치	사업규모		사입기간	공사목적
			사업량	사업비 (백만원)		
고탄 1지구	2014.10.	춘천시 사북면 인람리 산2-3일원	사면정비 1식	1,500	착공일로부터 330일	급경사지 붕괴위험지역 정비사업 추진으로 주민의 생명과 재산 보호
동촌 36지구	2014.10	화천군 화천읍 동촌리 산304-9일원	사면정비 1식	1,900	착공일로부터 330일	

출처 강원도(http://www.provin.gangwon.kr)
http://www.provin.gangwon.kr/gw/portal/sub05_02?articleSeq=137171&mode=readForm&curPage=1&boardCode=BDAADD02

5) 요약

재난경감사업에는 자연재해위험개선지구 정비사업, 우수유출저감대책 및 빗물일시저장시설 설치사업, 소하천 및 급경사지 정비사업 등이 있다.

재해위험개선지구 정비사업은 자연재해를 사전 예방하거나 재해를 경감시키기 위하여 상습침수지역이나 산사태위험지역 등 자연재해 발생 우려가 있는 지역을 자연재해위험개선지구로 지정하여 체계적으로 정비 · 관리를 하는 제도이다.

우수유출저감대책과 빗물일시저장시설 설치사업은 각종 개발사업과 도시화 등으로 인하여 불투수 면적이 확대되고 빗물 유출량이 증가함에 따라 발생하는 피해를 줄이기 위한 대책 및 사업이다.

소하천 정비사업은 수해 위험이 높은 미정비 소하천을 정비하여 재해를 사전에 예방하고 자연 친화적인 정비로 하천생태계 보전 및 친수 환경을 조성하는 사업으로 「소하천정비법」에 근거를 두고 있다.

급경사지 정비사업은 인명피해가 우려되는 붕괴위험지역에 대해 주택 이주 및 사면정비 등 위험요인의 근원적 해소를 통해 국민의 생명과 재산을 보호하는 사업으로 「급경사지 재해 예방에 관한 법률」에 근거를 두고 있다.

3 재난영향에 대한 평가제도

1) 개요

우리나라의 빠른 경제성장과 사회발전 이면에는 급속한 도시화와 산업화 과정에서 증가된 취약성이 있다. 각종 개발사업으로 인한 홍수 유출량의 증가, 토사 유출량의 증가, 사면의 불안정 등은 개발사업으로 인한 취약성 요인들이다. 재해영향평가와 사전재해영향성 검토협의제도는 각종 행정계획이나 개발사업의 인허가 전에 해당 사업의 재해 위험요인을 사전에 전문적으로 예측 · 분석하고 검토협의한 사항에 대하여 이행실태를 점검하여 재해 유발요인을 차단하기 위한 제도이다. 「자연재해대책법」 제4조~제7조에 규정되어 있으며, 같은 법 시행령 제3조~제7조에 세부적인 사항을 규정하고 있다.

2) 연혁

정부는 재해예방 차원에서 개발사업에 대한 종합적이고 체계적인 평가를 위해

1995년 「자연재해대책법」을 개정하여 재해영향평가제도를 도입하고 1996년부터 시행하였다. 재해영향평가제도는 개발사업으로 인한 재해영향을 평가하여 사전에 저감대책을 수립하도록 한다는 획기적인 제도였지만, 대상사업의 범위가 6개 분야 24개 개발사업(15m² 이상 면 개념 사업)으로 한정되어 있어 개발계획이나 개발사업 전반에 대해 체계적인 대책을 수립하기에는 한계가 있었다. 이에 따라, 2005년 1월에 전부 개정된 「자연재해대책법」에 사전재해영향성 검토협의제도가 도입되었다. 사전재해영향성 검토협의제도는 자연재해에 영향을 미치는 각종 행정계획, 도로 · 철도 등 선 개념의 각종 개발사업, 개발예정지 주변지역 등을 모두 포함하여 재해에 영향을 줄 수 있는 행정계획이나 개발사업의 초기단계부터 검토를 받도록 하는 제도로서 재해영향평가에 비해 그 대상이 대폭 확대되었다는 데 의의가 있다.

사전재해영향성 검토협의제도는 각종 개발사업 등으로 인한 재해 영향을 분석하고 의견을 제시하는 협의제도로 운영되었으며, 환경영향평가 등에 비해 그 위상이 낮았다. 또한 행정계획의 수립과 개발사업의 인허가 과정에서 고려해야 할 사항이 다른데도 동일한 기준으로 검토하는 것에 대한 개선요구가 끊임없이 제기되었다. 이러한 문제점을 보완하기 위하여 협의 대상사업의 단계와 규모에 따라 협의기준을 달리하고 개발사업은 단순 협의가 아니라 영향평가를 받도록 강화할 필요가 있었다. 이에 따라 2017년에는 행정계획의 수립 · 확정과 개발사업의 인허가에 관련된 제도를 구분하여 행정계획은 사전재해영향성 검토협의제도로 운영하고 개발사업은 재해영향평가로 운영하도록 「자연재해대책법」을 개정하였다. 또한 2018년에는 재해영향평가협의 종류와 범위를 세분화하고 협의절차를 사전검토단계, 협의단계, 협의내용이행단계 등 3단계로 구분하는 등 재해저감대책에 대한 심층적 검토 기능을 강화하였다.

3) 주요 내용

「자연재해대책법」 제4조에 따라 관계 중앙행정기관의 장, 시 · 도지사, 시장 · 군수 · 구청장 및 특별지방행정기관의 장은 자연재해에 영향을 미치는 행정계획을 수립 · 확정(지역 · 지구 · 단지 등의 지정을 포함)하거나 개발사업의 허가 · 인가 · 승인 · 면허 · 결정 · 지정 등을 하려는 경우에는 그 행정계획 또는 개발사업의 확정 · 허가 등을 하기 전에 행정안전부장관과 재해영향성 검토 및 재해영향평가에 관한 협의를 하여야 한다. 개발사업의 규모에 상관없이 승인기관에 따라 협의주체가 달라지는데, 국토부 · 산자부 등 중앙행정기관이 승인하는 사업은 행정안전부장관과 승인하고, 시 · 도 및 시 · 군 · 구에서 승인하는 사업은 각각 시 · 도지사 및 시장 · 군수 · 구청장과 협의하여야 한다. 개발사업의 규모와 종류에 따라 행정계획은 재해영향성검토를 받고 개발사업은 소규모 재해영향평가 또는 재해영향평가를 받아야 한다. 협의규모에 따른 평가의 종류는 표 5-9와 같다.

표 5-9 행정계획과 개발사업에 대한 영향평가 종류

구분	행정계획 (재해영향성검토)	개발사업	
		소규모재해영향평가	재해영향평가
대상	• 행정계획 (37개 법령 47개 계획)	• 개발사업 (48개 법령 59개 사업)	• 개발사업 (48개 법령 59개 사업)
규모	• 면적에 관계없음 – 단, 도시 · 군계획시설 결정 및 공원조성계획은 5천m^2 이상	• 면적 5천m^2 이상 5만m^2 미만 • 길이 2km 이상 10km 미만 – 임도 길이 4km 이상 10km 미만	• 면적 5만m^2 이상 • 길이 10km 이상(임도 포함)
심의기간	• 30일 이내 – 사안에 따라 10일 이내 연장	• 30일 이내 – 사안에 따라 10일 이내 연장	• 45일 이내 – 사안에 따라 10일 이내 연장
심의절차	• 서면심사 원칙	• 서면심사 원칙	• 소집 · 현지회의 원칙

출처: 행정안전부(2019). 재해영향평가 등의 협의 실무지침.

재해영향평가의 협의절차는 사전검토, 평가, 이행관리로 이루어진다. 평가항목과 평가범위가 결정되면, 재해영향평가 심의위원회의 심의를 거쳐, 심의의견이 실시설계에 반영되도록 협의기관에서 관리 · 감독을 한다. 협의 및 이행절차는 그림 5-3과 같다.

검토협의 내용을 이행하지 아니하거나 조치명령을 이행하지 않은 경우, 개발사업을 시작한 날부터 20일 이내 관리책임자를 지정 · 통보하지 않은 경우, 검토협의 내용의 이행상황 등을 기록하지 않은 경우 등에는 500만 원 이하의 과태료를 부과하고 있다.

그림 5-3 재해영향평가 등의 협의 절차

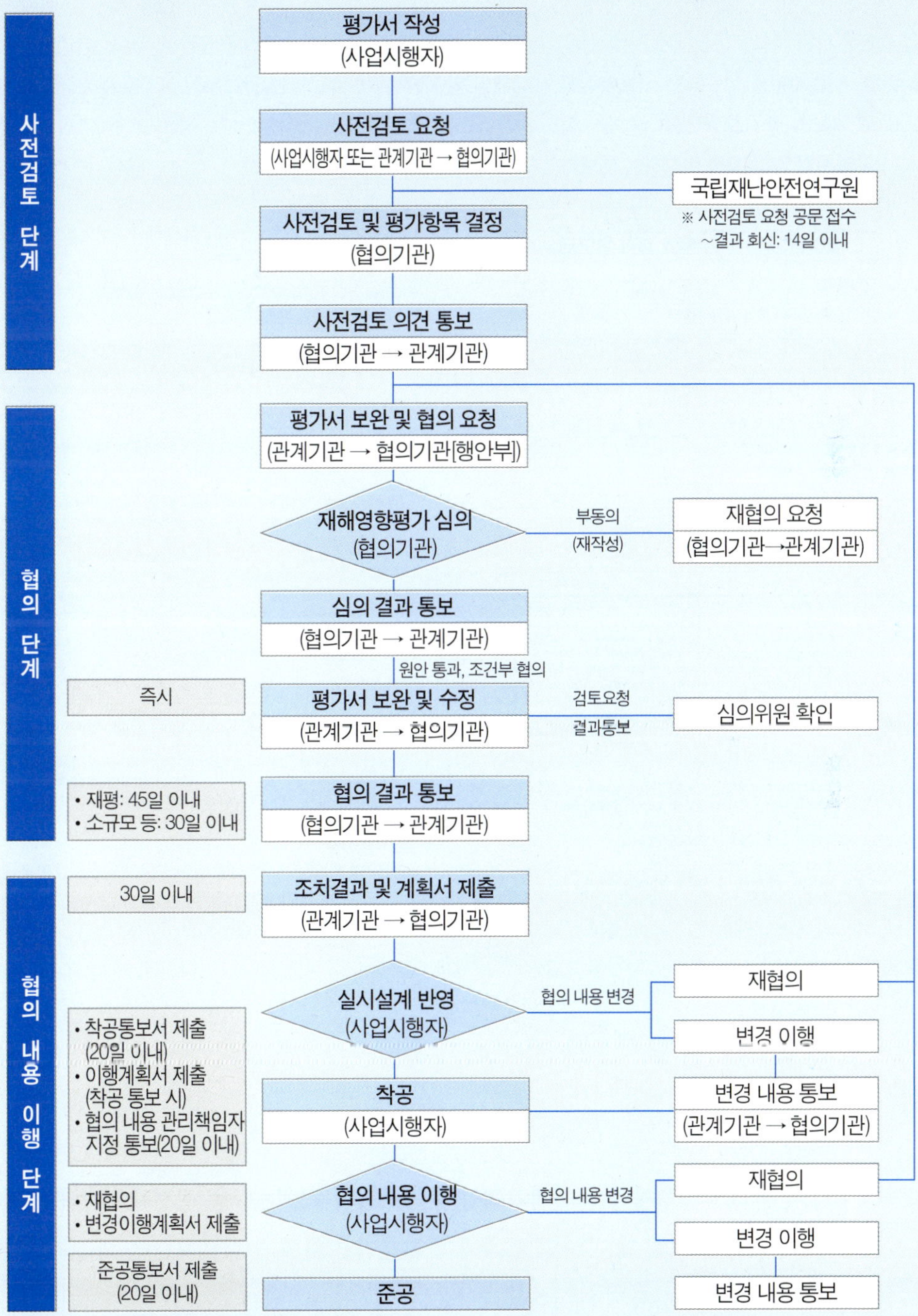

출처: 행정안전부(2020), 재해영향평가 등의 협의 업무수행 매뉴얼. p4

사례 ○○지구 개발사업 재해영향평가 협의

○○공사에서는 기관에서 계획 중인 ○○지구 개발사업 추진을 위해 「공공주택특별법」 제17조에 따른 사업 승인권자인 국토부장관에게 사업계획과 「자연재해대책법」 제4조에 의거 재해영향평가서를 작성하여 제출하였다. 사업계획을 접수받은 국토부장관은 재해영향평가서를 토대로 행정안전부장관에게 재해영향평가 협의를 요청(협의 전 국립방재연구원에서 협의 사전검토를 거침)하였고, 행정안전부는 재해영향평가위원회를 개최하여 아래와 같이 심의 의결하여 통보하였다.

재해영향평가등의 협의 결과 통보서(예시)

□ 사업개요

○ 사 업 명 : ○○ 지구 개발사업
○ 위 치 : ○○시 ○○구 ○○동, ○○동, ○○동 일원
○ 승인(시행) : ○○○○부(○○○○공사)
○ 사업규모 : 000,000m²

구 분	가. 국토·지역계획 및 도시의 개발
협 의 대 상	「공공주택 특별법」 제17조에 따른 공공주택 지구계획 승인
재 해 영 향 평 가	000,000㎡
승 인 권 자	000부장관
사 업 시 행 자	0000공사

□ 협의 결과 통보 * 협의내용 이행계획 작성 대상

《 저감 대책 》

구 분	협 의 내 용	이 행 계 획
홍수 및 토사유출	<개발 중> ▪ 평가대상지역 홍수유출량 (30년 빈도) 1.32~2.99㎥/s 저감 ▪ 평가대상지역 토사유출량 (30년 빈도) 402.15㎥/storm 저감	▪ 임시침사지겸 저류지 설치: 개발 중 2개소 우선시공(참고 1,5) - SW-A : V=11,681m³, A=4,962m² - SW-B : V=4,696m³, A=2,217m² ▪ 개발공정별 나대지 변화에 따른 토사유출 관리 (참고 1, 5) ▪ 우선시공 이설관로 : 북동측 유역 By-pass (D1,350, BOX3.5x2.0~1.5x1.8, L=1,079m) (참고 1, 3, 6) ▪ 가배수로 설치 (참고 1) - SW-A : 간선 B=4.1m, h=1.5m 지선 B=2.2~1.7m, h=1.2m - SW-B : 간선 B=2.8m, h=1.5m 지선 B=2.2~1.7m, h=1.2m
	<개발 후> ▪ 평가대상지역 홍수유출량 (50년 빈도) 3.84㎥/s 저감 ▪ 사업지구 내수침수 방지 (방재성능목표강우 수준)	▪ 영구저류지 설치 (1개소, V=13,786㎥) (참고 2, 5) ▪ 침투형 저감시설 설치 (참고 2, 7) (옥상녹화: 5,883㎡, 투수성포장: 20,190㎡) ▪ 사업지구 내.외 우수관로 신설 (참고 3, 6) - 우수관로 BOX 1,127m, 원형관 3,985m

※ 개발 중 저감시설 이행계획은 공정단계별 여건에 따라 변경설치 가능

《 저감 방안 》

구 분	협 의 내 용	저감 방안
1. 하천재해	▪ 00천 계획홍수위(80년 빈도 EL.18.72~19.96m) 보다 높은 단지계획고(EL.19.90~22.52m)를 확보 하여 온수천 홍수위에 대한 안전성 확보	▪ 재해저감방안 불필요
2. 내수재해	▪ 개발 후 신설 우수관로에 대한 통수능 검토 결과, 설계빈도에 대한 충분한 방재 성능 확보가능 ▪ 200년 빈도 00강 홍수위 상승 시 사업지구 내외부 국부적 침수발생	▪ 재해정보지도 작성 및 활용 ▪ 지하공간 침수방지대책 도입 ▪ 우수관로 이설은 관련기관 협의 후 공사착공 ▪ 사업지구 하류 펌프장 도입 건의
3. 사면재해	▪ 사업지구 남측 근린공원 내 주변 산업 시설과의 입체적 분리를 도모하기 위해 10m 높이의 마운딩을 계획	▪ 실시설계 단계에서 상세 사면안전성을 검토 ▪ 식생에 의한 비탈면보호 및 녹화 ▪ 사면배수로 설치(U0.4×0.4)
5. 지반재해	▪ 「00지구 택지개발사업」 구역 내 연약 점토 및 실트층 발견 ▪ 사업지구 내 연약지반 발생 가능성 높음	▪ 실시설계 단계 상세 지반조사를 실시 ▪ 연약지반 처리대책, 구조물 침하 안전성 확보대책, 지하수위 안정화방안 등과 같은 지반재해 저감 저감방안을 도입
6. 기타재해 (지진, 바람)	▪ 사업지구 내에서의 피해발생 이력은 없는 것으로 조사됨 ▪ 국내 지진발생 빈도 및 규모 증가추세 ▪ 사업지구 내 도입 계획된 고층건축물 및 중요구조물에 대한 내진설계 적용필요	▪ 향후 실시설계단계에서 대상 시설물에 적용 가능한 내진 및 내풍 설계기준 제시 ▪ 지진발생 시 행동요령 제시

《 기타 행정사항 》

실시설계 단계 및 착공 전 행정사항 이행계획
▪ 사업지구 북측 000 일대(00천 직방류) 및 북동측 산업단지유역(사업지구 하류 복개암거 직방류)의 관로이설 (유역변경)에 관한 사항은 향후 00구 하수도 및 하천 관리부서와 협의하여 진행하며, 우선시공을 원칙으로 함 ▪ 사업지구 북측 000 일대(00천 직방류) 관로이설의 경우 비관리청 하천점용허가를 득하여 공사를 추진해야 하며, 공사 중 간섭되는 제방 및 하천구역은 원상복구를 원칙으로 해야 함

□ 조치할 사항
○ 협의내용 이행계획서 제출(시행규칙 별지 2호 서식 참조), 30일 이내

출처 행정안전부(2020), 재해영향평가 등의 협의 업무수행 매뉴얼. p31~32

4) 요약

재해영향평가와 사전재해영향성 검토협의제도는 각종 행정계획이나 개발사업의 인허가 전에 해당 사업의 재해 위험요인을 사전에 전문적으로 예측·분석하고 검토협의한 사항에 대하여 이행실태를 점검하여 재해 유발요인을 차단하기 위한 제도이다.

4 자연재난 경감을 위한 계획·대책 및 통계

1) 자연재해저감 종합계획

(1) 개요

자연재해저감 종합계획은 각 지방자치단체가 관할구역에서 태풍, 호우, 강풍, 풍랑, 대설, 가뭄 등 자연현상으로 인해 발생할 수 있는 피해유형(하천 · 내수 · 해안 · 사면 · 바람재해 등)을 조사하여 수립하는 계획으로 「자연재해대책법」 제16조에 근거를 두고 있다.

(2) 연혁

풍수해저감 종합계획은 2005년 「자연재해대책법」이 전부 개정되면서 도입되었다. 시 · 군 종합계획은 2009년 3월 세부수립기준을 마련하여 2010년부터 시 · 군에서 계획을 수립하고 있으며, 시 · 도 종합계획은 2012년 8월 세부수립기준을 마련하여 2014년부터 시 · 도에서 계획을 수립하고 있다. 2018년에 일부 개정된 「자연재해대책법」('18.10.25. 시행)에 따라 풍수해저감 종합계획의 명칭을 자연재해저감 종합계획으로 변경하고 대설과 가뭄을 그 대상에 포함하였다.

(3) 주요 내용

자연재해저감 종합계획의 수립대상은 시 · 도와 시 · 군이며, 10년마다 재수립하여야 한다. 지자체는 종합계획(안)을 작성하여 관계기관 협의, 지역주민 및 전문가 공청회, 의회의견 청취 등을 거쳐 행정안전부에 승인을 요청하고, 행정안전부는 지자체에서 승인 요청한 종합계획(안)에 대해 중앙관계부처 협의 및 전문가 검토를 거쳐 계획을 승인한다.

자연재해저감 종합계획은 재해예방에 관한 구조적 · 비구조적 대책을 모두 포함하는 중장기적인 재해예방 종합계획으로서, 빗물일시저장시설사업, 재해위험개선사업 등과 같은 재해예방사업을 계획하고 시행할 때 기초자료로 활용되며,

재해위험도 · 긴급성 등을 고려한 연차별 시행계획에 따라 계획적 예산투자가 가능하다.

「국토의 계획 및 이용에 관한 법률」 제11조, 제18조 및 제24조에 따른 광역도시계획, 도시 · 군 기본계획 및 도시 · 군 관리계획의 수립 · 변경권자가 광역도시계획, 도시 · 군 기본계획 및 도시 · 군 관리계획을 수립하거나 변경하는 경우에는 시 · 군 종합계획과 시 · 도 종합계획을 반영하도록 하여 다른 계획과의 연계성을 높이고 있다. 자연재해저감 종합계획의 수립 및 보완 등에 관한 절차는 **그림 5-4** 와 같다.

자연재해저감 종합계획에는 다음과 같은 내용이 포함되어야 한다.

① 지역적 특성 및 계획의 방향 · 목표에 관한 사항
② 유역 현황, 하천 현황, 기상 현황, 방재시설 현황 등 재해 발생 현황 및 재해위험요인 실태에 관한 사항
③ 자연재해 복구사업의 평가 · 분석에 관한 사항
④ 지역별, 주요 시설별 자연재해 위험분석에 관한 사항
⑤ 「자연재해대책법」 제18조의 지구단위 홍수방어기준을 적용한 저감대책에 관한 사항
⑥ 자연재해 저감을 위한 자연재해위험개선지구 지정 및 정비에 관한 사항
⑦ 자연재해 예방 및 저감을 위한 종합대책 등에 관한 사항
⑧ 자연재해저감 종합계획 세부수립기준에서 정하는 사항

시장 · 군수는 매년 시 · 군 종합계획에 대한 다음 해의 시 · 군 시행계획을 작성하여 시 · 도지사에게 제출하여야 한다. 이 경우 시장 · 군수는 미리 관계 행정기관의 장 및 관련된 공공기관의 장과 협의하여야 한다. 시 · 도지사는 직접 또는 제출된 시 · 군 시행계획을 반영하여 매년 시 · 도 종합계획에 대한 다음 해의 시 · 도 시행계획을 작성하여 행정안전부장관에게 제출하여야 한다. 이 경우에도 시 · 도지사는 미리 관계 행정기관 등의 장과 협의하여야 한다. 행정안전부장관은 제출받은 시 · 도 시행계획에 보완이 필요한 경우 시 · 도지사에게 그 보완을 요청할 수 있다. 이 경우 시 · 도지사는 정당한 사유가 없으면 시 · 도 시행계획을 보완하여 제출하여야 한다.

그림 5-4 자연재해저감 종합계획의 절차

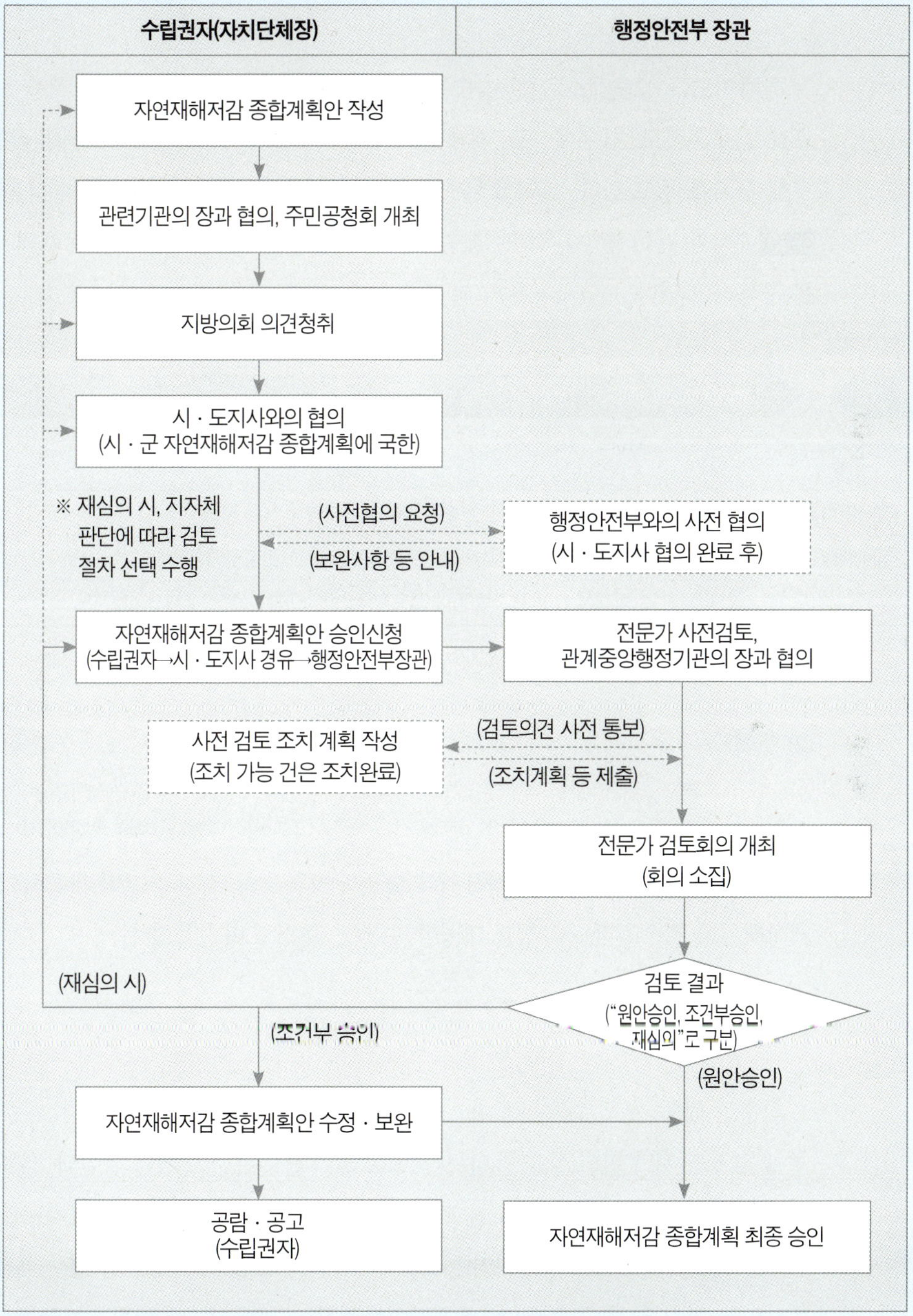

출처: 행정안전부 보도자료('19.3.25), '“자연재해저감 종합계획”으로 가뭄 · 대설도 사전 대비'

2) 재해지도 작성·활용

(1) 개요

재해지도는 풍수해로 인한 침수흔적, 침수예상 및 재해정보 등을 표시한 도면으로 침수흔적도, 침수예상도, 재해정보지도를 통칭하며 「자연재해대책법」 제21조에 근거를 두고 있다. 그리고 「자연재해대책법 시행령」 제18조에 따라 다음 표 5-10에서와 같이 침수흔적도, 침수예상도, 재해정보지도 등 세 가지로 재해지도를 구분하고 있다.

표 5-10 재해지도의 종류와 개념

종류	개념
침수흔적도	태풍, 호우, 해일 등으로 인한 침수흔적을 조사하여 표시한 지도
침수예상도	홍수범람위험도(홍수범람예상도, 내수침수예상도), 해안침수예상도 등
재해정보지도	피난활용, 방재정보, 방재교육 등에 필요한 정보를 포함하고 있는 재해정보지도

출처: 「자연재해대책법 시행령」 제18조 내용 요약 편집

(2) 연혁

2005년 1월 「자연재해대책법」에 법적근거를 마련하고, 2006년에 「재해지도 작성기준 등에 관한 지침」을 제정하였다. 2017년 4월에 동 지침을 전면 개정하여 방재대행자가 침수흔적도 작성을 대행할 수 있는 근거도 마련하였다.

(3) 주요 내용

침수란 태풍, 호우, 해일(지진해일 포함) 등 자연재해 발생 시 하천의 범람, 내수 배제 불능 또는 해수면의 상승 등의 원인으로 물이 불어나는 현상을 말한다. 재해지도는 침수흔적도와 침수예상도를 먼저 작성하고 이를 토대로 재해정보지도를 작성하는 것을 원칙으로 하되, 지역 현황, 지역여건 등을 토대로 필요할 경우 재해정보지도를 먼저 작성할 수 있다. 기초자치단체장이 재해지도를 제작 · 보급 · 활용

하는 것을 원칙으로 하며, 광역자치단체장은 광역 차원에서 작성하여야 한다. 기초자치단체장은 관할 행정구역 전체를 대상으로 재해지도를 작성하는 것이 원칙이나 침수흔적 및 침수예상범위가 2개 이상의 행정구역에 걸쳐 있는 경우와 대피장소 및 대피경로 등 대피계획 수립 시 인접 행정구역을 통합하여 대피계획을 수립하는 것이 타당하다고 판단되는 경우에는 이를 통합하여 작성할 수 있다. 재해지도 개정 · 보완주기는 기후변화에 따른 최근의 자연재해 피해상황을 반영하기 위해 2017년에 10년에서 5년으로 단축하였다.

재해지도는 자연재해 관리단계별로 활용된다. 예방 · 대비단계에서는 방재계획의 수립 및 재난대비를 위한 교육 · 훈련 · 홍보에 활용하고, 대응단계에서는 긴급상황에 신속히 대응할 수 있는 정보제공 및 지원에 활용하며, 복구단계에서는 구호물자 및 복구장비의 신속한 전달, 부상자 이송, 피해원인 분석 및 대책 수립에 활용한다.

침수흔적도는 침수피해 상황을 전체적으로 파악하기 위해 과거의 침수피해 실적을 기록 관리함으로써 각종 개발계획 수립 시 재해예방대책 검토를 위한 기초자료로 활용함은 물론 침수예상분석이나 재해정보지도 작성 시 참고할 수 있게 된다. 침수흔적도는 지방자치단체의 장이 작성하고 침수흔적 조사 및 침수흔적도 작성을 위해 한국국토정보공사를 전담기관으로 지정하여 운영하고 있는데 방재관리대책대행자도 침수흔적도 작성업무를 대행할 수 있도록 하고 있다. 침수흔적도는 침수흔적 조사 및 측량자료를 검토 · 분석하여 침수흔적 상황을 기본지도에 표시하게 되는데, 이때 침수피해 건별로 작성하되, 반복피해 발생 시에는 피해 발생시기별 각각의 침수상황을 알 수 있도록 구분하여 작성하고 있다.

그림 5-5 침수흔적도 작성 흐름도

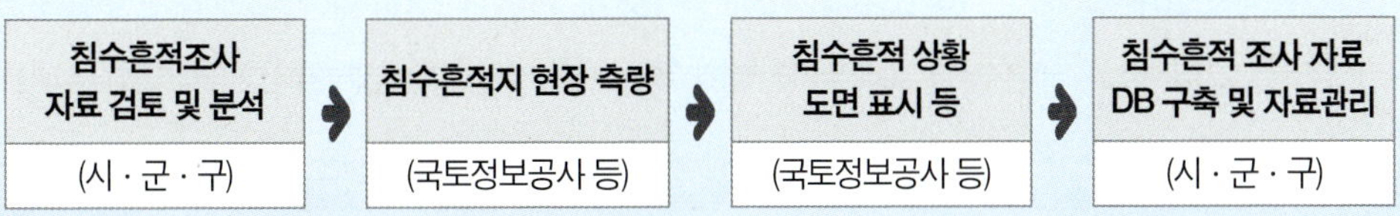

출처: 행정안전부(2019), 재해지도 작성기준 등에 관한 지침, p. 17

표 5-11 침수예상도의 종류와 개념

종류	개념
홍수범람예상도	태풍, 호우 등 홍수로 인한 내륙지역의 하천 범람 위험성에 대해서 정량적으로 분석하고 침수예상지역, 피해범위, 예상침수심 등을 분석하여 연속지적도 및 수치지형도 등에 표시한 지도
내수침수예상도	도시지역에서 발생한 강우가 우수배제시스템의 배수능력 부족으로 인해 제때 배제되지 못하고 침수를 유발하는 현상에 대해서 침수예상지역, 피해범위, 예상침수심 등을 분석하여 연속지적도 및 수치지형도 등에 표시한 지도
해안침수예상도	태풍, 호우, 해일 등으로 인하여 해안지역에서 발생할 수 있는 침수피해가능성을 예측하여 침수예상지역, 피해범위, 예상침수심 등을 분석하여 연속지적도 및 수치지형도 등에 표시한 지도

출처: 행정안전부(2019), 재해지도 작성기준 등에 관한 지침, p. 3

침수예상도는 침수가 발생할 수 있는 예상 시나리오를 사전에 산정한 후, 이를 기초로 수리, 수문, 해안 공학적인 해석기법을 통해서 침수지역을 예측한 디지털 형태의 지도로서 홍수범람예상도, 내수침수예상도, 해안침수예상도 등 세 가지로 분류하고 있다.

침수예상도(홍수범람예상도, 내수침수예상도 및 해안침수예상도)는 환경부장관, 해양수산부장관, 행정안전부장관, 지방자치단체의 장이 제작하는 것을 원칙으로 한다. 지방자치단체의 장은 환경부의 홍수범람위험도, 해양수산부의 해안침수예상도 및 행정안전부의 해안침수예상도를 침수예상도로 활용할 수 있으며 필요한 경우 보완하거나 신규로 제작할 수 있다. 그리고 홍수범람예상도, 내수침수예상도 및 해안침수예상도의 보완 및 신규 제작 시에는 환경부장관, 해양수산부장관 및 행정안전부장관과 협의하여야 한다.

홍수범람예상도는 2016년에 전국 5개 국가하천에 대하여 작성이 완료되었다. 지방하천의 경우 한강권역과 낙동강권역, 금강권역은 2020년까지 대부분 완료하였으며, 섬진강과 영산강권역은 2021년 이후 마무리할 계획이다. 해안침수예상도는 2019년까지 전국 179개 지역 중 168개 지역에 대하여 국립해양조사원에서 작성하였다. 재해정보지도는 풍수해 예방 및 경감을 위해 침수가 예상되는 지역에서 신속한 주민 대피 등을 위한 침수정보와 대피에 필요한 정보를 포함하고 있다. 재해정보지도에는 피난활용형, 방재교육형, 방재정보형 등이 있다.

표 5-12 재해정보지도 종류

구분	피난활용형	방재교육형	방재정보형
작성단위	지방자치단체	지방자치단체	지방자치단체
사용대상자	주민	주민	방재업무 공무원
활용	재해 발생 시 신속한 주민대피를 위해 대피에 관한 정보를 배포 · 활용	주민행동요령 등을 수록하여 교육용으로 제작	행정기관에 비치하여 주민의 대피 유도나 방재활동에 활용

출처: 행정안전부(2020), 재해지도 작성기준 등에 관한 지침, p. 42(요약 재편집)

3) 지진해일 피해경감대책

(1) 개요

1983년 일본 아키다현 외해아현에서 발생한 지진해일로 삼척시, 동해시 등 동해안 지역에서 인명 및 재산피해가 발생한 사례가 있다. 이와 같은 지진해일 발생을 대비하여 주민대피계획 등 피해경감대책을 마련한 제도를 지진해일 피해경감대책이라고 하며 「지진 · 화산재해대책법」 제10조의 2에 근거를 두고 있다.

(2) 연혁

지진해일 대비 주민대피계획을 2011년 9월 수립하였고, 2014년 8월 「지진 · 화산재해대책법」에 법적근거를 마련하였다. 또한 2014년 8월 지진해일 대비 주민대피계획 수립지침을 훈령으로 법제화하였다.

(3) 주요 내용

「지진 · 화산재해대책법」에 따라 시 · 도지사가 수립하도록 되어 있는 지진해일 대비 주민대피계획에는 지진해일로 인한 주민의 인명피해를 최소화하기 위하여 주민대피지구의 지정, 대피소 및 대피로의 정비 등의 내용을 담고 있다. 2019년까지 주민대피지구 현황은 4개 시 · 도, 22개 시 · 군 · 구, 258개 지구에 639개의 긴급대피장소를 지정하였으며, 시 · 도별 대피시설 현황은 다음 표 5-13과 같다.

표 5-13 지진해일 주민대피 관련시설 현황

시 · 도	시 · 군 · 구수	지구수	긴급대피장소	대피인원	대피안내요원
계	22	258	639	320,865	1,968
부산	7	22	52	51,443	359
울산	4	15	43	40,700	294
강원	6	76	186	121,475	675
경북	5	145	358	107,247	640

출처: 행정안전부(2020), 2020 행정안전통계연보(재편집)

긴급대피장소는 기준파고보다 최소 2m 이상 여유고를 가지는 해발고도지역이며 해안가에서 600m 이내 지역으로 지정한다. 부득이한 경우에는 내진성능이 확보된 3층 이상의 건축물로 지정한다.

4) 지진방재 종합계획

(1) 개요

지진방재 종합계획은 「지진 · 화산재해대책법」에 따른 지진방재분야 최상위 계획이다. 지진방재 종합계획은 지진방재정책의 목표와 기본방향, 중앙행정기관과 지방자치단체에서 중점적으로 추진해야 할 과제 등을 포함하고 있다.

(2) 연혁

1995년 1월 일본 고베에서 발생한 규모 7.2 지진을 계기로 범정부적 '제1차 지진방재 종합대책'을 수립하였고, 1995년 12월 「자연재해대책법」에 지진방재대책 등을 법제화하였다. 이후 2005년 일본 후쿠오카 지진 이후 2005년 12월 '제2차 지진방재 종합대책'을 수립하였고, 2008년 3월 「지진재해대책법」을 제정하여 보다 체계적인 지진방재대책을 법제화하였다. 2009년 2월 '제3차 지진방재 종합대책'을 수립하였고, 2016년 9월 12일 경주지진을 계기로 '제4차 지진방재 종합대책'을 수립하였다.

'제1차 지진방재 종합계획'은 「지진 · 화산재해대책법」에 따라 2015년에 5개년 계획으로 수립되었다. 2016년 9월 12일 발생한 경주지진으로 우리나라가 더 이상 지진의 안전지대가 아니라는 걱정과 우려가 확산되었으며, 정부에서는 관계부처의 70명 이상의 민간전문가가 참여하여 그간의 지진대책을 전면 재수정하고 혁신적인 과제들을 대폭 포함한 '제4차 지진방재 종합대책'을 마련하였다. 이 대책의 주요 내용과 2017년 11월 15일 포항지진 대응 과정에서 제기된 문제점 등을 반영하여 '제2차 지진방재 종합계획'이 2019년에 수립되었다.

(3) 주요 내용

그동안 수립된 '지진방재 종합대책'은 구체적인 법적근거 없이 해외에서 대규모 지진이 발생할 때마다 수립하여 왔으나, 계획의 구속력과 구체적인 성과가 미흡한 점을 보완하기 위하여 2013년 8월 법령 개정으로 관계 중앙행정기관 및 지자체를 포함하는 범정부 차원의 '지진방재 종합계획' 근거를 마련하여 실효성과 추진력을 확보하게 되었다. 2015년에 제1차 지진방재 종합계획이 수립되었고, 2019년에 제2차 지진방재 종합계획이 수립되었다.

제2차 지진방재 종합계획은 지진재해로부터 국민의 생명과 재산, 주요 기간시설의 보호를 위해 범정부 차원의 일관된 지진방재 추진방향을 설정하고 세부과제

표 5-14 제2차 지진방재 종합계획 추진전략

5대 전략	10대 중점 추진과제
1. 지진정보 전달체계 고도화	① 수요자 맞춤형 지진조기경보 체계 ② 긴급재난문자 등 지진정보 전파체계 강화
2. 지진 및 지진해일 대응역량 강화	③ 맞춤형 · 체험형 지진 교육 · 훈련 실시 ④ 지진 · 지진해일 대응시스템 개선
3. 국가 내진율 향상	⑤ 내진보강 투자 확대 및 기간 단축 ⑥ 민간분야 내진보강 촉진
4. 이재민 구호 및 복구지원 강화	⑦ 이재민 회복 지원 ⑧ 지진 피해 지원 강화
5. 지진방재 연구기반 확대	⑨ 체계적 전국 활성단층 조사 · 연구 ⑩ 지진방재 연구 및 국제협력 강화

출처: 관계부처 합동(2018). 제2차 지진방재 종합계획(2019~2023).

중 · 장기대책 등의 내용이 신설되었다. 2015년에는 국민안전처, 농림부, 국토부, 환경부 공동으로 가뭄분야 위기관리 표준매뉴얼을 제정하였다.

(3) 주요 내용

행정안전부는 각 부처별로 발표하고 있는 가뭄정보를 분석하여 가뭄분야 통합 예 · 경보를 실시하고 있다. 2016년에 국민안전처에서 처음 실시하였으며, 2017년 조직 개편 후에는 행정안전부에서 실시하고 있다. 가뭄 예 · 경보는 관계부처 공동명의로 행정안전부장관이 발표한다. 발표시기는 매월 10일이며 필요시 수시로

그림 5-6 가뭄 예 · 경보 프로세스

관련 부처	국토교통부, 환경부, 농림축산식품부, 기상청	→	WINS (물관리정보유통시스템)	→	행정안전부
검토 기관	• 한강홍수통제소 • 수자원공사 · 농어촌공사		• 한강홍수통제소		• 국립재난안전연구원
주요 내용	• 분야별 가뭄정보 생산 · 가공 · 분석 • 분야별 가뭄지도 제작 • WINS 입력 · 제출		• 부처에서 제공한 가뭄 정보 취합		• 가뭄정보 분석자료 검토 • 지자체 가뭄상황 비교 검증 • 가뭄 예 · 경보 발표

출처: 환경부 국가가뭄정보분석센터(2018), 2013~2018 장기가뭄 분석 · 평가 보고서, p. 34

그림 5-7 상습가뭄재해지역 지정 및 해제 절차

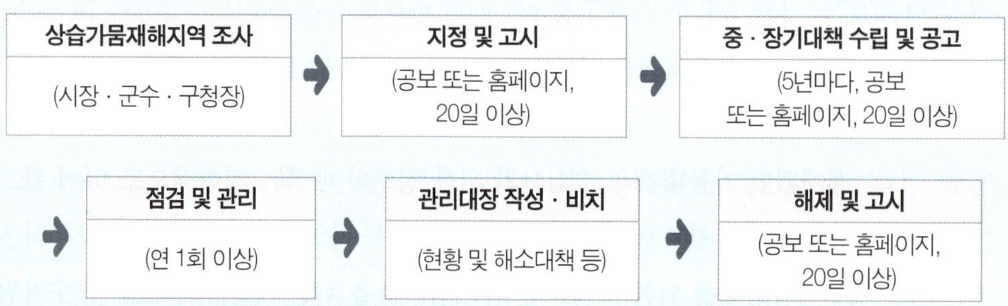

출처: 상습가뭄재해지역의 지정해제 및 관리지침(행정안전부 고시 제2017-1호, '17.7.26) 요약 편집

발표할 수 있다. 특별 · 광역 · 자치시 · 도, 시 · 군별로 실시하며, 현재 · 1개월 · 3개월 전망으로 구분하여 발표한다. 그 구체적인 절차는 그림 5-7과 같다.

시장 · 군수 · 구청장은 「자연재해대책법」에 따라 가뭄재해가 상습적으로 발생하였거나 발생할 우려가 있는 지구를 상습가뭄재해지역으로 지정 · 고시하고 지자체 공보나 홈페이지 등에 게시한다. 상습가뭄재해지역에 대해서는 수자원 확보대책, 제한급수대책 등 가뭄 피해를 줄이기 위한 중장기대책을 수립 · 시행하여야 한다.

7) 황사 및 미세먼지 대책

(1) 황사

① 개요

우리나라에 영향을 주는 황사는 주로 봄철(3~5월) 몽골 고비사막과 중국 북동지역 등에서 발생하여 국내로 유입된다. 연도별 편차가 있으나 우리나라의 전국 연평균 황사일수는 1980년대(3.2일)부터 2000년대(10.0일)까지 꾸준히 증가하다가 2010년대('11~'16년, 5.8일) 들어 2000년대보다 감소한 경향을 보이고 있다. 고농도 황사 발생 시 국민건강 침해 및 첨단산업시설 등의 경제적인 피해가 우려되고 있어 정부는 국민피해 최소화를 위해 종합적인 대책을 추진하고 있다.

② 연혁

2004년 3월에 황사를 자연재해로 인한 재난의 하나로 규정한 「재난 및 안전관리기본법」을 제정하였으며, 이를 통해 황사 피해를 국가안전관리 차원에서 대응할 수 있는 법적근거를 마련하였다. 2007년 4월 황사피해방지와 관련하여 「대기환경보전법」을 개정하여 황사피해방지를 위한 '황사피해방지 종합대책' 수립, '황사대책위원회' 설치 등에 관한 규정이 신설되어 '황사피해방지 종합대책' 추진의 법적근거를 마련하였다. 이후 2015년 12월에 「대기환경보전법」을 개정하고 종합대책의 범위를 황사, 미세먼지, 금속물질, 가스상물질 등 포괄적인 장거리이동대기오염물질로 확대하여 '장거리이동대기오염물질 피해방지 종합대책'으로 변경하였다. 장거리이동대기오염물질 피해방지 종합대책은 「대기환경보전법」 제13조의 규정에 근거한 5개년 중기계획으로서, 동법 13조에 의거 환경부장관은 관계 중앙행정기관이 장과 협의하고 시·도지사의 의견을 들은 후, 동법 14조에 따른 장거리이동대기물질 대책위원회의 심의를 거쳐 5년마다 장거리이동대기오염물질 피해방지 종합대책을 수립하도록 하는 법정계획이다. 이에 따라 관계 중앙행정기관의 장 및 시·도지사는 장거리이동대기오염물질 피해방지대책을 근거로 매년 소관별 추진대책을 수립·시행하고 추진실적을 평가한다. 제1차 장거리이동대기오염물질 피해방지 종합대책은 2017년도에 수립하였고 2018년부터 시행하여 2022년까지 추진 중에 있다.

③ 주요 내용

황사의 재난주관기관은 환경부로서 행정안전부와 협업관계를 유지하고 있다. 환경부는 국립환경과학원, 한국환경공단과 함께 중앙황사대책 상황실을 운영하면서 기상청의 황사특보 발령시점부터 해제 시까지 황사 발생 및 피해상황 모니터링을 시행 중이며, 주요 도시의 황사 위해성평가 및 중금속·화학성분 등을 분석해 에어코리아 웹페이지(www.akkorea.or.kr)를 통해 대국민 홍보방송을 운영 중이다. 행정안전부는 기상청 특보 시 재난문자 발송을 통해 대국민 재난대비를 철저히 하고 대규모 재난 확산에 대비해 상황을 주시하고 있다. 초대형 황사(24시간 지속 후 PM10 2:400ug/m' 이상 24시간 지속 예상 시 혹은 1,600ug/m' 이상 48시간 지속 예상 시) 발생 시 재난사태 선포 검토 등 범정부적 대응을 추진하며, 중앙재난안전대책본부(행정안전부 주관)는 중앙사고수습본부(환경부 주관) 및 지역재난안전대책본부를 지원하여 범정부적 황사대응체계를 구축하고 있다.

재난사태 선포 시 대상지역은 학교 휴교령이 전면 실시되며 응급상황 발생 시 즉시 병원으로 이송조치되도록 구조·구급체계가 강화된다. 또한 야외활동(행사 체육활동, 옥외작업장 작업 등)은 전면 금지되고 건축물(주택, 사무실, 축사, 하우스 등) 문단속 등 황사 발생 시 국민행동요령 홍보를 강화하며, 황사가 끝난 후 분야별로 사후조치해야 될 사항(비닐하우스 등에 쌓인 먼지 제거, 가축 소독, 기구류 세척[오염물질 제거] 등)을 적극 전파하고 있다. 이외에도 발생 현황, 발생 시 단계별 대책사항 등을 포함한 황사·미세먼지 피해방지대책을 수립하고 황사·미세먼지 특보 발령 시 상황관리 강화를 위해 지자체 예방 · 대응 활동 및 피해사항 관리, 관계기관(부처, 지자체) 대책회의 개최 등을 추진하고 있다.

우리나라의 황사는 중국, 몽골 등에서 기원하는 장거리이동대기오염 문제로서 황사와 더불어 미세먼지와 대기 중에 포함되어 우리나라로 장거리 이동을 통해 유입되는 금속물질과 가스상물질 등 다양한 대기오염물질에 대한 발생상황에 대한 정보제공과 피해저감을 위한 광범위한 노력이 필요하다. 이에 따라 정부에서는 2017년에 제1차 장거리이동대기오염물질 피해방지 종합대책을 수립하여 황사

표 5-16 제2차 황사피해방지 종합대책과 제1차 장거리이동대기오염물질 피해방지 종합대책 비교

구분	제2차 황사피해방지 종합대책	제1차 장거리이동대기오염물질 피해방지 종합대책
관측 및 예보능력 향상	• 황사 관측장비 확충	• 도시대기, 유해대기, 집중측정소 확충
	• 원격탐지 기술 개발 • 위성 · 모델링시스템 개발	• 위성 및 항공 측정 • 국가환경위성센터 건립
	–	• 한–미 대기질 공동조사 • 서해상 대기질 입체관측 실시 • 인공지능기반 예보시스템 개발 • 한국형 예보모델링시스템 개발 • 현입 황사 · 연무 통합예측모델 개선
위해성 평가	• 황사 건강영향 조사	• 장거리이동대기오염물질 건강영향 조사
	• 황사 건강보호 권고기준 마련	• 장거리이동대기오염물질 건강보호 권고기준 마련
	–	• 대기환경기준 강화
	–	• 국가 대기오염위해도 종합평가
분야별 피해저감 대책	• 황사 단계별 재난방지 차원의 대응체계 구축	• 재난방지 차원의 고농도 대응체계 마련
	–	• 민감계층 보호를 위한 환경보건서비스 기반 마련
국제협력 강화	• 황사 대응협의체 강화	• 장거리이동대기오염물질 대응협의체 구성
	–	• 환–중 환경협력센터 설치
	• 한–중–일 환경장관회의	• 한–중 정상회담
	–	• 미세먼지 저감 국제협약 체결 적극 검토
정책 추진기반 강화	–	• 미세먼지 종합정보센터 설치

출처: 관계부처 합동(2017), 제1차 장거리이동대기오염물질 피해방지 종합대책(2018~2022), p. 42

와 같은 개별적 오염물질 관리에서 다양한 장거리이동대기오염물질에 대한 통합적 관리를 추진하고 있다.

(2) 미세먼지

① 개요

우리나라의 미세먼지 오염도는 2000년대 이후 지속적으로 개선되는 추세였으나, 2013년부터 정체되었고, 국민들이 실생활에서 체감하는 오염도는 오히려 높아지는 상황이다. 미세먼지 발생원은 국외 영향이 30~50%(고농도 시는 60~80%)이고, 나머지 국내배출의 경우 수도권은 경유차(29%), 전국적으로는 공장 등 사업장(41%)이 가장 높은 비중을 차지하는 것으로 분석되었다. 우리나라는 주변국 영향(봄철황사, 미세먼지 유입)과 여름철 강우집중 등으로 미세먼지 관리에 불리한 여건에 있어, 우리나라 단독의 노력만으로는 미세먼지 개선에 한계가 있으므로 주변국 특히 중국과의 협력을 통해 환경공동체라는 장기적인 관점에서 개선대책을 추진하는 것이 필요하다.

② 연혁

2016년 6월 3일 관계부처 합동 '미세먼지관리 특별대책'을 수립 · 추진하였으며, 2017년 5월 새정부 출범 시 미세먼지 문제해결을 최우선 과제로 설정하였다. 2017년 5월 25일 미세먼지대책 마련을 위해 관계부처 합동TF를 구성하여 운영하고 있으며, 6월 27일부터 시민사회, 전문가 등 사회적 의견수렴도 병행하고 있다. 환경부는 2017년 8월 14일 「미세먼지 특별법」이 공포된 직후 후속절차로 하위법령 제정작업에 착수하였으며, 입법예고와 규제심사 등을 거쳐 법 시행에 필요한 세부사항을 확정하였다. 이에 2019년 2월 15일부터 「미세먼지 저감 및 관리에 관한 특별법(미세먼지법)」이 시행되었다. 「미세먼지법」 제7조에 따르면 대기환경개선 종합계획을 고려하여 5년마다 미세먼지 저감 및 관리를 위한 종합계획을 수립 및 시행하여야 한다.

③ 주요 내용

2016년에 수립된 6 · 3 대책에서는 산업계, 일반국민 등 사회 전체로부터의 의견수렴이 미흡하였고, 미세먼지와 기후변화 · 에너지 정책 간의 연계성에 대한 고려가 미흡하였으며 통합적인 관점에서 미세먼지관리대책 수립의 필요성이 제기되었다. 따라서 2017년 9월에 우심지역 중점관리, 통합적 · 과학적 관리, 인체위해성 최우선 고려 등 미세먼지정책의 '패러다임 전환'을 핵심 아이디어로 추진하는 미세먼지관리 종합대책을 발표하였으며, 주요 내용은 다음 **표 5-17**과 같다.

표 5-17 미세먼지 관리 종합대책

분야		중점 추진과제
국내 배출감축	발전부문	① 노후 석탄화력 폐지 등 석탄발전 비중 축소 ② 발전용 에너지 세율체계 조정 검토 ③ 친환경적 제8차 전력수급계획 수립 ④ 재생에너지 보급 확대
	산업부문	⑤ 총량관리 대상지역 확대 및 먼지총량제 실시 ⑥ 질소산화물 배출부과금 신설
	수송부문	⑦ 노후 경유차 저공해화 및 운행제한 확대 ⑧ LPG차, 전기차 등 친환경차 보급 확대 ⑨ 친환경차협력금 제도 시행 ⑩ 선박 · 건설기계 미세먼지 관리 강화
	생활부문	⑪ 공사장 · 불법소각 등 관리 사각지대 집중 관리 ⑫ 도로청소차 보급 및 도시 숲 확대
국제협력	한 · 중, 동아시아 미세먼지 협력	⑬ 한 · 중 정상회의를 통한 공동선언문 발표 추진 ⑭ 동아시아 미세먼지 저감 협약 체결 검토
민감계층 보호	민감계층 보호 인프라 및 서비스	⑮ 아이들을 위한 실내기준 마련 ⑯ 어린이집, 학교 주변 미세먼지 측정망 우선 설치 ⑰ 학교 실내 체육시설 확대 ⑱ 민감계층 대상 찾아가는 케어서비스
정책기반	과학적 관리 기반	⑲ 환경위성 등 활용한 측정 및 예 · 경보시스템 강화 ⑳ 미세먼지 국가전략 프로젝트(R&D)추진

출처: 관계부처 합동(2017). 미세먼지 관리 종합대책.

(3) 폭염대책

① 개요

우리나라 기상청에서는 폭염은 일최고기온 33℃ 이상이 이틀 이상 지속되는 경

표 5-18 역대 전국 평균 폭염일수 및 열대야일수

순위	전국			
	폭염일수		열대야일수	
1위	2018년	31.5일	2018년	17.7일
2위	1994년	31.1일	1994년	17.7일
3위	2016년	22.4일	2013년	15.9일

출처: 기상청 기상자료개발포털(data.kma.go.kr), 기후통계분석(폭염일수)

우, 그리고 열대야는 일최저기온 25℃ 이상인 날로 기준을 삼고 있다. 기상청의 〈한국 기후변화 평가보고서(2020)〉에 따르면 1970년대 이후 한반도 폭염일수는 10년간 0.89일씩 증가했고 열대야 발생일수는 10년간 0.96일씩 늘어났다고 한다. 한반도에서는 2013년, 2016년, 2018년 등 최근 들어 폭염이 빈발하고 있으며 특히 2018년에는 전국 평균 폭염일수가 31.5일, 열대야 일수가 17.7일로 1973년 통계작성 이후 최고치를 기록하였고 살인적인 폭염으로 48명이 사망하는 인명피해가 발생하였다. 21세기 후반 미래(2075~2099년)에는 폭염 발생빈도 지수가 약 52.5일, 폭염지속기간 지수가 약 44.일이 증가하는 등 폭염의 강도와 빈도가 모두 증가할 것으로 전망하고 있다.

폭염으로 인한 온열질환자는 집계('11년, 질병관리청) 이후 연평균 1,587명(사망 15명)이 발생하였다. 정부에서는 범정부 폭염 종합대책을 수립하는 한편, 폭염분야 위기관리 매뉴얼을 제정하여 폭염으로 인한 피해를 줄이기 위해 노력하고 있다.

표 5-19 연도별 폭염 온열질환자 및 사망자 현황

연도	2011년	2012년	2013년	2014년	2015년	2016년	2017년	2018년	2019년
온열 질환자	443명 (사망6)	984명 (사망15)	1,189명 (사망14)	556명 (사망1)	1,056명 (사망11)	2,125명 (사망17)	1,574명 (사망11)	4,526명 (사망 48)	1,830명 (사망 11)
	평균 1,587명(사망 15)								

출처: 질병관리청(www.kdca.go.kr), 폭염(감시체계 신고현황)

② 연혁

정부는 폭염에 체계적으로 대처하기 위해 2011년부터 범정부 폭염 종합대책을 수립하였다. 또한 2019년에는 「재난안전법」에 폭염을 재난으로 규정하였다.

③ 주요 내용

2018년에는 폭염 및 열대야 발생일수가 1973년 통계작성 이후 최고치를 기록했을 뿐만 아니라 온열질환 응급실 감시체계가 시작된 2011년 이후 가장 많은 인명과 재산피해가 발생하였다. 2018년의 기록적인 폭염 이후 정부에서는 기존의 폭염대책을 획기적으로 개선한 범정부 폭염 종합대책을 수립하였다. 그 주요 내용은 표 5-20과 같다.

표 5-20 폭염종합대책

추진전략	중점과제
정부 폭염 대응체계 구축	• 관계부처 합동 폭염 대응 TF 구축 · 운영 • 온열질환 감시체계 가동 • 119 폭염구급대 상시 운영
무더위쉼터 운영 · 관리 활성화 추진	• 공공시설 위주의 무더위쉼터 추가 지정 • 주말휴일 및 야간 개방과 셔틀버스 운행 확대 • 폭염 취약계층을 대상으로 맞춤형 무더위쉼터 운영
폭염 취약계층 대상 안전관리 강화	• 폭염에 취약한 주민들을 위한 재난 도우미를 확대하여 전화 및 직접 방문을 통해 건강상태 확인 • '열사병 예방 3대 기본수칙 이행가이드' 마련 · 보급
폭염 대비 홍보 및 서비스 확대	• 생활밀착형 폭염 저감시설 설치 확대 • 농 · 어촌 등 취약지역을 중심으로 예찰활동 • 마을방송 및 차량을 이용한 가두방송 실시 • "부모님께 안부전화 드리기" 캠페인

출처: 국무조정실 국무총리비서실 보도자료(2019), 여름철 자연재난(풍수해 · 폭염)대책(행정안전부)

2019년에 발표된 범정부 폭염 종합대책에는 기존 대책을 획기적으로 개선한 대책들이 대폭 도입되었다. 먼저, 폭염 재난위기관리 매뉴얼을 제정 · 운용하고 범정부적인 비상대처를 위해 중앙재난안전대책본부 운영규정에 폭염분야를 반영하는 한편, 폭염으로 인한 인명피해를 판단할 수 있는 지침도 마련하였다. 기상청에서는 기존에 발령했던 폭염주의보와 폭염경보를 개선하여 폭염 영향예보를 관심, 주의, 경계, 심각으로 발령하고 있다. 또한 독거노인 · 노숙인 · 쪽방주민 등 취약계층의 관리를 강화하고, 무더위쉼터를 운영하고 있다. 이외에도 폭염전문가 양성, 주택용 누진제 전기요금 개선 등 국민에게 실질적으로 도움이 될 수 있는 대책들이 대폭 도입되었다.

8) 요약

자연재난 경감을 위하여 정부에서는 자연재난 유형별로 계획을 수립하고 있다. 태풍, 호우 등 풍수해와 관련된 계획으로는 자연재해대책법에 따라 시 · 도, 시 · 군 · 구 지방자치단체장이 수립하는 자연재해저감 종합계획이 있으며 10년마다 재수립한다. 또한 재해지도는 풍수해로 인한 침수흔적, 침수예상 및 재해정보 등을 표시한 도면으로 역시 시 · 도, 시 · 군 · 구 지방자치단체장이 5년 주기로 작성한다.

지진과 관련해서는 지진화산재해대책법에 따라 지진방재 분야 최상위 계획으로 5년 단위로 수립하는 지진방재 종합계획이 있으며 지진해일 발생을 대비하여 주민대피계획 등 피해경감대책을 수립하고 있다.

또한 국가내진성능목표와 내진설계기준을 통하여 지진에 대하여 시설물 설계 시부터 내진성능수준을 확보할 수 있도록 하고 있다.

이 밖에도 기후변화와 이상기후로 심화되고 있는 가뭄이나 황사, 미세먼지, 폭염과 관련해서도 유형별로 정부에서는 각 종합대책을 수립하여 대책을 추진하고 있다.

5 자연재난 경감을 위한 기준

1) 지역별 방재성능목표

(1) 개요

지자체별로 홍수, 호우 등으로 인한 피해를 줄이기 위하여 처리 가능한 시간당 강우량 및 연속강우량의 목표를 설정하는데 이를 '방재성능목표'라고 한다. 「자연재해대책법」 제16조의 4는 행정안전부장관이 관계 중앙행정기관의 장과 협의하여 방재성능목표 설정기준을 마련하고 이를 특별시장 · 광역시장 · 시장 및 군수에게 통보하도록 규정하고 있다.

그림 5-8 방재시설 홍수 분담 방안

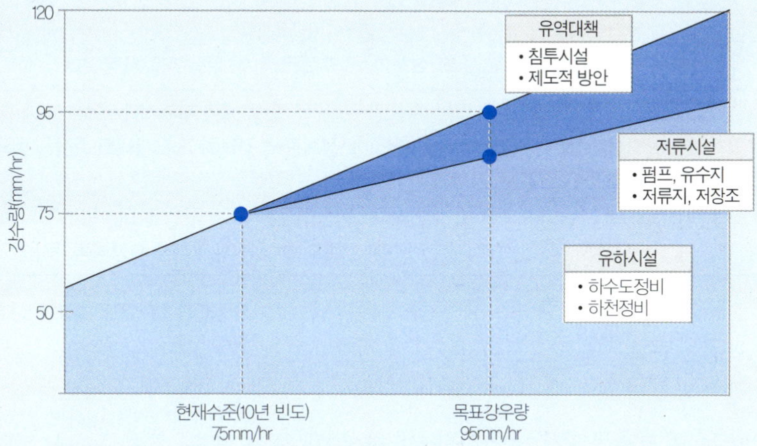

출처: 행정안전부(2017), 지역별 방재성능목표 설정 · 운영 기준, p. 16

(2) 연혁

지역별 방재성능목표는 2012년 2월 「자연재해대책법」에 법적근거를 마련하였다. 2017년 12월에 행정안전부에서 미래 기후변화 영향 등을 고려한 지역별 방재성능목표 설정 및 운영기준을 마련하여 지자체에 통보하였다.

(3) 주요 내용

도시지역 내 배수체계는 하수도, 빗물펌프장, 집수정 등 여러 시설이 혼재되어 있고, 각각 관리기관과 설계기준이 다르기 때문에 일체된 방재성능이 발휘되지 않고 있는데 이를 해결하고자 방재성능목표를 설정한다. 방재성능목표를 설정할 때는 확률강우량과 지역특성을 고려하는데 각각의 방법은 다음 **표 5-21**과 같다.

특별시장 · 광역시장 · 시장 및 군수는 10년 단위의 지역별 방재성능목표를 설

표 5-21 확률강우량 산정 및 지역특성 고려 방법

구분	방법
확률강우량 산정 (기후변화 영향 반영)	• 기상청 69개 관측지점의 측정된 강우자료로 확률강우량 산정 • 광역시 · 도 및 시 · 군 · 구별로 전국에 169개 티센(Thissen)망 구축 • 한국확률강우량(국토부, 2011, 69지점)을 활용하여 티센면적비율에 따라 확률강우량 산정
지역특성 (해안지역 특성 고려)	• 강우특성(1시간 50mm 이상 강우 발생빈도 등) • 유역특성(펌프장 · 유수지 유무, 불투수면적률 등) • 효율성(우수관거 보급률), 실현가능성(재정력지수) 등을 가중치로 고려
방재성능목표	• 행정안전부장관은 지역별 확률강우량 산정값을 해당 지자체에 통보 • 지자체장은 지역별 방재성능목표 설정기준을 검토하고 지자체의 특성을 반영하여 방재성능목표 공표(공보, 기관 홈페이지 게시) • 10년 단위의 지역별 방재성능목표 설정이 원칙이며, 공표 후 5년마다 그 타당성 여부 검토 • 방재성능목표는 택지개발, 도시기반계획 수립 등에 대한 방재성능평가기준으로 활용

출처: 행정안전부(2017). 지역별 방재성능목표 설정 · 운영 기준

정 · 공표하고 운용하여야 하며, 5년마다 그 타당성 여부를 검토하여 필요한 경우에는 변경 · 공표하여야 한다. 방재성능목표는 홍수, 호우 등으로부터 재해를 예방하기 위한 방재정책 등의 기준이 되는 매우 중요한 제도이다. 향후 보다 상세하고 정확한 기준을 제시하기 위해서는 향후 지역별 최근 강우패턴 변화 및 미래 기후 예측결과를 반영할 필요가 있다. 또한 도시유출모형을 이용한 홍수량 변화, 해수면 상승 등을 고려하여 확률강우량의 정확도를 개선하고 해수면 상승의 영향을 주로 받는 연안지역의 지역적 특성을 고려하는 방향으로 발전시켜야 한다.

사례 부산시 방재성능목표

부산시는 집중호우, 태풍 등으로 인한 상습침수지역의 침수피해 방지를 위한 근본적인 대책을 마련을 마련하고자 부산시 전역을 대상으로 침수 위험지역을 분석하고 피해저감대책을 수립한다.

부산시는 미래 기후변화를 고려하여 수립한 방재성능목표 강우량을 기준(시간당 105mm/종전 90mm)으로 침수 위험지역을 분석하고, 이를 토대로 ▲고지 배수로, 배수펌프장, 우수저류시설, 대심도 방수로, 홍수 방어벽, 하수관거 단면 확대 등의 '구조적 대책'과 ▲주민대피에 활용되는 재해정보지도 제작, 도시침수 관리시스템 구축방안 제시 등의 '비구조적 대책'으로 구분하여 피해저감대책을 수립하고 있다.

■ 현재 부산시 방재성능목표(행안부 지역별 방재성능목표 설정 및 운영 기준, 2017.12)

(단위 : mm)

No	지역명	지속기간			비고
		1시간	2시간	3시간	
1	서울특별시	100	145	185	ㅇㅇ
2	부산광역시	105	145	175	관심
3	부산 기장군	95	135	160	관심
4	대구광역시	70	90	105	관심
	이하	생략			

출처 부산시 보도자료(20.10.19), 상습침수지역 근본적 해결 방안 강구(수정인용)
http://www.busan.go.kr/nbtnewsBU/1461265

2) 방재기준 가이드라인

(1) 개요

방재기준 가이드라인은 기후변화에 따른 재해에 선제적이고 효과적으로 대응하기 위하여 행정안전부장관이 정하여 재난관리책임기관의 장에게 적용하도록 권고하는 기준이다. 「자연재해대책법」 제16조의 6 규정에 따라 행정안전부장관은 미래 기간별 · 지역별로 예측되는 기온, 강우량, 풍속 등을 바탕으로 시설물별 방재기준이 개선될 수 있도록 방재기준 가이드라인을 정할 수 있다.

(2) 연혁

방재기준 가이드라인은 2012년 10월에 개정된 「자연재해대책법」에 법적근거가 마련되었다. 이에 따라 국토부 · 환경부 등 관계부처에서는 각종 시설물 기준 개정에 이를 활용하고 있으며, 기후변화에 관한 국가 간 협의체(International Panel on Climate Change, IPCC)에서 보고서를 작성할 때에도 이를 활용하고 있다.

(3) 주요 내용

방재기준 가이드라인에서는 미래 기후변화로 예측되는 재난유형별 증감량을 고려하여 목표기간, 재현기간, 지역별 보정률을 제시하고 있다. 이와 관련하여 재난예방시설의 설계기준을 산정할 때, 확률강우량은 5～10%, 확률강설량은 8～11% 상향 조정할 것을 권고하고 있다. 보다 구체적으로 살펴보면, IPCC 5차 보고서에 따른 RCP 시나리오를 고려하여 지역별 · 빈도별 목표기간별 강우, 적설, 강풍 증감률, 수면 상승고를 바탕으로 방재기준 가이드라인을 정하고 재난관리책임기관의 장에게 이를 적용하도록 권고하여 방재시설기준 개선을 유도해 나가고 있다. 향후 지역별 최근 기후변화 및 미래전망, 복합재난 등을 반영하여 방재기준 가이드라인을 개선할 필요가 있다.

3) 수방기준

(1) 개요

수방기준은 수해를 입을 수 있는 시설물 등의 수해 내구성을 강화하고 지하시설물 등 출입시설, 전력 · 환기시설, 배수시설 및 대피시설 등의 지하공간의 침수를 예방하기 위하여 정하는 기준으로 시설물 수방기준은 관계 중앙행정기관의 장이 정하고, 지하공간의 침수를 방지하기 위한 수방기준은 행정안전부장관이 관계 중앙행정기관의 장과 협의하여 정하도록 되어 있으며 「자연재해대책법」 제17조에 근거를 두고 있다.

(2) 연혁

수방기준은 2005년 1월 「자연재해대책법」에 법적근거를 마련하였으며, 2005년 8월 「지하공간 침수방지를 위한 수방기준」을 소방방재청에서 고시하였다. 2006년 8월 지하공간 침수방지를 위한 수방기준 실무매뉴얼을 마련하고, 2008년 4월 지하공간 침수방지를 위한 수방기준 해설을 마련하였다. 「지하공간 침수방지를 위한 수방기준」은 2008년, 2012년, 2017년 각각 일부 개정되었고, 현재 행정안전부 고시로 되어 있다.

(3) 주요 내용

수방기준을 정해야 하는 시설물은 소하천부속물, 하천시설, 하수도, 사방시설, 댐, 도로, 항만시설 등이 있으며, 지하공간은 공동구, 광역철도, 건축물 등이 있다. 수방기준 제정대상을 설치하는 경우 사업시행자는 수방기준을 적용하여야 하며 지자체장은 동 시설의 준공검사 또는 사용승인을 할 때 수방기준 적용 여부를 확인하여야 한다.

4) 지구단위 홍수방어기준

(1) 개요

지구단위 홍수방어기준은 상습침수지역이나 홍수피해예상지역, 수해지역 등 재해위험도가 높은 지역에서 개발사업, 자연재해위험개선지구 정비사업, 수해복구사업 및 재해경감사업의 계획 수립 시 홍수피해를 경감시키기 위해 사업대상지역 및 인근지역에 미치는 영향을 분석하여 적용하는 기준을 말하며「자연재해대책법」제18조에 근거를 두고 있다.

(2) 연혁

지구단위 홍수방어기준은 2005년 1월「자연재해대책법」에 법적근거를 마련하였으며, 2010년 10월「지구단위 홍수방어기준」을 소방방재청에서 고시하였고, 2016년과 2017년에 일부 개정된 후 현재 행정안전부 고시로 되어 있다.

(3) 주요 내용

지구단위 홍수방어기준의 적용시기는 개발사업의 경우 사전재해영향성 검토 협의 시, 자연재해 위험개선지구 정비사업의 경우 재해위험개선사업 심의위원회 시, 수해복구사업의 경우 사전심의위원회 시 적용하고 있다. 사업의 허가권자인 중앙행정기관의 장, 시 · 도지사, 시장 · 군수 · 구청장은 사업시행자에게 기준 적용을 요청하고 기준 적용 여부 확인 및 이행 여부를 점검한다.

5) 내풍 및 내설 설계기준

(1) 개요

내풍 및 내설 설계기준은 태풍, 강풍 및 대설 등으로 인하여 재해를 입을 우려가 있는 시설에 대하여 관계법령 등에서 정하는 설계기준을 말하며 「자연재해대책법」 제20조 및 제26조의 4에 근거를 두고 있다.

(2) 연혁

내풍설계기준은 2005년 1월 「자연재해대책법」에 법적근거를 마련하였으며, 2011년 3월 건축물 설계 시 풍압의 영향을 받는 비구조부재가 파손 · 비산되지 않도록 건축 비구조부재 구조기준을 마련하였다. 내설설계기준은 2007년 9월부터 2008년 2월까지 '내설설계기준 설정 및 운영방안에 관한 연구' 용역을 추진하여 2008년 3월 「자연재해대책법」에 법적근거를 마련하였다.

(3) 주요 내용

내풍 및 내설 설계기준을 정하여야 하는 시설물은 건축물, 공항시설, 유원시설, 도로, 삭도시설, 옥외광고물, 항만, 철도시설 등이 있으며, 지방자치단체의 장은 내풍 · 내설 설계대상시설물에 대하여 허가 등을 할 때에는 기준 적용 여부를 확인하여야 한다. 현재 지구온난화 등 기후변화로 인한 시설물 피해가 급증하고 있는 실정이므로 풍압 · 풍량, 대설량 등의 변화를 고려하여 내풍 · 내설 설계기준을 현실에 맞게 재설정할 필요가 있다.

6) 요약

지자체별로 감당할 수 있는 시간당 강우량 및 연속 강우량의 목표를 방재성능목표라 하며 행정안전부장관이 지역별 방재성능목표의 기준값을 산정하여 지자체에 통보한다. 또한 미래 기후변화로 예측되는 기온, 강우량, 풍속 등을 바탕으로 재난관리책임기관의 장에게 시설물별 방재기준이 개선될 수 있도록 방재기준 가이드라인을 제시하고 있다. 그리고 수해를 입을 수 있는 시설물의 수해 내구성을 강화하고 지하시설물의 지하공간 침수를 예방하기 위하여 수방기준을 정하고 있으며 상습침수지역, 홍수피해예상지역 등 재해위험도가 높은 지역에서 개발사업이나 재해경감사업 계획 수립 시 홍수 피해를 경감시키기 위해 사업대상지역 및 인근 지역에 미치는 영향을 분석하여 적용하는 지구단위 홍수방어기준이 있다. 이 밖에도 태풍, 강풍 및 대설로 인한 재해 우려가 있는 시설에 대해 적용하는 내풍 및 내설설계기준이 있다.

6 그 밖의 주요 제도

1) 재난관리실태 공시

(1) 개요

지방자치단체별로 매년 재난 및 안전관리분야 투자 현황(예방 · 대비 · 대응 · 복구사업 등) 및 운영성과 등을 종합하여 객관적인 절차를 통해 국민에게 알려주는 일련의 행위이다. 국민의 알 권리를 충족시키는 동시에 주민의 재난관리 운영에 대한 관심 제고와 책임성 부여로 자율과 책임 행정을 강화하여 재난관리역량을 제고하는 국민에 의한 간접 모니터링제도로서 「재난안전법」 제33조의 3에 근거를 두고 있다.

(2) 연혁

재난관리실태 공시는 2012년 2월 「재난안전법」에 법적근거를 마련한 이후, 2013년에 재난관리실태 공시 가이드라인을 제정하고 공시를 실시하였다.

(3) 주요 내용

시장 · 군수 · 구청장은 전년도 재난의 발생 및 수습 현황과 재난관리성과 등 재난관리실태 공시 대상 14종에 대해 매년 3월 31일까지 주민에게 공시하여야 한다. 공시 방법은 해당 지방자치단체의 공보에 공고한다.

※ 재난관리실태 공시 대상(14종)

① 전년도 재난의 발생 및 수습 현황
② 재난에 대응할 조직의 구성 및 정비
③ 재난의 예측과 정보전달체계의 구축
④ 재난 발생에 대비한 교육 · 훈련과 재난관리예방에 관한 홍보
⑤ 재난이 발생할 위험이 높은 분야에 대한 안전관리체계의 구축 및 안전관리규정의 제정
⑥ 「재난 및 안전관리 기본법」 제26조에 따라 지정된 국가기반시설의 관리
⑦ 특정관리대상시설 등의 지정 · 관리 및 정비
⑧ 「재난 및 안전관리 기본법」 제29조에 따른 재난방지시설의 점검 · 관리
⑨ 「재난 및 안전관리 기본법」 제34조에 따른 재난관리자원의 비축 및 장비 · 인력의 지정
⑩ 그 밖에 재난을 예방하기 위하여 필요하다고 인정되는 사항
⑪ 「재난 및 안전관리 기본법」 제67조에 따른 재난관리기금의 적립 현황
⑫ 「재난 및 안전관리 기본법」 제34조의 5에 따른 현장조치 행동매뉴얼의 작성 · 운용 현황
⑬ 「자연재해대책법」 제75조의 2에 따른 지역안전도 진단 결과
⑭ 그 밖에 재난관리를 위하여 시장 · 군수 · 구청장이 지역주민에게 알릴 필요가 있다고 인정하는 사항

공시는 국민의 입장에서 이해하기 쉽게 도표, 그래프 등을 이용하고 가급적 전문용어 등의 사용은 지양하여야 하며, 명료한 어휘를 사용하고 내용과 구성이 산만하지 않도록 표준화된 양식에 따라 간결 · 명료 · 효율적으로 작성하여야 한다. 재난관리실태 공시절차는 다음 **그림 5-9**와 같다.

그림 5-9 재난관리실태 공시 절차

공시 추진계획 수립 → 공시(안) 작성 → 의견조회 (협의) → 전문가 자문 → 안전관리 위원회 심의 → 공시

출처: 행정안전부(2020), 시 · 군 · 구 재난관리실태 공시 가이드라인, p. 4

사례 **서울시 강남구 재난관리실태 공시**

강남구는 「재난 및 안전관리 기본법」제33조의 3(재난관리 실태공시 등) 및 같은 법 시행령 제42조의 2(재난관리실태 공시방법 및 시기 등)에 따라 강남구의 재난 및 안전관리 분야 투자 현황(예방, 대비, 대응, 복구사업 등) 및 운영성과 등을 알려 주민의 알권리를 충족시키고 자율과 책임행정 강화로 재난관리역량을 제고하기 위하여 2019년도 재난관리 실태를 다음과 같이 공고하였다.

■ 강남구 재난관리실태 공시 주요 내용

- 재난발생 및 피해현황 : 태풍 등 자연재난 발생 및 피해는 없었으나, 화재에 의한 피해로 이재민 발생, 현장임시응급 의료소 설치, 이재민 임시대피시설 지원
- 재난대응 조직 현황 : 재난대응조직은 9과, 현원 246명으로 '18년 대비 1명 감소
- 재난관리기금 적립 및 집행 : 법정 적립 기준액 3,086백만 원 대비 100% 충족, 하수관로 정비공사 및 버스정류장 내 온열의자 설치 등에 2,510백만 원 사용
- 재난대응 시설 · 시스템 구축 및 정비 : 자동기상관측시스템 등 6종 102개소 설치, '18년 대비 자동우량관측장비가 13개소 증, 노후 및 불량 하수관 정비 및 보강 24건, 공공시설물 내진보강은 33개 대상시설 중 29개 시설 내진성능평가 및 보강공사 완료(내진율 87.8%)
- 재난대비 교육 · 훈련, 재난예방 홍보실적 : 방재담당 공무원은 11개 교육과정 104명 이수, 지역주민 65,172명 재난관리 교육 · 훈련 실시, 안전점검의 날 캠페인 10회 실시 등

출처: 서울특별시 강남구 공고 제2020-590호('20.3.27), 2019년 강남구 재난관리실태 공시(요약 인용)

2) 국가기반시설의 지정 및 관리

(1) 개요

관계 중앙행정기관의 장이 소관분야의 기반시설 중 국가기반체계를 보호하기 위하여 계속적으로 관리할 필요가 있다고 인정되는 시설을 안전정책조정위원회 심의를 거쳐 지정 · 관리하는 제도로 「재난안전법」 제26조에 근거를 두고 있다.

(2) 연혁

국가기반시설은 2004년 3월 「재난안전법」에 법적근거를 마련하여 에너지 · 통신 등 국가기반체계 마비를 재난으로 분류하여 관리하고 있으며, 2007년 10월 국가기반시설 260개소를 최초로 지정하였다.

(3) 주요 내용

기능연속성 확보를 위한 보호목표 설정, 위험도평가, 위험관리전략 수립 등 국가기반시설 관리에 관한 사항을 규정하고 2019년 12월 기준 9개 분야, 118개 기관, 271개 시설이 지정되어 있다. 또한 국가기반시설 관리실태평가, 지표개발, 합동평가단 운영, 포상, 종합보고서 발간 및 교육 등을 통해 국가기반체계 보호업무 재난관리 평가 · 환류를 실시하고 있다.

(4) 발전 방향

국가기반시설 중 상당수가 국가중요시설 및 국가보안시설로 중복 지정되어 업무 혼선 및 행정 비효율을 초래하므로 국가중요시설 및 국가보안시설과의 관계 재정립이 필요하다.

※ 국가기반체계 보호계획 수립지침(행정안전부), 방호능력확보기준(국방부), 보안업무규정(국정원)

또한 국가기반시설의 지정기준이 모호하여 신규 지정에 대해 주관부처에서 소극적인 입장이므로 에너지, 교통수송 등 각 분야별 재정 대상시설을 「재난안전법」에 명확히 규정할 필요가 있다.

3) 재난연감

(1) 개요

재난연감은 매년 발생하는 사회재난통계를 수집 · 분석하여 누구나 쉽게 활용하고 재난관리정책과 연구에 활용할 수 있도록 발간하는 통계자료이다. 재난연감은 「재난안전법」 제70조에 근거를 두고 있다.

(2) 연혁

1996년 12월에 내무부에서 〈1995년 재난연감〉을 첫 발간한 이후로 정부조직 개편에 따라 발간명의가 행정자치부(1998년), 소방방재청(2004년), 국민안전처(2014년), 행정안전부(2017년)로 변경되었다. 법적근거는 2004년 3월 「재난안전법」이 제정되면서 마련되었다.

(3) 주요 내용

재난연감에 수록되는 내용은 시 · 군 · 구에서 재난안전대책본부 이상이 운영된 사회재난을 포함하며, 유사한 재난 발생 시 재난대응능력 제고 및 재난관리 참고자료로 활용하도록 주요 재난대응사례도 분석하여 수록한다. 재난연감 통계작성 · 관리 대상기관은 행정안전부, 환경부, 국토부, 고용부, 복지부, 산업부 등 13개 중앙행정기관과 지방자치단체 17개 시 · 도 및 263개 시 · 군 · 구(행정시, 일반구 포함)이다.

4) 재해연보

(1) 개요

재해연보는 매년 발생하는 자연재해 발생 현황 및 수습 · 대처사항을 체계적으로 종합 · 분석하고 기록하여 방재정책 수립과 학계의 연구자료 등으로 활용하고자 발간하는 통계자료이다. 재해연보는 「재난안전법」 제70조와 「자연재해대책법」 제21조의 2에 근거를 두고 있으며, 재해연보 통계자료는 중앙부처, 지자체, 연구기관 등에서 기초자료로 활용되고 있다.

(2) 연혁

1980년에 건설교통부에서 〈1979년 재해연보〉를 첫 발간한 이후로 정부조직 개편에 따라 발간 명의가 내무부(1990년), 행정자치부(1998년), 소방방재청(2004년), 국민안전(2015년), 행정안전부(2017년)로 변경되었다. 법적근거는 「재난안전법」에는 2004년 3월에 법이 제정되면서 마련되었고, 「자연재해대책법」에는 2008년 3월에 법이 개정되면서 마련되었다.

(3) 주요 내용

재해연보에 수록되는 내용은 자연재난 피해 및 특성, 화보, 기간별 피해상황, 자연재난 피해 및 복구비 지원 내역 통계, 최근 10년간 피해 및 복구비 통계 등이 포함된다. 연도별 주요피해 통계자료에 대해서는 NDMS 피해 및 복구자료를 활용하고, 국고지원 이하의 피해로 지자체에서 자력으로 복구한 통계자료에 대해서는 지자체로부터 자료를 수집하여 반영한다. 이렇게 취합된 자료는 오류로 추정되는 자료에 대한 확인작업을 거친 후에, 당해 연도에 한국은행에서 공표한 생산자 물가지수를 반영한 환산가격으로 표시된다.

5) 요약

재난관리실태 공시제도는 지방자치단체가 매년 재난 및 안전관리분야 투자현황 및 운영성과 등에 대해 지역주민에게 공시하여 재난관리 책임성을 강화하기 위하여 운영하고 있다. 또한 관계 중앙행정기관의 장은 소관분야의 기반시설 중 국가중요시설 등에 대해서는 국가기반시설로 지정하여 관리하고 있다. 재난연감은 매년 발생하는 사회재난에 대하여 분석한 통계자료이고 재해연보는 자연재해 발생 현황 및 수습 대처사항 등을 분석한 통계자료이다.

연습문제

01 재난안전 종사자 교육의 개요와 연혁, 주요 내용 등을 설명하라.

02 자연재해위험개선지구 정비사업의 개요와 주요 내용을 설명하라.

03 우수유출저감대책 사업의 개요와 주요 내용을 설명하라.

04 소하천 정비사업의 개요와 주요 내용을 설명하라.

05 급경사지 정비사업의 개요와 주요 내용을 설명하라.

06 재난영향에 대한 평가제도 대상 사업 및 주요 내용을 설명하라.

07 자연재해저감 종합계획의 개요와 주요 내용을 설명하라.

08 재해지도의 종류와 개념, 주요 내용을 설명하라.

09 지진해일 피해경감대책의 개요와 주요 내용을 설명하라.

10 지진방재 종합계획의 개요와 주요 내용을 설명하라.

11 국가내진성능목표와 내진설계기준이란 무엇인가?

12 가뭄 종합대책의 개요와 주요 내용을 설명하라.

13 황사 및 미세먼지 대책의 개요와 주요 내용을 설명하라.

14 폭염대책의 개요와 주요 내용을 설명하라.

15 지역별 방재성능목표의 개요와 주요 내용을 설명하라.

16 방재기준 가이드라인의 개요와 주요 내용을 설명하라.

17 수방기준의 개요와 주요 내용을 설명하라.

18 지구단위 홍수방어기준의 개요와 주요 내용을 설명하라.

19 내풍 및 내설 설계기준의 개요와 주요 내용을 설명하라.

20 기업의 자율적 재해경감활동계획의 개요와 주요 내용을 설명하라.

21 재난관리실태 공시의 개요와 주요 내용을 설명하라.

22 국가기반시설 지정 및 관리의 개요와 주요 내용을 설명하라.

23 재난연감과 재해연보에 대해 설명하라.

토론주제

01 재난 예방과 경감에 대해 정의하고 각각의 차이점을 논하라.

02 자연재난 경감을 위한 우리나라의 주요 계획을 나열하고 설명하라.

03 자연재난 경감을 위한 우리나라의 주요 사업들에 대해 논하라.

제 6 장

재난의 대비와 대응

재난의 대비란 재난이 발생했을 때 효과적으로 대응할 수 있도록 사전에 계획을 수립하고 자원을 준비하는 한편, 교육 · 훈련 등을 통해 역량을 강화하는 모든 준비 활동을 의미한다. 국가위기관리기본지침(대통령 훈령)에 따르면 대비를 "위기상황하에서 수행해야 할 제반사항을 사전에 계획 · 준비 · 교육 · 훈련함으로써 위기대응능력을 제고시키고, 위기 발생 시 즉각적으로 대응할 수 있도록 태세를 강화시켜 나가는 일련의 활동"이라고 정의되어 있다. 대비 활동은 재난대응의 성공과 실패를 결정하는 중요한 선결조건으로 그 중요성에 대한 인식이 점차 커지고 있다. 최근 미국에서는 대비의 영역을 대응을 준비하기 위한 활동을 넘어서 재난관리 전반에 걸친 계획 수립, 위험도 분석, 역량 강화를 포함하는 개념으로 사용하고 있다.

재난대응이란 재난 발생직전, 재난 진행상황, 그리고 재난 발생직후에 인명과 재산을 보호하기 위해 이루어지는 모든 활동을 의미한다. 재난대응 활동은 피해 최소화와 2차 재난 발생 가능성의 감소에 직접적인 영향을 미치는 매우 중요한 재난관리단계이다. 우리나라의 「재난안전법」에는 재난대응 활동으로 재난상황 관리 및 전파, 대책본부의 가동, 위기경보, 재난 예 · 경보 및 재난사태의 선포, 긴급구조 등이 주요 활동으로 되어 있다. 최근 재난의 대형화, 복잡화로 인해 재난대응 활동에 있어 중앙-광역-기초 간 수직적 협업은 물론 각 중앙행정기관 간, 지자체 간, 수평적 협업의 중요성이 점차 강조되고 있다.

재난의 대비 활동에 있어 목표를 설정하는 것은 매우 중요하다. 목표가 있어야 이를 이행하기 위한 역량이 무엇인지 알 수 있으며 역량을 달성하기 위한 다양한 수단이 나오기 때문이다. 미국의 경우 국토안보부에서 국가대비목표(National Preparedness Goal, NPG)를 설정하는데, 국가의 핵심적인 대비목표에 대한 설정을 통해 모든 재난에 대한 자원과 수요 간에 균형을 맞추고 예방, 보호, 대응 그리고 복구에 있어 조정된 역량을 갖추는 데 목적이 있다.

우리나라 「재난안전법」에서는 매뉴얼의 작성과 운영, 재난관리자원의 비축과 관리, 재난대비훈련의 실시 등 전통적인 의미의 재난대비 활동에 대해서 규정하고 있다. 이 장에서는 「재난안전법」에 규정된 재난대비 활동 이외에도 위험성평가, 역량 강화 등 재난대비와 관련된 주요한 제도들도 포함하여 기술한다.

1 매뉴얼·대응계획 및 훈련

1) 재난유형별 위기관리 매뉴얼

(1) 개요

위기관리 매뉴얼이란 국가위기의 효율적 관리를 위해 위기분야별, 기관별 활동의 방향과 기준을 제시하는 국가위기관리 문서로서 재난 발생 시 중앙부처나 자치단체 등 재난관리책임기관이 적용할 세부 대응절차 및 제반 조치사항을 규정한다. 여기에서 위기란 전통적 안보분야의 위기와 재난분야의 위기로 구분할 수 있으며 재난분야 위기는 자연재난과 사회재난으로 구분된다.

그림 6-1 위기의 분류

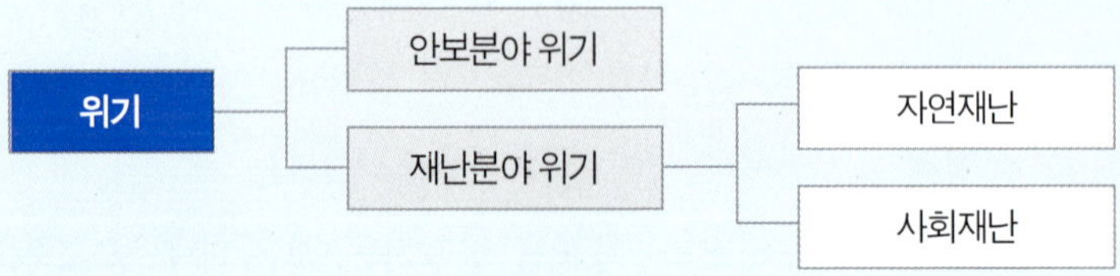

매뉴얼의 작성과 운영은 「재난안전법」 제34조의 5 및 국가위기관리기본지침에 근거를 두고 있다.

(2) 연혁

2004년에 제정된 국가위기관리기본지침(대통령훈령 제124호)에 위기관리 매뉴얼 제도가 최초로 도입되어 2005년에 33개 유형에 대한 표준매뉴얼과 278개의 실무매뉴얼 수립이 완료되었다. 2008년에 재난 및 국가기반체계 관련 매뉴얼이 대통령실에서 구(舊) 행정안전부로 이관되었다. 2013년 8월에 개정된 「재난안전법」에서 재난관리책임기관의 위기관리 매뉴얼 작성 · 운영을 의무화하였다. 이후 정부조직 개편에 따라 구 국민안전처에서 매뉴얼을 총괄 관리하다가 현재는 행정안전부에서 총괄하여 관리하고 있다.

(3) 주요 내용

위기관리 매뉴얼은 국토부 등 재난관리주관기관(중앙부처)이 작성 · 운영하는 위기관리 표준매뉴얼과 주관기관 및 유관기관이 작성 · 운영하는 위기대응 실무매뉴얼 그리고 시 · 군 · 구, 지방행정청 등 재난현장에서 임무를 수행하는 기관에서

표 6-1 위기관리 매뉴얼 분류

구분	작성기관	주요 내용
위기관리 표준매뉴얼	국토부 · 해수부 등 재난관리주관기관의 장 ※ 다수의 재난관리주관기관이 관련되는 재난에 대해서는 관계 재난관리주관기관의 장과 협의하여 행정안전부장관이 위기관리 표준매뉴얼을 작성	국가적 차원에서 관리가 필요한 재난에 대하여 재난관리체계와 관계기관의 임무와 역할을 규정한 문서
위기대응 실무매뉴얼	국토부 · 해수부 등 재난관리주관기관 및 국방부 · 경찰청 등 관계기관의 장	위기관리 표준매뉴얼에서 규정하는 기능과 역할에 따라 실제 재난대응에 필요한 조치사항 및 절차를 규정한 문서
현장조치 행동매뉴얼	위기대응 실무매뉴얼을 작성한 기관의 장이 지정한 기관의 장	재난현장에서 임무를 직접 수행하는 기관의 행동조치절차를 구체적으로 수록한 문서

출처: 「재난안전법」 제34조의 5 내용 요약 편집

작성 · 운영하는 현장조치 행동매뉴얼로 구성되어 있다. 2020년 6월 기준으로 40종의 표준매뉴얼을 포함하여 총 8,851개의 매뉴얼이 작성 · 운영되고 있다.

위기관리 매뉴얼은 40개('20. 6월 기준) 재난유형별로 1개의 표준매뉴얼을 가지며 표준 · 실무 · 행동매뉴얼 순으로 피라미드 형태를 이루고 있다. 각 재난관리 주관기관에서 작성하는 표준매뉴얼은 행정안전부장관이 승인하며, 실무매뉴얼과 행동매뉴얼은 재난관리 주관기관의 장이 승인한다. 행정안전부는 표준매뉴얼 작성기준을 작성하여 각 중앙부처에 전파하고 있으며, 작성기준에 포함되어야 할 사항은 「재난안전법」에 다음과 같이 규정되어 있다.

※ 작성기준에 포함되어야 할 사항
① 재난유형에 따른 국민행동요령의 표준화
② 재난유형에 따른 예방 · 대비 · 대응 · 복구 단계별 조치사항에 관한 연구 및 표준화
③ 재난현장에서의 대응과 상호협력 절차에 관한 연구 및 표준화
④ 안전취약계층의 특성을 반영한 연구 · 개발
⑤ 그 밖에 위기관리에 관한 매뉴얼의 개선 · 보완에 필요한 사항

각 재난관리 주관기관은 표준매뉴얼 작성기준에 따라 소관 재난유형에 대한 표준매뉴얼을 작성하여 행정안전부장관의 승인을 받는다. 이렇게 작성된 표준매뉴얼은 실무매뉴얼의 작성기준이 된다.

표준매뉴얼의 작성기준 마련 및 승인 검토를 위해 행정안전부는 관계기관과 재난유형별 민간전문가로 구성된 위기관리 매뉴얼협의회를 구성하여 운영하고 있다.

사례 지진재난 위기관리 매뉴얼

지진재난 주관부처인 행정안전부는 「재난안전법」 제34조의 5 및 국가위기관리기본지침을 근거로 지진재난에 대한 정부의 재난관리 목표와 방향, 의사결정체계, 부처 · 기관의 책임과 역할 등을 규정한 지진재난 위기관리 표준매뉴얼을 작성('17.11)하였고, 지진재난 위기대응 관련 20개 부처 · 기관은 표준매뉴얼에서 정한 책임과 역할에 따라 지진재난 발생 시 적용할 세부 대응절차와 제반 조치사항이 수록된 지진재난 위기대응 실무매뉴얼을 작성하여 운용하고 있다.

2) 기능별 재난대응활동계획

(1) 개요

기능별 재난대응 활동계획은 재난 발생 시 필수적으로 가동되어야 할 기능을 작성한 계획을 의미하며, 발생하는 재난유형에 관계없이 공통적으로 적용되는 것을 원칙으로 한다. 「재난안전법」 제34조의 4에 규정되어 있으며, 미국의 재난대응프레임워크(NRF)에 포함되어 있는 긴급지원계획(ESF)과 유사하다.

(2) 연혁

2005년에 전부 개정된 「자연재해대책법」에 명시된 중앙긴급지원체계의 구축(제35조)과 지역긴급지원체계의 구축(제36조)이 기능별 재난대응활동계획의 시작이라고 볼 수 있다. 자연재난에만 적용되던 긴급지원체계를 모든 재난에 적용하기 위하여 2013년에 개정된 「재난안전법」에 기능별 재난대응활동계획제도가 도입되었다. 이후 구 국민안전처 및 행정안전부에서는 기능별 재난대응활동계획에 대한 조정기관 · 책임기관 및 지원기관을 정하고, 재난분야 위기관리 매뉴얼에 반영하여 활용하고 있다.

(3) 주요 내용

「재난안전법 시행령」 제43조의 5에 정의된 13개 기능은 ① 재난상황 관리, ② 긴급생활안정 지원, ③ 긴급통신 지원, ④ 시설피해 응급복구, ⑤ 에너지공급 피해시설 복구, ⑥ 재난관리자원 지원, ⑦ 교통대책, ⑧ 의료 및 방역서비스 지원, ⑨ 재난현장 환경정비, ⑩ 자원봉사 지원 및 관리, ⑪ 사회질서 유지, ⑫ 재난지역 수색 · 구조 · 구급 지원, ⑬ 재난수습 홍보이다. 기능별 재난대응 활동계획이 원활하게 작성될 수 있도록 행정안전부장관은 작성지침을 마련하여 재난관리책임기관의 장에게 통보할 수 있으며, 재난관리책임기관의 장이 작성한 재난대응 활동계획을 확인 · 점검하고, 필요하면 관계 재난관리책임기관의 장에게 시정을 요청할 수도 있다. 이 경우 시정 요청을 받은 재난관리책임기관의 장은 특별한 사유가 없으면 요청에 따라야 한다.

3) 공공서비스 기능 유지

(1) 개요

최근 테러, 북핵 위협, 감염병, 기후변화 등 다양한 재난환경으로 인해 재난관리 핵심업무를 수행하는 재난관리책임기관을 위협하는 재난 발생이 우려된다. 그러나 그간의 재난관리계획은 주로 피해 저감, 효율적 상황관리, 신속한 복구 등을 목표로 재난상황을 극복하는 데 치중되고, 재난관리를 책임지는 기관들의 업무 중단에 대비한 기능연속성계획의 체계적인 위험관리에 대한 관심과 이해는 저조했다. 기능연속성계획(Continuity of Operation Plan, COOP)이란 대규모 재난 시 국가 주요 기능을 수행하는 재난관리책임기관의 업무 중단에 대비하여 기관의 핵심기능을 파악하고 이를 연속적으로 유지하기 위해 수립한 계획을 의미한다. 기능연속성제도의 주된 목적은 당면한 재난 상황의 극복보다 재난관리책임기관이 재난으로 피해를 입더라도 기관의 핵심업무를 연속적으로 수행하는 데 있다.

(2) 연혁

2017년 1월 17일 「재난안전법」을 개정하면서 재난관리책임기관 장의 기능연속성계획 수립 및 시행 의무, 행정안전부장관의 이행실태 점검 및 재난관리평가 반영 등 재난관리책임기관의 기능연속성계획 관련내용을 신설하였다. 동 제도는 1년의 유예기간을 거쳐 2018년 1월 18일부터 시행되었다.

(3) 주요 내용

재난관리책임기관의 기능연속성계획 수립에 관한 법제화에 따라 신규 제도 실행을 위해서 연속성계획 수립기준을 마련하는 것이 필요하다. 수립기준에 포함된 내용은 우선 재난관리책임기관의 핵심기능을 식별하고 재난으로 인한 피해 발생 시 업무승계 순서를 정한다. 그리고 유사시 연속성 확보를 위한 시설, 통신수단,

기록관리 등이 수립기준에 포함된다. 또한 하위법령을 통해서 수립대상기관을 정하였는데 재난관리책임기관 중 국가기반시설 관리기관을 제외한 지방행정기관과 공공기관을 대상으로 하며 수립절차를 구체화하여 시행령에 반영했다. 기능연속성계획의 대표적인 모델은 이른바 PDCA 모델로, 계획수립(Plan)−실행(Do)−모니터링 및 검토(Check)−유지 및 개선(Act)으로 이루어진 기능연속성 관리체계를 근간으로 하고 있다. 공공기관의 기능연속성과 관련하여 유사한 제도로 동장에서 언급한 재난관리책임기관의 기능연속성과 기업 재해경감활동 그리고 국가기반체계 보호가 있는데, 이들 제도 간 차이점은 다음 **표 6-2**와 같다.

표 6-2 기능연속성 관련 제도

구분	재난관리책임기관 기능연속성	기업 재해경감활동계획	국가기반체계보호지침
목적	재난관리책임기관의 핵심기능 유지	기업활동 연속성 유지	국가기반체계의 보호 및 기능 유지
근거	재난 및 안전관리 기본법(개정)	재해경감을 위한 기업의 자율활동 지원에 관한 법률	재난 및 안전관리 기본법
적용 시점	평시(대규모 재난 시)	평시(대규모 재난 시)	평시(대규모 재난 시)
수립 기관	재난관리책임기관	모든 기업	시설별 주관기관 및 관리기관
세부 내용	• 비상시 기관이 반드시 유지해야 하는 핵심기능 정의 및 우선순위 배정, 대체 사무실 확보, 지휘체계 및 핵심요원의 확정 등에 대한 계획 • 계획의 교육, 훈련 및 평가 등 프로그램 관리를 통한 지속적 개선활동에 관한 사항	• 업무영향 분석을 통한 핵심업무 선정 및 위험성평가 수행 • 기업의 업무연속성 전략 및 시나리오 계획 수립(대체사업장 및 시설 · 장비 · 자재 확보, 필요인력 등에 관한 사항) • 계획의 교육, 훈련 및 평가 등 관리 등 지속적인 환류 개선활동에 관한 사항	• 국가기반시설의 지정 및 보호 자원의 관리 • 국가기반시설 보호활동 및 위기상황관리 등
중심 기능	• 기능연속성이 주목표이므로 모든 핵심기능이 중심 • 업무대체자 지정, 권한 승계 등으로 핵심기능 지속 수행	• 기업의 업무연속성을 주목표로 모든 핵심기능 중심으로 업무 대처 사업장 지정, 공급망 확보 등으로 기능 수행	• 관리하는 기관의 기능이 아닌 보호해야 하는 국가기반시설 보호 및 시설의 기능 유지가 중심

출처: 「재난안전법」 제25조의 2 및 제26조, 「재해경감을 위한 기업이 자율활동 지원에 관한 법률」관련내용 요약 편집

4) 재난대비훈련

(1) 개요

'재난대응 안전한국훈련'은 국가 재난대비태세 및 대응역량을 점검하여 대규모 재난으로부터 국민을 보호하기 위해 매년 실시하는 범정부적 재난대응 종합훈련이다(「재난안전법」 제35조).

(2) 연혁

2004년 9월 대통령의 재가를 받아 2005년 처음 '국가재난대응 종합훈련'이 실시되었으며, 2007년부터는 '재난대응 안전한국훈련(Safe Korea Exercise, SKX)'이라는 명칭으로 실시되어 오고 있다. 2012년부터는 연중 1회 정기훈련 이외 월별(상시) 훈련제도를 도입하여 연중 훈련하는 체계를 갖추었다. 재난대응에 있어 훈련에 대한 중요성이 커지는 상황에서 보다 전문적이고 체계적인 관리를 위해 2017년 7월 정부조직 개편으로 행정안전부 내에 훈련전담부서(재난대응훈련과)가 설치되었다.

(3) 주요 내용

재난대응 안전한국훈련은 모든 재난관리책임기관과 일반 국민이 매년 5월에 정기적으로 시행하는 범국가적 재난대응체계 종합점검훈련으로 해마다 참여기관이 늘어나고 있다. 2019년에는 705개 기관이 참여하였다(2018년 634개 기관, 2017년 526개 기관 참여). 월별 상시 훈련의 경우에는 경우에는 300여 개의 중앙 · 지방 · 공공기관이 재난유형별 발생시기를 고려하여 연 1회 이상 연중 수시로 실시하며 재난유형별 · 기관별 임무 · 역할과 협업체계를 집중 점검한다.

이러한 정기 및 수시훈련에는 훈련의 내실화를 위하여 훈련 전 단계에 걸쳐 종합평가와 민간전문가를 활용한 기관별 컨설팅과 평가를 실시한다. 공공분야 훈련전문가 외에 재난유형별 민간전문가를 포함한 중앙평가단을 구성하여 실제 훈련평가 시 훈련전문가와 재난전문가가 합동으로 평가를 실시토록 하여 평가의 객관성 및 전문성을 확보하고 있다.

표 6-3 재난대비훈련

구분	재난대응 안전한국훈련	재난대비 월별 상시 훈련
훈련 주관	행정안전부	해당 재난관리책임기관
훈련 참여 기관	• 중앙부처 • 지방자치단체 • 공공기관 및 단체 • 일반 국민 참여	• 유형별 해당 중앙부처와 공공기관 및 단체 • 일부 지자체
훈련 내용	국가적 재난대응체계 확립을 위한 모든 재난유형에 대비 범부처 국가종합훈련	매월 계절별, 주제별 시의성 있는 재난유형 선정, 재난관리책임기관별 훈련
훈련 횟수	연 1회	연중 실시(필요시 추가)
훈련 평가	중앙합동평가 및 시 · 도 자체평가	컨설팅 위주의 훈련 지원

출처: 행정안전부(www.mois.go.kr), 업무안내(재난대비훈련) 재편집

또한 구축된 민간전문가를 활용하여 훈련주관 전 부처 및 시 · 도의 훈련계획부터 실시까지 전 단계에 걸쳐 컨설팅을 제공하여 훈련의 내실화를 기하고, 훈련이 종료된 후 평가결과를 해당 기관에 통보하는 동시에 언론공개를 통하여 재난대응 훈련에 대한 기관별 인식 변화를 꾀하였다. 한편, 평가결과 상위 10%의 우수기관에 대해서는 포상하고 하위 10% 기관에 해당하는 미흡기관에 대해서는 역량교육과 재훈련을 실시하는 등 전 주기적 훈련관리체계를 구축하였다.

5) 요약

재난의 대비란 재난이 발생했을 때 효과적으로 대응할 수 있도록 사전에 계획을 수립하고 자원을 준비하는 한편, 교육 · 훈련 등을 통해 역량을 강화하는 모든 준비 활동을 의미한다. 국가위기관리기본지침(대통령 훈령)에 따르면 대비를 "위기상황하에서 수행해야 할 제반사항을 사전에 계획 · 준비 · 교육 · 훈련함으로써 위기대응능력을 제고시키고, 위기 발생 시 즉각적으로 대응할 수 있도록 태세를 강화시켜 나가는 일련의 활동"이라고 정의되어 있다. 대비활동은 재난 대응의 성공과 실패를 결정하는 중요한 선별조건으로 그 중요성에 대한 인식이 점차 커지고

있다. 최근 미국에서는 대비의 영역을 대응을 준비하기 위한 활동을 넘어서 재난관리 전반에 걸친 계획 수립, 위험도 분석, 역량 강화를 포함하는 개념으로 사용하고 있다.

2 재난관리 인프라 구축 및 자원 관리

1) 재난통신망

(1) 개요

재난이 발생하면 각 재난대응기관 간 상호 의사소통과 협업은 대응의 성공과 실패를 결정하는 중요한 요소이다. 각 재난관리책임기관은 재난 발생 시 상호 통신선이 끊기는 상황에 대비하여 무선 또는 위성통신망을 활용할 수 있도록 긴급통신망을 마련해야 한다(「재난안전법」 제34조의 2). 특히, 이러한 의미에서 재난 발생 시 재난대응역량이 발휘될 수 있도록 재난 관련 이용기관(8대 분야 333개 기관)이 이용하는 전국 단일 통신망의 구축은 원활한 공조체계를 구축하여 재난대응에 걸리는 시간을 단축하고 국민피해를 최소화할 수 있는 중요한 수단이 된다.

> **※ 8대 분야 333개 필수 이용기관**
> 경찰(18), 소방(20), 해경(6), 군(25), 지자체(243), 의료(17), 전기(2), 가스(2)

(2) 연혁

재난현장에서 대응기관을 공동으로 사용할 수 있는 무선통신망을 구축하기 위한 노력은 2003년에 시작된 통합지휘무선통신망(IRS) 구축사업이 그 출발점이다. 하지만 관련기술 부족, 재난대응 표준운영절차 미비 등에 대한 감사원의 지적에 따라 2008년에 사업이 보류되었다. 이후 별다른 진전을 보이지 못하다가, 2014년 5월에 발표된 '세월호 사고 관련 대통령 대국민담화'에서 재난안전통신망의 주속한 구축을 약속하면서 다시 본격적으로 추진되었다. 2014년 7월에 개최된 국가정책조정회의에서 미래부가 제시한 기술방식이 확정되었고, 2014년 12월에 주파수심의위원회에서 주파수가 700MHz대역, 20MHz대역폭(상향 718~728MHz 하향 773~783MHz)으로 확정되었다. 2015년 3월 31일 재난안전통신망 구축사업 수립을 위한 정보화전략계획(ISP)이 완료되었고, 2015년 11월부터 2016년 6월까지 '재난안전통신망 구축 시범사업'이 추진되었다. 시범사업을 통해 강원도 평창 동계올림픽 개최지역인 평창, 정선, 강릉지역에 기지국 205개소가 구축되었고, 정부서울청사에 제1운영센터가 개소되었다. 이밖에도 이동기지국 1식과 단말기 2,496대가 도입되었다. 시범사업의 성과에 대한 분석과 본 사업에 대한 추진을 위한 검증협의회의 구성·운영('16.7~10) 등을 거쳐 2018년 4월에 총 사업비가 확정되어 2018년부터 2025년까지 8년간 총 1조 4천7백76억 원을 투자하는 재난안전통신망 사업이 본격적으로 추진되고 있다.

(3) 주요 내용

재난안전통신망 본 사업은 2018년부터 시작하여 2020년까지 3년간 3단계에 걸쳐 추진되고 있으며 총 사업비는 1조 4천7백76억 원이다. 사업규모는 운영센터 2개소, 기지국 15,447개소, 단말기 24만 대 보급 등이다. 이 사업의 단계별 추진일정은 다음 **표 6-4**와 같다.

표 6-4 재난안전통신망 단계별 구축계획

2018년	2019년	2020년	2021년
(본사업 1단계) 강원, 충북, 충남, 대전, 세종 등 5개 시·도	**(2단계)** 부산, 대구, 광주, 울산, 전북·남, 경북·남, 제주 등 9개 시·도	**(3단계)** 서울, 경기, 인천 등 3개 시·도	**(~2025년)** 단계별 보완 및 운영

출처: 행정안전부 보도자료('18.12.21), '전국 단일 재난안전통신망 구축사업 본격 착수'

재난안전통신망 구축사업의 기술방식은 PS-LTE(Public Safety-Long Term Evolution)라는 영상이 가능한 재난안전용 4세대 무선통신기술로서 미국·영국 등에서도 활용하고 있는 방식이다. 재난안전통신망의 구성도는 다음 그림 6-2와 같다.

그림 6-2 재난안전통신망 구성도

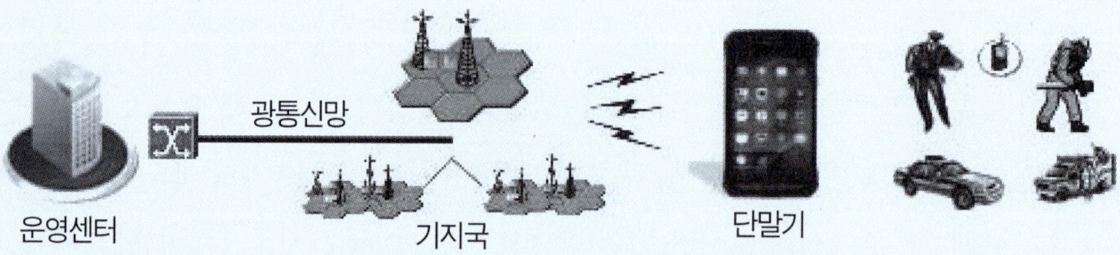

출처: 행정안전부 보도자료('18.12.21), '전국 단일 재난안전통신망 구축사업 본격 착수'

재난안전통신망이 구축되면 경찰, 소방, 군, 지자체 등 재난안전 관련 8대 분야 기관 종사자가 재난현장의 다양한 상황정보를 신속히 전파 · 공유하여 일원화된 지휘 · 명령 및 통합대응체계 구축이 가능할 것으로 기대된다. 또한 10년 이상 내구연한이 경과한 기존 통신망을 교체하고, 전국 단일망 구축으로 중복투자를 방지하는 효과가 있을 것이다. 이와 더불어 철도망 · 해상망과 연동하여 광대역 공공안전 신경망을 구축한다면 제4차 산업혁명의 핵심 인프라로서 역할을 할 수 있음은 물론 산업 · 경제적 효과도 창출할 수 있을 것으로 기대된다.

세계 각국도 PS-LTE 방식의 통신망을 구축하고 있으며 미국, 영국, 캐나다가 선도적으로 추진 중에 있다. 따라서 우리나라가 PS-LTE 방식의 재난안전통신망 구축사업을 성공적으로 추진한다면 내수 진작, 수출효과 등 10년간 약 5조 원 이상의 경제적 효과가 발생할 수 있을 것으로 기대된다. 아울러, 멀티미디어 활용이 가능한 LTE 기술의 특성상 첨단정보통신기술을 접목하여 재난현장용 드론기지국, 현장요원에 대한 웨어러블 장치 등 재난안전분야의 새로운 응용제품 및 서비스 시장도 창출할 수 있을 것으로 기대된다.

2) 국가재난관리정보시스템(NDMS)

(1) 개요

국가재난관리정보시스템(National Disaster Management System, NDMS)은 재난에 대한 예방 · 대비 · 대응 · 복구 등 재난관리단계별 업무수행을 종합적이고 체계적으로 지원하기 위한 시스템으로 특히 재난 발생 시 신속한 상황전파 및 공동대응을 통해 재난피해를 최소화하고 중앙, 지자체 및 유관기관의 재난정보 연계 및 공동 활용체계를 강화하기 위해 구축된 시스템이다. 「재난안전법」 제74조와 「자연재해대책법」 제34조에 재난관리정보시스템과 관련된 내용이 규정되어 있다.

(2) 연혁

1994년 성수대교 붕괴사고, 1995년 삼풍백화점 붕괴사고를 계기로 1995년 「재난관리법」이 제정되고 이듬해인 1996년 총리실에서 국가재난관리정보시스템 구축 기본계획안이 확정되었다. 그리고 1997년부터 1998년까지 국가재난관리정보화 1단계 BPR/ISP를 진행하고 이후 2003년까지 재난유형별 예방, 대비, 대응, 복구 업무기능모델을 정립하고 10개 부처별 모니터링시스템을 구축하는 등 국가재난관리정보시스템 인프라를 구축하였다. 이후 2004년부터 국가재난관리 정보화 · 고도화를 위해 상황전파시스템 구축, 시 · 군 · 구 재난관리시스템 구축, 국가재난정보센터 구축 등 통합재난안전정보체계 구축 등 국가재난관리정보시스템은 지속적인 발전이 이루어지고 있다.

(3) 주요 내용

국가재난관리정보시스템은 재난관리단계별 업무수행을 지원하는 전국단위 종합정보시스템으로 지자체는 NDMS를 주축으로 모든 재난관리업무를 수행하며, 업무별 시설 · 자원 현황, 피해상황 및 조치결과 등을 입력 · 관리하고 유관기관은 소관업무별로 자체 정보시스템을 구축 · 운영하며, 효율적인 업무수행을 위해 재난정보를 상호 연계, 활용한다. NDMS의 주요 기능은 크게 세 가지로 구분할 수 있는데, 첫째는 재난감지 기능으로 위험정보, 기상정보, 관측정보(수위 · 우량 · CCTV)

등 각종 재난정보를 종합적으로 상시 모니터링하는 기능이다. 둘째는 상황전파 기능으로 정부기관(중앙 · 지자체 · 유관기관) 및 국민들에게 실시간 재난상황정보와 대응지시 메시지를 전파하는 기능이다. 세 번째 기능은 업무지원 기능으로 풍수해, 대설, 가뭄, 지진, 풍수해보험, 재해구호 등 재난유형별로 필요한 업무수행을 지원한다.

이러한 주요 기능을 실현하기 위해 NDMS는 다양한 시스템을 운영하고 있다. 39개 재난관리책임기관의 215종 재난정보를 실시간 연계하고 공동 활용하는 재난정보 공동활용시스템, 지자체, 유관기관의 재난관리용 CCTV를 표준화하여 통합 · 연계 활용하는 재난영상정보(CCTV) 통합 · 연계시스템, 중앙, 지자체, 유관기관 간 재난상황정보, 대응지시를 메신저 기반으로 실시간 전파하는 상황전파시스템, 부처별로 분산되어 있던 각종 재난정보(기상 · 화재 · 산불 · 풍수해 등) 및 안전행동요령 등 제공하는 국가재난정보센터(safekorea.go.kr), 11개 기관과 15개 재난안전정보 앱을 통합 · 연계하여 스마트폰으로 재난문자, 국민행동요령, 대피소정보 등을 제공하는 안전디딤돌 앱, 재난관리 프로세스 4단계(예방－대비－대응－복구)를 정보화 · 자동화하여 재난정보를 신속하게 수집 · 전파 · 분석하고, 재난상황별 표준행동절차에 따라 업무를 지원하는 재난관리시스템(중앙 · 시도 · 시군구) 등이 있다.

최근의 재난 형태는 사회재난과 자연재난이 복합적인 형태로 발생하면서 이에 대한 범정부적 소통 등 대책이 필요함에 따라 기존의 NDMS체계로는 지원하는 데 한계가 있었다. 이에 신속한 재난대응을 위하여 재난 · 안전 · 소방 · 해경 분야의 자연 · 사회재난을 통합한 범정부적인 재난관리시스템을 단계별로 추진하고 있다. 최근 산업분야뿐만 아니라 일상생활에서도 큰 변화를 예고하는 4차 산업혁명이 이슈가 되고 있는 상황에서 신종재난 출현 등 사회적 환경도 점점 복잡해짐에 따라 빅데이터 분석기술, 인공지능기술 적용을 통한 재난징후 및 위험예측에 기반을 둔 생활밀착형 재난관리 서비스 제공이 필요하다. ICBM을 이용한 재난관리체계나 복잡한 상황 속에서 인공지능을 활용한 의사결정 등 미래에 다가올 새로운 4차 산업혁명 기술을 활용한 재난관리정보시스템의 발전은 무궁무진하다 할 수 있다. 국가 차원에서 이 분야에 대한 지속적인 연구와 과감한 투자가 필요한 실정이다.

3) 재난관리자원의 비축과 관리

(1) 개요

재난이 발생했을 때 대응에 필요한 자재, 장비, 전문인력 등을 확보하는 것은 피해를 최소화하고 2차 피해를 방지하기 위해 가장 중요한 요소 중의 하나이다. 아무리 대응체계가 잘 작동된다 하더라도 수습에 필요한 자원이 부족하면 초동 대응 및 수습이 지연되어 재난피해가 확대된다는 것은 과거 대형 재난이 주는 중요한 교훈이다. 이를 방지하기 위해 각 재난관리책임기관의 장은 재난의 수습 활동에 필요한 장비 · 물자 및 자재 등으로 구성된 재난관리자원을 비축 · 관리해야 한다. 행정안전부장관은 재난관리자원이 체계적으로 관리되고 활용될 수 있도록 공동활용기준을 마련하고 관련시스템을 구축 · 운영하도록 「재난안전법」 제34조에 규정되어 있다.

(2) 연혁

재난관리자원의 비축 및 관리에 관한 제도는 2013년 8월에 개정된 「재난안전법」에 도입되었다. 이를 토대로 2014년부터 재난관리자원 공동활용시스템(Disaster Resource Sharing System, DRSS) 구축사업을 추진하여 2015년도에 전국 시 · 도 및 시 · 군 · 구의 재난관리자원을 처음으로 통합관리하게 되었고, 2016년에는 중앙부처와 공사, 공단 등 189개 기관으로, 2017년에는 민간단체 19개 팀을 추가하여 현재까지 운영하고 있다.

(3) 주요 내용

행정안전부장관은 매년 5월 31일까지 다음 해의 재난관리자원에 대한 비축 · 관리계획의 수립을 지원하기 위한 지침을 마련하여 재난관리자원을 보유한 재난관리책임기관의 장에게 통보할 수 있다. 이를 통보받은 재난관리책임기관의 장은 매년 10월 31일까지 다음 해의 재난관리자원에 대한 비축 · 관리계획을 수립해서 행정안전부장관에게 제출하여야 한다. 2020년 12월 기준으로 재난관리자원의 지정대상은 장비 138종과 물자 · 자재 78종이다. 장비, 물자, 자재는 품종을 고시하고, 인력은 단체명을 고시하고 있다.

재난관리자원 공동활용시스템은 평상시에 중앙부처, 지자체 및 민간단체 등 각 기관에서 관리하고 있는 재난관리자원 현황을 입력 및 관리하고, 재난 발생 시 필요자원의 소재 위치, 수량, 소유기관을 파악하여 기관 간 응원 요청, 공동 활용할 수 있도록 구성되어 있다. 시스템 구축을 통해서 중앙부처, 지자체, 민간단체의 자원정보를 연계, 통합하여 재난 발생 시 필요한 모든 재난관리자원 정보를 신속하게 파악하여 현장에 지원함으로써 재난피해 최소화에 기여할 수 있을 것으로 기대된다.

그림 6-3 재난관리자원 공동활용시스템 개념도

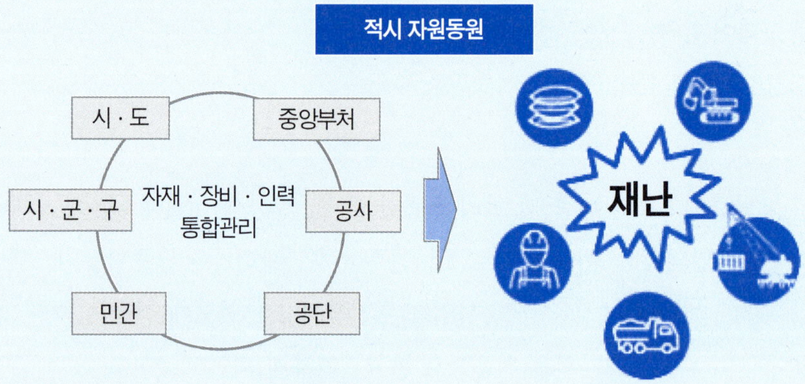

출처: 행정안전부(www.mois.go.kr), 업무안내(재난관리자원 공동활용시스템)

4) 요약

재난통신망은 재난이 발생했을 때 재난대응기관 간 원활한 커뮤니케이션을 통해 재난대응의 성공을 좌우할 정도로 중요한 재난대응을 위한 핵심 인프라로 우리나라는 재난안전통신망 구축사업을 2018년부터 시작하여 2025년까지 구축 추진 중에 있다. 또한 국가재난관리정보시스템(NDMS)을 구축하여 재난 발생 시 신속한 상황 전파와 중앙, 지자체 및 유관기관 간 재난정보 공유를 통해 체계적으로 재난에 대응하고 재난피해를 최소화하는 데 활용하고 있다. 아울러 재난의 수습 활동에 필요한 물자, 장비, 인력 등 재난관리자원을 재난관리책임기관별로 비축 관리하고 재난관리자원 공동활용시스템을 통해서 중앙부처, 지자체, 민간단체의 자원 정보를 통합하여 조회, 검색하여 필요시 적재적소적시에 지원될 수 있도록 구축하고 있다.

3 재난 상황의 보고 및 예·경보제도

1) 재난상황의 보고체계

(1) 개요

재난대응에 있어 신속하고 정확한 초동대응은 재난대응의 성공과 실패를 결정짓는 매우 중요한 단계이다. 재난은 시간과의 싸움으로 초기대응이 매우 중요하다. 재난 발생 시 초동대응을 위해서는 신속한 상황 인지(situational awareness), 상황 분석 및 판단(situational analysis & anticipation), 상황 전파(관계기관 및 대국민) 및 긴급조치 지시(situational action)가 필요하다. 행정안전부를 비롯하여 지자체 등 재난관리책임기관은 이를 위해 각종 상황관계시스템과 별도의 상황인력을 운영하고 있다. 행정안전부의 경우 중앙재난안전상황실을 운영하여 부처 합동으로 1년 365일 4교대 근무를 실시하고 있으며, 2020년 6월 기준으로 38개 기관에서 운영하는 70종의 재난상황 정보시스템과 전국 고속도로, 하천, 시설물 CCTV 등 4만여 대의 재난영상 정보 등 현장상황을 실시간으로 파악할 수 있는 시스템을 연계구축하여 상황관리에 활용하고 있다.

(2) 연혁

재난대응의 1차기관인 지자체의 상황관리 강화 지원을 위해 그간 지자체 상황관리 매뉴얼 · 상황관리 운영규정 등의 개발, 보급과 함께 다양한 관측 · 감시장비, 상황실 공간 등 상황실시스템 구축을 위한 사업이 진행되고 있다. 2002년 태풍 루사, 2003년 태풍 매미 등 우심지역을 대상으로 총 120개 목표지역을 선정하여 2018년까지 관측 · 감시장비(수위 · 우량계, CCTV 등) 설치 및 기상특보, 사고정보 등 재난상황을 종합적으로 관제하는 시스템 구축을 지원했다. 최근에는 GIS에 기반을 둔 중앙과 지자체 등 재난관리책임기관 간 재난정보를 공동 활용할 수 있는 GIS기반 통합상황관리시스템을 구축('20.12)하여 운영하고 있다.

(3) 주요 내용

재난 상황은 언제 발생할지 모르기 때문에 365일 24시간 실시간 상황관리가 필요하다. 상황관리란 재난상황정보를 실시간으로 파악 · 분석하여 국민과 관계기관에 전파하고, 재난상황 발생 시 신속한 초기대응을 실시하여 국민의 생명과 재산 피해를 최소화하는 데 그 목적이 있다. 재난관리 총괄조정기구인 행정안전부의 경우 실시간 상황관리체계를 유지하기 위하여 각종 재난상황정보를 공유하고 이를 국민에게 전파하기 위한 시스템을 구축, 운영하고 있다. 전국 주요 기관과 지역재난 대응에 있어 상황관리의 중요성에 비하여 지자체 특히 시 · 군 · 구의 상황관리역량은 아주 열악한 상황이다. 이는 우선 인력의 부족에서 발생하는데 사천, 통영 등 일부 시 · 군 · 구를 제외하고는 현재 대부분의 시 · 군 · 구에서 상황관리를 위한 전담인력을 제대로 갖추지 못하고 있다.

행정안전부는 2017년 「재난안전법」 개정을 통해서 지자체에서 재난안전상황실을 설치할 경우의 요건으로 재난안전상황실 운영을 위한 전담인력과 운영규정을 갖추도록 명문화하여 그 상황전담인력을 확보하는 기반을 마련하였으나, 실제 지자체의 상황전담인력 확보는 지자체 재난관리조직과 더불어 앞으로의 과제라고 할 수 있다. 또한 상황관리 강화를 위하여 상황전파 훈련과 상황관리교육도 강화해 나가야 하며 상황관리 우수지자체에 대하여 각종 평가 및 포상 등을 통한 인센티브도 확대하여야 한다.

2) 휴대폰 재난문자방송서비스(CBS)

(1) 개요

휴대폰 재난문자방송서비스 CBS는 'Cell Broadcasting Service'의 약자로 이동통신 기지국을 통해 휴대폰에 재난상황과 행동요령을 담은 재난문자를 무료로 동시에 전송하는 대국민 서비스이다(「재난안전법」 제38조의 2).

그림 6-4 휴대폰 재난문자방송서비스 전파체계

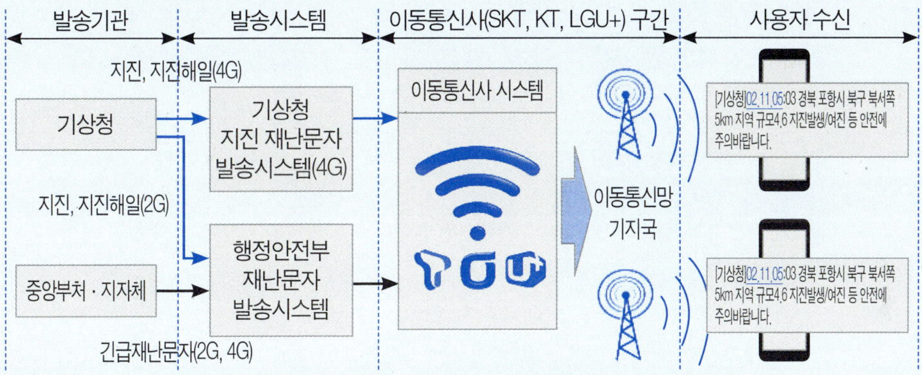

출처: 행정안전부(2020), 재난문자방송 운영지침(수정 편집)

(2) 연혁

휴대폰 재난문자방송서비스는 2004년 소방방재청과 이동통신사 간 협정을 체결하여 시범운영을 한 후 2005년 전국서비스를 실시하였다. 2006년 12월에는 당시 소방방재청 자체 긴급재난문자(CBS) 송출시스템을 구축하였으며, 2008년 12월에는 「재난문자방송 기준 및 운영규정」을 제정하였다. 이후 2012년 2월 CBS 기능 탑재를 위한 「재난안전법」 개정에 따라 2013년 1월 1일 이후 출시되는 모든 휴대폰에 CBS 기능 탑재를 의무화하였다. 2017년 8월에는 시 · 도, 2018년 9월부터는 시 · 군 · 구에서도 중앙행정기관과 같이 재난문자를 송출할 수 있는 권한을 부여받아 행정안전부 승인 없이도 직접 주민들에게 안전안내 등 재난정보를 송출하고 있다. 또한 2017년 9월 재난유형별 재난문자 발송기준 및 표준문안을 마련하여 갑자기 발생하거나 확산되는 사회재난과 같은 경우에도 현장상황에 맞는 재난정보를 신속하게 적기에 제공할 수 있도록 운영하고 있다.

(3) 주요 내용

행정안전부장관은 재난문자 운영주체로서 행정안전부 예규인 「재난문자방송 기준 및 운영규정」을 마련하여 재난문자방송의 운영에 필요한 사항을 정하고 있다. 운영규정에 따르면 재난문자를 사용할 수 있는 기관으로 국토교통부, 해양수산부 등 중앙행정기관과 산하 공공기관 및 단체, 지자체 등이 있으며 재난문자방송의 효율적인 운영을 위하여 재난문자방송 운영협의회를 운영하도록 규정되어 있다. 운영협의회는 재난문자방송 송출시스템 기능 개선에 관한 사항, 재난문자방송 운영과 관련하여 기간통신사업자 및 방송사업자와의 협력사항 등을 논의한다. 또한 재난문자방송 기준 및 운영규정에는 태풍, 호우 등 재난유형별 재난문자방송기준과 표준문안에 대한 내용을 담고 있다.

표 6-5 SMS와 CBS 간 비교표

구 분	SMS(Short Messaging Service)	CBS(Cell Broadcasting Service)
전송방식	Point to Point(개별송출) 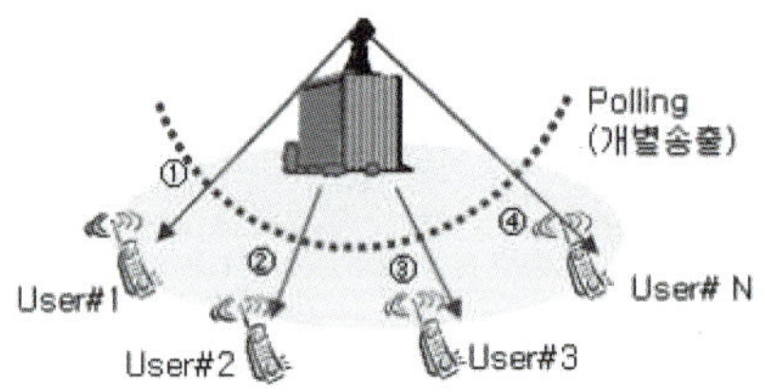 	Point to Multi-point(기지국 동시송출) 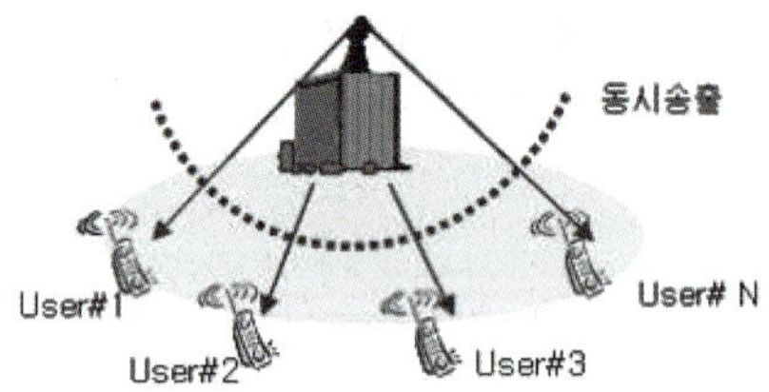
송출능력	30만 명 이상 시 불가	대상인원에 관계없이 서비스 가능
송출비용	단문 14원, 장문 33원(90Byte-45자 이상) * 지자체별 · 통신사별 차이 有	무료 운영 * 비용부담자(수익자) 특정 곤란
DB 구축	필요	불필요

출처: 행정안전부(2020), 재난문자방송 운영지침

2006년 재난문자 전용시스템 구축 이후 2020년 6월까지 총 2만여 건의 재난문자를 송출한 것으로 나타났다. 2만여 건의 재난문자 중 송출수가 많은 재난유형은 감염병이 13,979건, 호우 1,589건, 대설 628건, 폭염 509건, 산불 450건, 태풍 367건 등이있다. 감염병 송출 재난문자가 많은 것은 2020년 들어서 발생한 코로나19

의 확산을 막기 위해 2~6월 기간 중에 정부가 집중 송출하였기 때문이다. 코로나19와 관련된 문자는 전체 문자비중의 70%에 육박할 정도로 정부에서 코로나19 대처의 중요한 수단으로 활용하고 있다고 볼 수 있다. 한편 재난문자를 송출한 기관 유형은 지자체가 전체 재난문자 송출건의 77%에 이를 정도로 재난이 발생할 경우 직접 현장에서 재난에 대처하는 지방자치단체가 주민대피 알림 등으로 재난대처의 효과적인 수단으로 활용하고 있는 것으로 평가되고 있다.

표 6-6 휴대폰 재난문자방송서비스 송출 현황('20. 6월 기준)

구분	계	기관별		재난유형								
		중앙부처	지자체	감염병	호우	대설	폭염	산불	태풍	화재	산사태	기타
계	19,934	4,620	15,314	13,979	1,589	628	509	450	367	116	58	2,238
2006~2019	5,800	4,437	1,363	256	1,552	616	505	261	367	97	57	2,089
2020.1~6월	14,134	183	13,951	13,723	37	12	4	189	–	19	1	149

출처: 국민재난안전포털(www.safekorea.go.kr), 재난문자 통계를 기초로 분석

사례 휴대폰 재난문자방송서비스

- 2020. 4. 24. 경북 안동시, 산불발생에 따른 긴급 주민대피 안내
  [안동시청] 금일 풍천면 인금리 산불확산으로 고하리 고성리 주민은 일직면 국곡리 마을회관 단호리 주민은 하아그린파크로 대피하여 주시기 바랍니다.

- 2020. 8. 3. 전북 진천군, 기상특보 발령에 따른 기상정보 등 안전안내
  [진천군청] 현재 진천군 호우경보 및 산사태 주의보 발효. 주민들께서는 산간계곡, 하천변, 산사태위험지역, 저지대 등에 피해가 예상되오니 안전에 유의 바랍니다.

- 2020. 12. 18. 중앙재난안전대책본부, 코로나19 감염병 관련 방역수칙 등 안전안내
  [중대본] 연말연시 가족 · 지인 모임을 삼가고 불가피한 경우 ▲마스크 상시 착용 ▲모임 인원 · 시간 최소화 ▲주기적 환기 · 소독 등 상황에 맞게 기본수칙을 지켜주세요!

휴대폰 재난문자방송서비스는 2G폰의 경우에는 문자용량(60자)을 제한하고 있으며, 3G폰의 경우에는 기기 자체에 CBS 기능이 없어 재난문자 수신이 불가하다.

이러한 일부 휴대폰 재난문자 미수신을 해결하기 위하여 2G폰의 경우 문자용량(90자)을 확대하고 3G의 경우는 '안전디딤돌' 앱을 활용, 재난문자를 수신하도록 적극 홍보하고 있다.

3) 재난 예·경보체계 구축 운영

(1) 개요

재난관리책임기관의 장은 사람의 생명 · 신체 및 재산에 대한 피해가 예상되면 그 피해를 예방하거나 줄이기 위하여 재난에 관한 예보 또는 경보체계를 구축 · 운영할 수 있다(「재난안전법」 제38조의 2).

(2) 연혁

재난 예 · 경보시설은 1998년부터 운영되어 오다가 2004년에 법제화되었다. 2015년에는 재난 예 · 경보체계 구축 5개년(2015~2019) 종합계획을 수립하여 총 1,767억 원을 투자, 예 · 경보체계 구축화를 추진하였다. 후속 계획으로는 2020~2024년 계획을 수립하였는데 향후 5년간 2,831억 원을 투자하여 보강 및 신규 구축하고 예 · 경보체계를 강화 추진한다는 계획이다.

(3) 주요 내용

각 지방자치단체는 재난상황 발생 시 주민, 행락객 등에게 신속한 재난정보 전달을 위해 지역실정에 맞게 자동음성통보시스템, 자동우량경보시설, 재해문자전광판 등 재난 예 · 경보시스템을 구축하였으며, 365일 24시간 운영을 위해 주기적인 점검 등 유지관리를 하고 있다. 행정안전부는 재난 예보 · 경보시설에 대해 수시로 관리실태를 점검하고 있으며 예 · 경보 사업시행계획 수립 시 지자체에 대하여 담당자 교육을 실시하고 있다. 자동음성통보시스템은 재난상황 발생 또는 우려 시 유 · 무선전화, 마을앰프, 인터넷 등 각종 통신수단을 이용하여 읍 · 면 · 동 사무소, 통 · 리 · 반장, 재해취약지 주민들에게 재난상황을 신속히 전파하는 시스템이다.

자동우량(산간계곡)경보시설은 산간계곡이나 하천변유원지 등에 집중호우 시 상류지역의 강우량을 실시간으로 관측하여 하류지역의 행락객이나 야영객에게 자동으로 경보를 발령하고 안내방송을 실시하는 시설이다.

재해문자전광판시스템은 산간계곡, 하천변유원지, 재해위험지구 등 인명피해 우려가 높은 지역에 문자전광판을 설치하여 재난 상황을 전파 및 홍보하기 위한 시설이다.

2020년 상반기까지 확충된 예 · 경보시설 현황을 살펴보면 전국 1,155개 지구에 시설 8,483개소가 있다.

표 6-7 재난 예 · 경보시설 현황

시 · 도	합계		자동음성 통보시스템		산간계곡(자동우량) 경보시설		재해문자전광판		라디오 재난경보	
	지구	시설	지구	시설	지구	시설	지구	시설	지구	시설
합계	1,155	18,483	218	15,858	277	1,637	651	917	9	71

출처: 행정안전부(2020), 2020 행정안전통계연보, 재난 예 · 경보시스템(수정인용)

4) 위기경보제도

(1) 개요

국가 위기경보제도는 위기징후를 식별하거나 위기 발생이 예상되는 경우, 그 위험수준에 부합되는 조치를 취할 수 있도록 단계별 경고를 통해 미리 정보를 제공함으로써 국가 위기상황을 사전에 예방 또는 대비하여 체계적으로 관리하기 위해 도입된 제도이다. 「재난안전법」 제38조와 국가위기관리지침에 근거하여 제도를 운영하고 있다.

위기경보제도는 2003년 이라크 파견 근로자 피습(2명 사망)을 계기로 재외국민보호 및 국가위기상황의 체계적 관리를 위해 2004년에 도입되었다. 대통령 훈령인 국가위기관리에는 위기경보를 '위기징후를 식별하거나 위기 발생이 예상되는 경우 그 위험수준에 부합되는 조치를 할 수 있도록 미리 정보를 제공하고 경고하는 것'으로 정의한다.

(2) 연혁

위기경보제도 도입에 대한 필요성은 2003년 11월 이라크에 파견된 우리나라 직원이 괴한으로부터 피습을 받은 사건이 발생하여 재외국민의 안전문제가 전 국민의 관심사로 부각되면서부터였다. 이런 상황에서 2004년 2월 이라크 파병이 또다시 결정되었고 NSC(국가안전보장회의) 사무처는 국제환경 변화 및 테러 양상에 효과적으로 대응하기 위하여 공식적으로 위기경보제도를 도입하였다. 최초 국가 위기경보제도는 선진국의 테러분야 경보제도를 참고하여 33개 국가 위기유형에 적용 가능한 표준화된 기준으로 구축되었다. 위기경보제도는 도입 이후 청와대 위기관리센터에서 총괄 관리하다가, 재난분야에 대해서는 2008년에 구(舊) 행정안전부로 관리가 이관되었다. 행정안전부로 재난분야 위기경보제도 권한이 이관되면서 각 재난관리 주관기관이 위기경보 심각단계를 발령할 경우 행정안전부와 협의 후 발령하도록 하였다. 2013년도에는 「재난안전법」에 위기경보를 반영하고 2016년 「테러방지법」에도 반영되는 등 안보, 테러, 재난 등 각종 법령과 매뉴얼 등에 규정되어 대응기관의 단계별 임무와 절차의 기준으로 활용되고 있으며, 테러경보, 안보분야 등 각 기관의 법, 지침 등에 광범위하게 활용되고 있다.

(3) 주요 내용

재난관리주관기관은 평상시 각종 위기요인에 대한 모니터링을 통해 위기징후를 식별하거나 위기 발생이 예상될 때 재난상황의 전개속도, 파급효과 등을 종합적으로 평가하기 위하여 '상황판단회의'를 실시하게 된다. 이를 통해 관심(Blue), 주의(Yellow), 경계(Orange), 심각(Red) 4단계로 경보를 발령한다. 단, 범정부적인 차원의 조치가 요구되는 심각(Red)단계는 행정안전부 및 청와대 위기관리센터와 사전에 협의한 후 위기경보를 발령한다.

위기경보수준은 4단계로 이루어지는데 관심(Blue)은 위기징후와 관련된 현상이 나타나고 있으나 그 활동수준이 낮아서 국가위기로 발전할 가능성이 적은 상태에 발령하고, 주의(Yellow)는 위기징후의 활동이 비교적 활발하여 국가위기로 발전할 수 있는 일정 수준의 경향이 나타나는 상태에 발령한다. 경계(Orange)는 위기징후의 활동이 활발하여 국가위기로 발전할 가능성이 농후한 상태에 발령하며, 심각(Red)은 위기징후의 활동이 매우 활발하여 국가위기의 발생이 확실시되는 상태에 발령한다.

표 6-8 위기경보제도 운영기준

구분	내용	업무
관심 (Blue)	위기징후와 관련된 현상이 나타나고 있으나 그 활동수준이 낮아서 국가위기로 발전할 가능성이 적은 상태	• 모니터링 • 기관 간 협조체계 점검
주의 (Yellow)	위기징후의 활동이 비교적 활발하여 국가위기로 발전할 수 있는 일정 수준의 경향이 나타나는 상태	• 정보수집 → 공유 • 기관 간 협조체계 가동
경계 (Orange)	위기징후의 활동이 활발하여 국가위기로 발전할 가능성이 농후한 상태	• 자원동원체계 준비
심각 (Red)	위기징후의 활동이 매우 활발하여 국가위기의 발생이 확실시되는 상태	• 위기경보 발령 • 대응체계 준비

출처: 국가법령정보센터(www.law.go.kr)(「재난 및 안전관리 기본법」 제38조)

재난분야 위기경보 도입으로 재난별 위기수준과 그에 따른 대비태세 확립에 기여하였으나, 그간 운영 과정에서 개선이 필요한 부분도 발견되었다. 우선 재난유형별 전개양상, 피해범위, 파급효과 등의 특성을 반영한 유연한 경보체계가 필요하다. 예를 들어 지진, 유해화학물질 유출사고, 다중밀집건축물 붕괴 등의 유형은 이미 대규모 피해로 발생하였기 때문에 '관심'단계가 불필요하므로 바로 '심각'단계를 발령한다. 그리고 가축질병, 대규모 해양오염사고, 가뭄 등과 같은 유형은 재난의 상황이 점진적으로 증가되는 유형이기 때문에 '관심'부터 '심각'까지 순차적으로 상황변화에 따라 대응할 수 있도록 발령한다.

또한 공간적으로 재난의 위기상황이 시계열적으로만 적용되지 않을 수 있기 때문에 위기경보의 발령주체를 지역별로 유연하게 다변화한다. 현재 전국단위로 재난관리주관기관을 중심으로 발령하는 체계를 국가 위기경보와 지역 위기경보로 구분하여 발령한다. 재난관리주관기관은 국가의 위기 발생이 예상될 때 상황의

사례 코로나19 위기경보, 심각단계로 격상

2020년도 전 세계에서 확산되고 있는 코로나19 바이러스 관련 우리나라는 1월 8일에 최초 감염자가 발생한 이후 2월 19일에는 대구, 경북지역에서 확진자가 대폭 증가하자, 마침내 2월 23일부로 코로나19의 전국적 확산 가능에 대비한 선제적 조치로서 위기경보 단계를 심각단계로 격상하였다.

■ 코로나19 위기경보 심각단계 주요 조치사항

- 국무총리가 지휘하는 중앙재난안전대책본부를 설치하여 범정부 최고 비상대책기구 운영
- 전국 유치원, 초중고 개학일을 3월 2일에서 4월 6일로 5주간 연기
- 대구, 경북지역을 특별관리지역으로 지정, 병상 · 인력 · 장비 · 방역 물품 등에 대한 정부의 지원 확대
- 군 장병 휴가와 예비군 훈련 잠정 중지 등

〈코로나19바이러스 감염증 위기관계별 주요 대응활동〉

■ 관심(Blue)	■ 주의(Yellow)
• 위기유형 – 해외에서의 신종감염병의 발생 및 유행 – 국내 원인불명 · 재출현 감염병의 발생 **• 주요 대응 활동** – 감염병별 대책반 운영(질본) – 위기징후 모니터링 및 감시대응역량 정비 – 필요시 현장방역조치 및 방역인프라 가동	**• 위기유형** – 해외에서의 신종감염병의 국내 유입 – 국내 원인불명 · 재출현 감염병의 제한적 전파 **• 주요 대응 활동** – 중앙방역대책본부(질본) 설치운영 – 유관기관 협조체계 가동 – 현장방역조치 및 방역인프라 가동 – 모니터링 및 감시 강화
■ 경계(Orange)	**■ 심각(Red)**
• 위기유형 – 국내 유입된 해외 신종감염병의 제한적 전파 – 국내 원인불명 · 재출현 감염병의 지역사회 전파 **• 주요 대응 활동** – 중앙방역대책본부(질본) 운영 지속 – 중앙사고수습본부(복지부) 설치운영 – 필요시 총리 주재 범정부회의 개최 – (행안부) 범정부 지원본부 운영 검토 – 유관기관 협조체계 강화 – 방역 및 감시 강화 등	**• 위기유형** – 국내 유입된 해외 신종감염병의 지역사회 전파 또는 전국적 확산 – 국내 원인불명 · 재출현 감염병의 전국적 확산 **• 주요 대응 활동** – 범정부적 총력 대응 – 필요시 중앙재난안전대책본부 운영

출처 질병관리청(www.cdc.go.kr)

전개속도, 파급효과 등을 종합적으로 평가하여 전국단위로 위기경보를 발령하고 지자체단체장은 관할지역에 한정하여 위기 발생이 예상될 때 발령하도록 한다. 단, 국가 위기경보가 발령되면 지자체단체장은 반드시 상황판단회의를 실시하여 지역의 위험성 여부를 확인하여 경보 발령 여부를 결정한다.

마지막으로, 위기경보의 활용성을 위해서는 무엇보다 목적과 기능에 따른 단계별(관심, 주의, 경계, 심각) 용어가 직관적으로 이해가 가능하도록 명확한 재정립이 필요하다. 그리고 위기경보를 국민과의 위기소통의 수단으로 활용하기 위해서는 국민행동요령 등 이해하기 쉽고 구체적인 정보를 함께 제공한다.

5) 요약

재난대응에 있어 초동대응은 재난대응의 성공과 실패를 결정짓는 가장 중요한 단계로서 재난 발생 시 초동대응을 위해서 신속한 상황인지, 상황분석 및 판단, 상황전파 및 긴급조치 지시 등 재난상황 보고체계로 구성된다. 대국민 상황전파 수단으로 오늘날 누구나 갖고 있는 휴대전화로 전국 단위 또는 특정 지역의 불특정 다수에게 재난상황정보와 재난대피 등 행동요령 등을 문자로 전송하는 것이 휴대폰재난문자서비스(CBS)이다. 또한 행락객이나 지역주민에게 신속한 재난정보 전달을 위해 자동음성통보시스템, 자동우량경보시설, 재해문자전광판 등과 같은 다양한 재난 예·경보시스템을 구축하여 운영하고 있다.

한편 위기경보제도는 위기징후를 식별하거나 위기발생이 전망되는 경우에 위험수준에 부합한 조치를 취할 수 있도록 단계별로 발령하는 제도로서 일반적으로 관심, 주의, 경계, 심각의 4단계로 발령한다.

4 재난대응체계 및 관련제도

1) 재난대응 지휘·협력 및 지원 체계

(1) 개요

재난현장에서 지자체, 군, 경찰 등과 긴급구조기관인 소방 · 해경 간 역할과 임무를 분명하게 정하고, 재난현장에서 지휘 · 협력 및 지원 체계를 명확히 규정하는 것은 매우 중요하다. 이를 위해 「재난안전법」 및 국가위기관리지침 등에 관련 규정이 마련되어 있다.

(2) 연혁

2014년에 개정된 「재난 및 안전관리 기본법」에 긴급구조에 관하여 통합지원본부와 긴급구조 기관 간 역할이 규정되었다. 2016년 4월에는 (구)국민안전처에서 한국형 사고지휘체계(Incident Command System, ICS)를 반영한 '지자체 재난대응 · 수습 가이드라인'을 마련하여 전 지자체에 제공하고 관련 교육을 전국 부단체장을 대상으로 실시하였다. 2018년 9월에는 국가위기관리지침이 개정되어 통합적 위기관리체계에 관한 내용이 반영되었다.

(3) 주요 내용

「재난안전법」 제52조에는 재난현장에서의 지휘체계에 대하여 원칙을 적시하였다. 긴급구조에 관하여는 소방, 해경이 긴급구조현장을 지휘하고, 시 · 군 · 구와 군, 경찰 등 유관기관은 긴급구조에 필요한 자원을 협력하게 되어 있으며, 수습복구의 경우 시 · 군 · 구 대책본부의 장이 통합지원본부를 구성하여 수습 · 복구현장을 지휘하고, 군, 경찰, 소방, 해경은 필요한 인력 및 물자를 지원하도록 되어 있다. 통합지원본부의 장은 시 · 군 · 구의 부단체장이 되며 재난현장 통합지원본부의 장은 긴급구조에 대해서는 제52조에 따른 시 · 군 · 구 긴급구조통제단장의 현장지휘에 협력하여야 한다고 법에 명시되어 있다(「재난안전법」 제16조).

법에 명시된 지자체와 소방 · 해경 등 긴급구조기관의 구체적인 표준지휘체계를 마련하기 위해 마련한 한국형 재난현장 표준지휘체계는 과거 대응사례를 중심으로 당시 재난현장 조치사항을 분석하여 표준모델(안)을 마련하고 이를 소방, 해경, 자치단체 간 일원화된 대응편제를 사용함으로써 원활한 상호 의사소통과 지휘권 이양 등 현장대응의 업무효율성을 한 단계 높인 데 그 의의가 있다고 할 수 있다.

그림 6-5 재난현장 지휘통제체계

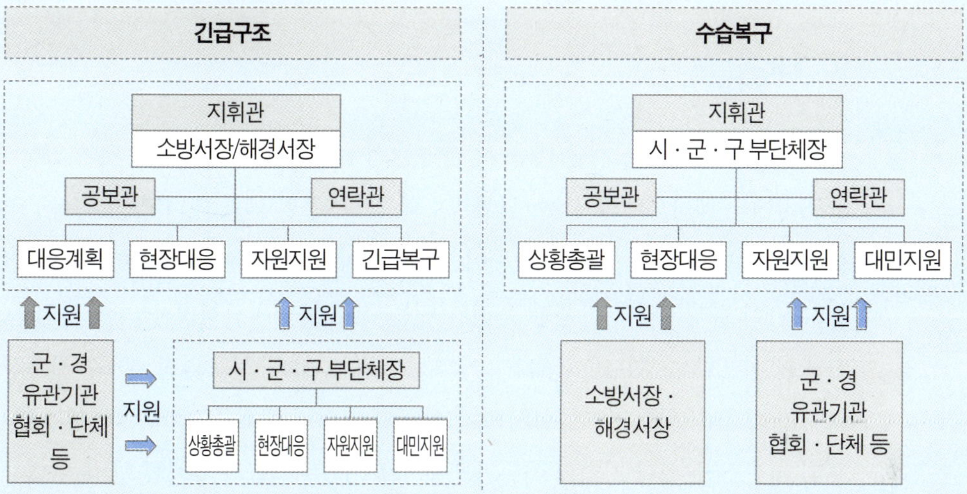

출처: 舊국민안전처(2015), 한국형 재난현장 대응수습 표준체계개발 연구, p. 36

재난 및 사고규모에 따라 재난현장과 관계부처 그리고 재난을 총괄 · 관리하는 행정안전부의 역할이 구분된다. 우선 안전사고의 경우 시설물 붕괴, 화재, 화학사고, 식품안전 등 사고유형별 소관부처가 1차적 책임기관이다. 소관부처가 직접 혹은 지자체에 위임하여 안전관리를 담당하고 사고 발생 시 상황보고 · 전파 및 수습을 총괄한다. 행정안전부는 안전사고의 피해규모 등에 따라 필요한 경우 긴급 안전점검 실시, 관계부처 합동대책 마련 등 총괄 · 조정하는 역할을 수행한다. 풍수해 · 지진 등 법률상 행정안전부가 주관하는 재난 발생 시 행정안전부는 중대본을 가동하여 재난대응을 총괄하고 그 밖에 해양사고, 화학사고, 철도사고 등의 발생 시 행정안전부는 소관부처가 재난을 효율적으로 수습하도록 특별교부세 지원,

자치단체 지대본 가동 지시 등 행·재정적 지원을 수행한다. 대규모 재난으로 확대 시에는 행정안전부가 직접 중대본을 가동하여 군·민방위대 등 인력·장비 동원, 관계기관 필요조치 및 직원파견 요청, 특별재난지역 선포 건의 등 재난의 대응·복구에 필요한 사항을 총괄·지휘한다. 2018년 9월에는 국가위기관리 기본지침이 개정되어 국가안보실 및 대통령비서실이 국가 위기관리의 컨트롤타워로서 통합적 위기관리체계를 견고히 구축해야 한다는 것이 명문화되었다.

2) 재난사태선포제도

(1) 개요

「재난안전법」에는 재난 대응 시 다양한 응급조치를 시행하도록 되어 있다. 응급조치에는 재난사태의 선포, 위기경보의 발령, 동원명령, 대피명령, 위험구역의 설정, 강제대피조치, 통행제한 등이 있다. 행정안전부장관은 대통령령으로 정하는 재난이 발생하거나 발생할 우려가 있는 경우 중앙위원회의 심의를 거쳐 재난사태를 선포할 수 있다(「재난안전법」 제36조). 재난사태가 선포되면 행정안전부장관과 지방자치단체의 장은 재난사태가 선포된 지역에 대해 물자동원, 대피명령, 공무원 비상소집, 해당 지역의 이동자제 권고, 휴교 등 긴급한 조치를 할 수 있다.

(2) 연혁

재난사태선포제도는 2005년 중앙재난안전대책본부와 지역재난안전대책본부의 책임과 권한 강화를 위하여 미국의 비상사태(emergency declaration)를 기본모델로 재난사태제도를 도입하였다. 이후 2005년 강원도 양양 산불과 2007년 태안 기름유출사고 때 재난사태가 선포된 바 있으며, 최근 2019년 4월 강원지역 일대 산불로 국가재난사태가 선포되었다.

(3) 주요 내용

재난사태는 극심한 인명 또는 재산의 피해가 발생하거나 발생할 것으로 예상되어 시 · 도지사가 중앙대책본부장에게 선포를 건의하거나 중앙대책본부장이 선포가 필요하다고 인정하는 경우에 선포한다. 구체적인 절차는 행정안전부장관이 중앙위원회에 재난사태 선포를 요청하고 중앙위원회 심의를 거쳐 행정안전부장관이 선포하게 되는데, 심의를 거칠 시간적 여유가 없다고 인정하는 긴급한 경우에는 심의를 거치지 않고 재난사태를 선포한 후 중앙위원회의 승인을 받을 수 있다. 재난사태가 선포됨에 따라 추가되는 권한으로는 「비상대비자원 관리법」상 비축물자(3개월분)의 사용, 해당 지역 공무원 행정기관 비상소집, 해당 지역 여행 등 이동자제 권고가 있다.

표 6-9 재난사태 선포에 따라 중대본 · 지대본부장 추가 권한 부여

재난사태 선포 前	• 피해시설 응급복구, 긴급피난처 및 구호품 확보 등 응급조치 • 주민대피 명령 및 군부대의 지원 요청 등 • 민방위대 동원 및 재난관리자원의 장비 · 인력 동원
재난사태 선포 後 (추가되는 권한)	• 「비상대비자원 관리법」상 비축물자(3개월분)의 사용 • 해당지역 공무원 행정기관 비상소집 • 해당지역 여행 등 이동 자제 권고

출처: 국가법령정보센터(www.law.go.kr)(「재난 및 안전관리 기본법」 제5장)

사례 강원도 동해안 산불 발생지역 재난사태 선포

정부는 2020년 4월 4일 강원도 동해안 일대 산불로 많은 피해가 발생함에 따라 범정부 차원의 총력대응을 위해 4월 5일(금) 09:00부로 강원도 고성군, 속초시, 강릉시, 동해시, 인제군 일원에 재난사태를 선포하였다. 재난사태 선포는 행정안전부 장관이 피해 현장을 방문하여 대처상황 등을 파악하고, 조기수습을 위해 가용 자원의 신속한 투입으로 피해를 최소화할 필요가 있다고 판단하여 선포하게 되었다.

정부는 재난사태 선포에 따라 재난경보 발령, 인력 · 장비 · 물자 동원, 위험구역 설정, 대피명령, 응급지원, 공무원 비상소집 등의 조치와 범정부 차원의 지원을 통해 보다 효과적인 재난 수습을 하는 한편 추가적인 피해 방지를 위해 위험지역에 대한 출입제한 및 통제를 강화하였다.

■ 강원도 산불 피해현황 및 재난사태 선포

– 피해 현황 : 사망 1명, 산림 약 250ha 소실, 주택 125여 채 소실, 166세대 정전

– 주요조치사항 : 강원도 지역 산불 위기경보 심각단계 발령(산림청, 4.4일 22시), 국무총리 긴급지시(4.4일 22시), 중앙재난안전대책본부 가동(4.5일 0시), 대통령 상황판단 회의(4.5일 0시 25분), 속초시 전 학교 휴업(강원교육청, 4.5일 0시 25분), 강원도 산불 발생지역 재난사태 선포(4.5일 09시)

출처 행정안전부 보도자료('17.11.20), 경북 포항 특별재난지역 선포 건의(수정인용)

한편, 재난사태와 유사한 개념으로 특별재난지역 선포가 있는데, 특별재난지역 선포는 대규모 재난으로 피해를 입은 지방자치단체의 재정부담 경감을 위해 국비 추가 지원 등 행·재정적 특별조치가 필요한 경우 대통령이 선포한다는 점에서 선포 요건이나 절차 등에서 차이가 있다.(제7장 재난의 복구와 보험제도의 특별재난지역 선포제도 참조)

표 6-10 재난사태 및 특별재난지역 선포 비교

구 분	재난사태 선포	특별재난지역 선포
선포대상 재 난	• 극심한 인명 또는 재산의 피해가 발생하거나 발생할 것으로 예상되어 – 시·도지사가 재난사태 선포를 건의하거나 – 중앙대책본부장이 재난사태 선포가 필요하다고 인정하는 재난	• 자연재난으로서 「재난구호 및 재난복구 비용 부담기준 등에 관한 규정」에 따른 국고지원 대상 피해 기존 금액의 2.5배를 초과한 피해가 발생한 재난 • 사회재난 중 해당 지자체의 행정능력이나 재정능력으로 수습이 곤란하여 국가적 차원의 지원이 필요한 재난 • 그 밖에 재난 발생으로 국가적 차원의 특별한 조치가 필요한 재난
선 포 요 건	• 사람의 신체·생명 및 재산에미치는 중대한 영향이나 • 피해경감을 위하여 긴급조치 필요시	• 국가의 안녕 및 사회질서의 유지에 중대한 영향을 미치거나 • 효과적인 수습을 위한 특별조치가 필요한 경우(행정·재정적 지원) • 지역대책본부장이 관할지역에서 발생한 재난으로 인하여 중앙대책본부장에게 특별재난지역의 선포 건의를 요청하고, 그 요청이 타당하다고 인정되는 경우 (중앙안전관리위원회 심의)
선 포 절 차	• 중앙대책본부장(시·도지사 건의) → 중앙위원회 심의 → 행정안전부장관 선포 ※ 긴급 시 先 선포, 後 승인	• 중앙대책본부장(지역대책본부장 건의) → 중앙위원회 심의 → 대통령 건의 → 대통령 선포
선포자	• 행정안전부장관	• 대통령
선포 후 조 치	• 재난경보발령, 인력·장비 및 물자의 동원, 위험구역 설정, 대피명령, 응원 등 응급조치 • 해당지역 공무원 비상소집 • 해당지역 여행 자제 권고 • 그 밖에재난예방에 필요한 조치	• 재난관리책임기관의 장이 재난복구계획 수립·시행

출처: 행정안전부 보도자료('20. 4.5), 강원도 동해안 산불 발생지역 재난사태 선포로 총력대응

우리나라 재난사태제도 도입의 모델인 미국의 경우, 국가재난사태와 지역재난사태로 구분하여 주정부에서도 재난사태 선포가 가능한데, 이는 주정부의 관할영역이 넓고 연방국가로서 주정부가 우리의 중앙정부처럼 지방의 재난대응을 실질적 총괄 · 지원하는 주체로 활동하기 때문이다. 또한 미국은 국민의 기본권 제한을 엄격히 적용하여 'Emergency Declaration(비상사태선포)'을 통해서만 주민대피 등의 대응조치가 가능하므로 재난사태 선포에 따른 실질적인 권한 부여와 재정지원 실시로 재난사태 선포의 실효성이 높다. 하지만 우리나라의 경우 재난사태 선포 후 추가 행 · 재정지원이 없고, 재난사태 선포 없이도 재난경보 발령(「재난안전법」 제38조), 인력 · 장비 및 물자 동원명령(제39조), 대피명령(제40조), 위험구역의 설정(제41조), 강제대피조치(제42조), 통행제한(제43조) 등 주요 응급조치가 법적으로 가능하여 재난사태 선포에 따른 실효성이 미흡하다는 지적이 있어 향후 실효성 제고를 위한 개선방안 마련이 필요하다.

3) 요약

재난대응체계 및 관련 제도로서 재난현장 지휘통제체계, 재난사고 대응체계, 재난사태 선포제도 등이 있다.

재난현장에서의 일사불란한 지휘와 기관 간의 유기적인 협력은 재난대응의 성패를 좌우하는 결정적 요소로서 먼저 재난 발생 시 재난현장 지휘통제체계는 긴급구조활동과 관련해서 소방과 해경이 긴급구조현장을 지휘하고 지자체와 군, 경찰 등 유관기관은 긴급구조에 필요한 자원을 지원하고 협력하는 것이 원칙이다.

또한 재난 및 사고를 담당하는 소관부처가 중심이 되어 사고를 수습하는 중앙사고수습본부, 지역재난안전대책본부가 있다면 재난 발생규모가 커 효율적인 수습을 위해 범정부 차원의 지원이 필요할 경우 행정안전부가 중심이 되어 운영하는 중앙재난안전대책본부 등과 같은 재난사고 대응체계를 갖추고 있다.

한편, 대규모 인명피해 등 피해가 발생하거나 발생할 우려가 있어 그 피해를 줄이기 위해 인력 · 장비를 동원하거나 대피명령 등 긴급한 조치가 필요한 경우에 발령하는 재난사태선포제도가 있다.

연습문제

01 재난유형별 위기관리 매뉴얼에 대해 설명하라.

02 기능별 재난대응 활동계획이란 무엇인가?

03 공공서비스 기능유지에 대해 설명하라.

04 재난대비훈련에 대해 설명하라.

05 재난통신망이란 무엇인가?

06 국가재난관리정보시스템(NDMS)에 대해 설명하라.

07 재난관리자원의 비축과 관리에 대해 설명하라.

08 재난상황의 보고체계에 대해 설명하라.

09 휴대폰 재난문자방송서비스(CBS)란 무엇인가?

10 재난 예 · 경보체계에 대해 설명하라.

11 위기경보제도에 대해 설명하라.

12 재난현장 지휘통제체계와 재난사고 대응체계에 대해 설명하라.

13 재난사태선포란 무엇인가?

토론주제

01 재난 대비와 대응에 대해 정의하고 각각의 목적과 역할에 대해 논하라.

02 재난 대비의 주요 활동에 대해 토론하라.

03 재난 대응의 주요 활동에 대해 토론하라.

제 7 장

재난의 복구와 보험제도

재난의 복구란 재난으로 인해 피해를 입은 지역에 대한 인적 · 물적자원의 지원을 통해 재난 이전의 상태로 복귀할 수 있도록 하는 활동을 의미한다. 재난 발생 직후에 이루어지는 신속한 이재민 구호 및 응급복구 활동과 어느 정도 시간이 지난 후 피해를 입은 기관의 복구계획 수립을 거쳐 중앙재난안전대책본부회의에서 복구계획을 결정하는 활동으로 나눌 수 있다.

최근에는 자연재난뿐만 아니라 사회적 관심이 높아지고 있는 대규모 사회재난 피해 수습과 지원에도 국가 차원의 지원이 필요하다는 판단에 따라 신속하고 효과적인 대처를 위하여 사회재난분야에도 재난구호 및 복구지원체계를 구축하였다.

1 재난복구제도 및 관련사업

1) 피해조사 및 복구제도

(1) 개요

재난피해 발생 시 신속한 피해조사 및 복구계획을 수립함으로써 재난대책업무를 신속 · 정확하고 효율적으로 수행하기 위한 제도로 「재난안전법」 제58조~제59조, 「자연재난대책법」 제46조 ~제47조, 「중앙재난안전대책본부 중앙재난피해합동조사단 운영규정」(행정안전부 훈령)에 근거를 두고 있다.

(2) 연혁

재난피해자에 대한 체계적인 지원제도의 도입은 1962년 「재해구호법」이 제정되면서 시작되었고, 1967년 「풍수해대책법」이 제정되면서 이재민구호 차원을 넘어 농작물과 시설물에 대한 부분까지 복구비를 지원하게 되었다.

(3) 주요 내용

재난피해 조사 및 복구대상은 공공시설의 경우 국가시설, 지방시설, 지자체관리 소규모시설로 피해자의 신고를 받은 모든 시설이며, 사유시설의 경우 피해자의 신고를 받은 모든 시설이 해당된다. 피해신고를 받은 모든 시설은 중앙부처, 지자체, 공공기관, 시설관리주체, 국민 등이 합동조사 및 복구를 실시한다. 자연재난 피해지역에 대한 국고지원은 2006년에 시 · 군 · 구의 재정자립도와 예산규모 등을 종합적으로 고려한 국고지원기준 5단계를 마련하여 현재까지 운영하고 있다.

표 7-1 자연재난 피해지역에 대한 국고지원기준 5단계

시 · 군 · 구 재정력지수(최근 3년 평균)	국고지원기준
0.1 미만	피해액 18억 원 이상
0.1 이상~ 0.2 미만	피해액 24억 원 이상
0.2 이상~0.4 미만	피해액 30억 원 이상
0.4 이상~0.6 미만	피해액 36억 원 이상
0.6 이상	피해액 42억 원 이상

출처: 행정안전부(2018), 2018년 자연재난조사 및 복구계획 수립지침

그동안 사회재난 피해에 대한 지원은 자연재난과 달리 피해자 지원에 관한 객관적 기준이 없어 피해 발생 시 지원항목과 금액 등을 결정하는 데 오랜 시간이 걸리고 재난마다 지원 내용이 달라 형평성 문제가 지속적으로 제기되어 왔다. 이러한 문제점을 개선하기 위하여 구(舊) 국민안전처 출범 이후 사회재난 피해자의 조속한 일상생활 복귀와 피해현장의 신속한 복구를 위한 국가 차원의 구호 · 생계지원과 피해수습에 관한 객관적이고 체계적인 기준을 마련하였다. 이에 따라 2016

년 6월부터는 대형 화재, 해양 선박사고 등의 사회재난으로 특별재난지역이 선포되면 피해를 입은 사람은 객관적인 기준과 절차에 따라 신속하게 생계비, 구호비 등의 정부 지원을 받게 되었다.

표 7-2 사회재난 특별재난지역 선포 시 피해자 지원항목 및 단가

구분	소관부처	지원대상	지원단가
구호금	중앙사고 수습본부	가구구성원이 사망·실종한 유족	• 1인당 1,000만 원(세대주, 세대원)
		장해등급 14급(산업재해보상보험법) 이상 부상자	• 장해등급 1~7등급: 500만 원 • 장해등급 8~14등급: 250만 원
생계비	중앙사고 수습본부	주생계수단 농어업 시설 50% 이상 피해	• 43만 원(1인가구) • 73만 원(2인가구) • 95만 원(3인가구) • 117만 원(4인가구) • 138만 원(5인가구) • 160만 원(6인가구) ※ 7인 이상 가구, 1인 증가 시마다 21만 원씩 추가
		주소득자 사망·부상 또는 휴폐업·실직	
주거비	국토 교통부	주택피해(전·반파) 및 세입자 보조	• 1,300만 원(전파), 650만 원(반파) • 세입자 300만 원 이내(보증금과 6개월 임대료 중 큰 금액)
		기타 주거 불가능, 정부 이주요구 등	• 150만 원 이내 (1일 5만 원 기준, 기본 15일, 최대 30일)
구호비	행정 안전부	주택피해(전·반파)	• 8,000원/1일/1인 (유실·전파 60일, 반파 30일, 기타 15일 등)
		재난영향으로 거주지 생활 곤란	
교육비	교육부	생활안정지원 대상 가구의 고등학생	• 73만 원(서울 기준) • 지방교육감 고시금액

※ 다양한 사회재난유형과 피해양상을 고려하여 그 밖에 지원이 필요한 사항은 중앙재난안전대책본부회의(본부장 행정안전부장관) 심의를 거쳐 탄력적 지원

출처: 사회재난 생활안정지원 항목별 단가(행정안전부 고시 제2018-38호)

중앙재난피해합동조사는 사전에 인력을 구성하여 운영하며 피해 발생 시 지자체 피해조사 및 복구계획을 확정하고 재난수습의 복구방안 등을 검토한다. 공공시설은 일정 규모(피해액 3천만 원, 복구액 5천만 원) 이상의 피해가 발생하였을 경우 중앙지원 대상이며, 기능복원이 원칙이나 근원적 피해원인 해소가 필요한 경우 개선복구를 실시할 수 있다. 사유시설은 구호 및 생계비, 주택, 주 생계수단 피해자

지원 등을 국비 70%, 지방비 30%의 비율로 지원한다. 사유시설 피해자는 피해에 따른 재난지원금을 직접 지원하는 것 외에 소관부처 및 기관별로 15개 항목에 대해 간접지원도 실시하며 그 대상은 다음과 같다,

> **※ 소관부처 및 기관별 간접지원(15항목)**
> 건강보험료 경감, 국민연금납부 예외, 통신요금 감면, 지방세 감면/유예/면제, 국세납세 유예, 전기료 감면, 자금 융자, 도시가스 감면, 지역난방 감면, 상하수도 감면, 지적측량수수료, 보훈대상 위로금, 농기계 수리, 병역의무 이행기일 연기, 동원훈련 면제연기

2) 지구단위 종합복구사업

(1) 개요

도로 · 하천, 산사태 등의 피해가 복합적으로 발생한 지역을 하나의 지구로 묶어 지역 지형적 특성 및 시설물 간 연계를 고려하여 종합적으로 복구하는 제도로 「자연재해대책법」 제46조의 3, 제49조의 2에 근거를 두고 있다.

(2) 연혁

지구단위 종합복구사업은 2012년 1월 세부 실행방안을 마련하였으며, 2012년 2월 「자연재해대책법」에 법적근거를 마련하였다. 또한 2012년 5월에는 재해 피해 조사 및 복구를 전담하는 '재해조사단'제도를 도입 마련하였다.

(3) 주요 내용

지구단위 종합복구사업 수립을 위해 지역대책본부장은 중앙합동조사단이 편성되기 전에 피해 상황을 조사(7일 이내)하고 중앙복구계획 수립 전까지 지구단위 종합복구계획서를 작성하여 중앙대책본부장에게 지구단위 종합복구계획 수립을 요청해야 하며, 수립대상은 다음과 같다.

※ 지구단위 종합복구계획 수립대상

- 도로, 하천 등의 시설물에 복합적으로 피해가 발생하여 시설물별 복구보다는 일괄 복구가 필요한 지역
- 산사태 또는 토석류로 인하여 하천유로 변경 등이 발생한 지역으로서 근원적 복구가 필요한 지역
- 복구사업을 위하여 국가 차원의 신속하고 전문적인 인력 · 기술력 등의 지원이 필요하다고 판단되는 지역
- 피해재발 방지를 위하여 기능복원보다는 피해지역 전체를 조망한 예방 · 정비가 필요하다고 인정되는 지역
- 부분적인 재해복구비 투자보다는 전체적인 유역 차원에서 복구계획 수립이 필요하다고 판단되는 지역
- 그 밖에 중앙대책본부장이 지구단위 종합복구계획 수립이 필요하다고 인정하여 본부회의에서 결정된 지역

지역대책본부장은 피해지역을 표시한 지형도를 가지고 재해 상황종료 후 현장조사를 실시하고, 피해조사 결과 피해규모 · 유형 · 양상 등을 검토하여 지구단위 종합복구계획 수립이 필요하다고 판단할 경우 대상지로 임시 선정하고 지형도에 표시해야 한다.

재난복구계획에서 개선복구와 지구단위 종합 복구의 비교표는 다음 **표 7-3**과 같다.

표 7-3 개선복구와 지구단위 종합복구 비교

<table>
<tr><th colspan="2">구분</th><th>개선복구</th><th>지구단위 종합복구</th></tr>
<tr><td colspan="2">대상기준</td><td>기능복원을 하여도 재 피해가 우려되는 시설</td><td>지구당 지자체 소관 공공시설의 복구비 300억 원(용지보상비 포함) 이상인 지구</td></tr>
<tr><td rowspan="4">복구계획</td><td>특징</td><td>피해발생 개별시설에 집중투자, 당해 시설에 제한적 효과</td><td>피해재발 방지를 위하여 지구 전체를 조망한 복구계획 수립</td></tr>
<tr><td>복구대상</td><td>국가 및 지자체 소관 공공시설</td><td>지자체 소관 공공시설</td></tr>
<tr><td>소관부처</td><td>• 시설별 상이함
– 국가 · 지방하천(국토부)
– 지방도, 군도(행안부)
– 소하천(행안부)</td><td>• 행정안전부
– 지구단위종합복구시설로 단일화</td></tr>
<tr><td>부담률</td><td>• 시설별 상이함
– 국 가: 국고 100%
– 지자체: 국고 50%, 지방비 50%
– 소규모: 지방비 100%</td><td>• 지구 내 공통
– 국고 50%, 지방비 50%</td></tr>
<tr><td colspan="2">설계기준</td><td>단일 시설별 설계기준 적용</td><td>지구 내 시설물 간 방재성능을 고려, 동일한 설계기준 적용</td></tr>
<tr><td colspan="2">사업시행</td><td>시설별 소관부서에서 개별 발주</td><td>방재부서에서 통합 설계 발주</td></tr>
</table>

출처: 지구단위종합복구계획 수립 기준(행정안전부 예규 제69호, '19.4.30), 행정안전부(2018), 2018 재해복구 추진지침 관련내용 요약 편집

3) 특별재난지역 선포제도

(1) 개요

정부 차원의 사고수습이 필요한 대형 사고나 자연재해 등으로 극심한 피해를 입은 지역의 효과적인 수습과 긴급한 복구지원을 위해 대통령이 선포 및 지원하는 제도로 「재난안전법」 제60조에 근거를 두고 있다.

(2) 연혁

1995년 6월 29일 삼풍백화점 붕괴사고를 계기로 「재난관리법」에 '특별재해지역' 용어를 최초로 도입('95.7.19 선포)하여 사회재난에만 적용하도록 하였다. 1997년 8월 「재난관리법」을 전면 개정하면서 '특별재난지역'으로 용어를 변경하였다.

2002년 8월 4일부터 11일까지 집중호우로 김해 · 합천, 함안지역 등 낙동강 유역이 대규모 홍수로 인해 장기간 침수되었다. 이로 인해 주민 생활기반이 완전히 상실되는 막대한 피해가 발생하여 일반기준으로는 수습에 한계가 있어 '특별재해지역' 개념이 도입되었고, 2002년 태풍 특별재해지역과 함께 일괄 선포되었다.

이렇게 사회재난과 자연재난이 개별법에 따라 다르게 규정하던 '특별재난지역'을 2004년 3월 11일 「재난안전법」이 제정되면서 같이 규정하게 되었다.

(3) 주요 내용

특별재난지역 선포기준은 자연재난의 경우 시 · 군 · 구별 피해액을 기준으로 정량적으로 판단하는데 피해액이 지자체 재정력지수에 의한 국고지원기준 피해액이 재정력지수에 의한 국고지원기준 피해액(18~42억 원)의 2.5배를 초과 시 선포한다.

다만, 시 · 군 · 구 단위로 선포되는 특별재난지역 선포제도를 피해 집중 읍 · 면 · 동까지 포함하여 확대 선포하도록 개선('18.5)하여 동일 재난에 대한 형평성 확보 및 피해주민에 대한 지원을 확대하였다. 사회재난은 지자체의 행 · 재정적 능력으로 수습이 곤란하여 국가적 차원의 지원이 필요한 경우로 정성적으로 판단하여 선포한다.

표 7-4 자연재난 특별재난지역 선포기준

시 · 군 · 구 재정력지수 (최근 3년 평균)	국고지원기준	특별재난지역기준	비고
0.1 미만	피해액 18억 원 이상	피해액 45억 원 이상	특별재난지역 선포 기준은 피해액이 국고지원기준의 2.5배
0.1 이상 ~ 0.2 미만	피해액 24억 원 이상	피해액 60억 원 이상	
0.2 이상 ~ 0.4 미만	피해액 30억 원 이상	피해액 75억 원 이상	
0.4 이상 ~ 0.6 미만	피해액 36억 원 이상	피해액 90억 원 이상	
0.6 이상	피해액 42억 원 이상	피해액 105억 원 이상	

출처: 행정안전부(2018), 2018년 자연재난조사 및 복구계획 수립지침

그림 7-1 특별재난지역 선포와 국비지원

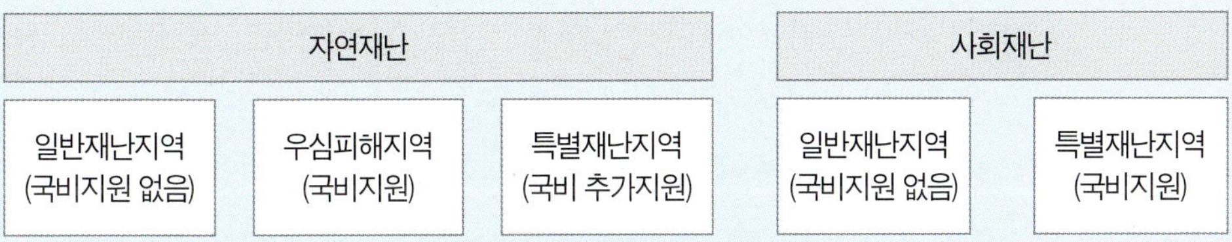

출처: 행정안전부(2018), 2018년 자연재난조사 및 복구계획 수립지침 관련내용 요약 편집

특별재난지역 선포절차는 지역재난안전대책본부장이 중앙재난안전대책본부장에게 요청하면 중앙안전관리위원회 심의를 거쳐 대통령에게 선포 건의하여 최종적으로 대통령이 선포한다.

그림 7-2 특별재난지역 선포절차

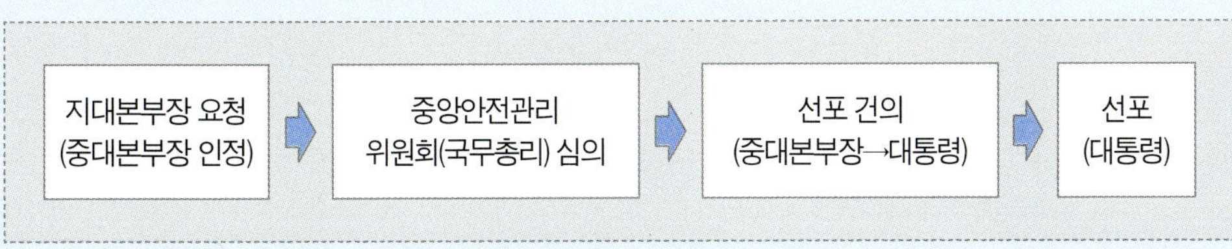

출처: 행정안전부(2018), 2018년 자연재난조사 및 복구계획 수립지침

특별재난지역으로 선포되면 자연재난은 「자연재난 구호 및 복구비용 부담기준 등에 관한 규정」(대통령령)에 따라 지자체 복구비용 부담액의 50~80%를 국고로 추가 지원한다. 사회재난은 지자체의 재정능력과 피해규모를 고려하여 행·재정 및 금융·의료에 필요한 비용의 일부를 지원하며 지원기준 및 지원내용은 중대본회의 심의로 결정하고, 중대본 심의 전이라도 피해자에 대한 신속한 지원을 위하여 공통사항은 대통령령으로 규정하고 있다.

※ 사회재난 구호 및 복구비용 부담기준 등에 관한 규정(대통령령))

- 생활안정 지원(구호금, 생계비, 주거비, 구호비, 교육비)
- 피해수습 지원(공공시설 복구비, 수색·구조비, 잔해물처리·방제비, 추모사업비)
  (특별재난 미선포 지자체는 자체조례에 따라 지방비로 지원)

역대 특별재난지역 선포이력은 2019년 기준 총 40회이며, 자연재난은 2002년 태풍 루사부터 2019년 태풍 미탁까지 총 33회이고, 사회재난은 1995년 삼풍백화점 붕괴사고부터 2014년 세월호 침몰사고까지 총 7회 선포되었다. 자연재난 특별재난지역 선포의 경우, 재난유형별로 보면 태풍[1]은 14회, 호우 12회, 대설 4회, 강풍·풍랑 1회, 지진은 2회이다.

표 7-5 자연재난 특별재난지역 선포 현황

(단위: 명, 억 원)

재해명	연도	기간	선포일자	선포지역	인명피해	피해액	복구비
제15호 태풍 루사	2002	8.30~9.1	09.16	16개시도 203개시군(전국 일원)	246	5조 1,479	7조 1,452
제14호 태풍 매미	2003	9.12~13	09.22	14개시도 156개시군구(전국 일원)	131	4조 2,225	6조 3,922
대설피해	2004	3.4~5	03.10	10개시도 82개시군구(전국 일원)	-	6,734	8,827
대설피해	2005	12.3~24	12.29	9개시도 57개시군구(전국 일원)	14	5,206	7,213
제3호 태풍 에위니아	2006	7.9~29	07.18 08.10	7개시도 39개시군	62	1조 8,344	3조 5,125
10.22~24 호우·강풍·풍랑	2006	10.22~24	11.15	강원 강릉·동해·속초· 삼척·고성·양양	1	699	1,033

1 태풍과 호우가 겹쳐 피해가 발생하였던 2011년 태풍 무이파 및 호우, 2018년 태풍 솔릭 및 호우 등 3회는 편의상 태풍피해로 분류

재해명	연도	기간	선포일자	선포지역	인명피해	피해액	복구비
8.4~15 집중호우	2007	8.4~15	09.11	강원 양구	–	322	893
제11호 태풍 나리	2007	9.13~16	09.20 10.08	제주, 전남 고흥, 보성, 화순, 완도	16	1,592	3,636
7.23~26 호우	2008	7.23~26	08.01	경북 봉화	8	464	1,156
7.11~16 호우	2009	7.11~16	07.31	양평, 홍천, 제천, 금산, 완주, 광양, 김해, 하동	12	2,302	6,793
12.4~6 강풍 · 풍랑	2009	12.4~6	12.24	충남 서천	–	70	43
7월 호우	2010	7.16~18, 23~24	08.11	경남 합천, 충남 보령 · 부여	4	318	1,032
8.13~18 호우	2010	8.13~18	09.03	전북 남원 · 익산 · 완주 · 임실 · 장수 · 진안, 전남 곡성	1	851	2,316
제7호 태풍 곤파스	2010	9.1~3	09.16	경기 화성, 충남 서산 · 홍성 · 예산 · 태안 · 당진, 전남 신안	6	1,674	1,793
12.29~1.4 대설	2010	12.29~1.4	01.24	전남 영암	–	383	167
2.11~14 대설	2011	2.11~14	03.03	강원 강릉 · 삼척, 경북 울진	–	360	236
7.7~14 호우	2011	7.7~14	08.02	전북 완주, 경북 청도, 경남 밀양 · 하동 · 산청	10	1,354	3,204
7.26~29 호우	2011	7.26~29	08.08 08.19	경기 동두천 · 남양주 · 파주 · 광주 · 양주 · 포천 · 연천 · 가평, 강원 춘천, 서울 서초, 경기 양평, 강원 화천	52	3,768	8,106
제9호 태풍 무이파 및 호우	2011	8.6~10	08.19 09.02	전북 정읍 · 임실 · 고창,전남 광양 · 구례 · 진도 · 신안, 경남 하동 · 산청 · 함양, 전북 남원 · 부안, 전남 완도	1	2,183	4,617
제14 · 15호 태풍 덴빈 · 볼라벤	2012	8.25~30	09.03	전남 장흥, 강진, 해남, 영광, 신안	5	6,366	10,113
			09.04	전남 고흥, 영암, 완도, 진도			
			09.05	광주 남구, 전북 정읍, 남원, 완주, 고창, 부안, 전남 순천, 나주, 곡성, 보성, 무안, 장성, 제주			
			09.13	충북 괴산, 충남 부여, 전북 김제, 전남 목포, 여수, 구례, 화순, 함평			
제16호 태풍 산바	2012	9.16~17	09.26	경북 포항, 경주, 김천, 고령, 성주, 경남 통영, 밀양, 거제, 남해, 산청, 함양, 거창, 합천, 전남 여수, 고흥(15개 지역)	2	3,657	9,175
7.11~15, 7.18 호우	2013	7.11~15, 18	07.27	경기 가평, 강원 춘천 · 홍천 · 평창 · 인제	1	940	2,425

재해명	연도	기간	선포일자	선포지역	인명피해	피해액	복구비
7.22~23 호우	2013	7.22~23	08.09	경기 이천 · 여주	3	625	1,321
8.25 호우	2014	8.25	09.05	부산 북, 금정, 기장, 경남 창원, 고성	2	1,131	4,449
9.12 지진	2016	9.12	09.22	경북 경주	110	145	
제18호 태풍 차바	2016	10.3~6	10.10	울산 북구, 울주군	9	2,150	5,049
			10.17	부산 사하구, 경북 경주시, 경남 거제시, 통영시, 양산시, 제주도			
7월 호우	2017	7.14~16	7.27	충북 청주, 괴산, 충남 천안	6	872	2,876
11.15 지진	2017	11.15	11.20	경북 포항		551	1,445
6.26~7.4 호우 제7호 태풍 쁘라삐룬	2018	6.26~7.4	07.18.	전남 보성군 보성읍, 회천면	1	64	370
제19호 태풍 솔릭 및 호우	2018	8.22~9.1	07.17.	전남 완도군 보길면, 경기 연천군 신서면 · 중면 · 왕징면 · 장남면, 경남 함양군 함양읍 · 병곡면	2	507	1,338
제25호 태풍 콩레이	2018	10.4~7	10.24	전남 고흥군 동일면, 완도군 청산면 · 소안면, 경북 영덕군, 경주시 외동읍 · 양북면, 경남 김제시 일운면 · 남부면	2	550	2,361
제13호 태풍 링링	2019	9.6~7	9.20	인천 강화군, 전남 신안군 흑산면	13	334	1,590
제18호 태풍 미탁	2019	10.2~2	1.10(1차) 10.17(2차)	강원 산척, 경북 영덕 · 울진(1차) 경북 경주 · 성주, 전남 해남 강원 강릉(강동 · 옥계 · 사천면), 동해(망상동), 전남 진도(의신면)(2차)	26	1,677	9,388

출처: 2020 행정안전통계연보

사례 태풍 '마이삭 · 하이선' 관련 특별재난지역 선포

정부는 2020년 9월 23일에 9월 초 태풍(마이삭 · 하이선)으로 큰 피해를 입은 강원 고성군, 경북 경주시 등 5개 시 · 군과 부산 기장군 기장읍, 강원 속초시 대포동 등 19개 읍 · 면 · 동을 특별재난지역으로 선포하였다. 행정안전부는 9월 15일 강원 삼척 · 양양, 경북 영덕 · 울진 · 울릉 등 태풍 피해가 극심한 5개 시 · 군을 특별재난지역으로 우선 선포한 데 이어, 9월 15일부터 19일까지 실시한 '중앙재난합동피해조사'를 통해 우선 선포 대상에서 제외되었던 피해지역 중, 선포 기준을 충족하는 시 · 군 · 구뿐만 아니라 읍 · 면 · 동 단위까지 추가 지정함에 따라, 최종적으로 총 10개 시 · 군과 19개 읍 · 면 · 동을 특별재난지역으로 지정하였다.

특별재난지역으로 선포된 지역은 복구비 중 지방비 부담분의 일부를 국고에서 추가 지원하며, 주택 피해와 농 · 어업 등 주 생계수단에 피해를 입은 주민에게는 생계구호 차원의 재난지원금과 함께 전기요금 감면 등 각종 공공요금 감면 등의 추가 혜택이 주어진다.

■ 태풍 마이삭 · 하이선 피해지역 특별재난지역 선포
- 피해 현황 : 인명피해 12명(사망 2, 부상 10), 재산피해 2,214억 원
- 특별재난 선포 지역 : 총 10개 시 · 군 · 구, 19개 읍 · 면 · 동(1차 우선 선포 5개 시 · 군 포함)
- 지원 내용 : (재정지원) 지자체 부담 지방비를 국고로 추가 지원*

* 국고 추가부담분 = (총복구비 중 지자체 부담 지방비 – 선포기준액) × 국고추가지원율

(간접지원) 건강보험료 경감, 통신 · 전기료감면 등 6개 항목 추가 지원*

* 지방세 감면, 국민연금 납부 유예, 상하수도 감면 등 9개 항목은 특별재난지역과 관계없이 피해주민에게 동일하게 지원

출처 행정안전부 보도자료('20. 9.23), 태풍 '마이삭 · 하이선' 관련 특별재난지역 선포

사회재난 특별재난지역 선포의 경우 **표 7-6**에서 보는 바와 같이 재난유형은 산불 2회, 붕괴사고 1회, 해난사고 1회, 해양오염사고 1회, 유해화학물질 누출사고 1회, 방화사건 1회이다.

표 7-6 사회재난 특별재난지역 선포 현황

재난명	발생일	선포일	피해내용
삼풍백화점 붕괴	'95.6.29	'95.7.19	• 인명: 1,439명(사망 502, 부상 937) • 재산: 건물 1동, 차량 310대, 869개 업체 물품파손 등
동해안 산불	'00.4.7~4.15	'00.4.17	• 인명: 17명(사망 2, 부상 15) • 재산: 1,071억 원 / 산림: 23,138ha(632억 원)
대구지하철 방화사건	'03.2.18	'03.2.19	• 인명: 340명(사망 192, 부상 148)
양양산불	'05.4.4~4.6	'05.4.7	• 이재민: 168세대 418명 • 재산: 394억 원 / 산림 973ha
허베이스피리트호 유류 유출사고	'07.12.7	'07.12.11 (태안 등 6개) '08.1.18 (영광 등 3개)	• 원유 12,547kl
(주)휴브글로벌 불산 누출사고	'12.9.27	'12.10.8	• 인명: 사망 5, 검진/치료 연인원 12,243 • 재산: 농작물 212ha, 가축 4,016두, 차량 1,954대
여객선 세월호 침몰 사고	'14.4.16	'14.4.21	• 인명: 사망 295, 실종 9 • 재산: 세월호(6,825톤) 침몰

출처: 2018 행정안전통계연보

4) 요약

재난 발생으로 입은 피해를 복구하여 재난 이전의 상태로 되돌리기 위한 다양한 제도가 있다. 먼저 정부에서는 피해 정도를 조사하여 복구계획을 수립하게 되는데 피해가 일정 규모 이상으로 커 중앙지원이 필요할 경우에 자연재난 피해지역에 대한 국고 지원은 피해를 입은 지역의 시 · 군 · 구 재정자립도와 예산규모 등을 종합적으로 고려하여 운영하고 있고, 이 경우에 특히 특별재난지역 선포가 되면 국비를 추가로 지원해준다. 또한 사회재난의 경우 특별재난지역으로 선포되면 피해를 입은 사람은 생계비, 주거비, 구호비 등의 정부 지원을 받게 된다. 이와 같이 대형 사고나 자연재난 등으로 피해가 극심한 지역에 대해 정부 차원의 사고 수습을 위해 대통령이 선포하는 제도가 특별재난지역 선포제도이다. 한편 자연재난으로 도로, 하천, 산사태 등의 피해가 복합적으로 발생하여 피해지역을 복구할 경우에 발생한 지역을 하나의 지구로 묶어 사업을 효율적으로 추진하기 위해 지역특성 및 시설물 간 연계를 고려하여 종합적으로 복구하는 제도로서 지구단위 종합복구사업 제도가 있다.

2 재난구호 및 심리 지원

1) 재해구호법에 의한 구호제도

(1) 개요

재해구호는 재난으로 인해 발생한 이재민, 일시대피자 등 피해 주민의 생계 안정을 위한 활동으로서 「재해구호법」을 근간으로 하고 있다. 「재해구호법」의 목적은 이재민의 구호와 의연금품 모집절차 · 사용 방법 등에 관하여 필요한 사항을 규정하고 이재민 보호와 생활 안정에 이바지하는 것이다. 주요한 구호대상은 이재민, 일시대피자, 심리적 안정이 필요한 사람 등이며, 구체적으로는 자연 또는 사회재난으로 사망한 사람의 유족이나 실종자의 가족, 일상생활에 지장을 줄 정도의 부상을 당한 사람, 주거시설 유실 · 붕괴 · 침수 등의 피해를 입은 사람 등이다. 정부에서는 이를 효율적으로 추진하기 위해 '재해구호물자 통합정보시스템'을 운영하고 있다.

(2) 연혁

1959년 태풍 사라로 사망 · 실종 849명, 이재민 37만여 명이라는 엄청난 피해가 발생하였다. 재난피해자에 대한 체계적인 구호 추진의 필요성이 대두되어 1962년에 「재해구호법」이 제정되었다. 1991년에는 구호금의 지급기준 등을 규정한 의연금품 관리 · 운영규정이 보건사회부 훈령으로 제정되었다. 2001년에는 구호대상을 자연재해로 피해를 입은 사람으로 한정하고 구호기관을 기존 서울특별시 · 도에서 시 · 도 및 시 · 군 · 구로 확대하는 등 「재해구호법」을 전부 개정하였다. 2004년에 소방방재청이 개청되면서 재난관리와의 연계를 강화하기 위해 「재해구호법」이 당시 보건복지부에서 소방방재청으로 이관되었다. 2016년에는 구호대상을 기존 자연재난에서 자연재난과 사회재난으로 확대하는 등 「재해구호법」을 개정하였다. 다음 표 7-7은 「재해구호법」의 개정된 경과를 정리한 것이다.

표 7-7 「재해구호법」의 개정 경과

연도	경과	주요 내용
1962.03.20.	재해구호법 제정 (보건사회부)	• 구호대상: 풍수해, 화재 기타 재해로 피해를 입은 사람 • 구호기관: 서울특별시 · 도 ※ 주택응급수리비, 주택수리대금 보조, 생업자금의 대여 등 규정
1991.09.10.	의연금품 관리 · 운영규정 제정 (보건사회부 훈령)	• 구호금의 지급기준 등
2001.12.19.	재해구호법 전부 개정	• 구호대상을 자연재해로 피해를 입은 사람으로 한정하고 구호기관을 확대 (서울특별시 · 도 → 시 · 도 및 시 · 군 · 구)
2004.12.30.	재해구호법 이관	보건복지부 → 행정안전부(구 소방방재청)
2016.01.07.	재해구호법 개정 (사회재난 이재민구호 사각지대 해소)	• 구호대상 확대(자연 → 자연+사회재난): 7월 8일 시행 – 세월호 참사(2014.4.16. 304명 희생), 의정부 아파트 화재(2015.1.10. 이재민 289세대 374명) / 입법 예고 2015.5.21~6.29.(40일)

출처: 국가법령정보센터(www.law.go.kr)(「재해구호법」, 「의연금품관리 · 운영규정」)

2013년에는 '재해구호물자 통합정보시스템'을 구축하여 2014년 4월부터 운영하고 있다.

(3) 주요 내용

구호의 범위는 2015년 2월 이전까지는 자연재난으로 피해를 입은 이재민을 대상으로 하였으나, 2015년 2월 이후부터 「재해구호법」을 개정하여 구호범위를 사회재난까지 확대하고 재난으로 피해를 입은 이재민은 재난유형과 관계없이 재해구호가 가능하도록 하였다.

구호물자시스템의 주요 기능은 크게 상황관리, 구호물자관리, 자원관리, 현장단말 시스템의 네 가지로 나눌 수 있다. 첫째, 상황관리는 이재민, 일시대피자 발생 현황과 재해구호물자, 임시주거시설 지원 등 구호 활동에 필요한 정보를 입력 및 관리하는 것이다. 둘째, 구호물자관리는 재해구호물자 비축, 입 · 출고, 지급 현황 등 재해구호물자 비축과 유통정보를 입력 및 관리하는 것이다. 셋째, 자원관리는 임시주거시설, 재해구호물자 보관창고, 담당자 비상연락망 등 이재민 구호를 위한 기본정보를 입력 및 관리하는 것이다. 마지막으로 현장단말 시스템은 재해현장에서 이재민 구호 관련정보와 RFID 리더기와 연계한 재해구호물자 비축과 유통 현황을 실시간으로 관리하는 것이다.

2) 재난심리지원

(1) 개요

재난심리회복 지원은 재난으로 피해를 입은 사람이 재난으로 인한 심리적 충격으로부터 심리적 안정을 되찾고 재난 이전의 정상적인 생활로 복귀할 수 있도록 심리적인 상담 활동을 통해 지원해주는 제도를 말한다. 「재난안전법」 제66조 제5항 및 동법 시행령 제73조의 2, 「재해구호법」 제3조~제4조 및 동법 시행령 제1의 4, 제2조에 근거를 두고 있다.

(2) 연혁

2010년 6월 8일에 「재난안전법」이 개정되면서 국가와 지방자치단체에서 재난피해자에 대한 재난심리회복지원제도가 처음 도입되었다. 2011년에 시 · 도별로 재난피해자 심리회복지원을 위해 자체 실정에 따라 재난심리회복지원센터를 지정하였으나 그 운영주체가 정신건강증진센터, 대학, 병원, 대한적십자사 등으로 다양하여 지역별로 역량차가 존재하게 되었고, 전담인력 없이 운영되어 체계적인 심리회복지원서비스를 제공하는 데에는 어려움이 있었다.

이러한 문제를 개선하기 위해 2015년 11월 대한적십자사와 실무협의를 거쳐 재난피해자 심리지원 세부 추진안을 마련하였고, 2015년 12월 지자체, 기존 센터 및 적십자사와 통합 관련 워크숍을 개최하였다. 이를 바탕으로 2016년 2월 23일 대한적십자사와 '재난심리회복지원센터 운영에 관한 협약'을 체결하고 전국 17개 시 · 도의 센터 운영주체를 대한적십자사로 일원화하게 되었다. 2020년 7월 30일 「재해구호법」 개정으로 대규모 재난 시 다수의 재난피해자가 발생할 경우에 체계적인 심리지원을 위해 행정안전부에 관계부처 합동으로 중앙 차원의 '중앙재난심리회복지원단'을 설치하여 총괄 지원할 수 있도록 하였다.

(3) 주요 내용

재난피해자 심리회복 지원대상은 이재민 및 일시대피자, 재난을 직접 목격한 사람, 재난현장에서 구호 · 자원봉사 · 복구 활동에 참여한 사람 등으로 재난의 유형, 피해 정도와 관계없이 당사자 또는 유관기관에서 서비스 제공을 요청하는 경우 재난심리회복 지원대상으로 인정할 수 있다. 또한 특별재난지역으로 선포된 지역과 대규모 재난피해지역 주민에 대해서 우선적으로 상담 활동 지원을 할 수 있도록 하고 있다.

재난피해자에 대한 심리상담과 회복지원을 위해 시 · 도는 지역별로 재난심리회복지원센터를 설치하여 운영하고 있다. 재난심리회복지원제도를 총괄하고 있는 행정안전부는 관련법 · 제도 운영 및 센터 운영예산의 50%를 국비 지원하고 지방자치단체는 해당 지역의 지원센터를 지정하여 운영을 지원하고 운영비의 50%

그림 7-3 재난심리회복지원센터 지원체계

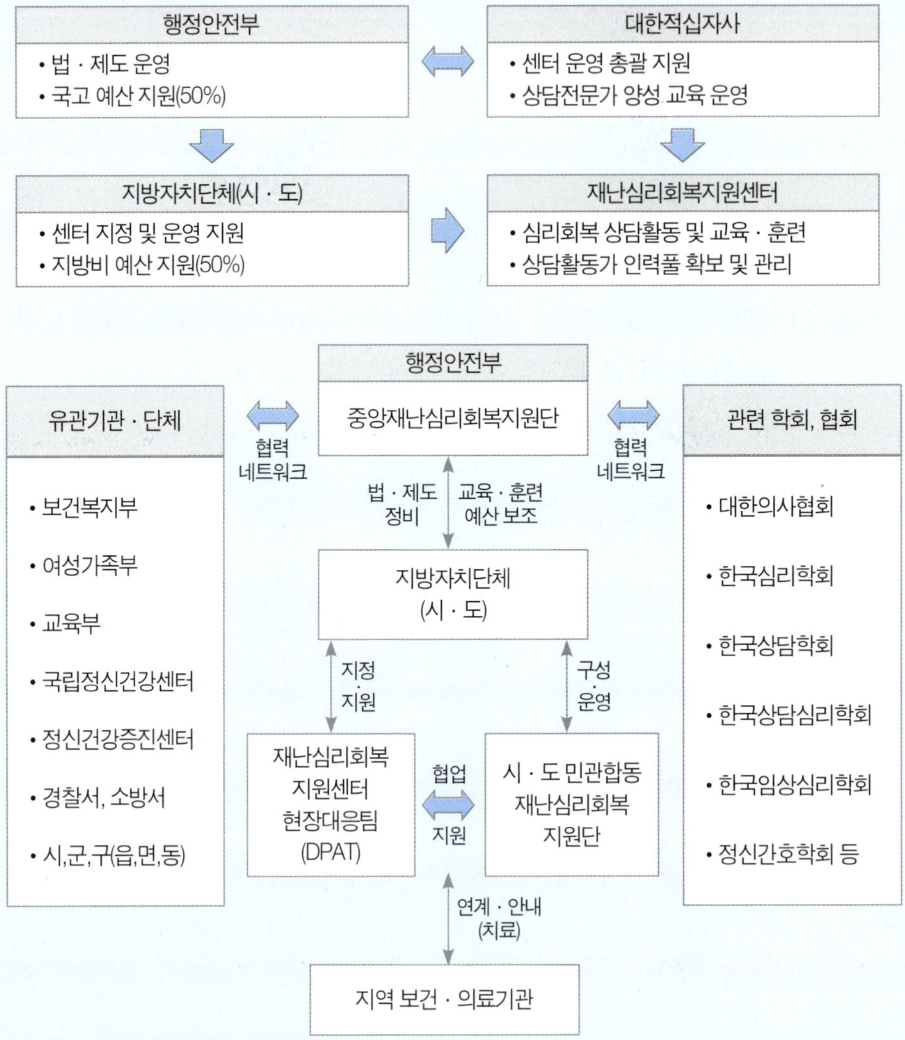

출처: 행정안전부(2017), 재난심리회복 지원 매뉴얼

를 보조하고 있다. 2017년부터 재난심리회복지원센터 운영을 총괄하고 있는 대한적십자사는 상담전문가 양성 및 교육을 전담하고 지역별 설치된 지원센터에서는 심리회복상담 활동 등을 통해 재난피해자 심리지원을 하고 있다. 2020년 기준 17개 센터를 운영하고 있으며, 지원체계는 **그림 7-4**와 같다.

주요 활동은 평시에는 센터 사무공간을 중심으로 재난정보 수집 및 상담 활동을 전개하고, 재난 발생 시에는 재난현장 중심으로 이재민 구호 활동과 연계하여 현장상담소를 설치하고 전문상담가 파견 수요자와 1:1 매칭 형태의 상담 활동을 전개한다. 그리고 2016년도에 국민안전포털(www.safekorea.go.kr)에 재난심리회복지원 정보시스템을 구축하여 증상 및 대처법 안내, 간편심리검사 서비스, 온라인 상담 등 서비스를 제공하고 있다.

그림 7-4 재난심리회복지원센터 지원체계

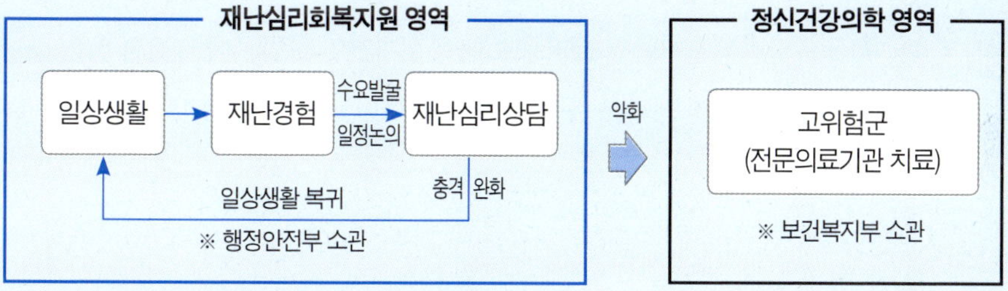

출처: 행정안전부(2017), 재난심리회복 지원 매뉴얼

3) 요약

재해구호는 「재해구호법」에 따라 재난 발생으로 터전을 잃은 이재민이나 피해자 등 피해주민의 생계 안정을 위한 활동을 말하며 구호 대상은 재난으로 사망한 사람의 유족이나 실종자 가족, 부상자, 주거시설 유실, 붕괴, 침수 등 피해를 입은 사람 등이다. 재난심리회복 지원은 재난으로 피해를 입은 사람이 재난으로 인한 심리적 충격으로부터 심리적 안정을 되찾고 재난 이전의 정상적인 생활로 복귀할 수 있도록 심리상담을 통해 지원해주는 제도이다. 재난심리회복 지원은 재난현장에서 구호, 자원봉사에 참여한 사람도 대상이 되며 재난의 유형, 피해정도와 관계없이 당사자 또는 유관기관에서 서비스 제공을 요청할 경우에도 지원받을 수 있다.

3 재난보험제도

1) 재난취약시설 의무보험제도

(1) 개요

재난안전의무보험이란 재난이나 각종 사고로 사람의 생명 · 신체 또는 재산에 피해가 발생한 경우 그 피해를 보상하기 위해 배상책임보험에 의무적으로 가입하는 제도를 말한다. 재난안전의무보험은 「재난안전법」 제76조의 5조(재난취약시설의 보험 · 공제 가입 등)에 근거를 두고 있으며 우리나라는 2017년도부터 처음 시행되었다.

(2) 연혁

재난관리 사각지대 해소 및 사회안전망 확보를 위해 2016년 1월 7일 「재난안전법」을 개정하여 재난취약시설에 대한 의무보험의 도입근거를 마련하였다. 제도 도입 후 2016년 4월부터 6월까지 관계부처, 지자체 및 민간단체 간담회를 통해 대상시설, 규모 등에 대한 의견수렴을 통해 세부 시행방안을 마련하였다. 「재난안전법 시행령」 개정을 통해 2017년 1월 8일부터 재난취약시설 의무보험제도가 시행되었다. 2020년 6월 9일자 「재난안전법」 개정으로 재난안전의무보험 정의부터 재난안전의무보험에 관한 법령이 갖추어야 할 기준, 재난안전의무보험 종합정보시스템의 구축 · 운영 관련조항 신설 등 재난안전의무보험 관련내용이 대폭 정비되었으며 2021년 6월 10일부터 시행할 예정이다.

(3) 주요 내용

그동안 재난 관련 의무보험이 부처별로 특정 시설 및 사회문제로 야기된 재난사고 위주로 운영됨에 따라 재난취약시설 상당수가 의무보험대상에서 제외되어 재난관리의 사각지대가 존재하였다. 이에 따라 「재난안전법」에서는 재난 발생 시

타인에게 중대한 피해를 입힐 우려가 있는 시설 등 대통령령으로 정하는 시설을 소유·관리 또는 점유하는 자는 해당 시설에서 발생하는 화재, 붕괴, 폭발 등으로 인한 타인의 생명·신체나 재산상의 손해를 보상하기 위하여 보험 또는 공제에 가입하도록 하였다. 우리나라의 재난 관련보험 또는 공제가입 대상시설은 대규모

표 7-8 재난 관련 보험 또는 공제 가입 대상시설

연번	재난 관련 보험 또는 공제 가입 대상시설
1~2	「공중위생관리법」 제2조제1항 제2호에 따른 숙박업을 하는 시설 「관광진흥법」 제3조 제1항 제2호에 따른 관광숙박업을 하는 시설
3	「과학관의 설립·운영 및 육성에 관한 법률」 제2조 제1호에 따른 과학관
4	「물류시설의 개발 및 운영에 관한 법률」 제21조의 2 제1항 제1호에 따른 물류창고업의 등록대상 물류창고
5	「박물관 및 미술관 진흥법」 제16조 제1항에 따른 등록을 하는 박물관·미술관
6	「식품위생법 시행령」 제21조 제8호 가목에 따른 휴게음식점영업 또는 같은 호 나목의 일반음식점영업을 위하여 영업장으로 사용하는 바닥면적의 합계가 100제곱미터 이상인 시설
7	「장사 등에 관한 법률」 제28조의 2 제1항 또는 제29조 제1항에 따라 설치되는 장례식장
8	「경륜·경정법」 제5조 제1항에 따라 설치되는 경륜장·경정장
9	「경륜·경정법」 제9조 제2항에 따라 경주장 외의 장소에 설치되는 승자투표권의 발매, 환급금 및 반환금의 지급사무 등을 처리하기 위한 시설(장외매장)
10	「국제회의산업 육성에 관한 법률」 제2조 제3호에 따른 국제회의시설
11~12	「국토의 이용 및 관리에 관한 법률」 제43조 제2항에 따라 도시·군계획시설로 설치되는 지하도상가 「도로법 시행령」 제55조 제5호에 따른 점용허가를 받는 지하상가
13	「도서관법」 제2조 제1호에 따른 도서관
14	「석유 및 석유대체연료사업법 시행령」 제2조 제3호에 따른 주유소
15	「여객자동차 운수사업법」 제2조 제5호에 따른 여객자동차터미널
16	「전시산업발전법」 제2조 제4호에 따른 전시시설
17	「주택법 시행령」 제3조 제1항에 따른 공동주택으로서 15층 이하의 아파트(「공동주택법」 제2조 제1항 제2호에 따른 의무관리대상 공동주택에 한정한다) 및 부속건물
18	「한국마사회법」 제4조 제1항에 따라 설치되는 경마장
19	「한국마사회법」 제6조 제2항에 따라 경마장 외의 장소에 설치되는 마권의 발매 등을 처리하기 위한 시설(장외발매소)

출처: 「재난안전법 시행령」 별표3

재난 발생이 우려되는 숙박업소, 경마장, 도서관, 미술관, 물류창고, 주유소, 지하상가, 장례식장, 15층 이하 아파트 등 19종 18만여 개 시설이 해당한다.

보험가입자는 점유자와 소유자가 같은 경우는 소유자, 다른 경우에는 점유자, 법령이나 계약에 따라 관리자가 지정된 경우에는 관리자가 가입하도록 하고 있다. 보상대상은 화재, 폭발, 붕괴로 인한 제3자의 신체 및 재산피해를 보상하며 보험가입자의 과실 여부와 무관한 사고까지 보상하도록 하였다. 보상금액은 신체피해는 1인당 1억 5천만 원, 재산피해는 10억 원까지 보상하도록 하였다.

※ 재난취약시설 의무보험 관련 각 기관의 역할

- 행정안전부: 보험회사 등 관계기관에서 받은 가입관리에 필요한 자료를 부처 및 관계 행정기관에 제공, 보험가입 여부를 확인하도록 조치
- 중앙부처: 소관시설의 조사 및 관리, 가입 여부 확인, 미가입자에 대한 행정조치 요구, 지자체 자료를 취합하여 행정안전부로 제출
- 지자체: 소관시설의 조사 및 관리, 가입 여부 확인, 미가입자에 대한 행정조치, 소관 중앙부처에 자료 제출

2) 풍수해보험

(1) 개요

국민이 예기치 못한 풍수해(태풍, 홍수, 호우, 해일, 강풍, 풍랑, 대설, 지진)에 스스로 대처할 수 있도록 하는 선진국형 재난관리제도로 행정안전부가 관장하고 민영보험사가 운영하는 정책보험이며 「풍수해보험법」에 근거를 두고 있다.

(2) 연혁

풍수해로 인한 국민의 재산피해를 신속하고 공정하게 보상하기 위해 2006년 3월 「풍수해보험법」을 제정하였으며, 그해 5월 동부화재를 보험사업자로 9개 지역에 대해 시범사업을 실시하였다. 2008년 4월에는 풍수해보험을 전국으로 확대하고 사업자를 추가로 선정하였다.

그림 7-5 풍수해보험사업 운영체계

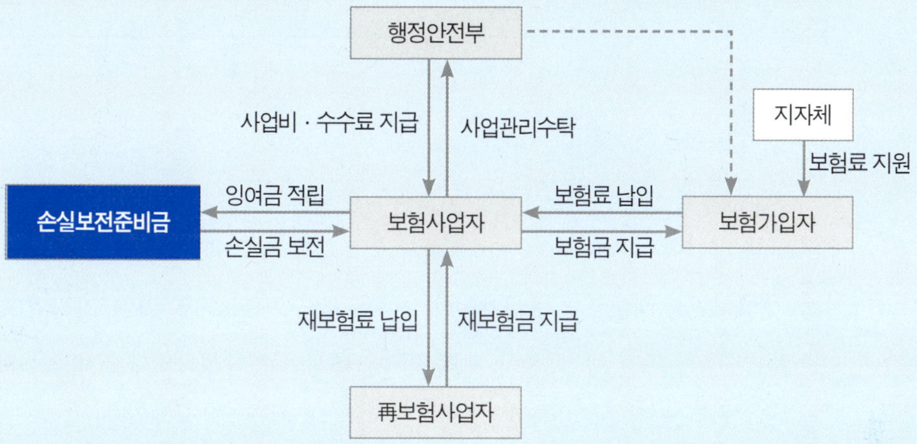

출처: 국가법령정보센터(www.law.go.kr)(「풍수해보험법」)
국민안전처(2017). 2017년도 풍수해보험 실무편람.

(3) 주요 내용

풍수해보험의 대상시설은 현재 주택과 온실이며, 총 보험료의 55~92%를 정부가 지원한다. 행정안전부와 풍수해보험사업 운영약정을 체결한 보험사업자는 5개로 동부화재, 삼성화재, 현대해상, KB손해보험, NH농협손해보험이다.

풍수해보험 가입 확대를 위해 재해 관련 시 위험도가 높은 재해위험개선지구, 침수흔적지구, 피해우려지역 등 재해취약지구를 대상으로 2017년부터 단체가입을 추진하고 있다.

3) 풍수해보험 관리지도

(1) 개요

현행 풍수해보험요율은 보험목적물의 풍수해위험도를 고려하지 않고 시 · 군 · 구 내 동일 보험요율을 적용하는 단일요율체계로 운영되고 있다. 이를 개선하기 위해 동일 시 · 군 · 구 내에서도 풍수해위험도를 분석하여 재해취약지역별 차등화된 보험요율 산정을 위한 지도를 풍수해보험 관리지도라고 한다.

※ 풍수해위험도
보험목적물이 위치한 지역의 과거 피해이력, 지형적 조건, 풍수해 유형별 피해 발생위험 등을 종합 분석하여 재해 발생위험도를 예측

(2) 연혁

풍수해보험 관리지도는 1차로 2014년 4월 울산지역을 대상으로 작성하였으며, 풍해, 수해, 설해의 위험도를 4단계 색으로 표시하였다. 2차는 2015년 4월 대구, 경북, 강원지역을 대상으로 작성하였다. 3차는 2016년 4월 서울, 인천, 경기지역, 4차는 2017년 4월 대전, 충남, 충북, 전북지역을 대상으로 작성하였다. 5차는 2018년 4월 사업이 부산, 광주, 전남, 경남, 제주지 역을 대상으로 작성하였다.

(3) 주요 내용

풍수해보험요율 산정 시 기존의 불합리한 보험요율체계를 탈피하여 합리적인 보험료를 산출하는 데 필요한 풍수해보험 관리지도를 개발하기 위한 연구를 2013년부터 2018년까지 추진하였다. 그 결과 풍해, 수해, 설해 유형별로 가중치를 적용하여 위험도를 분석하고, 전국 단위의 풍수해보험 관리지도 제작 및 통합관리시스템이 개발되었다.

4) 요약

재난이나 사고로 사람의 생명, 신체 또는 재산에 피해가 발생한 경우 그 피해를 보상하기 위해 의무적으로 배상책임보험에 가입하도록 하는 제도를 재난안전의무보험이라 한다. 우리나라는 「재난안전법」에 따라 재난 발생 시 타인에게 중대한 피해를 입힐 우려가 있는 숙박업소, 도서관, 주유소 등 대통령령으로 정하는 시설을 소유 관리 또는 점유하는 자는 보험 또는 공제에 가입하도록 하고 있다. 다만, 재난안전의무보험제도 준비기간을 거쳐 2021년 6월 9일부터 전면 시행할 예정이다. 또한 국민이 스스로 예기치 못한 풍수해로부터 재산상 손해를 대비하기 위해 가입하는 정책보험으로 풍수해보험이 있다. 한편 동일 시 · 군 · 구 내에서도

풍수해위험도를 분석하여 재해취약지역별 차등화된 보험요율 산정을 위한 지도가 풍수해보험 관리지도이다.

연습문제

01 피해조사 및 복구제도에 대해 설명하라.

02 지구단위 종합복구사업에 대해 설명하라.

03 특별재난지역 선포란 무엇인가?

04 재난구호에 대해 설명하라.

05 재난심리지원이란 무엇인가?

06 재난보험에 대해 설명하라.

토론주제

01 재난 복구에 대해 정의하고 그 목적과 역할에 대해 논하라.

02 해외의 주요 재난복구사례를 조사하고, 시사점에 대해 토론하라.

03 특별재난지역 선포절차를 정리하고, 미국 등의 사례와 비교해서 논하라.

04 우리나라 재난지원금을 정리하고, 재난구호와 재난보험 측면에서 이를 설명하라.

참고문헌

1편

Barton et al. (1994). "Fractal scaling and forecasting of the size and frequency for florida hurricanes 1886-1991 and of U.S. hurricane financial loss", Santa Fe Institute Workshop on Natural Hazards Reduction, Jan 5-9, Santa Fe, New Mexico, p. 1.

Becerra et al. (2006). "Natural disasters, casualties and power laws: A Comparative Analysis with Armed Conflict", in Proceedings of the Annual Meeting of the American Political Science Association, Laws Philadelphia, and the Pennsylvania Convention Center, Philadelphia, Pa. USA.

Birkland, Thomas A. (1995). Toward a theory of focusing events and agenda setting. PH.D Dissertation: University of Washington.

Birkland, Thomas A. (1997). "After Disaster: Agenda setting, public policy, and focusing event", Washington, DC: Georgetown University Press.

Birkland, Thomas A. (2005). "An Introduction to the Policy Process: Theories, Concepts, and Models of Public Policy Making", M. E. Sharpe.

Birkland, Thomas A. (2006). "Handbook of Public Policy Analysis", CRC Press.

Birkland, Thomas A. (2006). "Lessons of Disaster: Policy Change After Catastrophic Events", Georgetown University Press.

Birkland, Thomas A. (2006). Encyclopedia of media and politics. Washington: CQ Press.

Birkland, Thomas A. (2009). "Disasters, Lessons Learned, and Fantasy Documents", Journal of Contingencies And Crisis Management, Vol. 13, pp. 146-156.

Bundesverwaltungsamt(Available at: http://www.bva.bund.de, Accessed: 2020.10.08.).

Cabinet Office(2013). Responding to emergencies. The UK central government response. Concept of operations(Available at: https://assets.publishing.service.gov.uk).

DHS(Department of Homeland Security). U.S. Department of Homeland Security(Available at: https://www.dhs.gov/organizational-chart).

Fitts, P. M. & A Jones, R. E. (1947). Analysis of Factors Contributing to 460 "pilot-error", Experiences in Operating Aircraft Controls, Army Air Forces Headquarters, Air Material Command, Engineering Division.

Frank E. Bird(1966). Damage control, American Management Association.

Furuta, Furuta K. (2015). Resilience Engineering. In: Ahn J., Carson C., Jensen M., Juraku K., Nagasaki S., Tanaka S. (eds) Reflections on the Fukushima Daiichi Nuclear Accident, Springer.

Glendon, A. I., Clarke, S. G., & McKenna, E. F. (2006). Human safety and risk management (2nd ed.). Boca Raton, FL.

Hale, A. R. and Hovden, J. (1998). "Management and Culture: the third age of safety", A review of approaches to organizational aspects of safety, health and environment. Occupational Injury: Risk, Prevention And Intervention 1998, 129-227.

Heinrich, Herbert William(1931). "Industrial Accident Prevention: a scientific approach", 1st ed., McGraw-Hill Book Company.

Holling, C. S. (1973). "Resilience and Stability of Ecological Systems", Annual Review of Ecology and Systematics, Vol. 4.

Hollnagel, E. (2009). The ETTO principle: efficiency-thoroughness trade-off: why things that go right sometimes go wrong. Aldershot, Hants, England: Ashgate.

Hollnagel, E., Woods, D. D. & Leveson, N. (2006). Resilience Engineering: Concepts and Precepts, England: Ashgate.

Insights and Best Practices Focus Paper(2018). International Cooperation Fifth Edition, Apr, p. 8.

Institute for Peace Research and Security Policy at the University of Hamburg (2013). Analysis of Civil Security Systems in Europe Country Study: Switzerland. Kim, Y-k and Sohn, H-g. (2017) "Disaster Risk Management in the Republic of Korea", Springer.

Kingdon, John W. (1984). "Agendas, Alternatives, and Public Policies", 1st ed., New York: Harper Collins.

Kingdon, John W. (1995). "Agendas, Alternatives, and Public Policies", 2nd ed., New York: Harper Collins.

Perrow, C. (1984). "Normal Accidents: Living with High-Risk Technologies", Basic Books.

Perrow, C. (1999). "Normal Accidents: Living with High-Risk Technologies", Revised ed., Princeton University Press.

Petak, William J. (1985). "Emergency Management: A Challenge for Public Administration", American Society for Public Administration, Vol. 45, pp. 3-7.

Quarantelli(1993). Community Crises: An Exploratory Comparison of the Characteristics and Consequences of Disasters and Riots, Journal of Contingencies And Crisis Management, Vol. 1, pp. 67-78.

Rasmussen, J. (1983a). "Skills, rules, and knowledge-signals, signs, and symbols, and other distinctions in human performance models", IEEE Transactions on Systems, Man, and Cybernetics, 13(3), pp. 257-266.

Reason, J. (1990). "The Contribution of Latent Human Failures to the Breakdown of Complex Systems", Philosophical Transactions of the Royal Society of London, Series B, Biological Sciences, 327(1241), pp. 475-484.

Reason, J. (2008). The Human Contribution. p. 102.

U.S. Department of Homeland Security(Available at: https://www.dhs.gov/organizational-chart).

Ulrich B. (1986). "Risk Society: Towards a New Modernity", 1st ed., Theory Culture & Society.

Vaughan. D. (1999). "The Dark Side of Organizations: Mistake, Misconduct, and Disaster", Annual Review of Sociology.

KBS 뉴스보도(2020.2.23.)

KOICA(2016). 해외긴급구호의 법적 기반 및 운영체계 관련 주요 공여국 사례연구.

경향신문(2016). [정부 3.0 국민체험마당] 국민안전처-영유아부터 노인까지…생애주기별 안전교육지도 (http://news.khan.co.kr).

국가과학기술위원회(2018). 제3차 재난 및 안전관리 기술개발 종합계획 2020년도 시행계획(안).

국가법령정보센터(www.law.go.kr). 「재난 및 안전관리 기본법」 제3장 재구성.

국민안전교육 포털(2019). 생애주기별 안전교육이란?(http://kasem.safekorea.go.kr).

국민안전처(2007). 2017년 소방안전교부세 해설.

국회예산정책처(2017). 재난안전관리 현황과 주요대책분석, p. 10.

국회예산정책처(2017). 재난안전관리 현황과 주요대책분석 1, 국회입법조사처.

김경옥(2014). 호주 재난관리시스템 : 재난구호를 위한 매뉴얼과 리더십, 지역정보화, 87권, 한국지역정보개발원, pp. 69-74.

김경희(2018). 일본의 재해대책 법 · 조직 및 대응체계, 방재저널, 한국방재협회, Vol. 20, No. 5, pp. 5-23.

김병석(2014). 산업안전관리론, 형설출판사.

김용균(2018). 한국 재난의 특성과 재난관리, 푸른길.

김용균 · 김상필 · 조형식 · 손홍규(2016). 한국재난의멱함수분포와사회적충격사건에관한연구, 대한토목학회논문집, 36(1), 181-190.

김용균 · 손홍규(2017). 한국 재난의 멱함수분포와 사회적 충격사건에 관한 연구, 대한토목학회논문집, 대한토목학회, Vol. 36, pp. 181-190.

김은성 · 정지범 · 안혁근 · 함종석(2009). 국가재난안전관리 정책패러다임에 대한 연구, 한국행정연구원.

김인범 외(2014). 재난관리론, 대영문화사.

김학경(2009). 영국의 국가위기관리체계에 관한 고찰. 경찰법연구, 10, pp. 186-214.

김학경(2014). 복합재난 발생 시 다수기관의 협력적 거버넌스를 위한 교육 훈련: 영국 사례를 중심으로, 재난안전, 국립재난안전연구원, 16(3), pp. 12-18.

김학경 · 강욱(2017). 영국의 재난관리체계 및 재난위험성 평가제도의 도입 및 적용에 관한 연구, 시큐리티 연구, 한국경호경비학회, 제50호, pp. 9-32.

김현수(2017). 첨단 ICT 융복합 기술을 활용한 재난안전산업 활성화방안 연구.

국립재난안전연구원(2016). 재난감지 역량강화를 위한 상황정보분석센터 활용 활성화 기술 개발.

국립재난안전연구원(2017). 안전사고 관련 빅데이터 연계 · 융합 알고리즘 개발.

독일 연방시민보호 · 재난지원청(http://www.bbk.bund.de)

박동균 · 양기근 · 류상일 · 강용석(2012). 유럽지방자치단체의 재난관리 시스템: 영국과 독일 사례의 특징과 시사점, 한국치안행정논집, 한국치안행정학회, 제8권 제4호, pp. 55-76.

배재현(2014). 해외 주요국의 국가재난관리체계와 시사점, 이슈와 논점 제846호, 국회입법조사처.

법제처(2018). 선진국의 민방위제도 및 위기관리체계 연구를 위한 공무 국외출장 결과보고서.

법제처(2018). 선진국의 민방위제도 및 위기관리체계 연구를 위한 공무 국외출장 결과보고서

서울특별시 은평구(2012). 은평구 재난관리역량강화 등을 위한 재난안전에 대한 선진화 방안 연구보고서.

손현진(2017). 일본의 재해 (재난) 및 안전관리 관련 법령과 주요 내용, 한국법제연구원.

오영석(2019). 미국의 국가재난대응체계 및 총괄조정방식 연구, 행정안전부.

이경미 · 최성록(2016). 제4차 산업혁명시대의 ICT 융합형 재난안전 R&D 발전방향, 한국과학기술기획평가원.

이동규(2011). 초점사건 이후 정책변동 연구 : 한국의 대규모 재난 사례를 중심으로, 성균관대학교 국정관리대학원 박사학위논문.

이동명(2009). 재난관리체계 및 재난관리시스템 기술 동향, 정보통신산업진흥원, 주간기술동향, 통권 1414호,

pp. 12-24.
이영재 외(2015). 재난관리론, 생능출판.
이재열(2009). 국가 종합위기관리. 위기관리를 위한 사회학적 접근, 법문사, pp. 43-134.
이재은(2012). 재난환경 변화에 따른 과학적 재해관리체계 강화를 위한 법제연구, 한국법제연구원.
이재은(2012). 재난환경 변화에 따른 과학적 재해관리체계 강화를 위한 법제연구: 영국, 독일편, 한국법제연구원.
이재은 외(2006). 재난관리론, 대영문화사.
이재준 · 심재현 · 김지태(2008). 방재학개론, 동화기술.
임종헌(2016). 독일의 재난관리시스템, 한독사회과학논총, Vol. 26, No. 1, pp. 150-166.
임현우(2019). 재난관리론, 박영사.
정재동(2014). 해외 주요국의 재난관리 ICT 동향과 시사점, 한국과학기술기획평가원.
정지범(2015). 안전사각지대 발굴 및 효과적 관리방안 연구, 한국행정연구원.
정호경 · 마정균(2017). 스위스의 재난 및 지진 관리체계에 관한 연구, 법학논총, 34(3), pp. 133-164.
중앙안전관리위원회(2020). 제4차 국가안전관리기본계획, p. 9.
중앙안전관리위원회(2020). 제4차 국가안전관리기본계획, p. 8.
(주)영신디엔씨(https://blog.naver.com/youngshine777/221437777095)
차우영(2012). 호주 재난관리 인력운용 현황, 대한민국시도지사협의회(https://www.gaok.or.kr).
최선화 · 박영진 · 심재현(2015). 빅데이터를 활용한 재난관리 역량강화, 대한토목학회지, Vol. 63, No. 7, p. 27.
한국행정연구원(2017). 재난안전 분야 평가제도 메타평가 및 개선방안.
한형서(2008). 독일 정부의 재난관리체계, 프리드리히 에버트 재단 주한 협력 사무소.
행정안전부(2008). 주요 선진국의 재난 및 안전관리체계 비교분석 연구용역 보고서.
행정안전부(2020). 2020년 예산사업 설명자료.
행정안전부(2020). 2020년 재난관리평가지침, p. 3.
행정안전부 보도자료(2017.11.20). 경북 포항 특별재난지역 선포 건의(수정인용).
행정안전부 보도자료(2020.10.22). 정부, 내년도 재난안전분야 472개 사업에 19조 8천억 투자.
행정안전부 보도자료(2020.8.3). 중부지방 집중호우 대비 중앙재난안전대책본부 가동.
행정안전부 보도자료(2020.8.10). 남부지방 집중호우 피해지역 특별교부세 지원.
행정안전부(2018). 2018년 지방교부세 산정 해설, pp. 127-129.
행정안전부(2018). 2018년 소방안전교부세 해설.
허민철 · 홍성만(2017). 고위험시스템의 사고예방과 관리탐색: 유해화학물질 위험관리에 대한 정상사고이론을 넘어, 한국공공관리학보, Vol. 31, pp. 367-388.
황성용(2019). 국가위기관리시 해양경찰의 역할과 발전방안, 훈련과제보고서, 군산대학교 산업대학원.

2편

강원도청 홈페이지(http://www.provin.gangwon.kr). 강원도 고시(제2016-423호, '16.10.31).
관계부처합동(2008). 황사피해방지 종합대책(2013-2017).
관계부처합동(2017). 미세먼지 관리 종합대책.

관계부처합동(2019). 제2차 지진방재 종합계획(2019-2023).

국가법령정보센터(www.law.go.kr). 「재난 및 안전관리 기본법」 제25조의 2 및 제26조, 「재해경감을 위한 기업의 자율활동 지원에 관한 법률」.

국가법령정보센터(www.law.go.kr). 「재난 및 안전관리 기본법」 제34조의 5.

국가법령정보센터(www.law.go.kr). 「재난 및 안전관리 기본법」 제38조.

국가법령정보센터(www.law.go.kr). 「재난 및 안전관리 기본법」 제5장.

국가법령정보센터(www.law.go.kr). 「재난 및 안전관리 기본법」 제34조의 2.

국가법령정보센터(www.law.go.kr). 「재난 및 안전관리 기본법」 제35조.

국가법령정보센터(www.law.go.kr). 「풍수해보험법」.

국무조정실 국무총리비서실(2019). 여름철 자연재난(풍수해 · 폭염) 대책 보도자료.

국민안전처(2017). 9.12 지진백서 : 9.12 지진과 그 후 180일간의 기록, p. 33.

국민안전처(2017). 2017년도 풍수해보험 실무편람.

기상청(2014). 한국 기후변화 평가보고서 2014: 기후변화 영향 및 적응, RCP 8.5 시나리오.

기상청(2017). 기후통계지침.

기상청 국가태풍센터(2011). 태풍백서.

기상청 국가종합지진정보시스템(https://necis.kma.go.kr/)

기상청 날씨누리(https://www.weather.go.kr/)

김남순(2016). 2015 메르스백서 메르스로부터 교훈을 얻다!

김용태(1995). 재해극복 30년사, 내무부.

물환경정보시스템(2019). 조류예보제: 발령기준, Available at:(http://water.nier.go.kr/front/waterEASY/policy04_02.jsp).

법제처 국가법령정보센터(www.law.go.kr). 「자연재해대책법시행령」 제18조.

부산시 보도자료(2020.10.19). 상습침수지역 근본적 해결 방안 강구(수정인용)(Available at: http://www.busan.go.kr/nbtnewsBU/1461265).

서울특별시 강남구(2020). 서울특별시 강남구 공고(제2020-590호, '20.3.27), 2019년 강남구 재난관리실태 공시(수정인용).

서울특별시 용산구(2014). 서울특별시 용산구 한강로 방재시설 확충(Available at: https://opengov.seoul.go.kr/budget/1825087).

소방방재청(2009). 재난관리 60년사.

소방청 홈페이지(www.nfa.go.kr). 연도별 소방청 통계연보.

자연재해위험개선지구 관리지침

지인배(2015). 2014-2015년 구제역 발생원인 분석 및 방역정책 개선 방안 연구.

이정민 외(2019). 이상기후대비 도시홍수저감을 위한 설계방안 연구(II).

질병관리청 홈페이지(www.cdc.go.kr)

한국수자원공사 가뭄정보시스템(국가가뭄정보포털, http://www.drought.go.kr/)

한국환경정책평가연구원(2015). 기후변화를 고려한 환경인프라 사고대응체계 개선방안 연구.

행정안전부(2015). 상습가뭄재해지역의 지정해제 및 관리지침.

행정안전부(2017). 미래기후변화 영향 등을 고려한 지역별 방재성능목표 설정 · 운영기준.

행정안전부(2018). 전국 단일 재난안전통신망 구축사업 본격 착수 보도자료.
행정안전부(2019). 재해지도 작성기준 등에 관한 지침, p. 3.
행정안전부(2019). 행정안전통계연보, p. 322.
행정안전부 보도자료(2020.4.5). 강원도 동해안 산불 발생지역 재난사태 선포로 총력 대응.
행정안전부 재해연보(2000~2019년)
행정안전부 홈페이지 업무안내(재해예방사업)
행정안전부(2019). 재난대비훈련(Available at: https://www.mois.go.kr/frt/sub/a06/b11/disasterTraining_4/screen.do).
행정안전부(2018). 2018 국가가뭄정보통계집, pp. 331-334.
행정안전부(2020.9.23). 행정안전부 보도자료, 태풍 '마이삭 · 하이선' 관련 특별재난지역 선포.
행정안전부(2015). 상습가뭄재해지역의 지정해제 및 관리지침.
행정안전부(2015). 한국형 재난현장 대응수습 표준체계 개발연구.
행정안전부(2017). 2017년 재난심리회복지원 매뉴얼 개정본, p. 23.
행정안전부(2017). 지역별 방재성능목표 설정 · 운영 기준.
행정안전부(2017). 지진재난 위기관리 표준매뉴얼.
행정안전부(2018). 2018년 자연재난조사 및 복구계획 수립지침.
행정안전부(2018). 위기대응 실무 매뉴얼.
행정안전부(2019). 2019 행정안전통계연보.
행정안전부(2019). 재해지도 작성기준 등에 관한 지침, p. 42(수정인용).
행정안전부(2019). 재해지도 작성기준 등에 관한 지침, p. 17.
행정안전부(2019). 재해영향평가 등의 협의 실무지침.
행정안전부(2020). 2020 행정안전통계연보.
행정안전부(2020). 재해영향평가 등의 협의 업무수행 매뉴얼. pp. 31-32.
행정안전부(2020). 재해영향평가 등의 협의 업무수행 매뉴얼. p. 4.
화천군 홈페이지(www.ihc.go.kr). 화천군 고시(제2019-47호, '19.9.16).
환경부(2013). 화학물질 사고관리 및 대처요령.
환경부 외(2008). 황사피해방지 종합대책.

찾아보기

국문

ㅊ

ㅋ

ㅌ

영문

저자약력

김용균(金勇均)

연세대학교 기술정책학 박사
하버드대학교 행정학 석사
서울대학교 토목공학 학사

현 행정안전부 근무
전 행정안전부 중앙재난안전상황실장
전 행정안전부 재난대응정책과장
전 국민안전처 재난관리총괄과장
「한국 재난의 특성과 재난관리」, (주)푸른길
「재난관리론 (공저)」, 도서출판 윤성사
「Disaster Risk Management in the Republic of Korea(공저)」, Springer

손홍규(孫弘圭)

오하이오주립대 Geodetic Science Program 공학박사
연세대학교 건설환경공학과 공학석사
연세대 토목공학과 공학사

현 연세대 건설환경공학과 교수
현 행정안전부 정책자문위원회 위원
전 대한공간정보학회 회장
전 대한토목학회 부회장
「Disaster Risk Management in the Republic of Korea(공저)」, Springer

안재현(安宰炫)

고려대학교 토목환경공학과 공학박사
고려대학교 토목환경공학과 공학석사
고려대학교 토목공학과 공학사

현 서경대학교 토목건축공학과 교수
현 행정안전부 정책자문위원회 위원
현 한국방재협회 부회장
현 한국수자원학회 이사
「재난복구론(공역)」, 북코리아
「재난관리론(공역)」, 북코리아
「물위를 걸어온 과학자들(공저)」, 한티미디어

* 저자 순서는 가나다 순

윤완철(尹完澈)

미국 조지아공과대학교(GIT) 산업 및 시스템공학과 박사
한국과학기술원(KAIST) 산업공학 석사
서울대학교 산업공학 학사

현 한국과학기술원 산업 및 시스템공학과 명예교수
현 한국시스템안전학회 회장
현 국토교통부 항공안전위원회 위원
2008~2019 Int'l Journal of Human-Computer Interaction 편집위원
2000~2009 Int'l Journal of Cognition, Technology and Work 편집위원

이태석(李泰錫)

서울시립대학교 도시행정학과 학사

현 행정안전부 근무
전 국민안전처 기획재정담당관실 예산팀장
전 소방방재청 예방전략과

정종제(鄭宗題)

미국 오리건주립대학교 정책학 석사(행정학 전공)
서울대학교 행정대학원 행정학 석사
서울대학교 정치학과 학사

현 행정안전부 근무
전 광주광역시 행정부시장
전 행정안전부 재난관리실장
전 행정안전부 안전정책실장
「파리에서 온 이메일」, 비앤엠북스
「미국의 재난관리 (공저)」, 비앤엠북스
「국장님의 서랍」, 중앙북스
「세느 강에 띄운 e편지」, 비앤엠북스

저자와의
협의하에
인지생략

방재안전학 I

2021년 03월 25일 초판 인쇄
2021년 04월 01일 초판 1쇄 발행

저 자 : 김용균 · 손홍규 · 안재현 · 윤완철 · 이태석 · 정종제
(한국방재협회 엮음)
발행인 : 정 광 식
발행처 : **비앤엠북스**
서울시 금천구 가산디지털1로 70 B1-103(호서대벤처타워)
등 록 2004. 12. 29. / 제313-2004-00298호
전 화 2627-5710-13, 팩스 2627-5720
홈페이지 www.대학교재.net
이 메 일 bnmbook@daum.net

정가 27,000원 ISBN 978-89-6821-128-7